Arbeitsbuch Mathematik

Analysis I

Oberstufe

Felix Fähnrich
Dieter Markert
Carsten Thein

Ernst Klett Verlag
Stuttgart · Leipzig

Inhalt

Ich kann's ☑

Grundlagen

Funktionen und ihre Graphen

Ich kann …

Ganzrationale Funktionen und Ableitungen

Ich kann …

Grundlagen

Hier lernst du Grundlagen, die du für die Analysis (Teil 1) der Oberstufe brauchst.

Erklärfilm
Umformen von Termen
kf25hp

Vereinfachen und Zusammenfassen von Termen

Beim Vereinfachen von Termen fasst du gleichnamige Terme zusammen. Gleichnamige Terme haben die gleiche Variable mit gleicher Hochzahl.

SO GEHT'S

1 Beispiel

Vereinfache.

a) $8x^2 + 3 + 2x^2$
b) $5x^2 + 4x + 2 + 3x + x^2$
c) $4xy + 2 - 8y^3 + 3yx - 2y^3 + 5$

Fasse gleichnamige Terme zusammen:

a) $8x^2 + 3 + 2x^2 = 10x^2 + 3$
b) $5x^2 + 4x + 2 + 3x + x^2 =$
$6x^2 + 7x + 2$
c) $4xy + 2 - 8y^3 + 3yx - 2y^3 + 5 =$
$7xy - 10y^3 + 7$

Du bist dran

Vereinfache.

a) $5x^2 + 2 + 7x^2$
b) $3x^2 + 5 + 2x + 7x + 2x^2$
c) $2xy + 4 - 8y^3 + 3yx + 2y^3$

Tipp
$yx = xy$

Tipp
Färbe vor dem Zusammenfassen gleichnamige Terme (z. B. mit einem Textmarker) ein.

○**2** Vereinfache.
a) $3y^2 + 2y + 7y^2$ **b)** $-2x^2 + 3y - 4y + 2x^2$ **c)** $2de + 3 + 2z^3 + 3ed - 3z^3 + 5ed - 11$

○**3** Vereinfache.
a) $3a \cdot (-2a) - ab - a^2 + ba$ **b)** $d^2 + e^2 + 2d$ **c)** $2abc + 3bca - 4acb + ac$
d) $5ab^2 - b^2 + a^3 + b^2 - 9ab^2$ **e)** $5b \cdot (-2a) + 2a \cdot (5b)$ **f)** $-9ab^2 - 4a^2b + 2a \cdot (5b^2)$

Tipp
Manchmal kannst du auch nichts zusammenfassen.

Rechnen mit Klammern – Ausklammern

Überprüfe, ob ein gemeinsamer Faktor in allen Summanden enthalten ist. Diesen gemeinsamen Faktor kannst du dann ausklammern. Dividiere dafür jeden einzelnen Summanden durch diesen Faktor und schreibe dein Ergebnis in eine Klammer.

SO GEHT'S

1 Beispiel

Klammere aus dem Term $5x^3 - 2x^2$ einen möglichst großen Faktor aus.

Suche den größtmöglichen Faktor:

In beiden Summanden $5x^3$ und $2x^2$ ist x^2 enthalten.

Dividiere durch den größtmöglichen Faktor und schreibe das Ergebnis in die Klammer:

$\frac{5x^3}{x^2} = 5x \quad \frac{2x^2}{x^2} = 2$

Klammere aus:

$x^2 \cdot (5x - 2)$

Du bist dran

Klammere aus dem Term $2x^4 - x^3$ einen möglichst großen Faktor aus.

Erklärfilm
Terme mit mehreren Variablen
kf25hp

TIPPS ZUM LÖSEN DER AUFGABEN 2 UND 3

2c) $de = ed$ **3 a)** Berechne zuerst $3a \cdot (-2a)$. Dies ergibt $-6a^2$. **b)** Gibt es hier gleichnamige Terme? ☺. **c)** $abc = bca = acb$ **e)** Berechne zuerst $5b \cdot (-2a)$. Dies ergibt $-10ab$.

○ **2** Klammere einen möglichst großen Faktor aus.

a) $5y + y^2$ **b)** $4n^3 + 5n^4$ **c)** $2e^6 + 5e^9$
d) $3x^2 + 6$ **e)** $15k^5 + 20k^4$ **f)** $x + xy$

Tipp
Du kannst auch aus drei oder mehr Summanden den gleichen Faktor ausklammern.

○ **3** Klammere einen möglichst großen Faktor aus.

a) $3y^3 + 2y^2 + y$ **b)** $2m^2 - 4m^3 + 6m^4$ **c)** $21xy^2 - 12x^2y + 6xy$

Rechnen mit Klammern – Ausmultiplizieren

Um das Produkt einer Zahl mit einer Summe zu berechnen, wird die Zahl mit jedem Summanden multipliziert:

$$a \cdot (b + c) = a \cdot b + a \cdot c$$
$$-(a + b) = -1 \cdot (a + b) = -a - b$$

Um das Produkt von zwei Summen zu berechnen, wird jeder Summand des ersten Faktors mit jedem Summanden des zweiten Faktors multipliziert:

$$(a + b) \cdot (c + d) = ac + ad + bc + bd$$

SO GEHT'S

Erklärfilm
Terme mit mehreren Variablen
kf25hp

1 **Beispiel**
Vereinfache.
a) $-(x - 4)$
b) $-2(x + 2)$
c) $(x - 3) \cdot (x^3 + 5)$

Du bist dran
Vereinfache.
a) $-(5 - x^2)$
b) $-5(x - 4)$
c) $(x^2 - 2) \cdot (x + 3)$

Multipliziere jeden Summanden des ersten Faktors mit jedem Summanden des zweiten Faktors:

a) $-(x - 4) = -x - (-4) = -x + 4$
b) $-2(x - 2) = -2x - 2 \cdot (-2)$
$= -2x + 4$
c) $(x - 3) \cdot (x^3 + 5)$
$= x \cdot x^3 + x \cdot 5 - 3x^3 - 3 \cdot 5$
$= x^4 + 5x - 3x^3 - 15$

Tipp
Bei einer Minusklammer bezieht sich das Minus auf die gesamte Klammer.
$-(a - b) = -a + b$

Tipp
Achte darauf, dass du nach dem Ausmultiplizieren gleichnamige Terme noch zusammenfasst.

○ **2** Vereinfache.

a) $-(2x - 8)$ **b)** $5 - (d + 3)$ **c)** $x - (4 - x)$
d) $(4 - k) - (y - k)$ **e)** $b^2 - (3b - 4b^2)$

○ **3** Vereinfache.

a) $-4(2x - 5)$ **b)** $10 - 3(y + 3)$ **c)** $5 - 2(z - 2)$
d) $(2s - 5) - 2(s - y)$ **e)** $2z^2 - 3(2z - 4z^2)$

◒ **4** Vereinfache.

a) $(x + 4)(x - 5)$ **b)** $(3r + 2)(r - 3)$ **c)** $(2w - 4)(5w - 4)$
d) $(x + y)(z - a)$ **e)** $3 \cdot (6x + 4)(x - 5)$

TIPPS ZUM LÖSEN DER AUFGABEN 2 UND 3

2d) Hier kannst du nur 3 ausklammern. **f)** Hier kannst du x ausklammern. **3c)** Hier kannst du 3 xy ausklammern. **2d)** x und y kannst du nicht zusammenfassen. **e)** x und x^2 kannst du nicht zusammenfassen. **3e)** z und z^2 kannst du nicht zusammenfassen.

Rechnen mit Klammern – Binomische Formeln

Mit den binomischen Formeln kannst du ein Produkt aus zwei Summen sehr schnell berechnen. Folgende drei binomische Formeln gibt es:

1. $(a + b)^2 = a^2 + 2ab + b^2$
2. $(a - b)^2 = a^2 - 2ab + b^2$
3. $(a + b) \cdot (a - b) = a^2 - b^2$

SO GEHT'S

Erklärfilm
Binomische Formeln
kf25hp

1 **Beispiel**
Vereinfache.
a) $(x + 4)^2$
b) $(3x - 4y)^2$
c) $(2x - 3y) \cdot (2x + 3y)$

Du bist dran
Vereinfache.
a) $(x + 5)^2$
b) $(2x - 3y)^2$
c) $(4x - 5y) \cdot (4x + 5y)$

Überlege dir, welche binomische Formel passt, und wende sie an:

a) Verwende die 1. binomische Formel, da in der Klammer eine Summe steht.
$(x + 4)^2 = x^2 + 2 \cdot x \cdot 4 + 4^2$
$= x^2 + 8x + 16$

b) Verwende die 2. binomische Formel, da in der Klammer eine Differenz steht.
$(3x - 4y)^2$
$= (3x)^2 - 2 \cdot 3x \cdot 4y + (4y)^2$
$= 9x^2 - 24xy + 16y^2$

c) Verwende die 3. binomische Formel, da hier zwei Klammern mit gleichen Zahlen multipliziert werden.
$(2x - 3y) \cdot (2x + 3y) = (2x)^2 - (3y)^2$
$= 4x^2 - 9y^2$

Tipp
Bei einer Minusklammer bezieht sich das Minus auf die gesamte Klammer.
$-(a - b) = -a + b$

○ **2** Vereinfache mithilfe der 1. binomischen Formel.
a) $(x + 6)^2$ **b)** $(2x + 5)^2$ **c)** $(4a + 3)^2$ **d)** $(x + 2y)^2$ **e)** $(3m + 4e)^2$

○ **3** Vereinfache mithilfe der 2. binomischen Formel.
a) $(x - 3)^2$ **b)** $(4f - 3)^2$ **c)** $(5x - 2)^2$ **d)** $(x - 5y)^2$ **e)** $(7r - 2s)^2$

○ **4** Vereinfache mithilfe der 3. binomischen Formel.
a) $(x + 3) \cdot (x - 3)$ **b)** $(2d + 3) \cdot (2d - 3)$ **c)** $(4x + 2y) \cdot (4x - 2y)$ **d)** $(7g + 8h) \cdot (7g - 8h)$

◒ **5** Vereinfache und verwende dabei, wenn möglich, die binomischen Formeln.
a) $(2x + 2)^2$ **b)** $(6u - 2)^2$ **c)** $(3t - 9w) \cdot (3t + 9w)$ **d)** $(5x + 2y) \cdot (5x - 3y)$

TIPP ZUM LÖSEN DER AUFGABE 5

5d) Hier kannst du keine binomische Formel anwenden, sondern musst einfach ausmultiplizieren ☺.

Potenzregel

Es gibt drei wichtige Regeln, die bei Potenzen der Form a^n gelten.

Regel 1: Du multiplizierst oder dividierst Potenzen mit der gleichen Basis a.

$a^n \cdot a^m = a^{n+m}$ $\qquad$ $a^n : a^m = a^{n-m}$

Regel 2: Du multiplizierst oder dividierst Potenzen mit dem gleichen Exponenten n.

$a^n \cdot b^n = (a \cdot b)^n$ $\qquad$ $\frac{a^n}{b^n} = \left(\frac{a}{n}\right)^n$

Regel 3: Du potenzierst eine Potenz a^n mit einer Zahl r.

$(a^n)^r = a^{n \cdot r}$

Erklärfilm
Potenzen mit gleicher Grundzahl
kf25hp

Erklärfilm
Potenzen mit gleicher Hochzahl
kf25hp

SO GEHT'S

1 **Beispiel**

Vereinfache den Term.

a) $3^2 \cdot 3^4$

b) $\frac{x^3}{x^7}$

c) $x^4 \cdot 5^4$

d) $\frac{6^5}{2^5}$

e) $(5^4)^3$

Wende die passende Potenzregel an:

a) $3^2 \cdot 3^4 = 3^{2+4} = 3^6$
(gleiche Basis)

b) $\frac{x^3}{x^7} = x^{3-7} = x^{-4}$
(gleiche Basis)

c) $x^4 \cdot 5^4 = (x \cdot 5)^4 = (5x)^4$
(gleicher Exponent)

d) $\frac{6^5}{2^5} = \left(\frac{6}{2}\right)^5 = 3^5$
(gleicher Exponent)

e) $(5^4)^3 = 5^{4 \cdot 3} = 5^{12}$
(Potenzieren von Potenzen)

Tipp
Statt $a^n : a^r$ kannst du auch $\frac{a^n}{a^r}$ schreiben.

Du bist dran

Vereinfache den Term.

a) $4^4 \cdot 4^5$

b) $\frac{x^8}{x^3}$

c) $x^7 \cdot 2^7$

d) $\frac{9^8}{3^8}$

e) $(7^5)^6$

○ **2** Wende die erste Potenzregel an und vereinfache den Term.

a) $5^4 \cdot 5^7$ **b)** $8^5 : 8^3$ **c)** $x^6 \cdot x^7$ **d)** $\frac{9^{13}}{9^7}$

○ **3** Wende die zweite Potenzregel an und vereinfache den Term.

a) $2^6 \cdot 4^6$ **b)** $z^7 : z^7$ **c)** $4^8 \cdot 11^8$ **d)** $15^9 : 5^9$

○ **4** Wende die dritte Potenzregel an und vereinfache den Term.

a) $(3^2)^5$ **b)** $(x^4)^{13}$ **c)** $(y^{-4})^2$ **d)** $(4^{-8})^{-9}$

◐ **5** Vereinfache den Term.

a) $(2^2)^5 \cdot 2^3$ **b)** $\frac{8^4 : 4^4}{2^3}$ **c)** $(9^{-3})^{-2} : 3^6$ **d)** $\frac{(16^{-2})^{-4} : 8^8}{2^6}$

TIPPS ZUM LÖSEN DER AUFGABE 5

5 a) Hier kannst du zuerst die dritte und dann die erste Potenzregel anwenden. **b)** Wende im Zähler zuerst die zweite Potenzregel an. **c)** Hier kannst du zuerst die dritte und dann die zweite Potenzregel anwenden. **d)** Wende im Zähler zuerst die dritte Potenzregel an.

Potenzen mit negativen und gebrochenen Hochzahlen

Generell kannst du Potenzen mit negativen und gebrochenen Hochzahlen als Ergebnis stehenlassen.
Willst du allerdings mit diesen Termen weiterechnen, ist es oft sinnvoller, sie in einen Term ohne Potenz umzuschreiben. Hier helfen dir die folgenden Schreibweisen:

I $a^{-n} = \frac{1}{a^n}$

II $a^{\frac{1}{n}} = \sqrt[n]{a}$

SO GEHT'S

1 Beispiel

Schreibe den Term ohne Potenz.

a) 5^{-3}

b) $2^{\frac{1}{2}}$

c) $x^{\frac{1}{4}}$

d) $5^{\frac{2}{7}}$

e) $x^{-\frac{1}{2}}$

f) $(3x)^{-\frac{1}{5}}$

Schreibe ohne Potenz, indem du die obigen Schreibweisen anwendest:

a) $5^{-3} = \frac{1}{5^3} = \frac{1}{125}$

b) $2^{\frac{1}{2}} = \sqrt[2]{2} = \sqrt{2}$

c) $x^{\frac{1}{4}} = \sqrt[4]{x}$

d) $5^{\frac{2}{7}} = (5^2)^{\frac{1}{7}} = \sqrt[7]{5^2} = \sqrt[7]{25}$

e) $x^{-\frac{1}{2}} = \frac{1}{x^{\frac{1}{2}}} = \frac{1}{\sqrt[2]{x}} = \frac{1}{\sqrt{x}}$

f) $(3x)^{-\frac{1}{5}} = \frac{1}{(3x)^{\frac{1}{5}}} = \frac{1}{\sqrt[5]{3x}}$

Du bist dran

Schreibe den Term ohne Potenz.

a) 3^{-4}

b) $5^{\frac{1}{2}}$

c) $x^{\frac{1}{3}}$

d) $3^{\frac{4}{5}}$

e) $x^{-\frac{1}{5}}$

f) $5x^{-\frac{1}{2}}$

Tipp
Allgemein gilt die Vereinfachung:
$\sqrt[2]{x} = \sqrt{x}$

○ **2** Schreibe den Term ohne Potenz.

a) 3^{-4} **b)** 4^{-3} **c)** x^{-5} **d)** $(x^2)^{-3}$ **e)** $(3x^2)^{-3}$

○ **3** Schreibe den Term ohne Potenz.

a) $3^{\frac{1}{5}}$ **b)** $5^{\frac{1}{8}}$ **c)** $x^{\frac{1}{9}}$ **d)** $x^{\frac{3}{5}}$ **e)** $(2x)^{\frac{2}{5}}$

○ **4** Schreibe den Term ohne Potenz.

a) $4^{-\frac{1}{5}}$ **b)** $3^{-\frac{1}{3}}$ **c)** $x^{-\frac{1}{11}}$ **d)** $x^{-\frac{2}{3}}$ **e)** $(x^2)^{-\frac{3}{5}}$

TIPPS ZUM LÖSEN DER AUFGABEN 2 UND 3

2d) Nach dem Umformen kannst du den Term im Nenner noch mit der dritten Potenzregel vereinfachen. **e)** Denke daran, dass die $3x^2$ nach dem Umformen in einer Klammer stehen müssen. Dann kannst du den Term im Nenner noch mit der dritten Potenzregel vereinfachen.
3e) Denke daran, dass die $2x$ nach dem Umformen in einer Klammer stehen müssen. Dann kannst du den Term unter der Wurzel noch mit der dritten Potenzregel vereinfachen.

Lösen durch Äquivalenzumformungen

Oft suchst du eine unbekannte Zahl (meistens x), um die Lösung einer Gleichung zu finden. Dazu verwendest du Äquivalenzumformungen, d.h., du veränderst die Gleichung auf beiden Seiten auf die gleiche Weise. Dies machst du so lange, bis x auf einer Seite der Gleichung alleine steht.

SO GEHT'S

Erklärfilm
Lösen von linearen Gleichungen
kf25hp

1 Beispiel
Löse die Gleichung.
a) $5x + 10 = 25$
b) $\frac{3}{2} \cdot x + 8 = x + 2$

Du bist dran
Löse die Gleichung.
a) $3x + 12 = 27$
b) $\frac{5}{2} \cdot x + 10 = 2x - 5$

Löse die Gleichung mithilfe von Äquivalenzumformungen:

a)
$$\begin{aligned} 5x + 10 &= 25 \quad &| -10 \\ 5x &= 15 \quad &| :5 \\ x &= 3 \end{aligned}$$

b)
$$\begin{aligned} \frac{3}{2} \cdot x + 8 &= x + 2 \quad &| -x \\ \frac{1}{2} \cdot x + 8 &= 2 \quad &| -8 \\ \frac{1}{2} \cdot x &= -6 \quad &| \cdot 2 \\ x &= -12 \end{aligned}$$

Tipp
Brüche eliminierst du am einfachsten, indem du beide Seiten der Gleichung mit deren Nenner multiplizierst.

○ **2** Löse die Gleichung.
a) $3x + 27 = 33$ **b)** $-4x + 11 = -33$ **c)** $-8x + 16 = 4$

○ **3** Löse die Gleichung.
a) $5x + 4 = 4x - 5$ **b)** $-3x + 37 = 2x - 23$ **c)** $2x - 28 = 8x + 20$

○ **4** Löse die Gleichung.
a) $\frac{1}{2} \cdot x + 4 = -3$ **b)** $-\frac{7}{2} \cdot x - 3 = -3x + 12$ **c)** $\frac{7}{4} \cdot x - 2 = x + 28$

Lösen von quadratischen Gleichungen mit der pq-Formel

Die Lösungen einer quadratischen Gleichung der Form $x^2 + px + q = 0$ kannst du mit der pq-Formel berechnen:

$$x_{1,2} = -\frac{p}{2} \pm \sqrt{\left(\frac{p}{2}\right)^2 - q}$$

Erklärfilm
Lösen von quadratischen Gleichungen mit der pq-Formel
kf25hp

SO GEHT'S

1 Beispiel
Löse die Gleichung mit der pq-Formel.
$2x^2 + 12x - 14 = 0$

Du bist dran
Löse die Gleichung mit der pq-Formel.
$2x^2 - 10x + 12 = 0$

Bringe zuerst die Gleichung durch Äquivalenzumformungen in die richtige Form:

$$\begin{aligned} 2x^2 + 12x - 14 &= 0 \quad | :2 \\ x^2 + 6x - 7 &= 0 \end{aligned}$$

Notiere die Werte von p und q:

$p = 6, \; q = -7$

Tipp
Kommt dir diese Formel nicht bekannt vor, dann kannst du auch alle quadratischen Gleichungen mit der abc-Formel (nächster Abschnitt) lösen.

Setze die Werte für p und q in die Formel ein:

$$x_{1,2} = -\frac{6}{2} \pm \sqrt{\left(\frac{6}{2}\right)^2 - (-7)}$$

$$= -3 \pm \sqrt{\frac{36}{4} + 7} = -3 \pm \sqrt{9 + 7}$$

$$= -3 \pm 4$$

Berechne die beiden Ergebnisse x_1 und x_2:

$x_1 = -3 + 4 = 1$

$x_2 = -3 - 4 = -7$

Tipp
Steht unter der Wurzel der Wert null, hat die Gleichung **nur eine Lösung**.
Steht unter der Wurzel ein negativer Wert, hat die Gleichung **keine Lösung**.

○ **2** Löse die Gleichung mit der pq-Formel.

a) $x^2 + 3x + 2 = 0$ **b)** $x^2 - 2x - 3 = 0$ **c)** $-2x^2 + 2x + 12 = 0$
d) $-x^2 + 2x - 1 = 0$ **e)** $5x^2 - 4x + 2 = 0$ **f)** $2x^2 - 14x + 24 = 0$

○ **3** Schreibe die Gleichung in der Form $x^2 + px + q = 0$, vereinfache sie gegebenenfalls und löse sie.

a) $x^2 + 3x = 10$ **b)** $0{,}2x^2 = -0{,}5x - 0{,}2$ **c)** $-\frac{1}{3}x + x^2 = \frac{2}{9}$

Erklärfilm
Lösen von quadratischen Gleichungen mit der abc-Formel
kf25hp

Lösen von quadratischen Gleichungen mit der abc-Formel

Die Lösungen einer quadratischen Gleichung der Form $ax^2 + bx + c = 0$ mit $a \neq 0$ kannst du mit der abc-Formel berechnen:

$$x_{1,2} = \frac{-b \pm \sqrt{b^2 - 4ac}}{2a}$$

Tipp
Kommt dir diese Formel nicht bekannt vor, dann kannst du auch alle quadratischen Gleichungen mit der pq-Formel (vorheriger Abschnitt) lösen.

SO GEHT'S

1 Beispiel
Löse die Gleichung mit der abc-Formel.
$2x^2 + 12x - 14 = 0$

Notiere zunächst die Werte von a, b und c:

$a = 2,\ b = 12,\ c = -14$

Setze die Werte für a, b und c in die Formel ein:

$$x_{1,2} = \frac{-12 \pm \sqrt{12^2 - 4 \cdot 2 \cdot (-14)}}{2 \cdot 2}$$

$$= \frac{-12 \pm \sqrt{144 + 112}}{4}$$

$$= \frac{-12 \pm \sqrt{256}}{4} = \frac{-12 \pm 16}{4}$$

Berechne die beiden Ergebnisse x_1 und x_2:

$$x_1 = \frac{-12 + 16}{4} = \frac{4}{4} = 1$$

$$x_2 = \frac{-12 - 16}{4} = \frac{-28}{4} = -7$$

Du bist dran
Löse die Gleichung mit der abc-Formel.
$2x^2 - 10x + 12 = 0$

TIPPS ZUM LÖSEN DER AUFGABEN 2 UND 3

2 c) Dividiere die Gleichung durch −2. **d)** Multipliziere die Gleichung mit −1. **e)** Dividiere die Gleichung durch 5. Daraus folgt: $p = -\frac{4}{5}$ und $q = \frac{2}{5}$. Rechne in der Bruchschreibweise weiter.
3 b) Bringe zunächst alle Summanden auf die linke Seite und multipliziere die Gleichung dann mit 5, um die Dezimalzahlen zu eliminieren. **c)** Bringe zunächst alle Summanden auf die linke Seite, sortiere sie und multipliziere die Gleichung dann mit 9, um die Brüche zu eliminieren.

> **Tipp**
> Steht unter der Wurzel der Wert null, hat die Gleichung **nur eine Lösung**.
> Steht unter der Wurzel ein negativer Wert, hat die Gleichung **keine Lösung**.

○ **2** Löse die Gleichung mit der abc-Formel.

a) $x^2 + 3x + 2 = 0$ **b)** $x^2 - 2x - 3 = 0$ **c)** $-2x^2 + 2x + 12 = 0$
d) $-x^2 + 2x - 1 = 0$ **e)** $5x^2 - 4x + 2 = 0$ **f)** $2x^2 - 14x + 24 = 0$

○ **3** Schreibe die Gleichung in der Form $ax^2 + bx + c = 0$, vereinfache die Gleichung gegebenenfalls und löse sie.

a) $x^2 + 3x = 10$ **b)** $0{,}2x^2 = -0{,}5x - 0{,}2$ **c)** $-\frac{1}{3}x + x^2 = \frac{2}{9}$

Lösen von einfachen Bruchgleichungen

Einfache Bruchgleichungen kannst du lösen, indem du zunächst mit einem geeigneten Term multiplizierst, sodass keine Variable mehr im Nenner steht. Danach kannst du die Gleichung wie gewohnt lösen.

> **Erklärfilm**
> Bruchgleichungen (Eine Version mit abc- und eine mit pq-Formel.)
> kf25hp

SO GEHT'S

1 Beispiel

Löse die Bruchgleichung.

$\frac{20}{x-1} = x$

Multipliziere mit einem geeigneten Term, sodass keine Variable mehr im Nenner steht:

$\frac{20}{x-1} = x \quad | \cdot (x-1)$

$20 = x \cdot (x-1)$

Vereinfache die Gleichung und löse sie durch Anwendung der pq- oder abc-Formel:

$20 = x^2 - x \quad | -x^2 + x$

$-x^2 + x + 20 = 0$

Lösungen: $x_1 = 5$; $x_2 = -4$

Du bist dran

Löse die Bruchgleichung.

$\frac{15}{x-2} = x$

> **Tipp**
> Eine Gleichung der Form $x^2 = a$ mit $a > 0$ hat immer zwei Lösungen.

> **Tipp**
> Hier hast du Platz, mit der pq- oder abc-Formel zu rechnen.

○ **2** Löse die Bruchgleichung.

a) $\frac{16}{x} = 2$ **b)** $\frac{4}{x^2} = 1$ **c)** $4y = \frac{64}{y}$ **d)** $\frac{16}{z} = 2z^2$

○ **3** Löse die Bruchgleichung.

a) $\frac{6}{x+3} = -3x$ **b)** $-2 = \frac{7-3x}{x}$ **c)** $a - \frac{1}{a} = \frac{20}{a} - 4$ **d)** $1 + \frac{3}{x} = \frac{10}{x^2}$

TIPPS ZUM LÖSEN DER AUFGABEN 2 UND 3

2 a) Steht vor x^2 kein Faktor, so hat a den Wert 1. **3 b)** Bringe zunächst alle Summanden auf die linke Seite und multipliziere die Gleichung dann mit 5, um die Dezimalzahlen zu eliminieren. **c)** Bringe zunächst alle Summanden auf die linke Seite, sortiere sie und multipliziere die Gleichung dann mit 9, um die Brüche zu eliminieren.
3 d) Multipliziere mit der größten x-Potenz, die in einem der Nenner steht, hier x^2.

Schnittpunkte von Funktionen

Um die Schnittpunkte zweier Funktionen zu bestimmen, musst du deren Funktionsterme gleichsetzen und nach x auflösen.

Erklärfilm
Schnittpunkte von Geraden
kf25hp

SO GEHT'S

1 Beispiel
Bestimme den Schnittpunkt der Funktionen.
$f(x) = 2x + 1$ und $g(x) = x - 1$

Setze die beiden Funktionsterme gleich $(f(x) = g(x))$:

$2x + 1 = x - 1$

Löse die Gleichung nach x auf:

$2x + 1 = x - 1 \quad | -x - 1$
$x = -2$

Setze den x-Wert in eine der beiden Funktionen ein, um den y-Wert des Schnittpunktes zu berechnen:

$f(-2) = 2 \cdot (-2) + 1 = -4 + 1 = -3$

Gib den Schnittpunkt an:

$P(-2 \mid -3)$

Du bist dran
Bestimme den Schnittpunkt der Funktionen.
$f(x) = 2x - 5$ und $g(x) = x + 3$

Tipp
Da die Funktionswerte am Schnittpunkt gleich sind, ist es egal, in welche der beiden Funktionen du den x-Wert einsetzt.

○ **2** Bestimme den Schnittpunkt der Funktionen f und g.
a) $f(x) = 3x + 1;\ g(x) = -x + 5$ **b)** $f(x) = -6x + 2;\ g(x) = 6 + 2x$

○ **3** Bestimme die Schnittpunkte der Funktionen f und g.
a) $f(x) = 3x^2 - 2{,}5x - 5;\ g(x) = x^2 + 0{,}5x$ **b)** $f(x) = -x^2 - 4x + 1;\ g(x) = x^2 - x - 1$

Lösen von Gleichungen mit Parametern

Um Gleichungen zu lösen, in denen neben der Variablen x zusätzliche Parameter vorkommen, musst du diese wie Zahlen behandeln.

SO GEHT'S

1 Beispiel
Bestimme die Lösung der Gleichung in Abhängigkeit von t.
$2x - 2 = tx + 1 \quad (t \neq 2)$

Bringe zunächst alle Summanden, die die Variable x enthalten, auf die linke Seite und alle Summanden ohne x auf die rechte Seite der Gleichung:

$2x - 2 = tx + 1 \quad | -tx + 2$
$2x - tx = 3$

Klammere das x auf der linken Seite aus und teile die Gleichung durch den mit x verbundenen Faktor:

$x \cdot (2 - t) = 3 \quad | : (2 - t)$
$x = \frac{3}{2 - t}$

Du bist dran
Bestimme die Lösung der Gleichung in Abhängigkeit von t.
$4x + 3 = 1 - tx \quad (t \neq -4)$

TIPP ZUM LÖSEN DER AUFGABE 3

3 Nach dem Gleichsetzen der beiden Funktionsterme bringst du alle Summanden auf eine Seite und bestimmst die x-Werte der Schnittpunkte mithilfe der pq- oder der abc-Formel.

> **Tipp**
> Steht der Parameter alleine ohne ein x, fällt das Ausklammern weg.

○ **2** Löse die Gleichung.

a) $5x - 2 = tx - 1 \quad (t \neq 5)$ **b)** $-3 = 2x + ax - 4 \quad (a \neq -2)$ **c)** $5x - 2 = bx - 1 \quad (b \neq 5)$
d) $3x + 1 = 3t - 5$ **e)** $-x + tx = tx - 2$ **f)** $2x - 4 = 2x + ax - 3 \quad (a \neq 0)$

> **Tipp**
> Das grundsätzliche Vorgehen bleibt auch bei 2 Parametern gleich.

○ **3** Löse die Gleichung.

a) $ax = -bx + 2 \quad (b \neq -a, a \neq 0, b \neq 0)$ **b)** $bx + 2a = 3ax - a \quad (b \neq 3a, a \neq 0, b \neq 0)$
c) $xa - b = -xb + a \quad (b \neq a, a \neq 0, b \neq 0)$ **d)** $2ax - 4a = bx - 2b \quad (b \neq 2a, a \neq 0, b \neq 0)$

Lösen von linearen Gleichungssystemen (LGS) mit dem Additionsverfahren

Multipliziere eine oder beide Gleichungen mit einer Zahl, sodass die Vorfaktoren einer Variablen bis auf das Vorzeichen gleich sind.

SO GEHT'S

> **Erklärfilm**
> Lösen von linearen Gleichungssystemen mit dem Additionsverfahren
> kf25hp

1 **Beispiel**

Bestimme die Lösung des Gleichungssystems mit dem Additionsverfahren.

I $-2x + y = 1$
II $x - 2y = -5$

Multipliziere eine der beiden Gleichungen mit einer Zahl, sodass die Variable x oder y zusammen mit ihrem Vorfaktor das Vielfache der entsprechenden Variablen in der zweiten Gleichung mit umgekehrtem Vorzeichen ist:

I $-2x + y = 1$
II $x - 2y = -5 \quad | \cdot 2$

Addiere eine der beiden Gleichungen zur anderen hinzu:

I $-2x + y = 1$
IIa $2x - 4y = -10$ (+)

I + IIa $-3y = -9$

Löse die Gleichung nach der verbliebenen Variablen auf:

$-3y = -9 \quad | : (-3)$
$y = 3$

Setze deren Wert in die andere Gleichung ein, um auch die zweite Variable zu berechnen:

$-2x + 3 = 1 \quad | -3$
$-2x = -2 \quad | : (-2)$
$x = 1$

Du bist dran

Bestimme die Lösung des Gleichungssystems mit dem Additionsverfahren.

I $3x - y = 5$
II $-x + y = -1$

TIPPS ZUM LÖSEN DER AUFGABEN 2 UND 3

2d) Das t ist hier nicht mit einem x verbunden, kann also gleich auf der rechten Seite der Gleichung bleiben. **e)** Das t fällt hier durch die Äquivalenzumformungen weg, die Lösung ist also unabhängig von t. **3c)** Die Lösung ist weder von a noch von b abhängig. **d)** Bringe alle Summanden mit x auf die linke und alle ohne x auf die rechte Seite, klammere dann x auf der linken Seite aus.

○**2** Bestimme die Lösung des Gleichungssystems mit dem Additionsverfahren.

a) I $-x+2y=4$; II $x-y=-1$ **b)** I $2x-3y=-4$; II $-x+y=1$ **c)** I $-x+3y=-1$; II $-y=-1$ **d)** I $4x-2y=-6$; II $5x+3y=-2$

○**3** Beim Lösen des Gleichungssystems wurde jeweils ein Fehler gemacht. Beschreibe den Fehler und löse es korrekt.

a)
I $-x-2y=5$
II $x+y=0$

I + II $-y=0$

b)
I $2x+y=-3$
II $-x-y=1$

I + II $3x=-2$

Graphen von linearen Funktionen zeichnen und lineare Funktionen bestimmen

Um den Graphen einer linearen Funktion $y=m\cdot x+c$ zu zeichnen, oder aus einem gegebenen Graphen eine Funktionsgleichung abzulesen, muss man jeweils deren Steigung m und y-Achsenabschnitt c erkennen.

Erklärfilm Lineare Funktionen – Geraden zeichnen kf25hp

Erklärfilm Lineare Funktionen – Aufstellen von Geradengleichungen kf25hp

SO GEHT'S

1 Beispiel

a) Zeichne den Graphen der linearen Funktion $y=2\cdot x-1$.

b) Bestimme die Funktionsgleichung zum dargestellten Graphen.

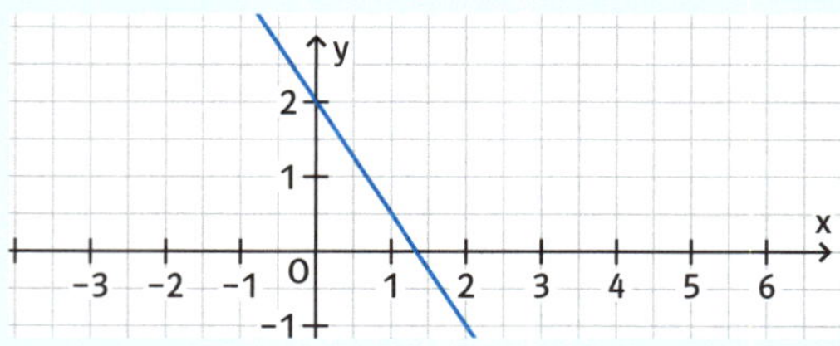

Du bist dran

a) Zeichne den Graphen der linearen Funktion $y=1{,}5x-2$.

b) Bestimme die Funktionsgleichung zum dargestellten Graphen.

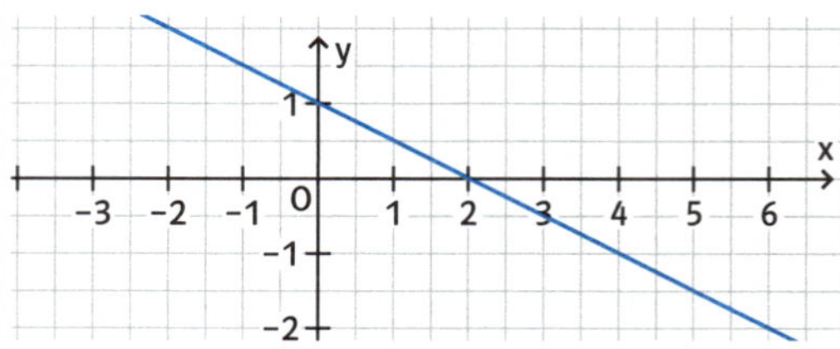

a) Zeichnen des Graphen
Lies aus der Funktionsgleichung die Werte für die Steigung m und den y-Achsenabschnitt c ab:

$m=2;\ c=-1$

Zeichne ein Koordinatensystem und trage den y-Achsenabschnitt auf der y-Achse ein. Gehe von diesem Punkt aus eine Längeneinheit nach rechts und dann entsprechend der Steigung den gegebenen Wert nach oben oder unten. Zeichne dort einen zweiten Punkt ein und zeichne die Gerade durch beide Punkte:

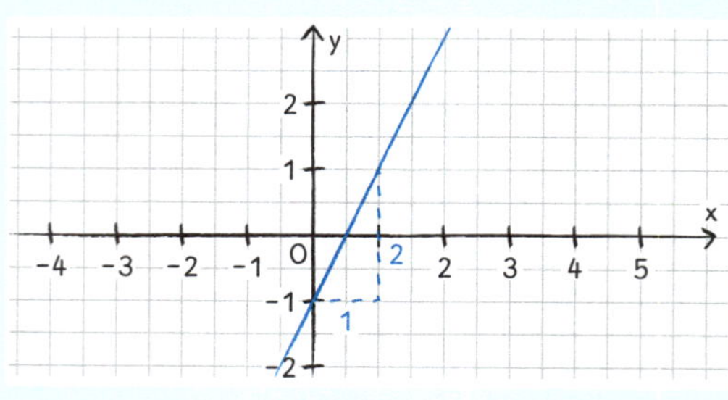

Tipp
Beim Zeichnen der Geraden entsteht das sogenannte Steigungsdreieck.

TIPPS ZUM LÖSEN DER AUFGABEN 2 UND 3

2c) Du musst keine Addition der Gleichungen vornehmen, sondern kannst direkt den Wert für y bestimmen. **3a)** Achte auf die rechte Seite der Gleichungen. **b)** Achte auf die Vorfaktoren der Variablen x.

b) Bestimmen der Funktionsgleichung
Lies aus dem Graphen auf der y-Achse den y-Achsenabschnitt c ab. Gehe von diesem Punkt aus eine Längeneinheit nach rechts und dann nach oben oder unten, sodass du wieder den Graphen erreichst. Die nach oben oder unten zurückgelegte Länge entspricht der Steigung m:

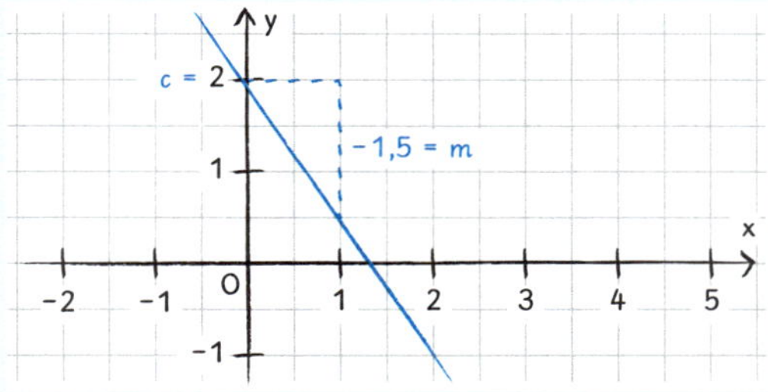

$m = -1{,}5;\ c = 2$

Gib die Funktionsgleichung an:

$y = -1{,}5x + 2$

Tipp
Du gehst im Steigungsdreieck immer nach rechts. Gehst du dann nach oben ist die Steigung positiv, gehst du nach unten, ist sie negativ.

Tipp
Eine Erklärung, wie du vorgehst, wenn die Steigung ein Bruch ist, findest du im oben angegebenen Erklärfilm.

○ **2** Zeichne den Graphen der linearen Funktion.

a) $y = -2 \cdot x + 1$ **b)** $y = 0{,}5 \cdot x - 1{,}5$ **c)** $y = x - 1$ **d)** $y = -1{,}5 \cdot x$
e) $y = \frac{1}{3} \cdot x - 1$ **f)** $y = -\frac{1}{4} \cdot x + 2$ **g)** $y = 0{,}2 \cdot x + 1$ **h)** $y = 0{,}4x$

○ **3** Bestimme die Funktionsgleichung.

a)
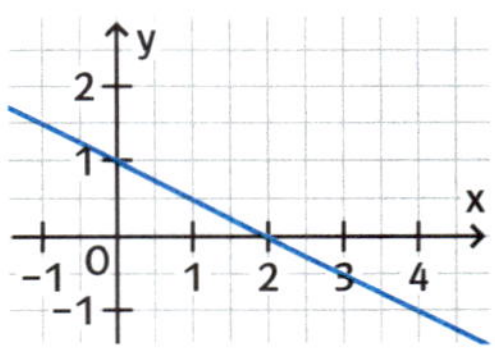

b)
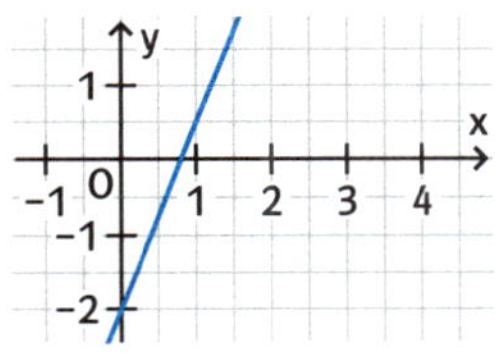

c)
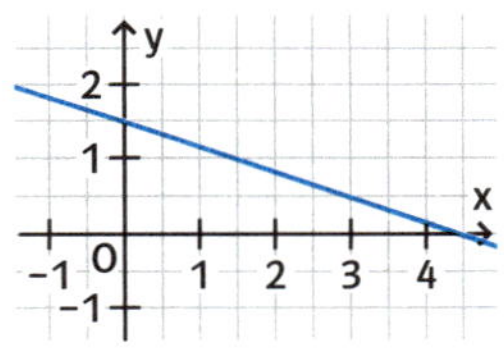

d)
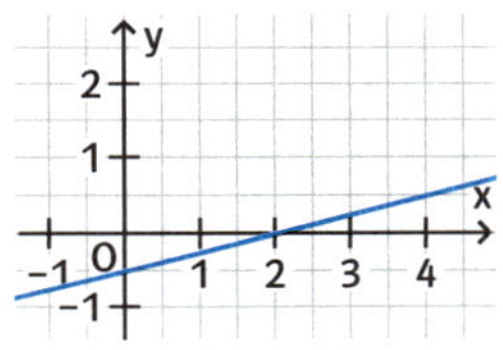

TIPPS ZUM LÖSEN DER AUFGABEN 2 UND 3

2c) Steht kein Faktor vor dem x, so hat die Steigung den Wert m = 1. **d)** Ist der y-Achsenabschnitt c = 0, so geht der Graph durch den Ursprung des Koordinatensystems. **e)** Gehe im Steigungsdreieck 3 Schritte nach rechts. **f)** Gehe im Steigungsdreieck 4 Schritte nach rechts. **g + h)** Gehe im Steigungsdreieck jeweils 5 Schritte nach rechts. **g)** $0{,}2 = \frac{1}{5}$ **h)** $0{,}4 = \frac{2}{5}$
3c) Du musst 3 Längeneinheiten nach rechts gehen, damit der abzulesende Wert ganzzahlig wird. Du erhältst die Steigung, indem du die nach unten gegangene Längeneinheit durch die nach rechts gegangenen Längeneinheiten teilst (siehe auch Erklärfilm).
d) Verfahre wie bei Teilaufgabe c), hier musst du 2 Längeneinheiten nach rechts gehen.

Lineare Funktionen aus gegebenen Werten bestimmen

Um den Term einer linearen Funktion zu bestimmen, benötigst du zwei Punkte des Graphen oder einen Punkt des Graphen sowie dessen Steigung.

SO GEHT'S

1 **Beispiel**
Bestimme die lineare Funktion, deren Graph durch die beiden Punkte P(2 | −1) und Q(4 | 2) verläuft.

Bestimme zunächst die Steigung m:

$$m = \frac{y_2 - y_1}{x_2 - x_1} = \frac{2-(-1)}{4-2} = \frac{3}{2} = 1{,}5$$

Setze den Wert von m sowie den x- und y-Wert eines der beiden Punkte in die allgemeine Geradengleichung ein und bestimme den y-Achsenabschnitt c:

$$y = m \cdot x + c$$
$$2 = 1{,}5 \cdot 4 + c$$
$$2 = 6 + c \quad | -6$$
$$-4 = c$$

Gib mit den Werten von m und c die gesuchte Funktionsgleichung an:

$$y = 1{,}5 \cdot x - 4$$

Du bist dran
Bestimme die lineare Funktion, deren Graph durch die beiden Punkte P(1 | 2) und Q(3 | −1) verläuft.

○**2** Bestimme die lineare Funktion, deren Graph durch die beiden Punkte P und Q verläuft.
a) P(2 | 4); Q(3 | 5)
b) P(1 | 3); Q(3 | 2)
c) P(−3 | 2); Q(0 | −1)
d) P(−2 | −3); Q(−1 | −5)

Tipp
Da Q den x-Wert 0 hat, gibt dir dieser Punkt direkt den y-Achsenabschnitt an.

Die Graphen der Grundfunktionen zeichnen und untersuchen

Viele kompliziertere Funktionsterme setzen sich aus Vielfachen der folgenden Grundfunktionen zusammen:

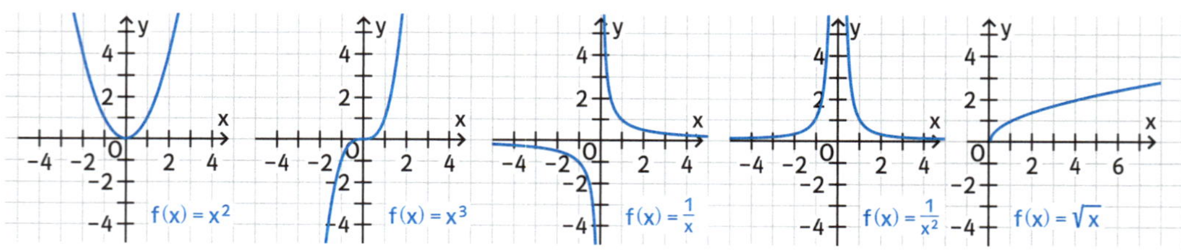

SO GEHT'S

1 **Beispiel**
Gegeben ist die Funktion $f(x) = x^2$.
a) Fertige eine Wertetabelle im Bereich von $-2 \le x \le 2$ an und zeichne den Graphen der Funktion.
b) Bestimme den Wert an der Stelle $x = 8$.
c) An welchen Stellen hat die Funktion den Wert 49?

Du bist dran
Gegeben ist die Funktion $f(x) = x^3$.
a) Fertige eine Wertetabelle im Bereich von $-2 \le x \le 2$ an und zeichne den Graphen der Funktion.
b) Bestimme den Wert an der Stelle $x = 4$.
c) An welcher Stelle hat die Funktion den Wert −27?

TIPP ZUM LÖSEN DER AUFGABEN 2

2c) Da Q den x-Wert 0 hat, gibt dir dieser Punkt direkt den y-Achsenabschnitt an.

a) Zeichne eine Wertetabelle und berechne die y-Werte für alle ganzzahligen x-Werte im angegebenen Bereich:

x	−2	−1	0	1	2
y	4	1	0	1	4

Zeichne ein Koordinatensystem und trage die Punkte aus der Tabelle darin ein. Ergänze anschließend den Verlauf der Funktion entsprechend der Skizzen der Grundfunktionen von oben:

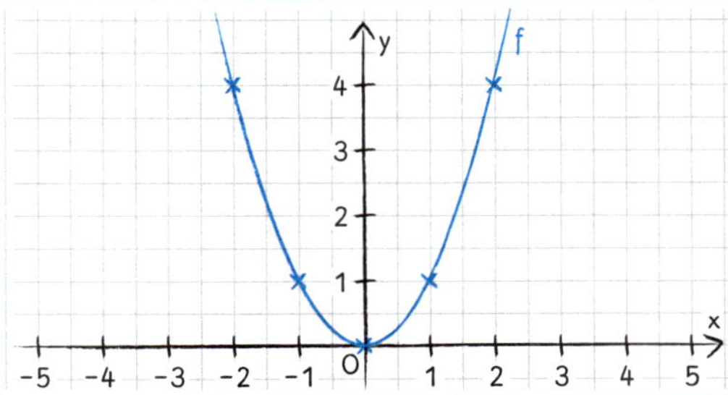

b) Setze den x-Wert in die Funktionsgleichung ein:

$f(8) = 8^2 = 64$

c) Setze die Funktionsgleichung mit dem gegebenen Wert gleich und löse nach x auf:

$49 = x^2 \quad | \sqrt{\ }$

Lösungen: $x_1 = 7$; $x_2 = -7$

○ **2** Gegeben ist die Funktion $f(x) = \frac{1}{x^2}$.

a) Gib die Wertetabelle im Bereich von $-2 \le x \le 2$ an und zeichne den Graphen der Funktion.

b) Bestimme den Wert an der Stelle $x = 4$.

c) An welcher Stelle hat die Funktion den Wert $\frac{1}{9}$?

Tipp
Da du aus negativen Zahlen keine Wurzel ziehen kannst, dürfen in die Funktion $f(x) = \sqrt{x}$ nur positive x-Werte eingesetzt werden.

○ **3** Gegeben ist die Funktion $f(x) = \sqrt{x}$.

a) Gib die Wertetabelle für die x-Werte 0; 1; 4 und 9 an und zeichne die Funktion in diesem Bereich.

b) Bestimme den Wert an der Stelle $x = 64$.

c) An welcher Stelle hat die Funktion den Wert 5?

TIPP ZUM LÖSEN DER AUFGABE 2

2c) Es gibt zwei Lösungen.

SCHRITT **1**

Ich kann den Zusammenhang zwischen Funktionen und Graphen darstellen.

Hier lernst du, wie du die Definitions- und Wertemenge der Funktion $f(x) = \frac{2}{x-2}$ bestimmen und wie du prüfen kannst, ob der Punkt $(4 \mid 1)$ auf dem Graphen von f liegt.

DAS BRAUCHST DU WIEDER

Allgemein: Koordinaten berechnen oder ablesen

Beispiele: $f(x) = 0{,}25x^2 + 2$

$f(2) = 3;\ P(2 \mid 3)$

$f(1) =$ ________ ; $Q(1 \mid$ ____ $)$

$f(-2) =$ ________ ; $R($ ____ $\mid$ ____ $)$

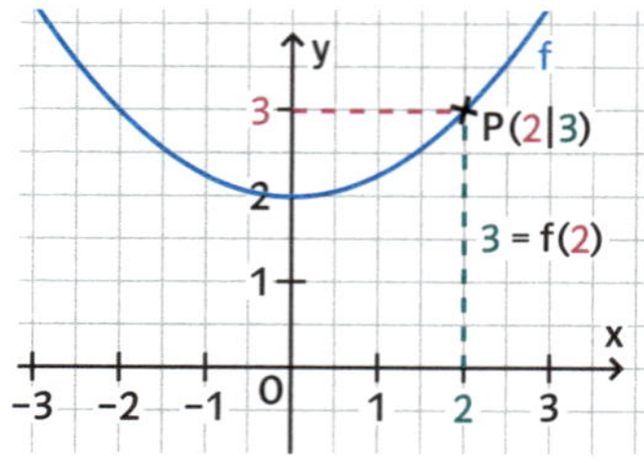

DARUM GEHT'S

Du weißt bereits, wie du anhand einer **Funktionsgleichung** zu einem beliebigen Wert x_0 den **Funktionswert** $y_0 = f(x_0)$ bestimmst.
Die Menge der Punkte $P(x_0 \mid y_0)$ ergibt den **Graphen** von f.

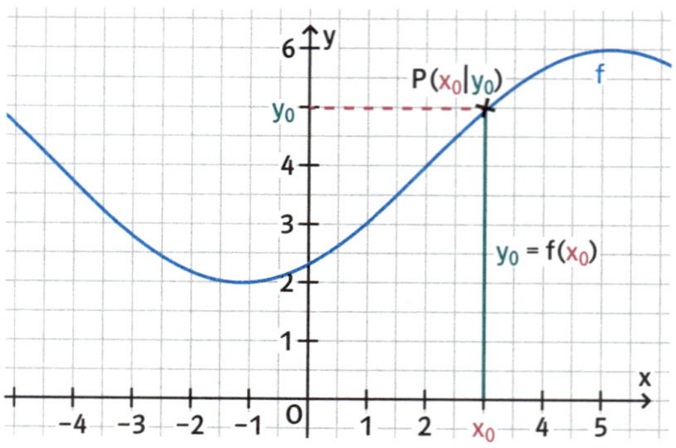

Alle x-Werte, die du in die Funktionsgleichung einsetzen darfst, bilden die **Definitionsmenge** D_f.

Bei $f(x) = \frac{1}{x}$ zum Beispiel darfst du für x nicht null einsetzen: $D_f = \mathbb{R} \setminus \{0\}$.
Alle y-Werte, die du beim Einsetzen in die Funktionsgleichung erhältst, bilden die **Wertemenge** W_f.
Bei $f(x) = x^2 + 3$ zum Beispiel erhältst du nur Werte $f(x) \geq 3$: $W_f = [3; \infty)$.

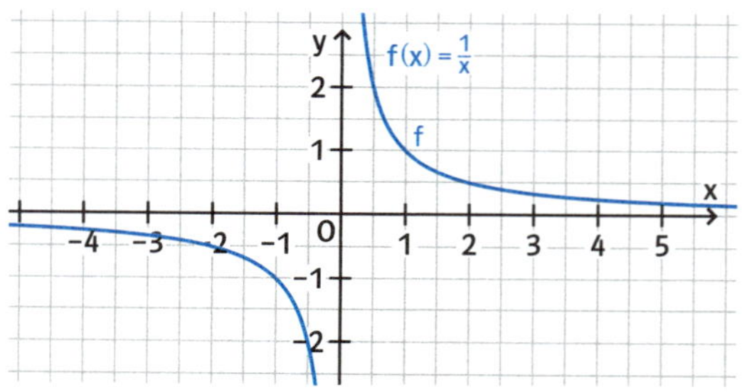

Für Intervalle werden folgende Schreibweisen verwendet:

$[a; b]$	abgeschlossenes Intervall:	$a \leq x \leq b$
$[a; b)$	halboffenes Intervall:	$a \leq x < b$
$(a; b]$	halboffenes Intervall:	$a < x \leq b$
$(a; b)$	offenes Intervall:	$a < x < b$

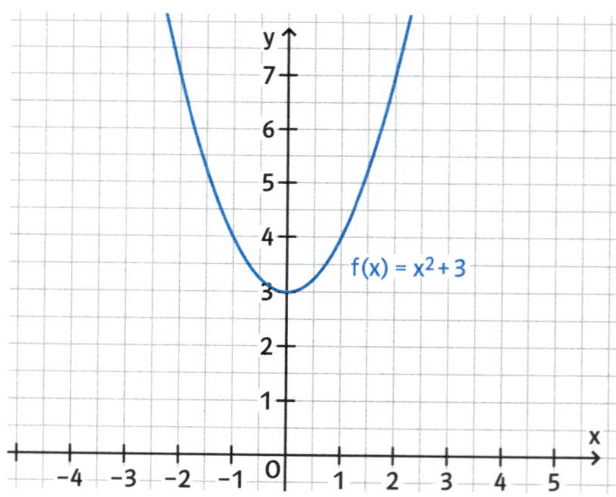

Tipp
$\mathbb{R}$ steht für die Menge der reellen Zahlen.

Tipp
∞ gehört nie zur Definitions- oder zur Wertemenge. Deswegen benutzen wir hier die runde Klammer.

Tipp
Unter einem Intervall versteht man einen zusammenhängenden Bereich der x-Achse. Ist Beginn oder Ende eines Intervalls offen, gehört die Zahl an dessen Rand nicht zum Intervall.

Funktion und Graph

Mit diesem Vorgehen kannst du die Definitions- und Wertemenge bestimmen und feststellen, ob ein Punkt auf dem Graphen von f liegt.

SO GEHT'S

1 Beispiel

a) Es wird die Funktion $f(x) = \frac{4}{x+3}$ betrachtet.
i) Bestimme die Definitionsmenge.
ii) Begründe, dass Null nicht zur Wertemenge gehört.
iii) Prüfe, ob der Punkt $P(-4\,|\,-3)$ auf dem Graphen von f liegt.

b) Prüfe an dem abgebildeten Graphen, ob die folgenden Aussagen wahr sind.
(1) $f(2) = -1$
(2) $f(-2) > 0$
(3) $f(3) < f(2)$

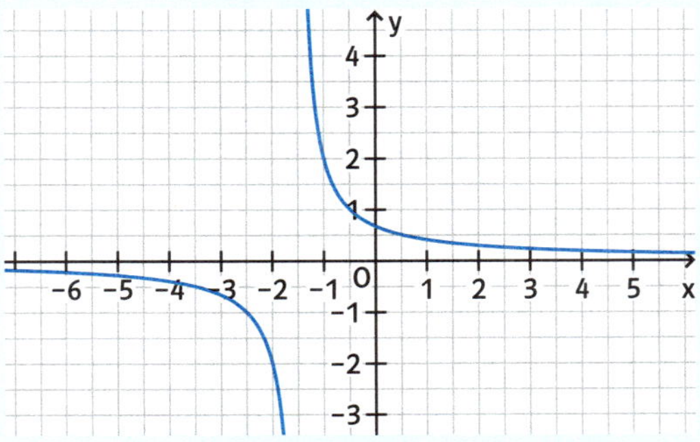

a) i) Setze den Nenner gleich Null und löse nach x auf:

$x + 3 = 0 \quad | -3$
$x = -3$

Schreibe die Definitionsmenge D_f auf:

$D_f = \mathbb{R} \setminus \{-3\}$

Tipp
Das bedeutet: Alle reellen Zahlen ohne die „−3".

ii) Setze den Funktionsterm gleich Null:

$\frac{4}{x+3} = 0 \quad | \cdot (x+3)$

$4 = 0$ falsch

Die Gleichung hat keine Lösung.
Daher ist 0 kein möglicher Funktionswert.

iii) Setze den x- und den y-Wert in die Funktionsgleichung ein und vergleiche beide Seiten (Punktprobe):

$\frac{4}{-4+3} = -3$

$\frac{4}{-1} = -3$

$-4 = -3$ falsch

Der Punkt $P(-4\,|\,-3)$ liegt nicht auf dem Graphen von f.

b) Lies den Funktionswert am Graphen ab und vergleiche die Werte:

(1) Falsch. Es gilt $(2) \approx 0{,}8$.
(2) Wahr. Bei $x = -2$ verläuft der Graph oberhalb der x-Achse.
(3) Wahr. Der y-Wert bei $x = 3$ ist kleiner als bei $x = 2$, denn der Graph nimmt zwischen den beiden Werten ab.

Du bist dran

a) Es wird die Funktion $f(x) = \frac{2}{x-2}$ betrachtet.
i) Bestimme die Definitionsmenge.
ii) Begründe, dass Null nicht zur Wertemenge gehört.
iii) Prüfe, ob der Punkt $Q(4\,|\,1)$ auf dem Graphen von f liegt.

b) Prüfe an dem abgebildeten Graphen, ob die folgenden Aussagen wahr sind.
(1) $f(-2) = 0$
(2) $f(1) < 0$
(3) $f(1) > f(0)$

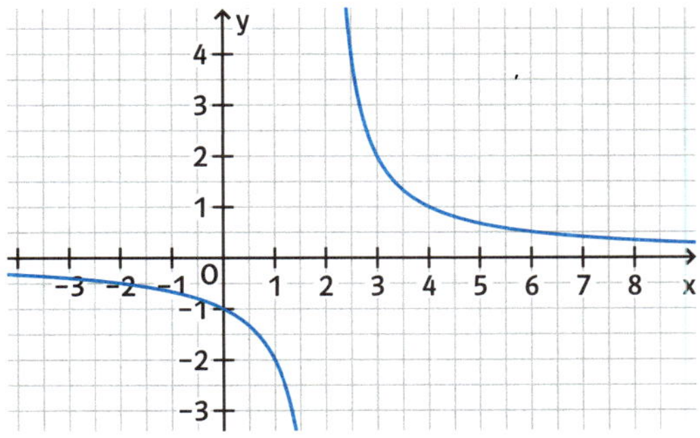

○ 2 Ergänze die fehlenden Koordinaten.

a) $f(x) = -2x^2 + 5x;\ A(2\,|\,?), B(-1\,|\,?)$

b) $f(x) = \frac{3}{x+1} + 4;\ A(2\,|\,?), B(-2\,|\,?)$

c) $f(x) = \frac{5}{x^2+1} + 4;\ A(1\,|\,?), B(-2\,|\,?)$

d) $f(x) = 2\sqrt{x-5};\ A(5\,|\,?), B(9\,|\,?)$

○ 3 Prüfe, ob die Punkte auf dem Graphen liegen.

a) $f(x) = x^3 - 3x;\ P(2\,|\,2), Q(-1\,|\,-2)$

b) $f(x) = \frac{3}{x+5};\ P(-2\,|\,1), Q(-4\,|\,3)$

c) $f(x) = \sqrt{x+4};\ P(0\,|\,0), Q(5\,|\,3)$

d) $f(x) = \frac{4}{x^2-4};\ P(4\,|\,1), Q(0\,|\,-1)$

◒ 4 Ordne den Funktionen die passende Definitionsmenge zu.

A: $f(x) = x^2 - 5$ B: $f(x) = \frac{2}{x+6}$ C: $f(x) = \sqrt{x+2}$ D: $f(x) = \frac{5}{x^2}$

I $D_f = \mathbb{R}\setminus\{-6\}$ II $D_f = \mathbb{R}$ III $D_f = \mathbb{R}\setminus\{0\}$ IV $D_f = [-2; \infty)$

◒ 5 Ordne den Funktionen die passende Wertemenge zu.

A: $f(x) = x^3 - 7$ B: $f(x) = x^4 + 3$ C: $f(x) = \sqrt{x} - 1$ D: $f(x) = -\frac{5}{x^2}$

I $W_f = [3; \infty)$ II $W_f = (-\infty; 0)$ III $W_f = \mathbb{R}$ IV $W_f = [-1; \infty)$

◒ 6 Die Abbildung zeigt den Graphen einer Parabel.

Überprüfe die Aussagen.

a) $f(3) = 2$
b) $f(-1{,}5) < 0$
c) $f(4) > f(3)$
d) $f(x) = 1$ hat genau zwei Lösungen.

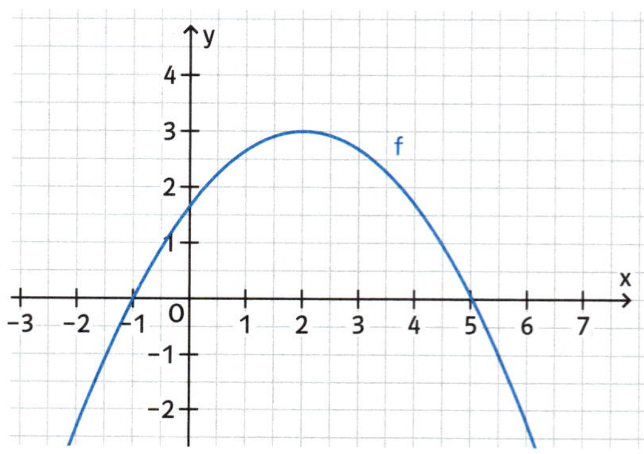

● 7 Die Abbildung zeigt den Graphen einer Funktion f.

Überprüfe die Aussagen für den abgebildeten Bereich.

a) $f(2) = 2$
b) $f(0) > 0$
c) $f(1) < f(3)$
d) $f(x) = 1$ hat genau eine Lösung.

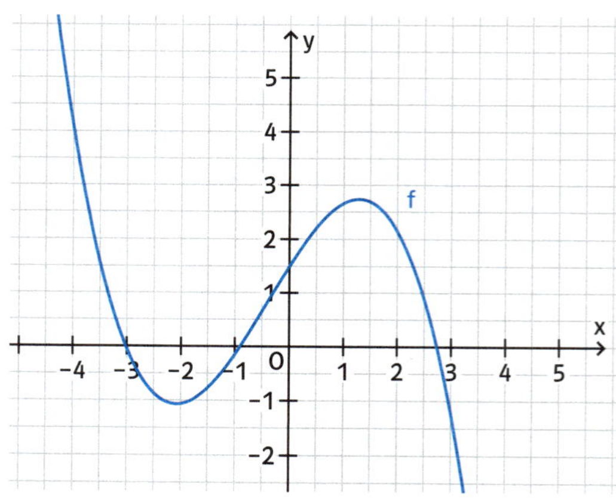

TIPPS ZUM LÖSEN DER AUFGABEN 2, 3, 4, 5, 6 UND 7

2 a) Potenzrechnung geht vor Punktrechnung: $-2 \cdot (-1)^2 = -2 \cdot 1 = -2$. **c)** $\sqrt{0} = 0$
3 a) $(-1)^3 = (-1) \cdot (-1) \cdot (-1) = -1$. **4** C Der Ausdruck unter der Wurzel darf nicht negativ, aber null werden. **5** B + D x^4 und x^2 werden nicht negativ. **6 d)** „genau zwei Lösungen" bedeutet: Es gibt tatsächlich nur zwei Lösungen, und nicht etwa drei. **7 d)** „genau eine Lösung" bedeutet: Es gibt tatsächlich nur eine Lösung, nicht mehr und nicht weniger.

SCHRITT 2 Ich kann Verschiebungen von Funktionen und deren Graphen ausführen.

Hier lernst du, wie du aus dem Graphen von $f(x) = \frac{1}{x}$ den Graphen von $g(x) = \frac{1}{x+2}$ erhältst.

→ Grundfunktionen (Grundlagen)

DAS BRAUCHST DU WIEDER

Allgemein: Graphen der Grundfunktionen

Beispiele: Verbinde die Graphen mit den passenden Kärtchen.

A
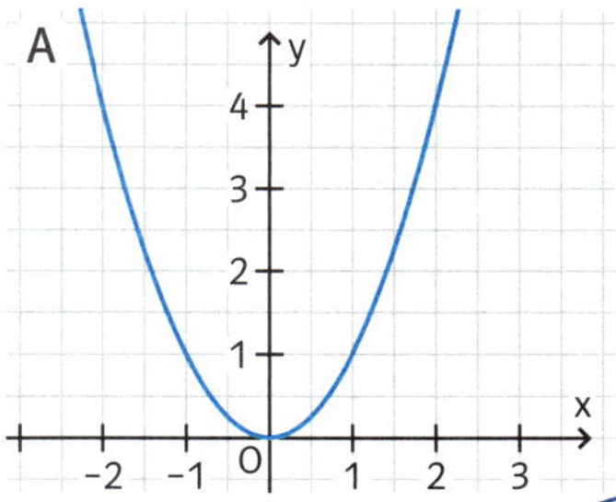

B
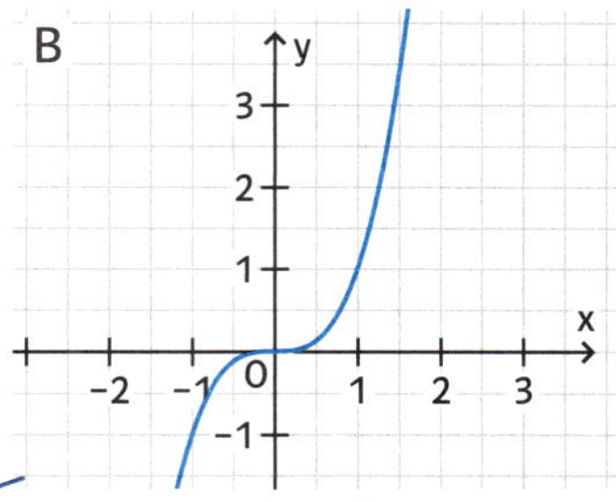

C
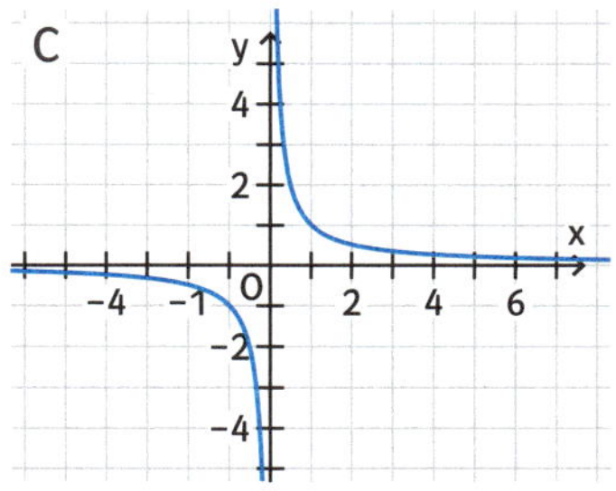

I $f(x) = x^3$

II $f(x) = \sqrt{x}$

III $f(x) = \frac{1}{x^2}$

IV $f(x) = \frac{1}{x}$

V $f(x) = x^2$

VI $f(x) = x^4$

D
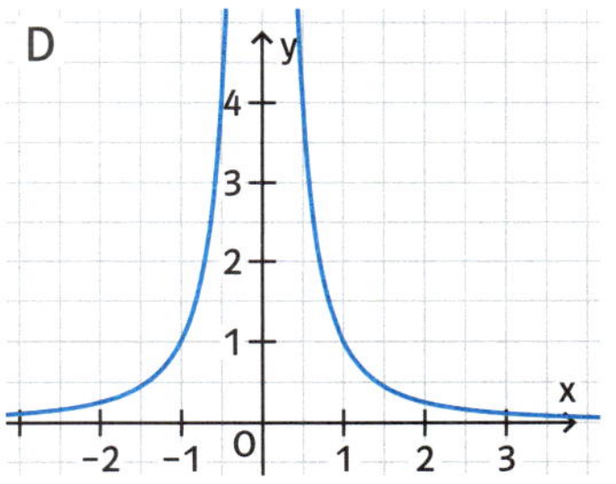

E
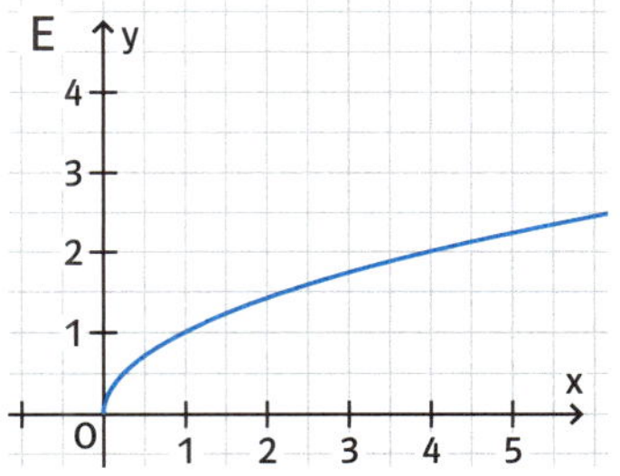

F
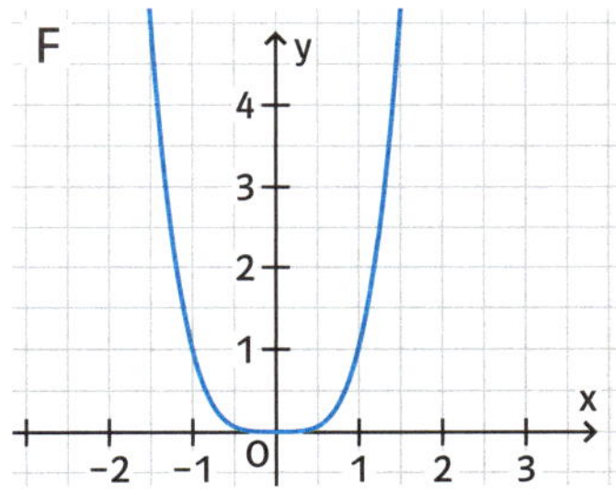

DARUM GEHT'S

Tipp
Ist der Summand Teil der x-Potenz (z. B. $(x \pm 2)^2$; $\frac{1}{x \pm 2}$; $\sqrt{x \pm 2}$), handelt es sich um eine Verschiebung nach links/rechts. Steht der Summand außerhalb der x-Potenz (z. B. $x^2 \pm 2$; $\frac{1}{x^2} \pm 2$; $\sqrt{x} \pm 2$), handelt es sich um eine Verschiebung nach oben/unten.

Du kennst schon einige wichtige Grundfunktionen und ihre Graphen. Jeder Graph kann nach oben bzw. unten oder/und nach links bzw. rechts verschoben werden.
Wir betrachten die Verschiebungen am Beispiel der Normalparabel $f(x) = x^2$.

y-Richtung

$g(x) = x^2 + 2$
Verschiebung um 2 nach oben

allgemein: $\mathbf{g(x) = f(x) + c}$
$c > 0$: nach oben
$c < 0$: nach unten

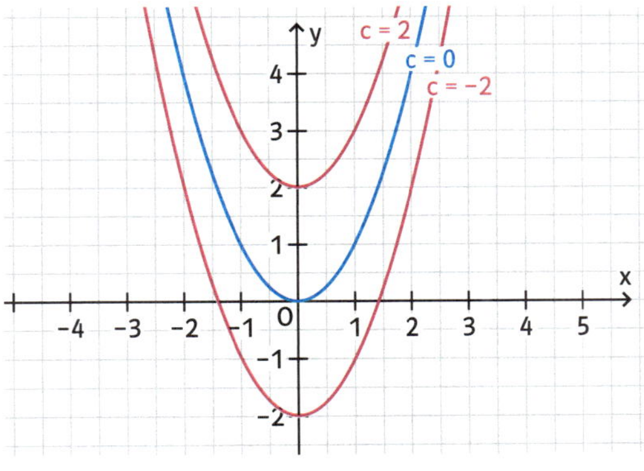

x-Richtung

$g(x) = (x - 2)^2$
Verschiebung um 2 nach rechts

allgemein: $\mathbf{g(x) = f(x - b)}$
$b > 0$: nach rechts
$b < 0$: nach links

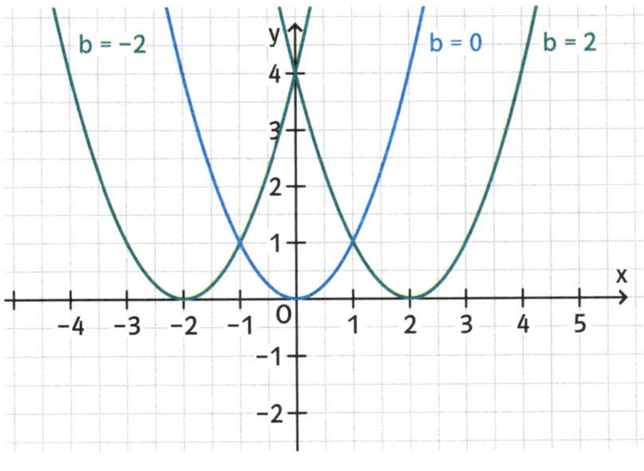

Verschiebungen

Mit diesem Vorgehen kannst du die Art der Verschiebung zwischen zwei Funktionen erkennen.

SO GEHT'S

1 **Beispiel**

Es werden die Funktionen $f(x) = \frac{1}{x^2}$ und $g(x) = \frac{1}{(x-3)^2}$ betrachtet.

a) Beschreibe, durch welche Verschiebung die Funktion g aus f entsteht.

b) Skizziere die beiden Graphen.

Du bist dran

Es werden die Funktionen $f(x) = \frac{1}{x}$ und $g(x) = \frac{1}{x+2}$ betrachtet.

a) Beschreibe, durch welche Verschiebung die Funktion g aus f entsteht.

b) Skizziere die beiden Graphen.

a) Vergleiche die beiden Potenzen mit x als Bestandteil und lies daran die Verschiebung ab:

$f: x^2$; $g: (x-3)^2$

Das bedeutet: g entsteht aus f durch Verschiebung um 3 nach rechts.

Tipp
$(x-(-2))^2 = (x+2)^2$

b) Skizziere zuerst den Graphen von f und dann den verschobenen Graphen von g:

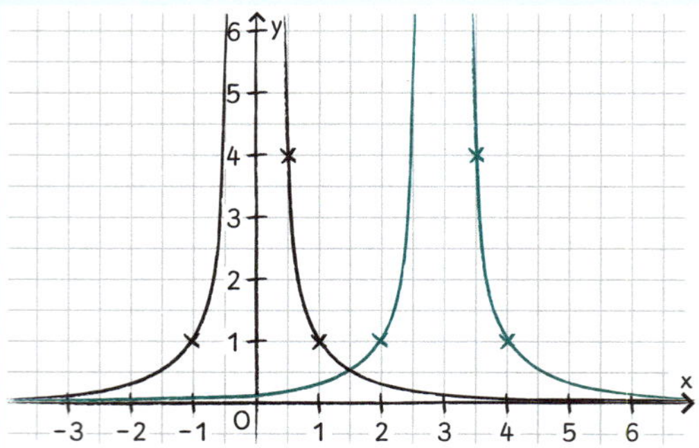

Tipp
Zeichne zunächst ein paar Punkte des Graphen von f ein. Diese kannst du dann mithilfe der entsprechenden Verschiebung verändern, um den Graphen von g zu skizzieren.

○ **2** Beschreibe, durch welche Verschiebung die Funktion g aus f entsteht. Skizziere die Graphen von f und g.

a) $f(x) = x^3$; $g(x) = (x-2)^3$

b) $f(x) = x^4$; $g(x) = x^4 - 3$

c) $f(x) = \frac{1}{x^2}$; $g(x) = \frac{1}{(x+2)^2}$

d) $f(x) = \sqrt{x}$; $g(x) = \sqrt{x} + 3{,}5$

○ **3** Nenne die Funktionsgleichung der verschobenen Funktion g.

a) $f(x) = \frac{1}{x}$; Verschiebung um 1 nach rechts

b) $f(x) = \frac{1}{x^2}$; Verschiebung um 6 nach oben

c) $f(x) = x^3$; Verschiebung um 4 nach links und um 3 nach unten

d) $f(x) = x^4$; Verschiebung um 2,5 nach rechts und um 1,5 nach oben

TIPP ZUM LÖSEN DER AUFGABE 3

3c) + d) Hier musst du jeweils zwei Verschiebungen ausführen. Die Reihenfolge spielt dabei keine Rolle.

4 Verbinde die Funktionen mit den passenden Kärtchen.

A: $f(x) = (x-3)^2 + 2$ B: $g(x) = (x-3)^2 - 2$ C: $h(x) = (x+3)^2 + 2$ D: $k(x) = (x+3)^2 - 2$

I II III IV

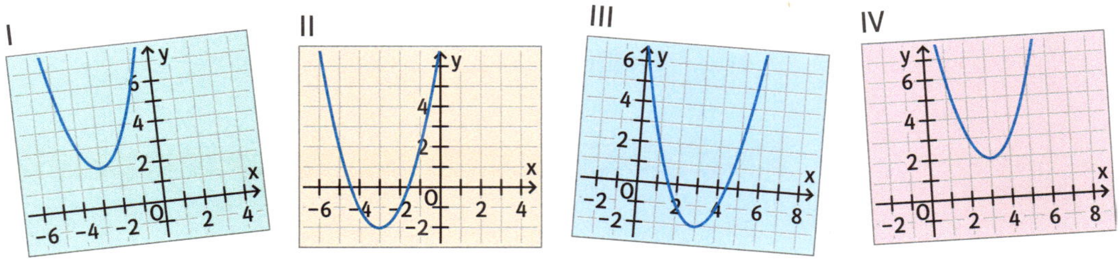

5 Bestimme den Funktionsterm $g(x)$ der verschobenen Funktion.

a) $f(x) = \sqrt{x}$ wird so weit nach oben verschoben, dass der Graph der verschobenen Funktion g durch den Punkt $(1 \mid 5)$ verläuft.

b) $f(x) = \frac{1}{x}$ wird so weit nach unten verschoben, dass der Graph der verschobenen Funktion g durch den Punkt $(2 \mid -1{,}5)$ verläuft.

c) $f(x) = x^3$ wird so weit nach rechts verschoben, dass der Graph der verschobenen Funktion g durch den Punkt $(4 \mid 1)$ verläuft.

d) $f(x) = \frac{1}{x^2}$ wird so weit nach links verschoben, dass der Graph der verschobenen Funktion g durch den Punkt $(-2 \mid 4)$ verläuft.

6 Nenne die Funktionsgleichungen von f und g.

a)

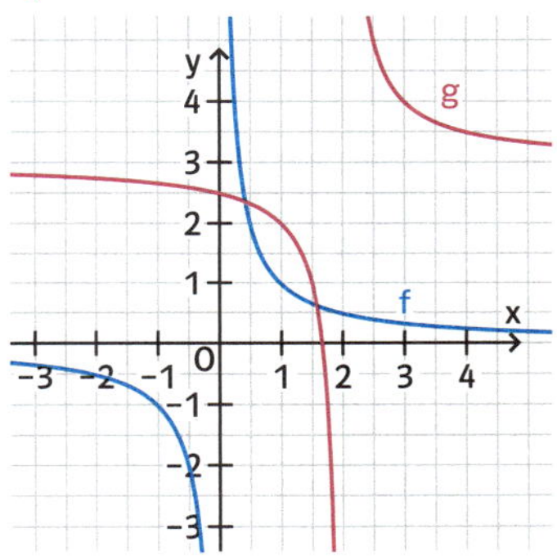

b)

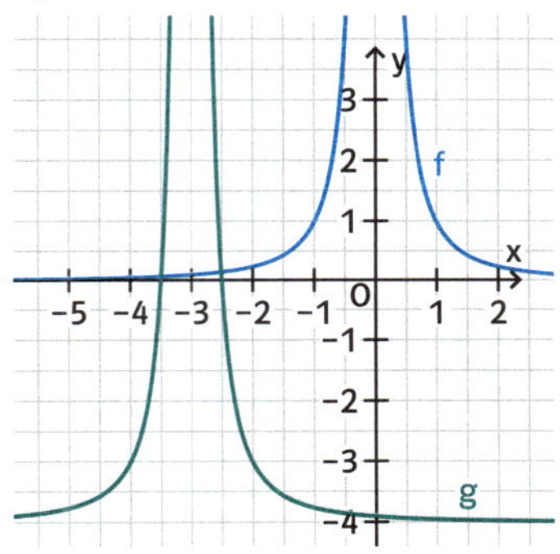

c)

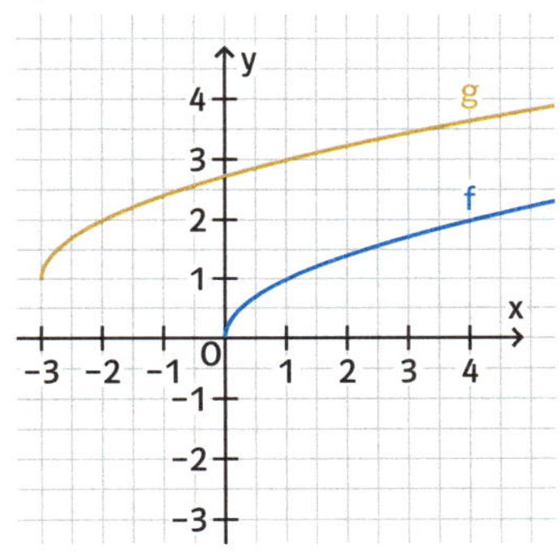

7 Der abgebildete Graph zeigt die Funktion f: $f(x) = (x-1)^2 - 4$.
Es soll eine Verschiebung so ausgeführt werden, dass der verschobene Graph g die folgende Eigenschaft aufweist.

a) Der Graph von g berührt die Gerade $y = 1$.

b) Der Graph ist achsensymmetrisch zur y-Achse.

c) Der Graph von g verläuft durch den Ursprung.

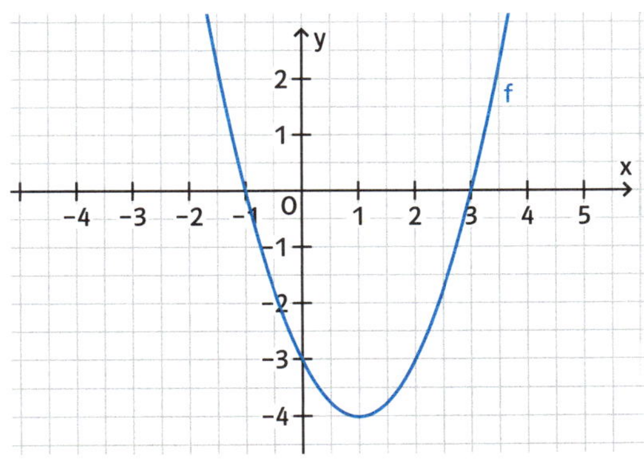

TIPPS ZUM LÖSEN DER AUFGABEN 4, 5, 6 UND 7

4 Bei allen vier Funktionen sind jeweils zwei Verschiebungen ausgeführt. **5a) + b)** Bestimme zunächst, welchen y-Wert f an der Stelle x hat. **c)** Berechne zuerst den x-Wert, an dem die Funktion den Wert 1 hat. **d)** Berechne zuerst den x-Wert, an dem die Funktion den Wert 4 hat. Beachte, dass es zwei Lösungen gibt, du also auch zwei Funktionen bestimmen kannst.
6 f gehört jeweils zu den Grundfunktionen. **7a)** Du musst den Graph nach oben verschieben, bis der Scheitel der Parabel auf der Geraden $y = 1$ liegt. **c)** Hier gibt es drei Lösungen: zwei Verschiebungen in x-Richtung und eine Verschiebung in y-Richtung.

SCHRITT 3 Ich kann Streckungen von Funktionen und deren Graphen ausführen.

Hier lernst du, wie du den Graphen von $g(x) = 1{,}5x^2$ aus dem Graphen von $f(x) = x^2$ erhältst.

→ Grundfunktionen (Grundlagen)

→ Verschiebungen von Graphen (Schritt 2)

DAS BRAUCHST DU WIEDER

Allgemein: Graphen der Grundfunktionen
Verschiebungen von Graphen

Beispiele: Die Abbildungen zeigen die Wurzelfunktion $f(x) = \sqrt{x}$ und Verschiebungen davon.
Ordne den Graphen das passende Kärtchen zu.

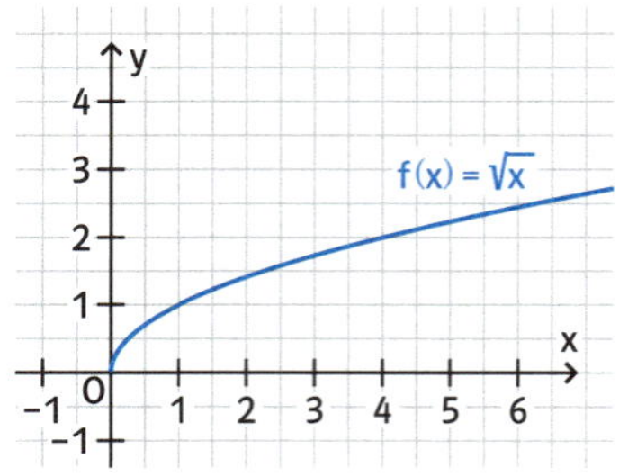

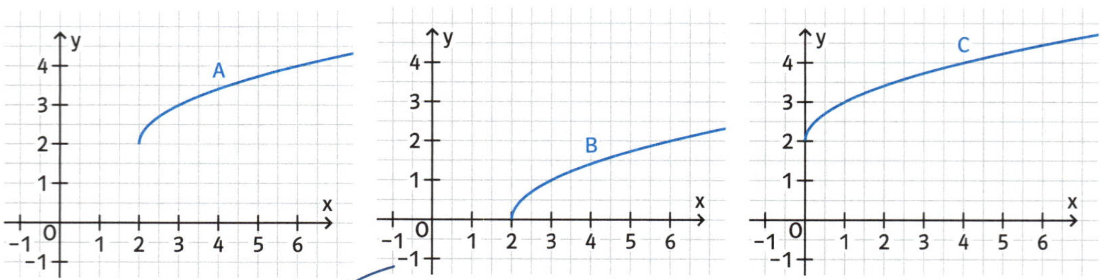

I $f(x) = \sqrt{x-2}$

II $f(x) = \sqrt{x} + 2$

III $f(x) = \sqrt{x-2} + 2$

DARUM GEHT'S

Wenn du eine Funktion mit einer positiven Zahl $a > 0$ multiplizierst, wird der Graph in y-Richtung gestreckt oder gestaucht.

Streckung/Stauchung in y-Richtung:
$\mathbf{g(x) = a \cdot f(x)}$
$a > 1$: Streckung
$a < 1$: Stauchung

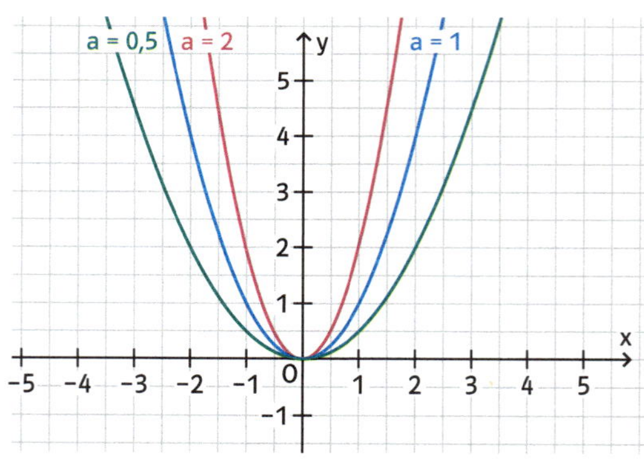

Streckungen

Mit diesem Vorgehen kannst du den Graphen einer Funktion in y-Richtung strecken oder stauchen.

SO GEHT'S

1 **Beispiel**
Es werden die Funktionen $f(x) = x^3$ und $g(x) = 0{,}5 \cdot x^3$ betrachtet.
a) Beschreibe, wie der Graph der Funktion g aus f entsteht.
Berechne f(1) und g(1).
b) Skizziere die Graphen von f und g.

Du bist dran
Es werden die Funktionen $f(x) = x^2$ und $g(x) = 1{,}5 \cdot x^2$ betrachtet.
a) Beschreibe, wie der Graph der Funktion g aus f entsteht.
Berechne f(1) und g(1).
b) Skizziere die Graphen von f und g.

a) Beschreibe die Wirkung des Faktors:

Alle Funktionswerte von f werden mit 0,5 multipliziert.

Setze $x = 1$ in $f(x)$ und $g(x)$ ein:

$f(1) = 1^3 = 1$
$g(1) = 0{,}5 \cdot 1 = 0{,}5$

Tipp
Zeichne vor dem Skizzieren des Graphen von f ein paar Punkte ein. Diese kannst du dann mithilfe des Streckfaktors verändern, um den Graphen von g zu skizzieren.

b) Skizziere zuerst den Graphen von f und dann den gestauchten von g:

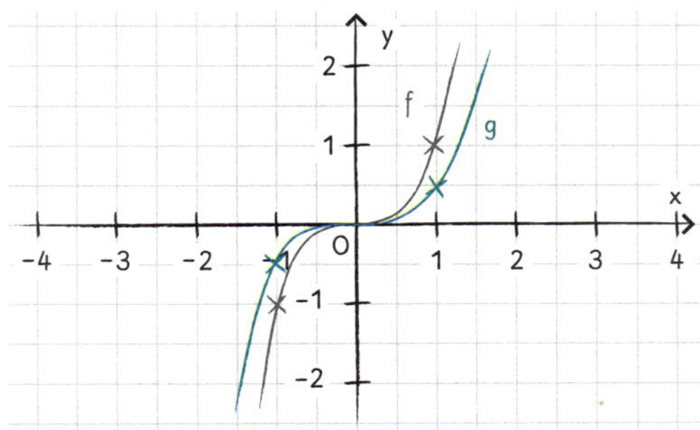

Tipp
$\frac{3}{x} = 3 \cdot \frac{1}{x}$

○ **2** Skizziere die Grundfunktion f und die gestreckte oder gestauchte Funktion g.

a) $f(x) = \frac{1}{x}$; $g(x) = \frac{3}{x}$
b) $f(x) = \sqrt{x}$; $g(x) = \frac{1}{2}\sqrt{x}$
c) $f(x) = x^4$; $g(x) = 0{,}5 \cdot (x + 2)^4$
d) $f(x) = \frac{1}{x^2}$; $g(x) = 2 \cdot \left(\frac{1}{x^2} - 3\right)$

◒ **3** Beschreibe, wie die Funktion g aus f entsteht. Skizziere beide Graphen.

a) $f(x) = x^3$; $g(x) = 0{,}25 \cdot (x - 4)^3$
b) $f(x) = \frac{1}{x^2}$; $g(x) = \frac{2}{(x+2)^2} - 3$

◒ **4** Die erste Abbildung zeigt die Funktion f. Ordne das passende Kärtchen zu.

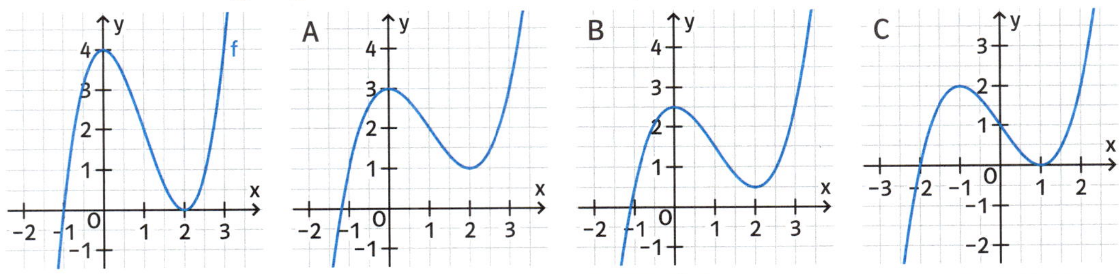

I $g(x) = 0{,}5 \cdot f(x + 1)$

II $h(x) = 0{,}5 \cdot (f(x) + 1)$

III $k(x) = 0{,}5 \cdot f(x) + 1$

● **5** Die Abbildung zeigt den Graphen einer Funktion mit der Asymptote $y = -4$.
Überprüfe für die Funktion $g(x) = 0{,}8 \cdot f(x)$ die folgenden Aussagen.
(1) Die Asymptote von g ist auch $y = -4$.
(2) g hat die gleichen Nullstellen wie f.
(3) $g(2) < f(2)$.
(4) Die Gleichung $g(x) = -3{,}5$ hat keine Lösung.

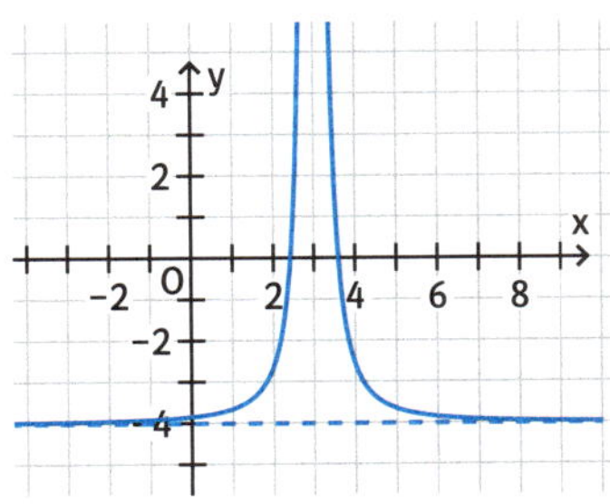

Tipp
Die Asymptote ist die Gerade, an die sich der Graph nach links und nach rechts annähert.

TIPPS ZUM LÖSEN DER AUFGABEN 2, 3, 4 UND 5

2d) Hier musst du zuerst die Verschiebung in y-Richtung ausführen, da sich der Streckfaktor auch auf die Verschiebung in der Klammer auswirkt. **3 a)** Die Reihenfolge spielt hier keine Rolle. **b)** Zuerst in x-Richtung verschieben, dann in y-Richtung strecken (kann vertauscht werden), dann in y-Richtung verschieben. **4** Beachte die Regel: Klammern vor Punktrechnung vor Strichrechnung. **5** Die ganze Funktionsgleichung, also auch der Wert der Asymptote, wird mit 0,8 multipliziert: $0{,}8 \cdot (-4) = -3{,}2$.

SCHRITT 4

Ich kann Spiegelungen von Funktionen und deren Graphen ausführen.

Hier lernst du, wie du die Funktion $f(x) = \frac{1}{x^2}$ an den Koordinatenachsen spiegeln kannst.

DAS BRAUCHST DU WIEDER

Erklärfilm
Achsenspiegelung, Punktspiegelung
kf25hp

Allgemein: Achsenspiegelung, Punktspiegelung

Beispiele: Ergänze die gespiegelte Figur.

Spiegelung an einer Achse

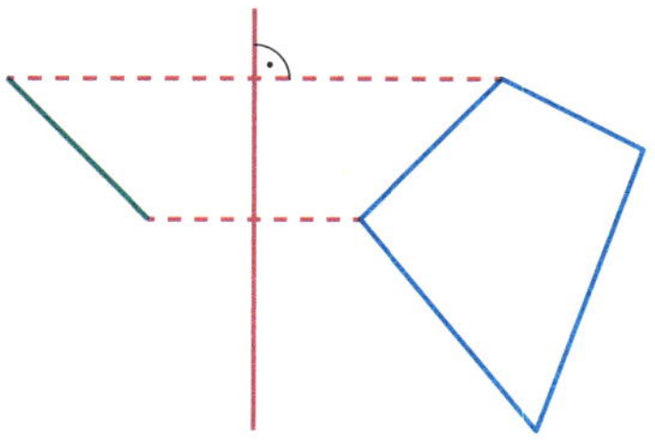

Spiegelung an einem Punkt

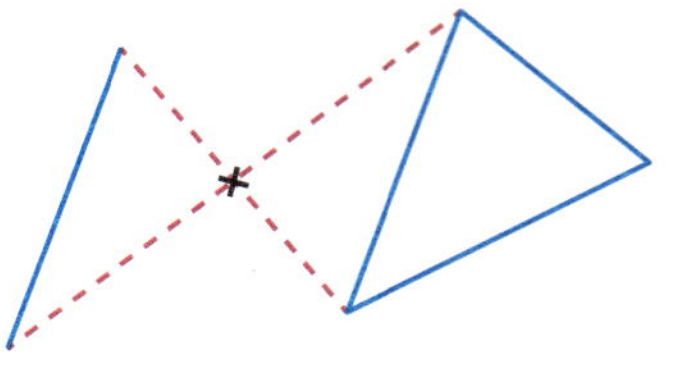

DARUM GEHT'S

Ein Graph einer Funktion kann an einer der Koordinatenachsen (Achsenspiegelung) oder am Koordinatenursprung (Punktspiegelung) gespiegelt werden.

Spiegelung an der x-Achse: $g(x) = -f(x)$
Spiegelung an der y-Achse: $h(x) = f(-x)$

Bei der Spiegelung an der x-Achse bleiben die Schnittpunkte mit der x-Achse erhalten. Bei der Spiegelung an der y-Achse bleiben die Schnittpunkte mit der y-Achse erhalten.

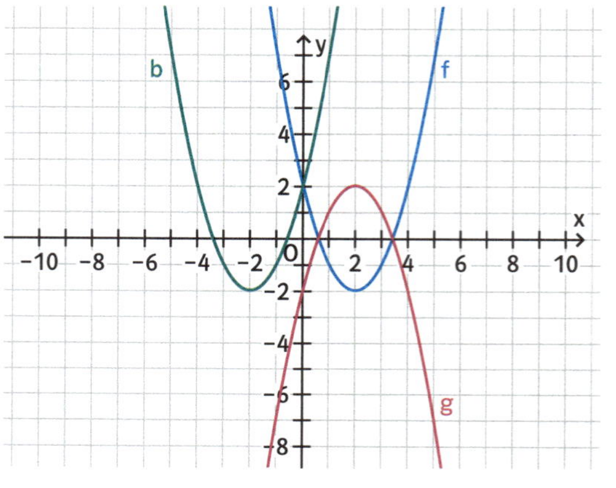

Tipp
Wird ein Graph an beiden Achsen gespiegelt, ergibt sich eine **Punktspiegelung am Ursprung**.

Spiegelungen

Mit diesem Vorgehen kannst du den Graphen einer Funktion an einer Koordinatenachse spiegeln.

SO GEHT'S

1 **Beispiel**
Es wird die Funktion $f(x) = \frac{1}{x}$ betrachtet. Bestimme den Spiegelpunkt P' von P(1 | 1) und spiegele die Funktion
a) an der x-Achse: $g(x)$,
b) an der y-Achse: $h(x)$.
Skizziere die Graphen.

Du bist dran
Es wird die Funktion $f(x) = \frac{1}{x^2}$ betrachtet. Bestimme den Spiegelpunkt P' von P(1 | 1) und spiegele die Funktion
a) an der x-Achse: $g(x)$,
b) an der y-Achse: $h(x)$.
Skizziere die Graphen.

a) Setze vor den Funktionsterm von f ein Minuszeichen und bestimme $g(1) = -f(1)$. Skizziere die Graphen von f und g:

$g(x) = -f(x)$

$g(x) = -\frac{1}{x}$

$g(1) = -f(1) = -\frac{1}{1} = -1$

Beim Spiegeln an der x-Achse wird aus dem Punkt $P(1\,|\,1)$ der Punkt $P'(1\,|\,-1)$.

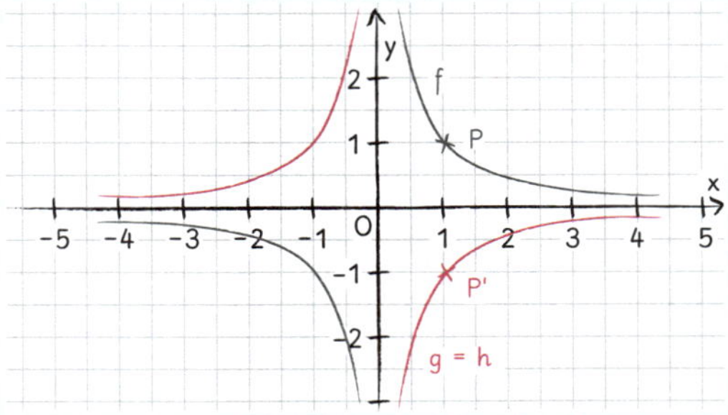

Tipp
Zeichne vor dem Skizzieren des Graphen von f ein paar Punkte ein. Diese kannst du dann mithilfe des Spiegelns verändern, um den Graphen von g zu skizzieren.

b) Setze $-x$ im Funktionsterm von f für x ein und bestimme $h(-1)$. Skizziere den Graphen von f und h:

$h(x) = f(-x)$

$h(x) = \frac{1}{-x} = -\frac{1}{x}$

$h(-1) = f(-(-1)) = f(1) = \frac{1}{1} = 1$

Beim Spiegeln an der y-Achse wird aus dem Punkt $P(1\,|\,1)$ der Punkt $P'(-1\,|\,1)$.

In diesem Beispiel sind die entstehenden Graphen bei Spiegelung an der x-Achse und der y-Achse gleich.

○ **2** Skizziere die Grundfunktion f und die gespiegelte Funktion g.

a) $f(x) = x^3;\ g(x) = -x^3$ **b)** $f(x) = x^4;\ g(x) = -x^4$

c) $f(x) = \frac{1}{x^2};\ g(x) = -\frac{1}{x^2}$ **d)** $f(x) = \sqrt{x};\ g(x) = \sqrt{-x}$

Tipp
$-x - 2 = -(x + 2)$

○ **3** Beschreibe die Art der Spiegelung.

a) $f(x) = x^2 + 3;\ g(x) = -x^2 - 3$ **b)** $f(x) = (x - 2)^3 + 7;\ g(x) = -(x + 2)^3 + 7$

c) $f(x) = \frac{0{,}5}{(x-4)^2} - 5;\ g(x) = \frac{0{,}5}{(x+4)^2} - 5$ **d)** $f(x) = \frac{6}{x-5} + 4;\ g(x) = -\frac{6}{x-5} - 4$

○ **4** Es wird die Gerade $f\colon\ y = \frac{2}{3}x + 4$ betrachtet.

a) Nenne die Kärtchen, in denen die an der x-Achse beziehungsweise y-Achse gespiegelten Geraden von f stehen.

b) Beschreibe die Lage der beiden anderen Geraden.

I $g\colon\ y = \frac{2}{3}x - 4$ II $h\colon\ y = -\frac{2}{3}x + 4$ III $i\colon\ y = -\frac{2}{3}x - 4$ IV $j\colon\ y = \frac{3}{2}x + 4$

TIPPS ZUM LÖSEN DER AUFGABEN 3 UND 4

3 Prüfe jeweils, ob $-f(x)$ oder $f(-x)$ der Funktion $g(x)$ entspricht. **b)** $(-x-2)^3 = (-(x+2))^3 = (-1)^3 \cdot (x+2)^3 = -(x+2)^3$; **c)** $(-x-4)^2 = (-(x+4))^2 = (-1)^2 \cdot (x+4)^2 = (x+4)^2$.

4 Prüfe die Steigung und den y-Achsenabschnitt.

5 Die erste Abbildung zeigt die Funktion $f(x) = \frac{1}{x+3} + 2$.

Ordne den Abbildungen das passende Kärtchen zu.

A B C

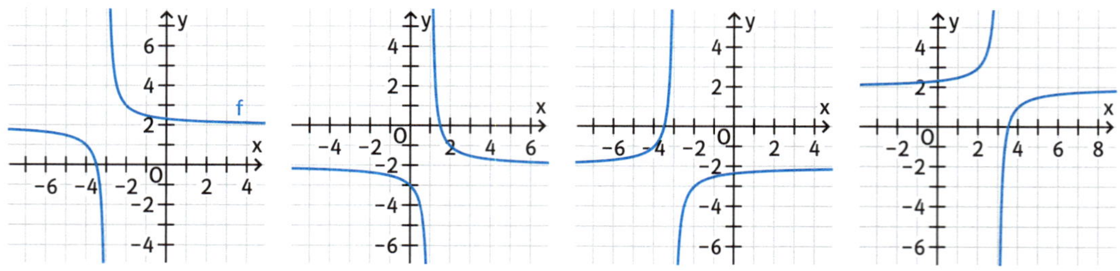

I $g(x) = f(-x)$

II $h(x) = -f(x)$

III $k(x) = -f(-x)$

6 Die Abbildung rechts zeigt den Graphen der Funktion f. Bei den anderen Graphen sind Operationen an f ausgeführt worden.
Ordne den Abbildungen die richtige Funktion zu und bestimme den Parameter.

A: $g(x) = a \cdot f(x)$

B: $h(x) = -f(x) + b$

C: $k(x) = f(x - c)$

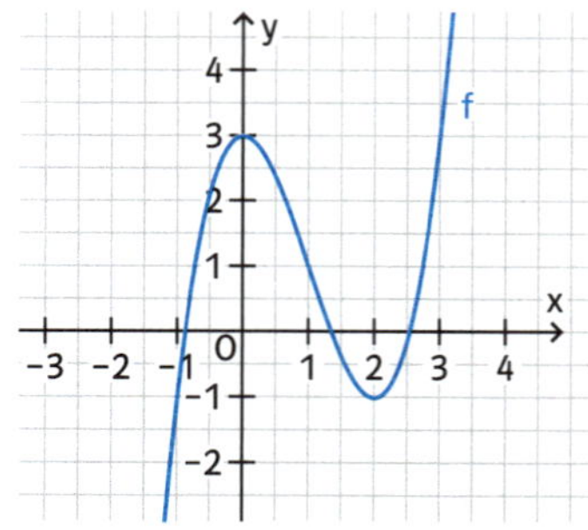

Tipp
Eine variable Größe wird als Parameter bezeichnet.

I II III

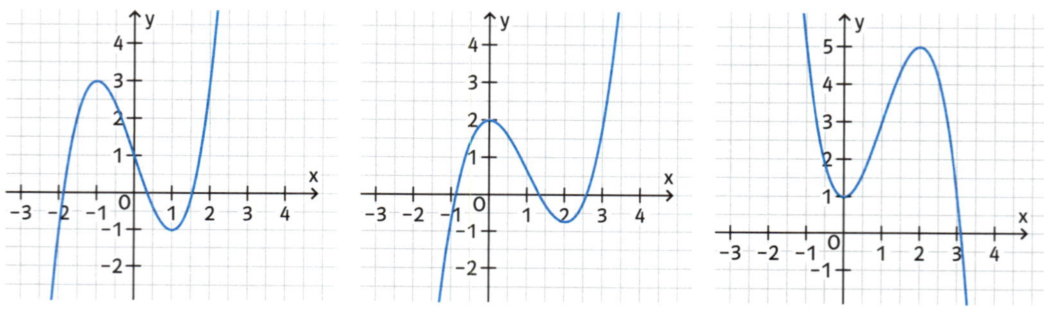

Tipp
Wird eine Parabel an der x-Achse oder einer beliebigen horizontalen Gerade gespiegelt, kehrt sich ihr Vorzeichen und damit ihre Öffnungsrichtung um.

7 Die Funktion f wird an der Geraden $y = 1$ gespiegelt. Ermittle eine Gleichung für die gespiegelte Funktion g.

a) $f(x) = x^2$ **b)** $f(x) = x^2 + 1$ **c)** $f(x) = x^2 + 2$ **d)** $f(x) = x^2 - 1$

8 Der abgebildete Graph von f wird an der Geraden $y = 2$ gespiegelt. Untersuche, welche der Funktionsgleichungen für die gespiegelte Funktion gilt. Begründe deine Entscheidung.

A: $g(x) = -f(x) - 2$

B: $h(x) = -f(x) + 2$

C: $j(x) = 2 - f(x)$

D: $k(x) = 4 - f(x)$

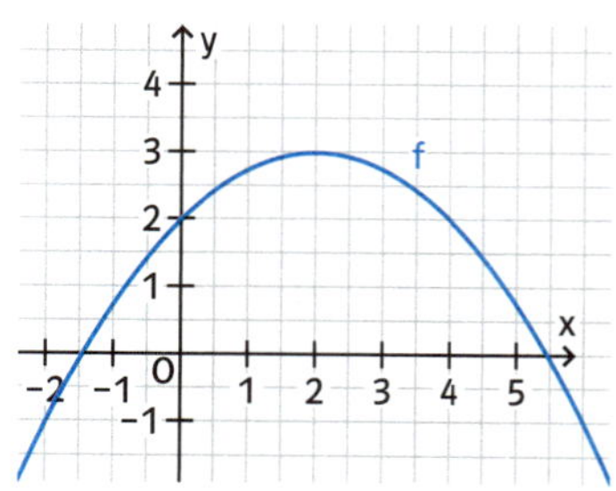

TIPPS ZUM LÖSEN DER AUFGABEN 5, 6, 7 UND 8

5 $-f(-x)$ ist eine Spiegelung an der x- und an der y-Achse, also eine Punktspiegelung am Ursprung. **6** I: Der Graph ist nach links verschoben; II: Der Graph ist gestaucht; III: Der Graph ist an der x-Achse gespiegelt und nach oben verschoben. **7** Überlege dir jeweils, wohin der Scheitelpunkt der Parabel gespiegelt wird. Dieser verrät dir die Verschiebung nach oben oder unten und damit die Änderung des y-Achsenabschnitts. **8** Die Punkte der Spiegelachse $y = 2$ bleiben erhalten. Das gilt für die Werte $f(0) = 2$ und $f(4) = 2$. Du kannst daher durch Einsetzen der beiden Werte herausfinden, welche Gleichung richtig ist.

SCHRITT 5

Ich kann das Verhalten von ganzrationalen Funktionen für $x \to \pm\infty$ untersuchen.

Hier lernst du zu beschreiben, wie der Graph der ganzrationalen Funktion $f(x) = \frac{1}{4}x^4 + \frac{1}{3}x^3 - x^2 + \frac{5}{3}$ außerhalb des abgebildeten Bereichs für sehr große positive und negative Werte von x verläuft.

→ Potenzfunktionen $f(x) = x^n$ (Grundlagen)

DAS BRAUCHST DU WIEDER

Allgemein: $x, x^3, x^5, x^7, \ldots$: Der Graph verläuft „von links unten nach rechts oben"
$x^2, x^4, x^6, x^8, \ldots$: Der Graph verläuft „von links oben nach rechts oben"

Beispiele: Die Abbildungen zeigen die vier Funktionen:
$f(x) = x^3$; $f(x) = x^2$; $f(x) = -x^2$; $f(x) = -x^3$
Ordne den Buchstaben die richtige Funktion zu:

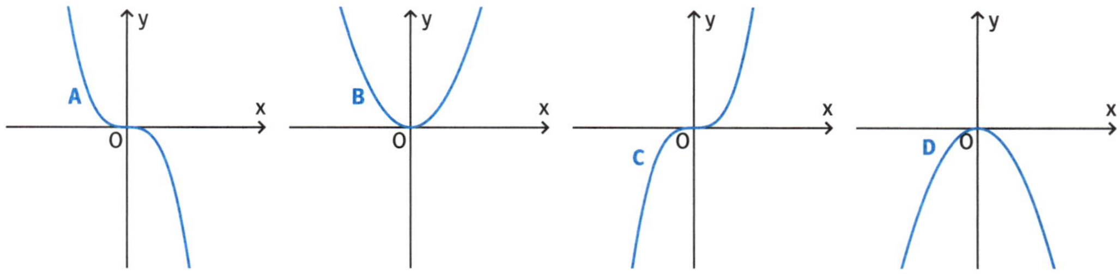

A: $f(x) = -x^3$ B: $f(x) =$ _____ C: $f(x) =$ _____ D: $f(x) =$ _____

DARUM GEHT'S

Tipp
Die größte Hochzahl einer ganzrationalen Funktion gibt deren Grad an.

Wenn mehrere Potenzfunktionen miteinander addiert werden, erhältst du eine **ganzrationale Funktion**: $f(x) = a_n \cdot x^n + a_{n-1} \cdot x^{n-1} + \ldots + a_2 \cdot x^2 + a_1 \cdot x + a_0$
Der Graph einer ganzrationalen Funktion verläuft für sehr große positive und negative Werte von x immer so wie seine **Potenz mit der größten Hochzahl** n und dem Koeffizienten a_n.

Du siehst bei einer Abbildung immer nur einen kleinen Teil des Graphen. Willst du den Bereich außerhalb des sichtbaren Bereichs beschreiben, musst du von $x = 0$ aus nach rechts $(x \to +\infty)$ und nach links $(x \to -\infty)$ gehen. Du unterscheidest folgende Fälle:

n gerade, $a_n > 0$	n gerade, $a_n < 0$	n ungerade, $a_n > 0$	n ungerade, $a_n < 0$
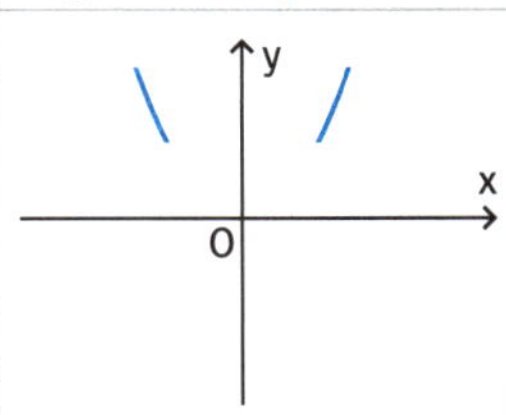	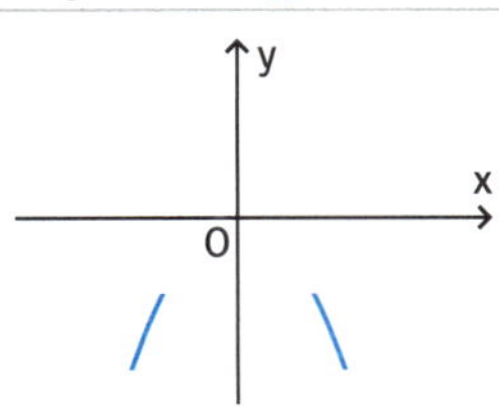	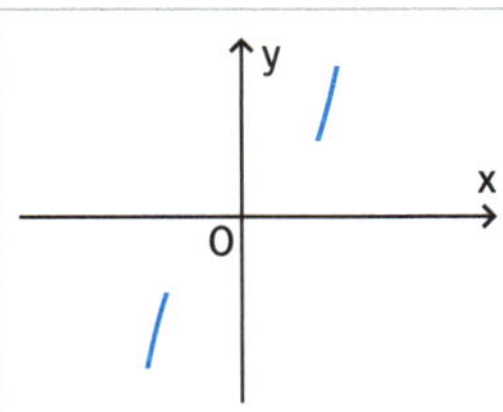	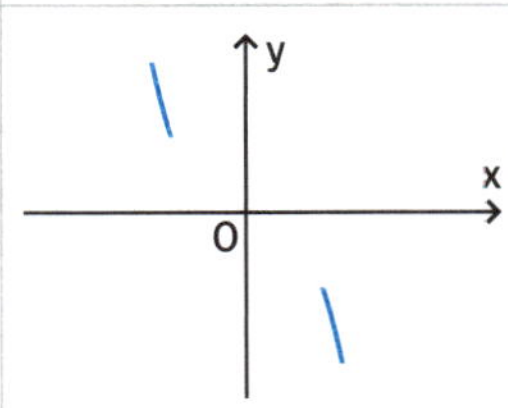
Für $x \to \pm\infty$ gilt: $f(x) \to +\infty$	Für $x \to \pm\infty$ gilt: $f(x) \to -\infty$	Für $x \to +\infty$ gilt: $f(x) \to +\infty$ Für $x \to -\infty$ gilt: $f(x) \to -\infty$	Für $x \to +\infty$ gilt: $f(x) \to -\infty$ Für $x \to -\infty$ gilt: $f(x) \to +\infty$

Tipp
Für $x \to +\infty$ gilt: $f(x) \to -\infty$ bedeutet in Worten: Für x strebt gegen plus unendlich gilt: f(x) strebt gegen minus unendlich.

Verhalten von ganzrationalen Funktionen für „große x"

Diese Überlegungen brauchst du immer dann, wenn du wissen willst, wie der Graph außerhalb des sichtbaren Bereichs verläuft.

SO GEHT'S

1 Beispiel

Gegeben ist die ganzrationale Funktion

$f(x) = -\frac{1}{4}x^4 - \frac{1}{3}x^3 + x^2 + 1.$

Beschreibe das Verhalten von f für $x \to +\infty$ und $x \to -\infty$.

Prüfe die höchste Potenz und notiere das Verhalten von f für $x \to +\infty$ und $x \to -\infty$:

$n = 4$, also gerade

$a_n = -\frac{1}{4} < 0$

Für $x \to +\infty$ gilt $f(x) \to -\infty$

Für $x \to -\infty$ gilt $f(x) \to -\infty$

Der Graph kommt von unten und geht nach unten.

Du bist dran

Gegeben ist die ganzrationale Funktion

$f(x) = \frac{1}{4}x^4 + \frac{1}{3}x^3 - x^2 + \frac{5}{3}.$

Beschreibe das Verhalten von f für $x \to +\infty$ und $x \to -\infty$.

Tipp
Ist das Verhalten für beide Richtungen gleich, kannst du auch schreiben: Für $x \to \pm\infty$ gilt: $f(x) \to -\infty$.

○**2** Beschreibe für die ganzrationalen Funktionen das Verhalten für $x \to \pm\infty$.

a) $f(x) = x^3 - 6x^2 + 15x$
b) $f(x) = -x^4 - 3x^2 + 1$
c) $f(x) = -2x^5 + 1{,}5x^3 - 8x$
d) $f(x) = x^6 + 7x^2 + 5x$

○**3** Ordne aufgrund des Verhaltens für $x \to \pm\infty$ den Graphen die passende Funktion zu. (Die dargestellten Graphen ändern außerhalb des dargestellten Bereichs nicht ihr Verhalten.)

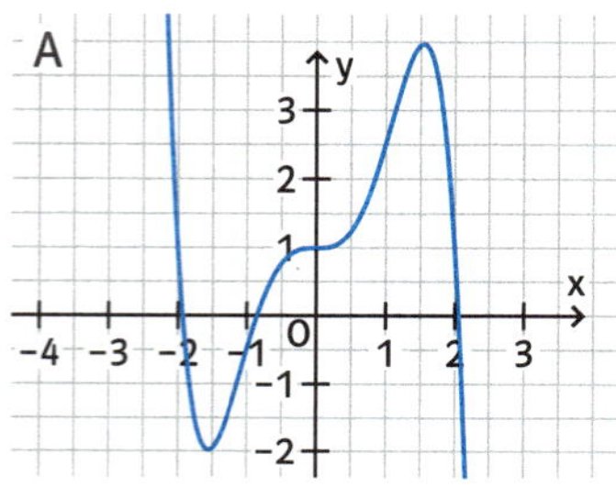

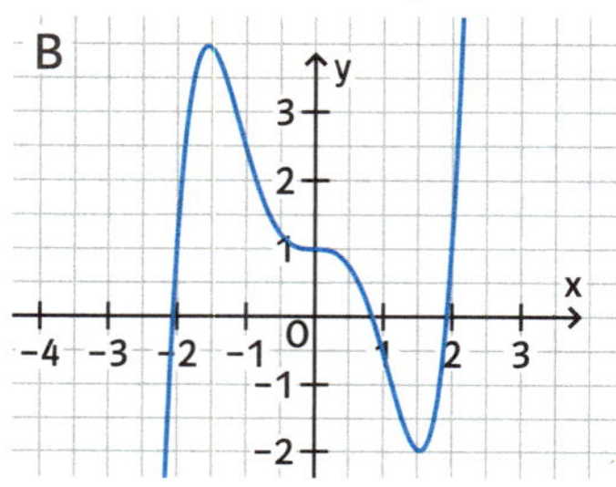

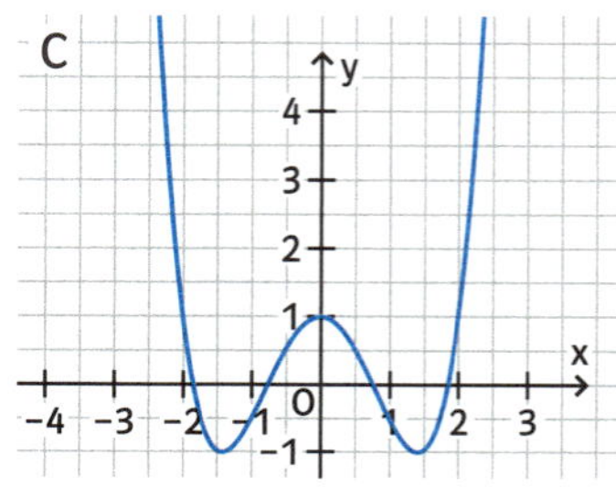

I $f(x) = 0{,}5x^4 - 2x^2 + 1$

II $f(x) = 0{,}5x^5 - 2x^3 + 1$

III $f(x) = -0{,}5x^5 + 2x^3 + 1$

◒**4** Beschreibe das Verhalten der Funktion f für $x \to \pm\infty$.

a) $f(x) = -(x + 5) \cdot (x - 3)$
b) $f(x) = x^2 \cdot (x + 2)$
c) $f(x) = -x^2 \cdot (x^2 - 3)$
d) $f(x) = (x + 3)^2 \cdot (x^2 + 1)$

◒**5** Ordne den Skizzen die passende Funktion zu.

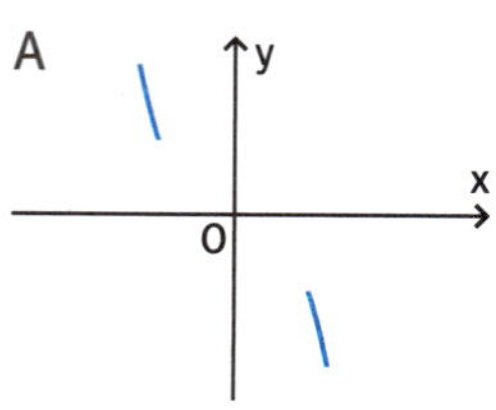

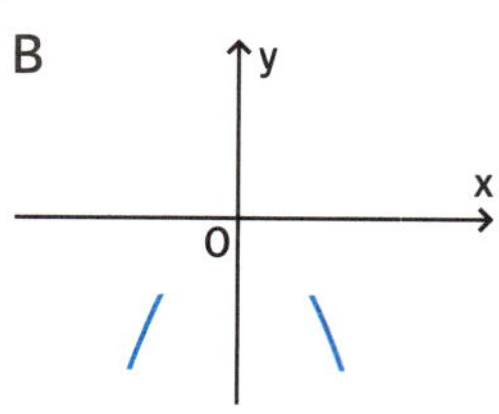

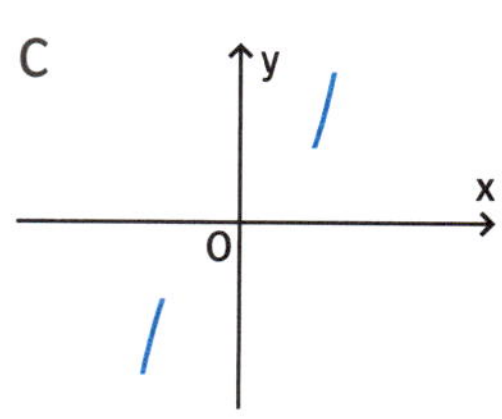

I $f(x) = -x^4 + \ldots$

II $f(x) = x^5 + \ldots$

III $f(x) = -x^3 + \ldots$

●**6** Eine ganzrationale Funktion f hat folgendes Verhalten der Funktion f für $x \to \pm\infty$:
Für $x \to +\infty$ gilt: $f(x) \to -\infty$; für $x \to -\infty$ gilt: $f(x) \to +\infty$.
Untersuche das Verhalten für $x \to \pm\infty$ der veränderten Funktion g.

a) $g(x) = f(x + 6)$
b) $g(x) = -f(x)$
c) $g(x) = f(-x)$
d) $g(x) = \frac{1}{f(x)}$

TIPPS ZUM LÖSEN DER AUFGABEN 4, 5 UND 6

4 Hier musst du zunächst ausmultiplizieren. Bei Minuszeichen Klammern setzen!
d) 1. Binomische Formel $(a + b)^2 = a^2 + 2ab + b^2$. **5** Betrachte die Potenz und das Vorzeichen.
6d) Beachte, dass die Funktion g keine ganzrationale Funktion ist.

SCHRITT 6

Ich kann die Symmetrie von Graphen nachweisen.

Hier lernst du, wie du die Funktion $f(x) = x^3 - x$ auf Symmetrie untersuchen kannst.

→ Spiegelung von Graphen (Schritt 4)

DAS BRAUCHST DU WIEDER

Allgemein: Achsensymmetrie, Punktsymmetrie von Figuren

Beispiele: Trage die Symmetrieachsen und das Zentrum der Punktsymmetrie soweit vorhanden in die Abbildungen ein.

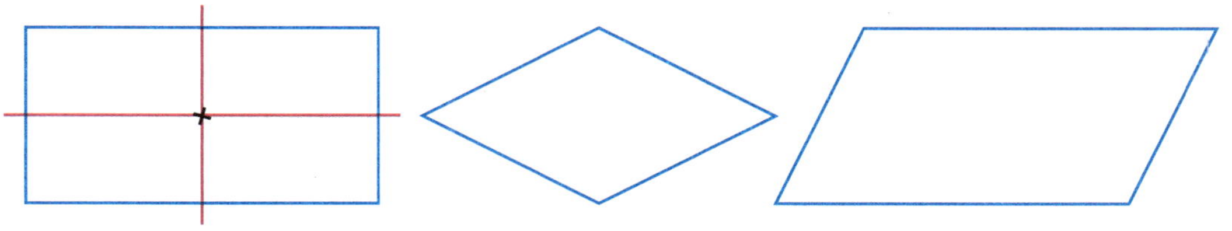

DARUM GEHT'S

Du kennst achsensymmetrische und punktsymmetrische Figuren. Diese Symmetrien können auch bei Graphen von Funktionen auftreten.

Der Graph einer Funktion ist achsensymmetrisch zur y-Achse, wenn gilt: $f(-x) = f(x)$.
Der Graph einer Funktion ist punktsymmetrisch zum Ursprung, wenn gilt: $f(-x) = -f(x)$.

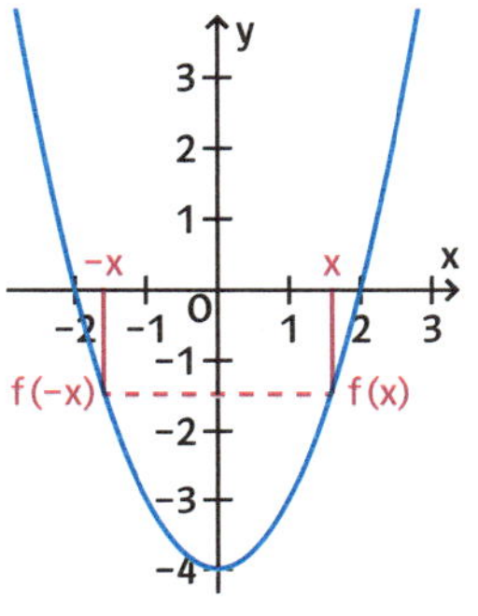

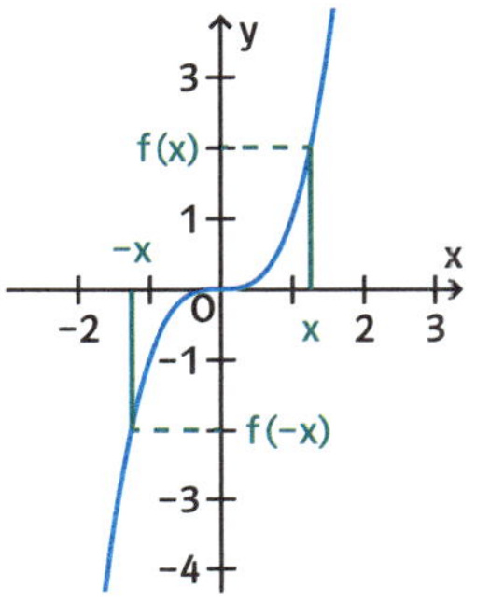

Treten in einem Funktionsterm nur Potenzen mit **geraden Hochzahlen** auf, ist der Graph der Funktion **achsensymmetrisch** zur y-Achse.
Treten in einem Funktionsterm nur Potenzen mit **ungeraden Hochzahlen auf,** ist der Graph der Funktion **punktsymmetrisch** zum Ursprung.

Tipp
Eine Zahl kann als Potenz mit der geraden Hochzahl 0 betrachtet werden: $5 = 5 \cdot x^0$.

Symmetrie

Mit diesem Vorgehen kannst du die Symmetrie einer Funktion untersuchen.

SO GEHT'S

1 **Beispiel**
Es wird die Funktion $f(x) = -x^4 + 2x^2$ betrachtet.
Untersuche, ob der Graph von f achsensymmetrisch zur y-Achse oder punktsymmetrisch zum Ursprung ist.

Setze $-x$ im Funktionsterm von f für x ein und vergleiche mit $f(x)$:

$f(-x) = -(-x)^4 + 2(-x)^2$
$f(-x) = -x^4 + 2x^2 = f(x)$

Das heißt: Der Graph von f ist achsensymmetrisch zur y-Achse.

Du bist dran
Es wird die Funktion $f(x) = x^3 - x$ betrachtet.
Untersuche, ob der Graph von f achsensymmetrisch zur y-Achse oder punktsymmetrisch zum Ursprung ist.

Tipp
Du musst zuerst die Klammer auflösen.

○ **2** Untersuche, ob der Graph von f achsensymmetrisch zur y-Achse oder punktsymmetrisch zum Ursprung ist.

a) $f(x) = x^4 - 6x^2 - 8$ **b)** $f(x) = 0{,}5x^3 + 6x$

c) $f(x) = \frac{2}{x^2} + 2$ **d)** $f(x) = \frac{1}{x} - x$

○ **3** Weise die Symmetrie-Eigenschaften nach.

a) Die Funktion $f(x) = x^4 - 5$ ist achsensymmetrisch zur y-Achse.

b) Die Funktion $f(x) = -2x^3 + 3x$ ist punktsymmetrisch zum Ursprung.

c) Die Funktion $f(x) = -\frac{1}{x^2} - 3x^2$ ist achsensymmetrisch zur y-Achse.

d) Die Funktion $f(x) = \frac{4}{x}$ ist punktsymmetrisch zum Ursprung.

Tipp
Statt $-x$ einzusetzen kannst du auch mithilfe von geraden oder ungeraden Hochzahlen der Potenzen argumentieren (siehe in „Darum geht's").

◒ **4** Begründe, dass die Graphen der Funktionen weder achsensymmetrisch zur y-Achse noch punktsymmetrisch zum Ursprung sind.

a) $f(x) = (x+3)^2 - 2$ **b)** $f(x) = -x^3 - 3$

c) $f(x) = \frac{1}{(x-2)^2}$ **d)** $f(x) = \frac{1}{x} - 1$

◒ **5** Bei Verschiebungen verschiebt sich auch die Symmetrieachse oder das Symmetriezentrum. Ordne den Abbildungen die passende Aussage zu.
A: Der Graph ist achsensymmetrisch zur Geraden $x = 2$.
B: Der Graph ist achsensymmetrisch zur Geraden $x = -3$.
C: Der Graph ist punktsymmetrisch zum Punkt $(0\,|\,-3)$.
D: Der Graph ist punktsymmetrisch zum Punkt $(2\,|\,-1)$.

I

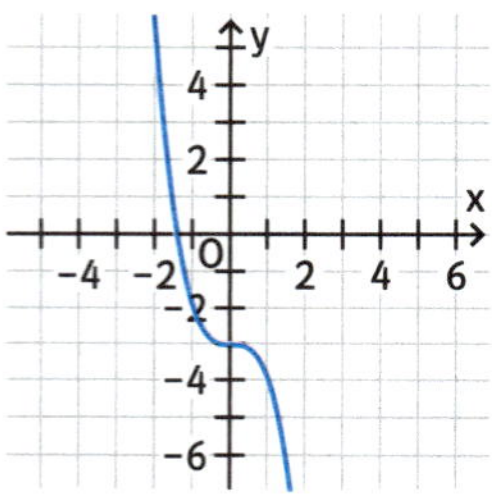

II

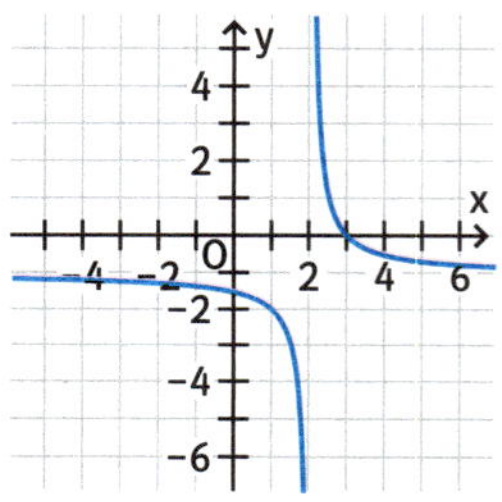

III

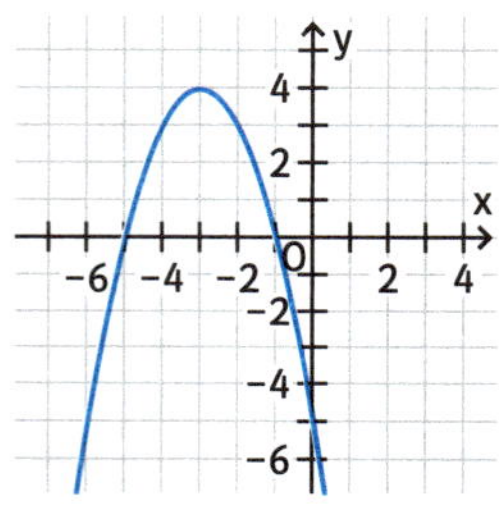

IV

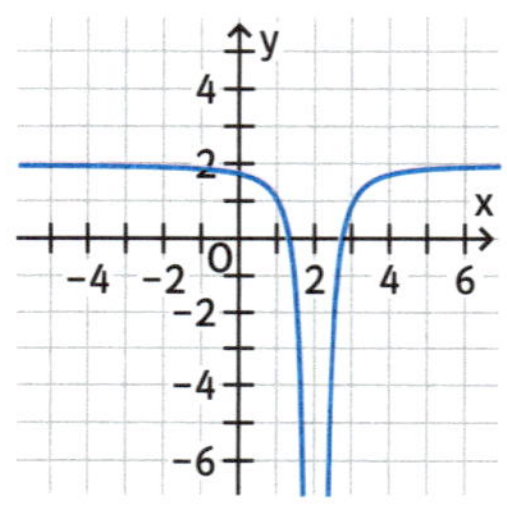

● **6** Der Graph der Funktion f ist achsensymmetrisch zur y-Achse oder punktsymmetrisch zum Ursprung. Prüfe, ob die Symmetrie-Eigenschaft für den Graph von g erhalten bleibt.

a) $g(x) = f(x) + 2$
b) $g(x) = 5 \cdot f(x)$
c) $g(x) = -f(x)$

TIPPS ZUM LÖSEN DER AUFGABEN 2, 3, 4, 5 UND 6

2 Setze $-x$ für x ein und prüfe, ob du nach Auflösen der Klammern $f(x)$ oder $-f(x)$ erhältst. **3 b)** Die Summe von zwei zum Ursprung punktsymmetrischen Funktionen ist wieder punktsymmetrisch zum Ursprung. **c)** Die Summe von zwei zur y-Achse achsensymmetrischen Funktionen ist wieder achsensymmetrisch zur y-Achse. **4** Du kannst in allen Beispielen den Wert $f(1)$ mit dem Wert $f(-1)$ vergleichen. **5** Zeichne die angegebene Symmetrieachse beziehungsweise den Punkt versuchsweise ein und prüfe daran die Aussage. **6** Am besten ist es, wenn du die Aussagen an einem einfachen Beispiel für die Funktion f überprüfst und dann erst allgemein argumentierst.

SCHRITT 7

Ich kann die Nullstellen von ganzrationalen Funktionen bestimmen.

Hier lernst du, wie du die Nullstellen der Funktion $f(x) = x^3 - 6x^2 + 5x$ finden und damit den Graphen von f grob skizzieren kannst.

→ Lösen von quadratischen Gleichungen (Grundlagen)

Erklärfilm
Lösen von quadratischen Gleichungen mit der pq-Formel
kf25hp

Erklärfilm
Lösen von quadratischen Gleichungen mit der abc-Formel
kf25hp

Tipp
Die abc-Formel wird häufig umgangssprachlich auch als Mitternachtsformel bezeichnet.

DAS BRAUCHST DU WIEDER

Allgemein: Für das Lösen von quadratischen Gleichungen gibt es zwei Möglichkeiten:

$$x^2 + p \cdot x + q = 0 \Leftrightarrow x_{1,2} = -\frac{p}{2} \pm \sqrt{\left(\frac{p}{2}\right)^2 - q}$$

$$a \cdot x^2 + b \cdot x + c = 0 \Leftrightarrow x_{1,2} = \frac{-b \pm \sqrt{b^2 - 4ac}}{2a}$$

Beispiele:

pq-Formel:

$0{,}5x^2 - 2x - 2{,}5 = 0 \quad | \cdot 2$

$x^2 - 4x - 5 = 0$

$x_{1,2} = 2 \pm \sqrt{2^2 + 5}$

abc-Formel:

$0{,}5x^2 - 2x - 2{,}5 = 0$

$x_{1,2} = \frac{2 \pm \sqrt{2^2 - 4 \cdot 0{,}5 \cdot (-2{,}5)}}{2 \cdot 0{,}5}$

DARUM GEHT'S

Du kannst bereits die Nullstellen einer Parabel f berechnen, indem du die dazugehörige quadratische Gleichung $a \cdot x^2 + b \cdot x + c = 0$ löst. Auch bei ganzrationalen Funktionen mit höheren Potenzen werden die Nullstellen bestimmt, indem du $f(x) = 0$ setzt.
Für Gleichungen höheren Grades gibt es zwei Verfahren:

1. **Ausklammern**: Dadurch entsteht ein **Nullprodukt**.
2. **Substitution**: Dadurch werden Gleichungen höheren Grades auf quadratische Gleichungen gebracht.

Tipp
Ein Nullprodukt besteht aus zwei Faktoren, deren Produkt null ergibt. Daraus folgt, dass jeder Faktor Null sein kann.

Nullstellen durch Ausklammern

Diese Strategie verwendest du, wenn der Funktionsterm nur Potenzen von x und keinen konstanten Summanden (keine Zahl ohne x-Potenz) enthält.

SO GEHT'S

Erklärfilm
Nullstellen ganzrationaler Funktionen
kf25hp

Tipp
Ein Nullprodukt löst man, indem man die Faktoren einzeln gleich Null setzt.

1 **Beispiel**
Es wird die Funktion $f(x) = x^3 - 4x^2 + 3x$ betrachtet.
Bestimme die Nullstellen von f.

Du bist dran
Es wird die Funktion $f(x) = x^3 - 6x^2 + 5x$ betrachtet.
Bestimme die Nullstellen von f.

Setze $f(x) = 0$ und klammere die x-Potenz mit der kleinsten Hochzahl aus:

$x^3 - 4x^2 + 3x = 0$ | x ausklammern
$x \cdot (x^2 - 4x + 3) = 0$ | Nullprodukt
1. Fall: $x_1 = 0$
2. Fall: $x^2 - 4x + 3 = 0$

> **Tipp**
> Hier hast du Platz, mit der pq- oder der abc-Formel zu rechnen.

Löse die quadratische Gleichung. Du berechnest diese Gleichung wie oben gezeigt mit der pq- oder abc-Formel:

> **Tipp**
> Es ist sinnvoll, alle Lösungen fortlaufend zu nummerieren.

$x_2 =$ ________ $= 1$

$x_3 =$ ________ $= 3$

Die Nullstellen von f lauten
$x_1 = 0,\ x_2 = 1,\ x_3 = 3$.

○ **2** Löse die Gleichungen durch Ausklammern.

a) $x^3 - 2x^2 - 8x = 0$ **b)** $x^3 - 8x = 0$
c) $3x^3 + x^2 = 0$ **d)** $x^4 + 8x^3 - 9x^2 = 0$
e) $2x^3 - 6x^2 + 4x = 0$ **f)** $0{,}5x^4 + 2{,}5x^3 = 0$

Lösungen:
$-5; 0$ $-2; 0; 4$ $0; 1; 2$ $-9; 0; 1$ $0; \pm\sqrt{8}$ $-\frac{1}{3}; 0$

◒ **3** Es wird die Funktion f betrachtet.
Bestimme die Nullstellen von f.

a) $f(x) = 2x^3 - 8x^2 + 8x$ **b)** $f(x) = 0{,}5x^3 - 4{,}5x$
c) $f(x) = \frac{1}{3}x^2 + \frac{1}{4}x$ **d)** $f(x) = 4x^3 - x^2$

● **4** Es werden die Funktionen f und g betrachtet.
Bestimme die Schnittpunkte von f und g.

a) $f(x) = x^3 - 4x^2;\ g(x) = -3x$ **b)** $f(x) = 0{,}5x^3 - 3x^2 + 4x;\ g(x) = x^2 - 2x$
c) $f(x) = x^2 - 2{,}5x;\ g(x) = 2x - 2$ **d)** $f(x) = x^3 + 3x^2 + 10x;\ g(x) = -4x^2$

Nullstellen durch Substitution

Diese Strategie wendest du an, wenn die Funktion den Grad 4 oder höher besitzt und nur gerade (auch x^0) oder nur ungerade Potenzen von x enthält. Bei ungeraden Potenzen kannst du x ausklammern und erhältst eine Gleichung mit geraden Potenzen.

SO GEHT'S

> **Erklärfilm**
> Nullstellen ganzrationaler Funktionen
> kf25hp

5 **Beispiel**
Es wird die Funktion $f(x) = x^4 - 3x^2 - 4$ betrachtet.
Bestimme die Nullstellen von f.

Setze $f(x) = 0$ und substituiere x^2 durch z:

$x^4 - 3x^2 - 4 = 0$ | Substitution: $x^2 = z;\ x^4 = z^2$

$z^2 - 3z - 4 = 0$

Du bist dran
Es wird die Funktion $f(x) = x^4 - 4x^2 - 5$ betrachtet.
Bestimme die Nullstellen von f.

TIPPS ZUM LÖSEN DER AUFGABEN 2, 3 UND 4

2b) Die Gleichung $x^2 - 8 = 0$ kannst du ohne Lösungsformel lösen. **c)** Hier kannst du den Faktor x^2 ausklammern; dann brauchst du keine Lösungsformel mehr. **e)** Es ist günstig, den Faktor 2 mit auszuklammern. **f)** Hier kannst du den Faktor x^3 ausklammern.
3 Setze den Funktionsterm = 0 und klammere die höchstmögliche Potenz von x aus.
4 Du kannst die Schnittpunkte zweier Funktionen f und g durch Umstellen der Gleichung $f(x) = g(x)$ zu $f(x) - g(x) = 0$ berechnen. Setze dabei beim Subtrahieren eine Klammer um den Term der Funktion $g(x)$. Die Lösungen von x kannst du in die Funktionsgleichung von f oder g einsetzen, um die y-Koordinate des Schnittpunkts zu erhalten.

Löse die quadratische Gleichung. Du berechnest diese Gleichung wie oben gezeigt mit der pq- oder abc-Formel:

$z_1 =$ ________ $= -1$

$z_2 =$ ________ $= 4$

Führe die Rücksubstitution aus:

$z_1 = -1$: da $x^2 = -1$
keine Lösung

$z_1 = 4$: da $x^2 = 4$
ergibt $x_{1,2} = \pm\sqrt{4}$
$x_1 = -2$; $x_2 = 2$

Damit hat die Funktion die Nullstellen
$x_1 = -2$; $x_2 = 2$

○ **6** Löse die Gleichung durch Substitution.

a) $x^4 - 2x^2 - 8 = 0$ **b)** $2x^4 + 4x^2 - 6 = 0$

c) $x^5 - 6x^3 + 5x = 0$ **d)** $x^4 - \frac{3}{2}x^2 - 1 = 0$

e) $x^6 + 7x^3 - 8 = 0$ **f)** $4u^5 + 7u^3 - 2u = 0$

Lösungen:

$\pm\sqrt{2}$ ± 1 $0; \pm 1; \pm\sqrt{5}$ ± 2 $-2; 1$ $0; \pm\frac{1}{2}$

◒ **7** Bestimme die Nullstellen von f.

a) $f(x) = x^4 - 3x^2 + 2$ **b)** $f(x) = x^5 - 6x^3 - 7x$

c) $f(x) = \frac{1}{2}x^4 - 8$ **d)** $f(x) = 2x^4 - 8x^2 - 10$

● **8** Bestimme die Schnittpunkte von f und g.

a) $f(x) = x^4 - 8x^2$; $g(x) = 2x^2 - 9$ **b)** $f(x) = x^4 - x^2 - 5$; $g(x) = x^2 + 3$

c) $f(x) = 0{,}5x^5 + 0{,}5x$; $g(x) = x^3$ **d)** $f(x) = x^4 + 2x^2$; $g(x) = -x^4 + 12$

TIPPS ZUM LÖSEN DER AUFGABEN 6, 7 UND 8

6c) Hier musst du zunächst x ausklammern. **e)** Hier musst du x^3 substituieren. **f)** Du kannst auch andere Variable durch z substituieren. **7c)** Du kannst das ohne Substitution lösen. Oder auch hier x^4 durch z^2 ersetzen ☺. **8** Du setzt die Funktionsterme gleich und bringst alles auf eine Seite. Setze dabei beim Subtrahieren eine Klammer vor den Term der Funktion g(x).

SCHRITT 8

Ich kann ganzrationale Funktionen mit Linearfaktoren darstellen und den Graphen skizzieren.

Hier lernst du, wie du die Funktion $f(x) = x^2 \cdot (x + 3)$ skizzieren kannst.

→ Bestimmen von Nullstellen (Schritt 6)

DAS BRAUCHST DU WIEDER

Allgemein: Lösen von Gleichungen

Beispiele:

$x^4 - 5x^2 + 4 = 0$ | Substitution

$x^2 = z$

$z^2 - 5z + 4 = 0$

___

___

___

Rücksubstitution:

$z_1 = 4$: $x^2 = 4$

ergibt $x_{1,2} = \pm\sqrt{4}$

$x_1 = -2$; $x_2 = 2$

$z_2 =$ ___

___

___

___

$x^3 - 5x^2 + 4x = 0$ | ausklammern

DARUM GEHT'S

Du kannst bereits die Nullstellen einer ganzrationalen Funktion bestimmen. Mithilfe dieser Nullstellen kann eine Funktion in **Linearfaktoren** zerlegt werden. Dadurch kannst du die Funktion als Produkt schreiben und die Art der Nullstellen erkennen.

Tipp
Einen Faktor der Form $(x - 2)$ kann man auch mit der Hochzahl 1 schreiben: $(x - 2) = (x - 2)^1$

Eine ganzrationale Funktion 3. Grades kann eine, zwei oder drei Nullstellen haben:
Einfache Nullstellen 2, 3 und 5: $f(x) = (x - 2) \cdot (x - 3) \cdot (x - 5)$
Doppelte Nullstelle $x = -2$ und einfache Nullstelle $x = 4$: $g(x) = (x + 2)^2 \cdot (x - 4)$
Dreifache Nullstelle $x = 1$: $h(x) = (x - 1)^3$
Die Art der Nullstelle entscheidet über den Verlauf des Graphen an dieser Stelle.

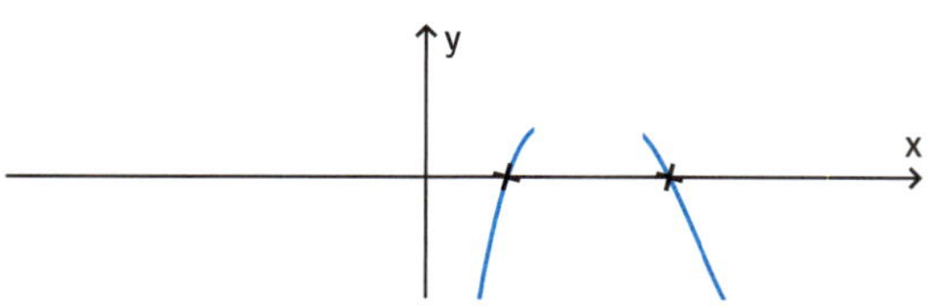

Ungerade Nullstelle (1-, 3-, 5-fach): der Graph **schneidet** die x-Achse.

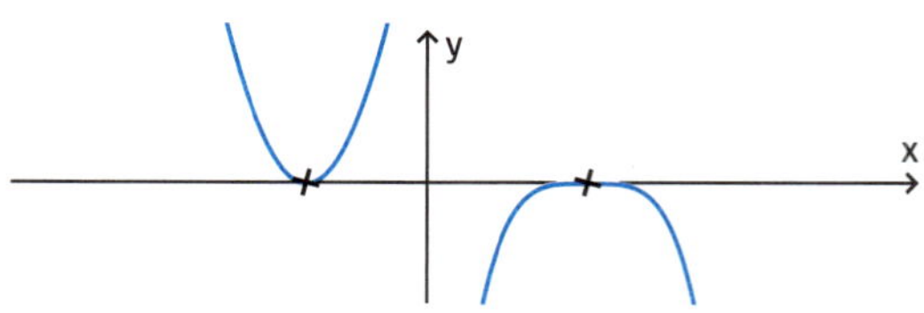

Gerade Nullstelle (2-, 4-, 6-fach): der Graph **berührt** die x-Achse.

Art von Nullstellen

Diese Strategie verwendest du, wenn du die Nullstellen bestimmt hast oder wenn der Funktionsterm bereits als Produkt von Linearfaktoren gegeben ist.

SO GEHT'S

1 **Beispiel**
Es wird die Funktion $f(x) = (x + 1)^2 \cdot (x - 3)$ betrachtet.
Bestimme die Art der Nullstellen und skizziere den Graphen der Funktion.

Du bist dran
Es wird die Funktion $f(x) = x^2 \cdot (x + 3)$ betrachtet.
Bestimme die Art der Nullstellen und skizziere den Graphen der Funktion.

> **Tipp**
> Die Hochzahl der Klammer zeigt die Art der Nullstelle an.

Bestimme die Nullstellen und ihre Art:

$(x+1)^2 \cdot (x-3) = 0$ | Nullprodukt
1. Fall: $(x+1)^2 = 0$
$x + 1 = 0$ | -1
$x_1 = -1$ doppelte Nullstelle
2. Fall: $x - 3 = 0$ | $+3$
$x_2 = 3$ einfache Nullstelle

> **Tipp**
> siehe Schritt 5: Verhalten für große x

Trage die Nullstellen ein und und skizziere den Graphen unter Beachtung des Verhaltens für $x \to \pm\infty$:

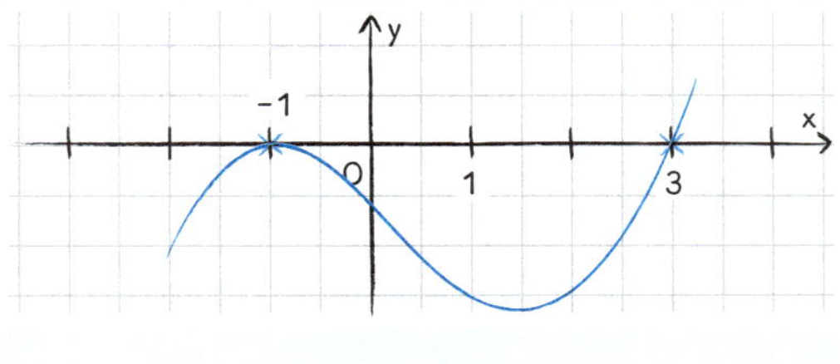

2 Nenne die Nullstellen sowie ihre Art und skizziere den Graphen.
a) $f(x) = -(x+5) \cdot (x+1)$
b) $f(x) = -x \cdot (x+2) \cdot (x-2)$
c) $f(x) = -x^2 \cdot (x-3)$
d) $f(x) = (x+3)^2 \cdot (x+1) \cdot (x-2)^2$

> **Tipp**
> Stelle für jede Nullstelle einen Linearfaktor auf und schreibe die Funktion als Produkt der Linearfaktoren. Der Summand in jedem Linearfaktor entspricht der zugehörigen Nullstelle, hat jedoch umgekehrtes Vorzeichen.

3 Schreibe eine ganzrationale Funktion mit Linearfaktoren auf, die die folgenden Nullstellen (ohne Angabe = einfache Nullstelle) besitzt.
a) $x_1 = -2$; $x_2 = 4$
b) $x_1 = -5$; $x_2 = -1$; $x_3 = 1$
c) $x_1 = 0$ doppelt; $x_2 = 4{,}5$; $x_3 = 6$
d) $x_1 = -4$ 3-fach; $x_2 = -2$

4 Ordne die Funktion dem richtigen Graphen zu.
A: $f(x) = x^2 \cdot (x+1)$
B: $f(x) = x^2 \cdot (x-1)$
C: $f(x) = x \cdot (x^2+1)$
D: $f(x) = x \cdot (x^2-1)$

I
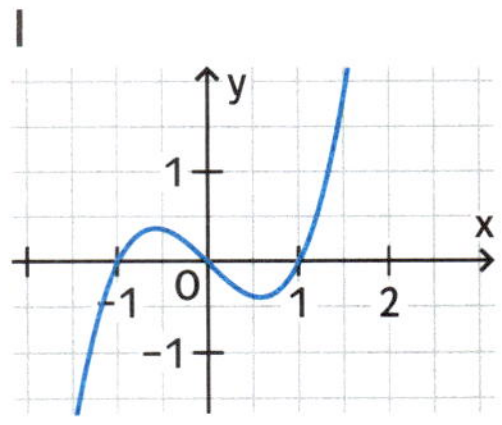

II
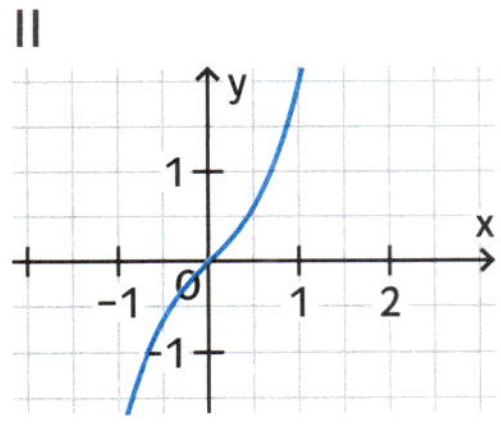

III
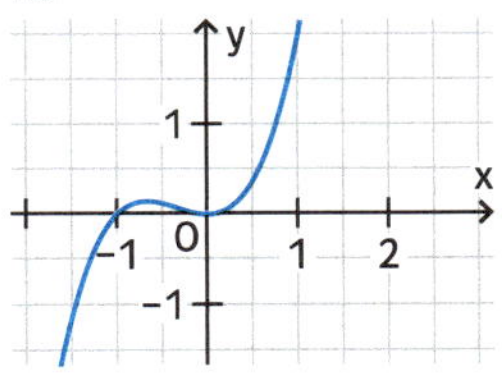

IV
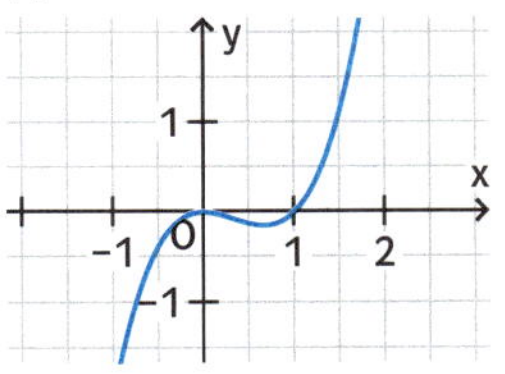

> **Tipp**
> Der Faktor (einschließlich des Vorzeichens) vor der x-Potenz mit der größten Hochzahl muss auch bei der Linearfaktorzerlegung vorn stehen, z. B.
> $-2x^2 + 7x - 6$
> $= -2(x - 1{,}5)(x - 2)$.

5 Bestimme die Nullstellen der Funktion und schreibe die Zerlegung in Linearfaktoren auf.
a) $f(x) = x^3 - 4x^2 - 12x$
b) $f(x) = 2x^3 - 16x^2 + 30x$
c) $f(x) = -x^4 - x^3 + 6x^2$
d) $f(x) = x^4 - 10x^2 + 9$

6 Nenne zu den abgebildeten Graphen eine mögliche Funktionsgleichung mit Linearfaktoren.

a)
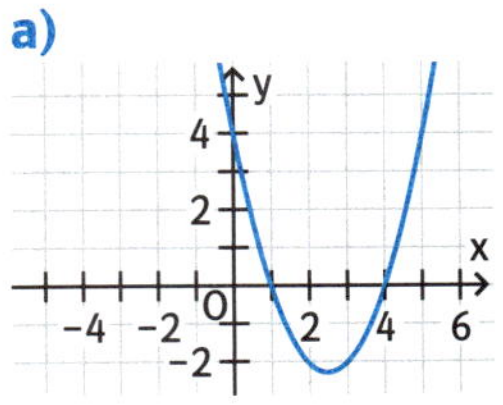

b)
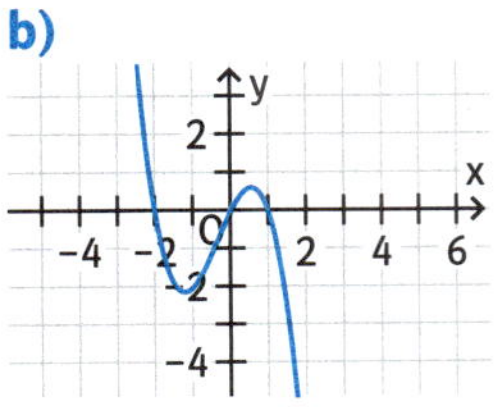

c)
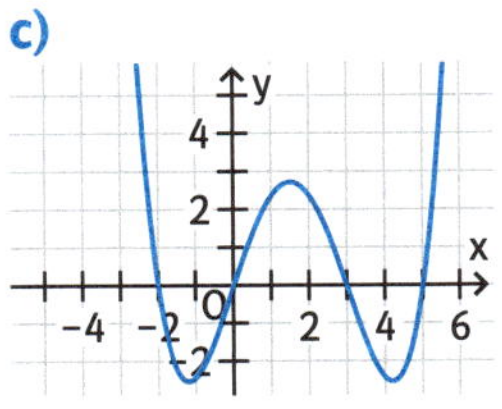

d)
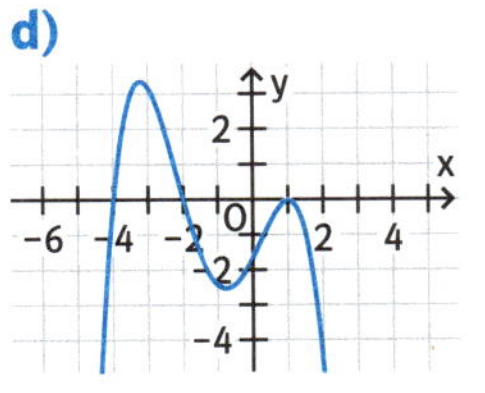

TIPPS ZUM LÖSEN DER AUFGABEN 2, 4, 5 UND 6

2 Ein Faktor oder ein Minuszeichen vor den Linearfaktoren beeinflusst das Aussehen des Graphen, aber nicht die Nullstellen. **4c)** Die Gleichung $x \cdot (x^2+1) = 0$ hat nur eine Lösung, da die Klammer nicht null wird. **d)** (x^2-1) ist kein Linearfaktor und hat mehrere Lösungen.
5c) Hier kannst du x^2 ausklammern. **d)** Hier musst du die Substitution anwenden.
6b) + d) Wenn der Graph für $x \to +\infty$ gegen $-\infty$ verläuft, kommt vor die Linearfaktoren ein Minuszeichen.

TRAINING

○ **1** Die Abbildung zeigt den Graphen einer Funktion f.

a) Untersuche, welche der Funktionsgleichungen die richtige ist. Begründe deine Entscheidung. → Schritte 2, 3

A $f(x) = (x-2)^2 - 3$

B $f(x) = 0{,}5 \cdot (x-2)^2 - 3$

C $f(x) = 0{,}5 \cdot (x-3)^2 - 2$

b) Nenne den Scheitelpunkt der Parabel und den y-Achsenabschnitt der anderen Funktionen. → Schritt 1

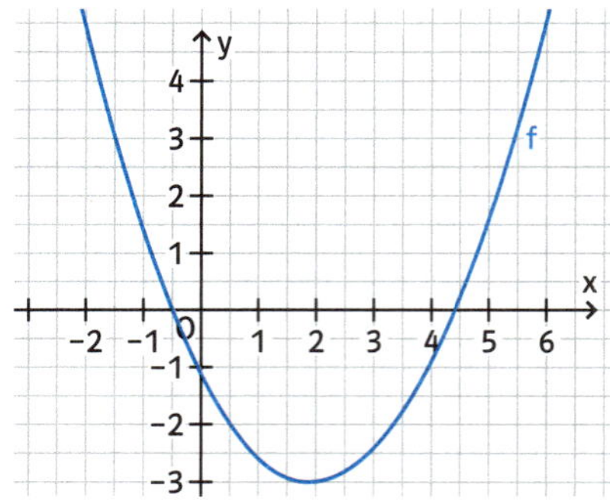

○ **2** Die Abbildung zeigt den Graphen der Funktion $f(x) = 2 \cdot \sqrt{x+3} - 2$.

a) Ergänze die Skaleneinteilung. → Schritte 2, 3

b) Weise nach, dass der y-Achsenabschnitt größer als 1 ist. → Schritt 1

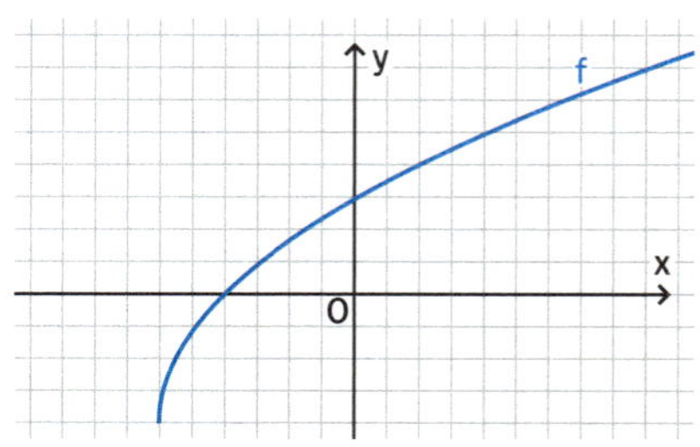

◐ **3** Die Abbildung zeigt den Graphen der Funktion f mit der Asymptote $y = 4$.
Überprüfe, ob die Aussagen wahr oder falsch sind.
Begründe deine Antwort.

(1) $g(x) = f(-x)$ hat den gleichen y-Achsenabschnitt wie f. → Schritt 4

(2) $g(x) = -f(x) + 2$ hat zwei Nullstellen. → Schritte 4, 7

(3) $g(x) = 1{,}2 \cdot f(x)$ hat die gleiche Asymptote wie f. → Schritt 3

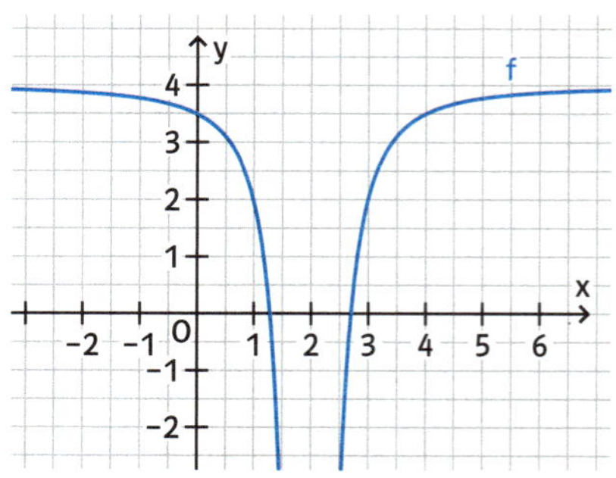

◐ **4** Es ist die Funktion $f(x) = -\frac{1}{3}x^4 + 6x^2 - 27$ gegeben.

a) Nenne die Symmetrie der Funktion und weise sie nach. → Schritt 6

b) Beschreibe das Verhalten für $x \to \pm\infty$. → Schritt 5

c) Berechne die Nullstellen und schreibe f mit Linearfaktoren auf. → Schritte 7, 8

● **5**

A

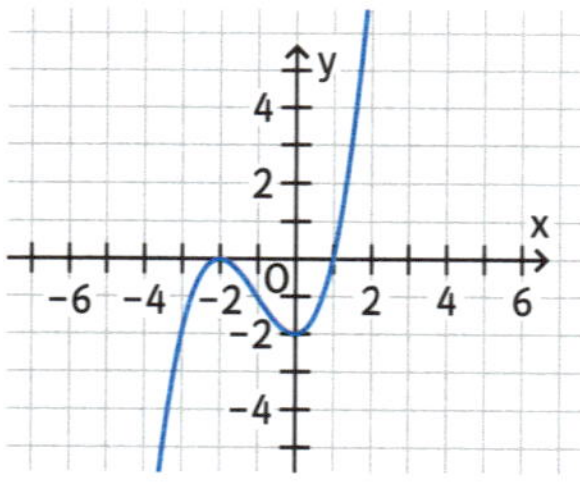

B

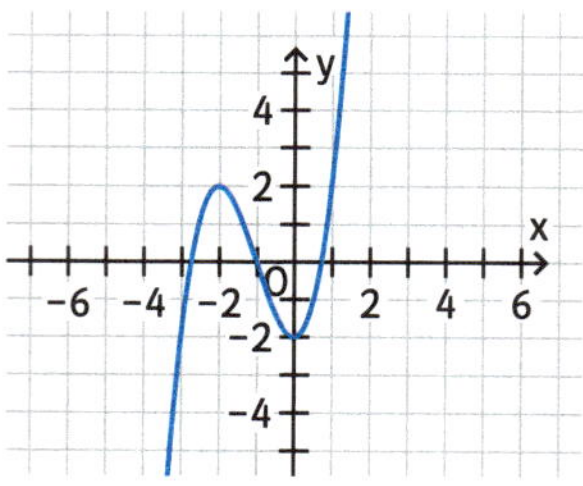

C

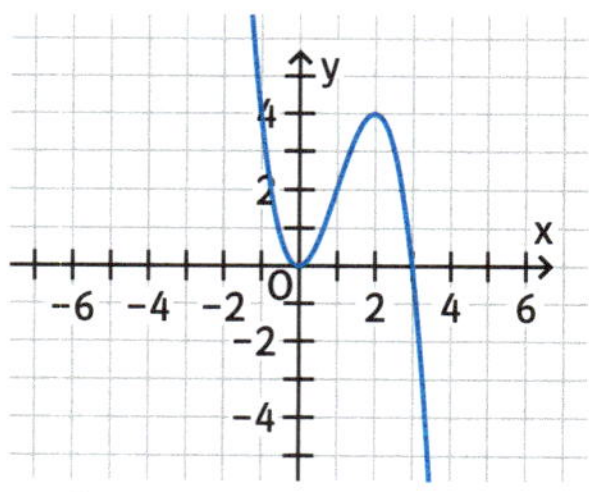

D

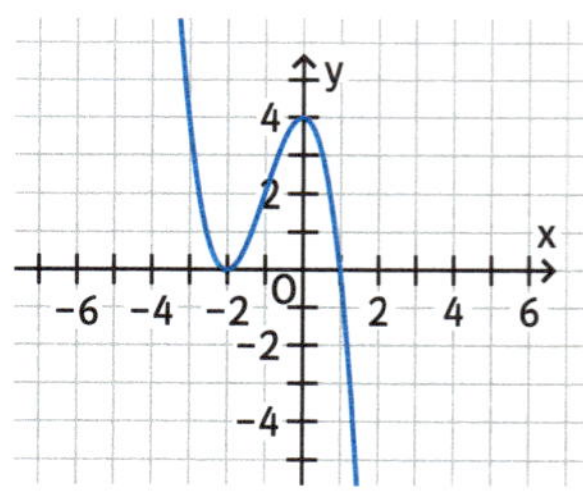

a) Begründe, dass Abbildung D die Funktion $f(x) = -(x+2)^2 \cdot (x-1)$ zeigt. → Schritt 8

b) Bestimme die Zugehörigkeit der übrigen Graphen zu den Funktionen und nenne den jeweiligen Parameter: $g(x) = f(x+a)$; $h(x) = b \cdot f(x)$; $k(x) = -f(x) + c$. → Schritte 2,3,4

● **6** Die Abbildung zeigt den Graphen einer ganzrationalen Funktion 4. Grades. Untersuche, ob die Aussagen in dem dargestellten Intervall wahr oder falsch sind.

(1) $f(2) > f(1)$ → Schritt 1

(2) $f(x) = 2$ hat zwei Lösungen → Schritt 7

(3) $f(x) = x^2 \cdot g(x)$ mit einer Parabel $g(x)$ → Schritt 8

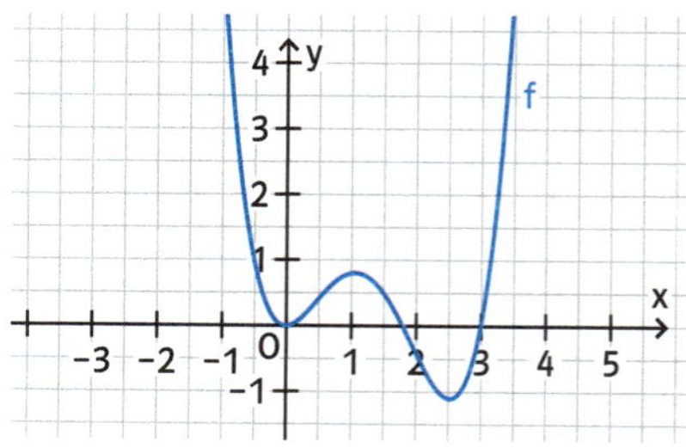

SCHRITT 9

Ich kann die Steigung (Ableitung) von Funktionen mit der Potenzregel berechnen.

Hier lernst du, wie du die Steigung der Potenzfunktion $f(x) = x^3$ an der Stelle $x = 3$ berechnen kannst.

→ Geraden (Grundlagen)

DAS BRAUCHST DU WIEDER

Allgemein: Steigung $m = \frac{\text{y-Differenz}}{\text{x-Differenz}}$

Beispiele:
(1) $m = \frac{1{,}5}{3} = 0{,}5$; $\quad y = 0{,}5x + 1{,}5$
(2) $m = \frac{-1}{1} = -1$ $\quad y =$ ________
(3) $m =$ ________ $\quad y =$ ________

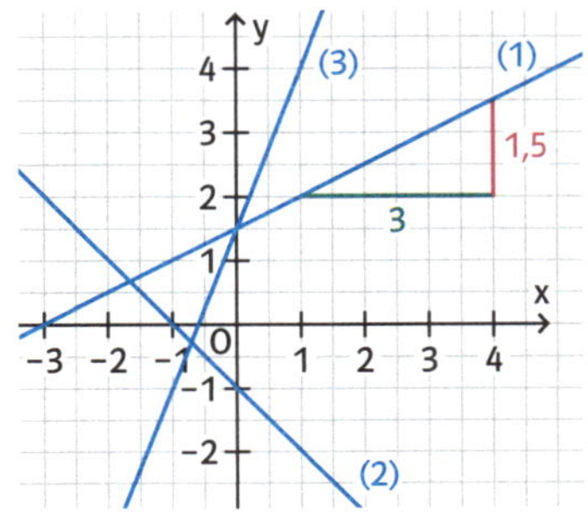

DARUM GEHT'S

Erklärfilm
Bestimmung der Tangentengleichung
kf25hp

In diesem Schritt soll die **Steigung in einem Punkt** des Graphen berechnet werden. In einem Punkt allein kann man jedoch keine Steigung angeben. Daher nimmt man als Steigung im Punkt $P(a \mid f(a))$ die **Steigung der Tangente**, die den Graph von f in diesem Punkt berührt.

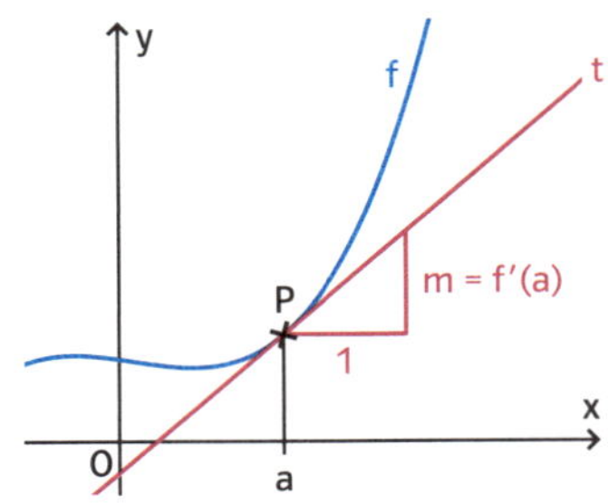

Die Steigung m der Tangente t an der Stelle a wird mit $f'(a)$ bezeichnet; $f'(a)$ heißt **Ableitung** (auch **momentane Änderungsrate**) von f an der Stelle a:
$\mathbf{f'(a) = m}$

Tipp
Das Bilden der Ableitung nennt man kurz „ableiten" oder „differenzieren".

Die Funktion $f'(x)$ heißt **Ableitungsfunktion**. Sie beschreibt die Steigungen der Funktion für alle beliebigen x.

Für die Potenzfunktionen gibt es zur Berechnung der Ableitung eine gemeinsame
Potenzregel: $\mathbf{f(x) = x^r \qquad f'(x) = r \cdot x^{r-1}}$

Berechnen von Steigungen mit der Potenzregel

Mit diesem Vorgehen kannst du die Steigung $f'(a)$ an der Stelle a einer Potenzfunktion f berechnen.

Erklärfilm
Potenz-, Faktor- und Summenregel
kf25hp

SO GEHT'S

1 Beispiel
Es wird die Funktion $f(x) = x^2$ betrachtet.
Berechne die Steigung an der Stelle $x = 4$.

Bilde die Ableitung mit der Potenzregel:

$f(x) = x^2$
$f'(x) = 2x^1$
$f'(x) = 2x$

Setze den Wert für x in die Funktionsgleichung von f′ ein:

$f'(4) = 2 \cdot 4 = 8$

Die Funktion hat an der Stelle $x = 4$ die Steigung 8.

Du bist dran
Es wird die Funktion $f(x) = x^3$ betrachtet.
Berechne die Steigung an der Stelle $x = 3$.

○ **2** Bilde die Ableitung und berechne die Steigung an der Stelle a.

a) $f(x) = x^3$; $a = 2$ **b)** $f(x) = x^5$; $a = -2$

c) $f(x) = x$; $a = -4$ **d)** $f(x) = x^4$; $a = -\frac{1}{2}$

Tipp
$x = x^1$

○ **3** Bestimme die Stelle, an der die Steigung der Funktion f den Wert m hat.

a) $f(x) = x^2$; $m = 8$ **b)** $f(x) = x^4$; $m = -4$

◒ **4** Bestimme die Stellen, an denen die Funktion $f(x) = x^3$ parallel zur Geraden $y = 12x$ verläuft.

◒ **5** Untersuche, an welcher Stelle die Funktion $f(x) = x^2$ und ihre Ableitungsfunktion f′ den gleichen Wert haben.

◒ **6** **a)** Untersuche, an welchen Stellen die Graphen der Funktionen $f(x) = x^2$ und $g(x) = x^3$ parallel verlaufen.
b) Gib die Steigung an.

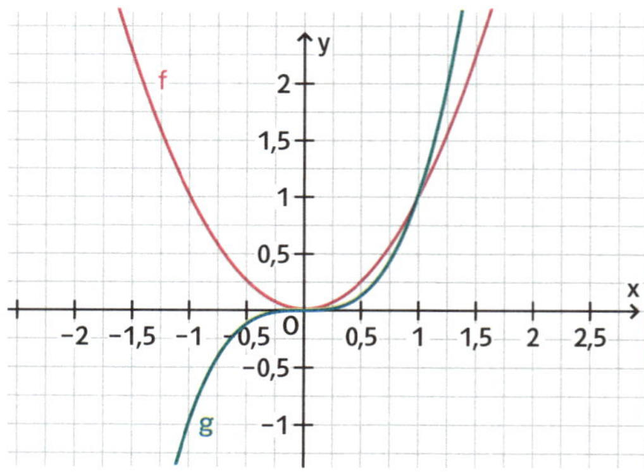

◒ **7** **a)** Bestimme für die Parabel $f(x) = x^2$ den Bereich, in dem der Betrag der Steigung $|f'(x)|$ kleiner als 10 ist.
b) Bestimme für die Funktion $f(x) = x^3$ den Bereich, in dem die Steigung kleiner als 12 ist.

Tipp
$|-2| = 2$

◒ **8** Die nebenstehende Abbildung zeigt die Funktion f.
a) Bestimme die Ableitungen $f'(0)$, $f'(2)$ und $f'(3)$ mithilfe der eingezeichneten Tangenten.
b) Überprüfe die Aussagen:
(1) $f'(1{,}5) < 0$
(2) Der Graph hat an der Stelle $x = 0{,}5$ eine negative Steigung.

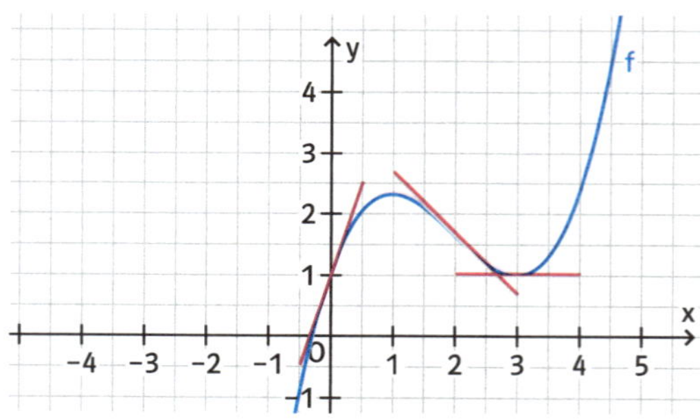

● **9** Weise mit der Potenzregel nach, dass für eine konstante Funktion $f(x) = c$ die Ableitung $f'(x) = 0$ ist.

● **10** Weise mit der Potenzregel nach, dass die Ableitung aller Potenzfunktionen $f(x) = x^n$ an der Stelle $x = 1$ den Wert $f'(1) = n$ hat.

TIPPS ZUM LÖSEN DER AUFGABEN 3, 4, 5, 6, 7, 8, 9 UND 10

3 Hier musst du die Gleichung $f'(x) = m$ lösen. **4** Die Steigung der Geraden $y = 12x$ ist $m = 12$. Löse daher die Gleichung $3x^2 = 12$. **5** Löse die Gleichung $x^2 = 2x$. **6** An der gesuchten Stelle haben beide die gleiche Steigung. Löse daher die Gleichung $f'(x) = g'(x)$. **7 a)** Die x-Werte zwischen den Lösungen der Gleichung $2x = 10$ und $-2x = 10$ erfüllen die Bedingung. **b)** Hier ist die Gleichung $3x^2 = 12$ zu lösen. **8** Orientiere dich beim Bestimmen der Steigung der Tangenten an dem Beispiel aus dem Abschnitt „Das brauchst du wieder“. **9** Du kannst für $c = c \cdot x^0$ schreiben, da $x^0 = 1$ ist. **10** Eine Potenz mit Basis 1 hat immer den Wert 1, unabhängig von der Hochzahl.

SCHRITT 10

Ich kann die Steigung (Ableitung) von Funktionen mit der Faktor- und Summenregel berechnen.

Hier lernst du, wie du die Steigung der ganzrationalen Funktion $f(x) = 0{,}5x^3 + 2x - 2$ an der Stelle $x = 3$ berechnen kannst.

→ Potenzregel fürs Ableiten (Schritt 9)

Tipp
$x = x^1$
$1 = x^0$

DAS BRAUCHST DU WIEDER

Allgemein:	$f(x) = x^r$	$f'(x) = r \cdot x^{r-1}$		
Beispiele:	$f(x) = x^4$	$f'(x) = 4 \cdot x^3$	$f(x) = x$	$f'(x) =$ ________
	$f(x) = x^3$	$f'(x) =$ ________	$f(x) = 1$	$f'(x) =$ ________

DARUM GEHT'S

Du kannst bereits einfache Potenzfunktionen $f(x) = x^n$ mit der Potenzregel ableiten. Nun lernst du die Regeln, die du brauchst, wenn vor einer Potenzfunktion ein Faktor steht und wenn mehrere Potenzfunktionen miteinander zu einer ganzrationalen Funktion addiert werden.

Tipp
Die Summenregel gilt auch bei Differenzen. Sie könnte deswegen auch Differenzenregel heißen ☺.

Faktorregel	$\mathbf{f(x) = k \cdot x^r}$	$\mathbf{f'(x) = k \cdot r \cdot x^{r-1}}$
Der Faktor vor der Potenz bleibt erhalten.	$f(x) = 3x^2$	$f'(x) = 3 \cdot 2x = 6x$
Summenregel	$\mathbf{f(x) = g(x) + h(x)}$	$\mathbf{f'(x) = g'(x) + h'(x)}$
Bei einer Summe oder Differenz werden	$f(x) = x^3 + x^2$	$f'(x) = 3x^2 + 2x$
die Funktionen einzeln abgeleitet:	$f(x) = x^3 - x^2$	$f'(x) = 3x^2 - 2x$

Berechnen von Steigungen mit der Potenz-, Faktor- und Summenregel

Mit diesem Vorgehen kannst du die Steigung $f'(a)$ an der Stelle a einer ganzrationalen Funktion f berechnen.

Erklärfilm
Potenz-, Faktor- und Summenregel
kf25hp

SO GEHT'S

1 Beispiel
Es wird die Funktion
$f(x) = \frac{1}{3}x^3 - x^2 + 5$ betrachtet.
Berechne die Steigung an der Stelle
$x = -2$.

Du bist dran
Es wird die Funktion
$f(x) = 0{,}5x^3 + 2x - 2$ betrachtet.
Berechne die Steigung an der Stelle
$x = 3$.

Bilde die 1. Ableitung nach der Faktor- und der Summenregel:

$f(x) = \frac{1}{3}x^3 - x^2 + 5$

$f'(x) = \frac{1}{3} \cdot 3x^2 - 2x$

$f'(x) = x^2 - 2x$

Tipp
Ein konstanter Summand fällt beim Ableiten weg.

Setze den Wert für x in die Funktionsgleichung von f′ ein:

$f'(-2) = (-2)^2 - 2 \cdot (-2)$
$f'(-2) = 4 + 4 = 8$
Die Funktion hat an der Stelle $x = -2$ die Steigung 8.

2 Berechne die Ableitungsfunktion $f'(x)$.

a) $f(x) = \frac{1}{4}x^4 - 2x^2$
b) $f(x) = \frac{1}{4}x^5 - 4x + 3$
c) $f(x) = \frac{1}{5}x^5 - 2x^2 - 6x$
d) $f(x) = x^5 - 4x^2$

3 Ordne den Funktionen die passenden Ableitungen zu.

I $f(x) = \frac{1}{3}x^3 + x - 6$
II $f(x) = \frac{1}{3}x^3 + 6x^2$
III $f(x) = \frac{1}{2}x^2 - 4x - 1$
IV $f(x) = 0{,}5x^2 + 0{,}5x$

A $f'(x) = x^2 + 12x$
B $f'(x) = x + 0{,}5$
C $f'(x) = x - 4$
D $f'(x) = x^2 + 1$

4 Es wird die Funktion $f(x) = x^3 - 2x^2 + 2x$ betrachtet.
Berechne die Steigung an der Stelle a.
a) $a = 1$
b) $a = 3$
c) $a = -0{,}5$

5 Bilde die Ableitung und berechne die Steigung an der Stelle a.

a) $f(x) = 3x^2 - 5x + 8;\ a = 2$
b) $f(x) = -x^3 - \frac{1}{4}x^2 + \frac{1}{2}x - 1;\ a = 4$
c) $f(x) = 0{,}5x^4 - 2{,}5x^2 - 6;\ a = -\frac{1}{2}$
d) $f(x) = 0{,}2x^5 - 3x^4 - 30x;\ a = 0$

6 Es wird die Funktion $f(x) = 0{,}5x^4 - 4x^2 + 3$ betrachtet.
a) Weise nach, dass f an der Stelle $x = -1$ die Steigung 6 hat.
b) Weise nach, dass f an der Stelle $x = -2$ die Steigung 0 hat.
c) Weise nach, dass f an der Stelle $x = 1$ parallel zur Geraden $y = -6x$ ist.

7 Bestimme die Stellen, an denen die Funktion f die Steigung m hat.
a) $f(x) = -x^2 + 5x;\ m = -3$
b) $f(x) = 5x^2 - 8x + 2;\ m = 0{,}5$
c) $f(x) = x^3 - 12x;\ m = 9$
d) $f(x) = \frac{1}{3}x^3 + x^2 - 15x;\ m = 0$

8 Es wird die Funktion $f(x) = \frac{1}{3}x^3 - x^2 + 3x$ betrachtet.
Weise nach, dass f nur positive Steigungen besitzt.

9 Ordne den Graphen die richtige Steigung im Punkt P zu.

A
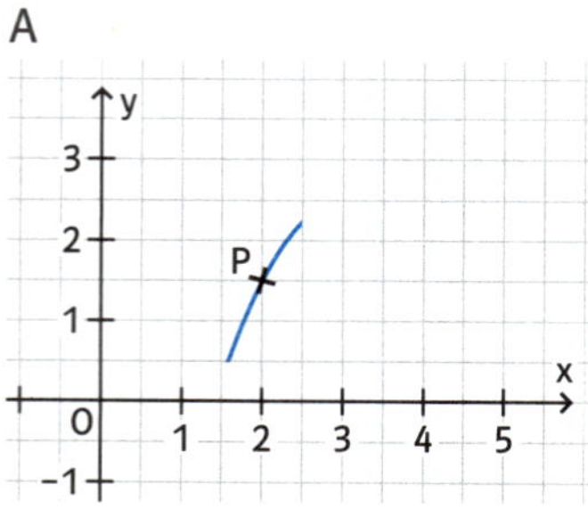

B
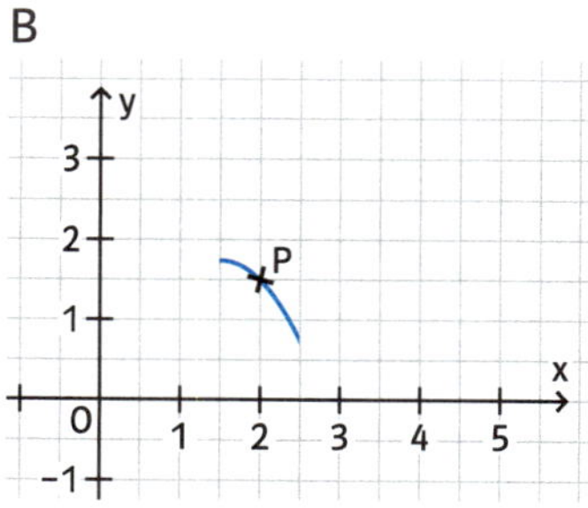

C
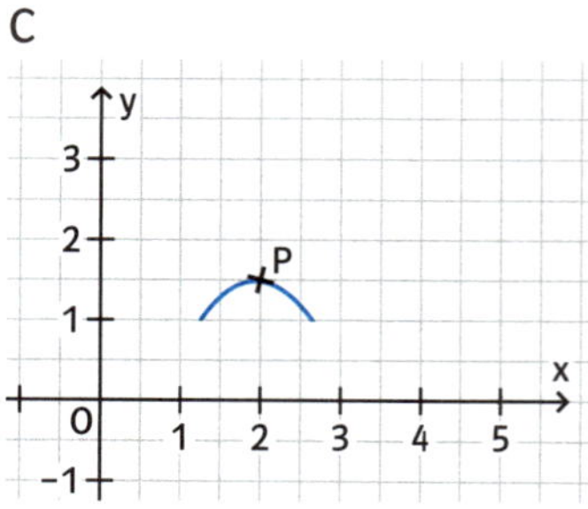

I $f'(2) = -2$
II $f'(2) = -1$
III $f'(2) = 0$
IV $f'(2) = 1$
V $f'(2) = 2$

TIPPS ZUM LÖSEN DER AUFGABEN 6, 7, 8 UND 9

6a) Das Ergebnis von $f'(-1)$ muss 6 sein. **b)** Das Ergebnis von $f'(-2)$ und $f'(2)$ muss 0 sein.
c) Die Steigung der Geraden $y = -6x$ ist -6. Du musst daher zeigen, dass $f'(1) = -6$ ergibt.
7 Setze $f'(x) = m$ und löse die Gleichung. **8** Weise zunächst nach, dass die Ableitungsfunktion $f'(x)$ keine Nullstelle hat. Argumentiere dann mit deiner Kenntnis über Parabeln. **9** Zeichne ein Stück der Tangente in P ein. Bei der Steigung 0 ist die Tangente waagerecht.

SCHRITT 11

Ich kann ganzrationale Funktionen auf Monotonie untersuchen.

Hier lernst du, wie du bestimmen kannst, in welchen Bereichen der Graph der Funktion $f(x) = -\frac{1}{6}x^3 - \frac{3}{4}x^2 + 1$ streng monoton wachsend oder fallend ist.

→ Potenz-, Faktor- und Summenregel (Schritte 9 + 10)

DAS BRAUCHST DU WIEDER

Allgemein: $f(x) = k \cdot x^r$ $\quad f'(x) = k \cdot r \cdot x^{r-1}$

$f(x) = g(x) + h(x)$ $\quad f'(x) = g'(x) + h'(x)$

Beispiele: $f(x) = 5x^4 + 6x$ $\quad f'(x) =$ ____________________

$f(x) = 2x^3 + 8x^2 - 7$ $\quad f'(x) =$ ____________________

$f(x) = 0{,}4x^5 + 0{,}5x^4 - 1{,}6x^2 - 5{,}4x$ $\quad f'(x) =$ ____________________

DARUM GEHT'S

Erklärfilm
Monotonie
kf25hp

Um einen Graphen zu beschreiben, hilft es, wenn du den Graphen als Bergprofil betrachtest, auf dem du von links nach rechts „wanderst". Du kannst dann feststellen, ob der Graph steigt oder fällt.
Wenn du auf dem Graphen „bergauf" gehst, ist die Funktion monoton wachsend. Gehst du „bergab", ist sie monoton fallend. Das Monotonie-Verhalten kann man auch mit der Ableitung bestimmen:

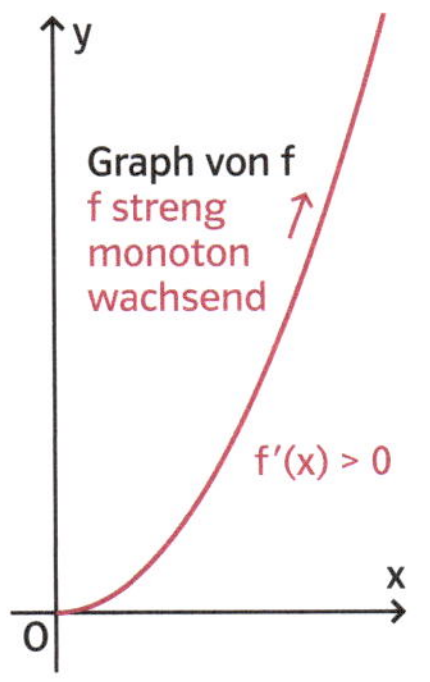

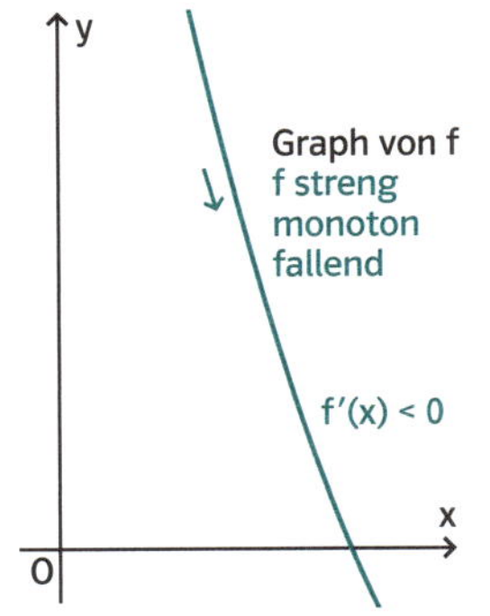

$f'(x) > 0$ auf einem Intervall bedeutet: f ist streng monoton wachsend.
$f'(x) < 0$ auf einem Intervall bedeutet: f ist streng monoton fallend.

Tipp
Unter einem Intervall versteht man einen zusammenhängenden Bereich der x-Achse.

Monotonie

Diese Strategie verwendest du, wenn du die Steigungen einer Funktion untersuchen willst.

SO GEHT'S

1 Beispiel
Die Abbildung zeigt den Graphen der ganzrationalen Funktion

$f(x) = \frac{1}{6}x^3 - \frac{1}{2}x^2 - \frac{3}{2}x + 3.$

a) Gib die Intervalle an, auf denen die Funktion streng monoton wachsend oder fallend ist.
b) Prüfe am Graphen, ob die Aussagen wahr sind:
(1) $f'(-2) < 0$
(2) $f'(3) = 0$
(3) $f'(2) > f'(4)$

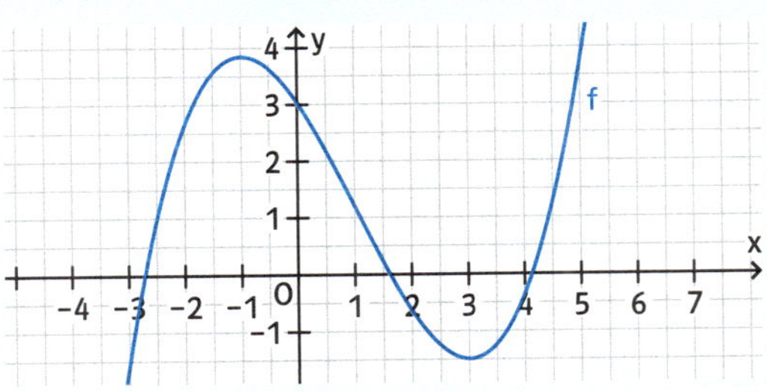

Du bist dran
Die Abbildung zeigt den Graphen der ganzrationalen Funktion

$f(x) = -\frac{1}{6}x^3 + \frac{3}{4}x^2 + 1.$

a) Gib die Intervalle an, auf denen die Funktion streng monoton wachsend oder fallend ist.
b) Prüfe am Graphen, ob die Aussagen wahr sind:
(1) $f'(-1) < 0$
(2) $f'(3) = 0$
(3) $f'(2) > f'(4)$

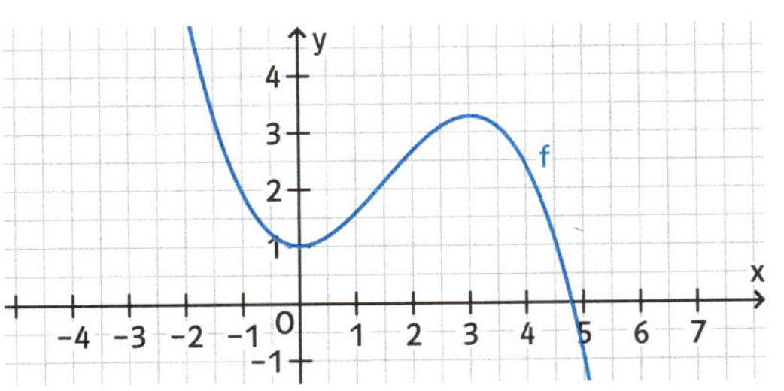

a) Suche von links die x-Stellen, bis zu denen der Graph steigt oder fällt:

$x < -1$: f ist streng monoton wachsend
$-1 < x < 3$: f ist streng monoton fallend
$x > 3$: f ist streng monoton wachsend

b) Vergleiche die Aussagen mit der in Teil a) beschriebenen Monotonie:

(1) $f'(-2) < 0$ falsch:
Bei $x = -2$ steigt der Graph an.
(2) $f'(3) = 0$ wahr:
Die Steigung der Tangente bei $x = 3$ ist gleich 0.
(3) $f'(2) > f'(4)$ falsch:
$f'(2)$ ist negativ und $f'(4)$ ist positiv.

○ **2** Die Abbildung zeigt den Graphen einer Parabel.
a) Beschreibe die Monotonie der Funktion.
b) Überprüfe die Aussagen.
(1) $f'(2) < 0$
(2) $f'(5) = 0$
(3) $f'(4) < f'(0)$

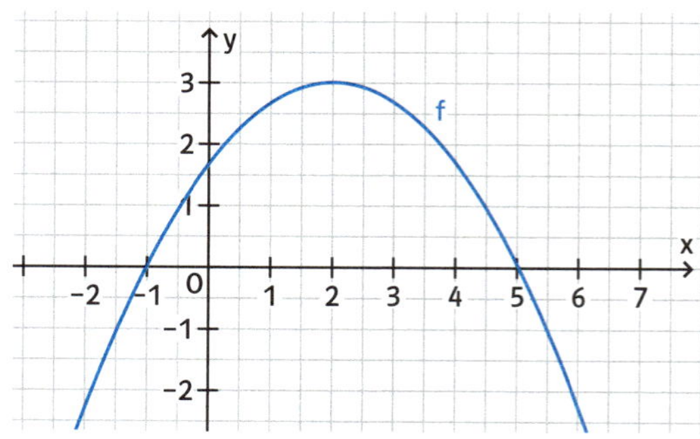

○ **3** Die Abbildung zeigt den Graphen einer ganzrationalen Funktion.
a) Beschreibe die Monotonie der Funktion.
b) Überprüfe die Aussagen.
(1) $f'(3) = 0$
(2) $f'(-3) > f'(-1)$
(3) $f'(x) > 0$ für $0 < x < 4$

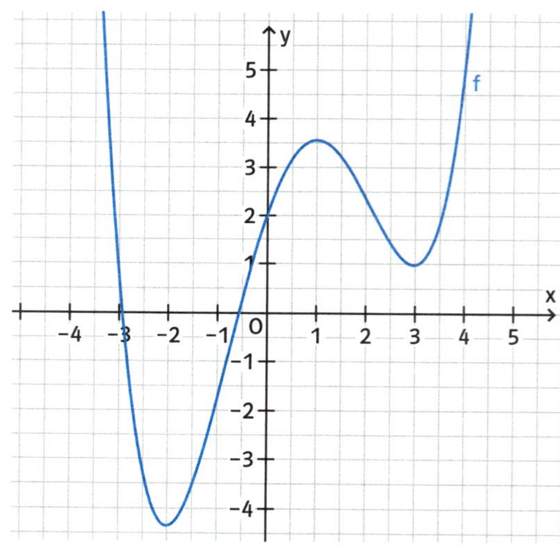

Erklärfilm
Monotonie
kf25hp

◐ **4** Berechne die Nullstellen von f′. Beschreibe damit die Intervalle, in denen die Funktion streng monoton wachsend oder fallend ist.

a) $f(x) = -0{,}5x^2 + 3x - 2{,}5$

b) $f(x) = \frac{1}{3}x^3 - \frac{1}{2}x^2 - 2x$

Tipp
3. Binomische Formel:
$x^2 - 1 = (x + 1)(x - 1)$.

● **5** Gegeben sind die Funktionen $f(x) = x^2$ und $g(x) = x^2 - 1$. Begründe folgende Aussagen.
(1) An der zweifachen Nullstellen von f ändert sich die Monotonie.
(2) An den einfachen Nullstellen von g ändert sich die Monotonie nicht.

TIPPS ZUM LÖSEN DER AUFGABEN 4 UND 5

4 Stelle an der Nullstelle fest, ob ein Vorzeichenwechsel von „−" nach „+" oder von „+" nach „−" vorliegt. Dies kannst du feststellen, indem du $f'(x)$ für Testwerte aus den jeweiligen Intervallen berechnest. Schaue am besten den Erklärfilm an ☺. **5** (1) f hat bei $x = 0$ eine zweifache Nullstelle, berührt daher die x-Achse. (2) g hat zwei einfache Nullstellen, schneidet daher die x-Achse.

Ich kann die Extrempunkte von ganzrationalen Funktionen bestimmen.

Hier lernst du, wie du berechnen kannst, an welchen Stellen die Funktion $f(x) = \frac{1}{3}x^3 - 2x^2$ Extrempunkte hat.

→ Monotonie von Funktionen (Schritt 11)

DAS BRAUCHST DU WIEDER

Allgemein: $f'(x) > 0$: f streng monoton wachsend
$f'(x) < 0$: f streng monoton fallend

Beispiele: $x < 1$: $f'(x) < 0$
f streng monoton fallend

$1 < x < 3$: ____________________

____

$x > 3$: ____________________

____

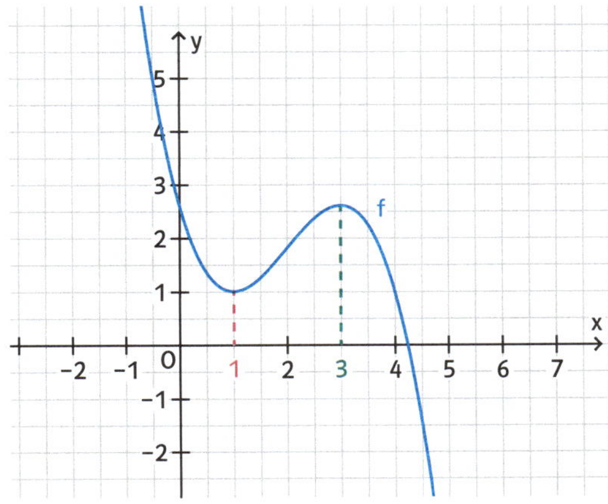

DARUM GEHT'S

Erklärfilm Bestimmung von Extrempunkten kf25hp

Beim Übergang von monoton wachsend zu monoton fallend und umgekehrt liegt ein **Extrempunkt** $(\mathbf{x_0} \mid \mathbf{f(x_0)})$, in dem die Steigung Null ist: $\mathbf{f'(x_0) = 0}$.
Es gibt zwei Arten von Extrempunkten.
Hochpunkte: $f'(x)$ wechselt das Vorzeichen von plus nach minus (VZW +/−).
Tiefpunkte: $f'(x)$ wechselt das Vorzeichen von minus nach plus (VZW −/+).
Diese Eigenschaft kann auch mit der 2. Ableitung beschrieben werden.

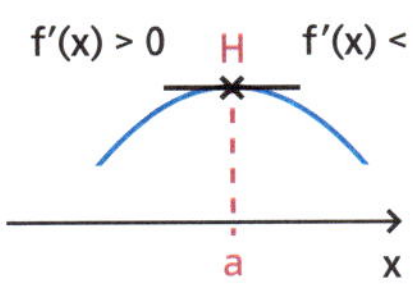

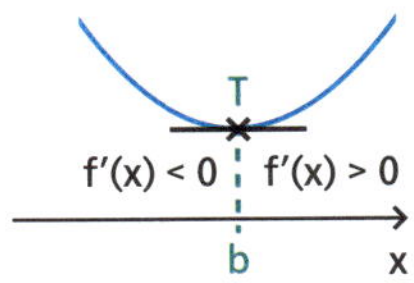

$f'(a) = 0$; $f''(a) < 0$: Hochpunkt	$f'(b) = 0$; $f''(b) > 0$: Tiefpunkt
Hochpunkt $(a \mid f(a))$	**Tiefpunkt** $(b \mid f(b))$
$f'(a) = 0$ mit VZW +/−	$f'(b) = 0$ mit VZW −/+
$f''(a) < 0$	$f''(b) > 0$

Tipp
Die **2. Ableitung** ist die Ableitung der 1. Ableitung: $f''(x) = (f'(x))'$.

Bestimmen von Extrempunkten

Diese Strategie verwendest du, wenn du die Extrempunkte einer Funktion bestimmen willst.

SO GEHT'S

1 Beispiel
Es wird die Funktion $f(x) = \frac{1}{3}x^3 - 4x$ betrachtet.
Berechne die Extrempunkte von f und bestimme ihre Art.

Bilde die 1. und die 2. Ableitung:

$f(x) = \frac{1}{3}x^3 - 4x$

$f'(x) = x^2 - 4$

$f''(x) = 2x$

Setze die 1. Ableitung $f'(x) = 0$ und löse die Gleichung:

$x^2 - 4 = 0 \quad | +4$
$x^2 = 4 \quad | \pm\sqrt{\ }$

Tipp
Nochmaliges Ableiten von f′ ergibt f″.

Du bist dran
Es wird die Funktion $f(x) = \frac{1}{3}x^3 - 2x^2$ betrachtet.
Berechne die Extrempunkte von f und bestimme ihre Art.

Tipp
In den meisten Fällen verwendest du die 2. Ableitung zur Bestimmung einer Extremstelle x_0. Der Vorzeichenwechsel kommt zur Anwendung, wenn $f''(x_0) = 0$.

Tipp
Du kannst auch zuerst $f(2)$ berechnen und dann $f''(2)$.

$x_{1,2} = \pm\sqrt{4} = \pm 2$
$x_1 = 2;\ x_2 = -2$

Setze die Lösungen in die 2. Ableitung f″(x) ein:

$f''(2) = 2 \cdot 2 = 4 > 0$
$\Rightarrow$ Tiefpunkt bei $x = 2$
$f''(-2) = 2 \cdot (-2) = -4 < 0$
$\Rightarrow$ Hochpunkt bei $x = -2$

Setze die Lösungen in die Funktionsgleichung von f zur Bestimmung der y-Werte:

$f(2) = \frac{1}{3} \cdot 2^3 - 4 \cdot 2 = -\frac{16}{3}$
Tiefpunkt $T\left(2 \,\middle|\, -\frac{16}{3}\right)$
$f(-2) = \frac{1}{3} \cdot (-2)^3 - 4 \cdot (-2) = \frac{16}{3}$
Hochpunkt $H\left(-2 \,\middle|\, \frac{16}{3}\right)$

○ **2** Berechne die Hoch- und Tiefpunkte von f.

a) $f(x) = -2x^2 + 12x + 14$ **b)** $f(x) = \frac{1}{3}x^3 - 3{,}5x^2 + 10x$

○ **3** Welche der Aussagen treffen zu?

A $f'(1) = 0$ B $f''(3) = 0$ C $f'(3) < 0$
D $f'(-1) = 0$ E $f''(-1) > 0$ F $f''(1) > 0$

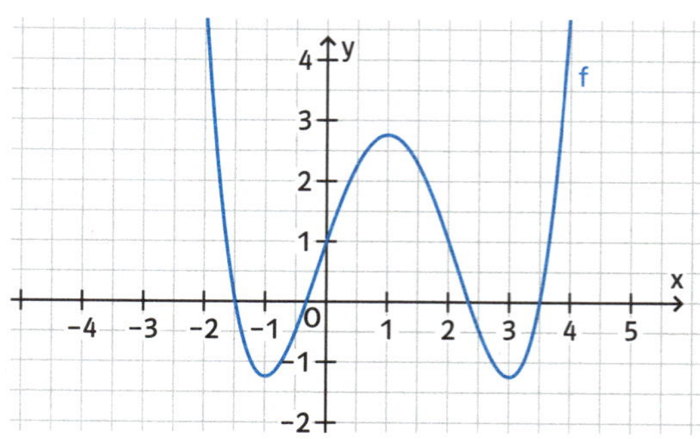

◒ **4** Berechne die Hoch- und Tiefpunkte der Funktion $f(x) = \frac{1}{5}x^5 - 3x^3$. Untersuche und beschreibe den Verlauf von f an der Stelle $x = 0$.

◒ **5** Beschreibe, welche Art von Punkt vorliegt.
a) $f(5) = -3;\ f'(5) = 0;\ f''(5) > 0$ **b)** $f(2) = 0;\ f'(2) = 0;\ f''(2) = -6$

◒ **6** Weise die Aussagen nach.
a) $f(x) = x^2 - 2x$ hat in $T(1 \mid -1)$ einen Tiefpunkt.
b) $f(x) = \frac{1}{3}x^3 - x^2 - 4$ hat in $H(0 \mid -4)$ einen Hochpunkt.

● **7** Der Graph von f hat den Hochpunkt $H(4 \mid 3)$.
Nenne den Extrempunkt von g an der Stelle $x = 4$.
a) $g(x) = 2 \cdot f(x) - 4$ **b)** $g(x) = -f(x) + 2$

TIPPS ZUM LÖSEN DER AUFGABEN 4, 5, 6 UND 7

4 Bei $x = 0$ ist $f'(0)$ und $f''(0) = 0$. Daher musst du überprüfen, ob ein VZW bei der 1. Ableitung vorliegt. **5** f bestimmt den Punkt, f′ und f″ legen die Art des Extrempunktes fest. **6** Du musst bei **a)** nachweisen: $f(1) = -1$, $f'(1) = 0$, $f''(1) > 0$. **b)** entsprechend. **7** Überlege zuerst, ob sich an der Art der Extremstelle etwas ändert. Bestimme dann die neue y-Koordinate, indem du die Rechenoperationen an der y-Koordinate $y = 3$ des Hochpunktes ausführst.

SCHRITT 13

Ich kann ganzrationale Funktionen auf ihr Krümmungsverhalten untersuchen.

Hier lernst du, wie du berechnen kannst, in welchen Bereichen der Graph der Funktion $f(x) = 0{,}2x^3 - 1{,}8x$ linksgekrümmt oder rechtsgekrümmt ist.

→ Potenz-, Faktor- und Summenregel (Schritte 9 + 10)

DAS BRAUCHST DU WIEDER

Allgemein: $f(x) = k \cdot x^r$ $\quad f'(x) = k \cdot r \cdot x^{r-1}$

$f(x) = g(x) + h(x)$ $\quad f'(x) = g'(x) + h'(x)$

Beispiele: $f(x) = 2x^4 + 4x^3 - 20$ $\quad f'(x) =$ ______ $\quad f''(x) =$ ______

$f(x) = \frac{2}{3}x^3 + \frac{3}{4}x^2 - x$ $\quad f'(x) =$ ______ $\quad f''(x) =$ ______

$f(x) = 0{,}2x^6 + 0{,}25x^4$ $\quad f'(x) =$ ______ $\quad f''(x) =$ ______

DARUM GEHT'S

Erklärfilm
Krümmungsverhalten
kf25hp

Bei den Extrempunkten und der Monotonie hast du den Graphen als Bergprofil betrachtet. Für das **Krümmungsverhalten** des Graphen kann die Vorstellung einer Straße hilfreich sein, die du von oben betrachtest. Macht die Straße eine Linkskurve, ist der Graph linksgekrümmt. Macht sie eine Rechtskurve, ist der Graph rechtsgekrümmt.

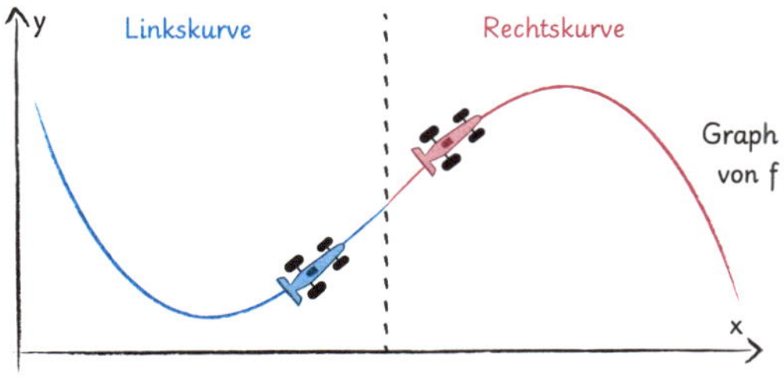

Die Krümmung kann auch mit der 2. Ableitung von f bestimmt werden:
$f''(x) > 0$ auf einem Intervall bedeutet: Der Graph von f ist linksgekrümmt.
$f''(x) < 0$ auf einem Intervall bedeutet: Der Graph von f ist rechtsgekrümmt.

Tipp
Die Steigungen f′ von f werden in einer Linkskurve größer, in einer Rechtskurve kleiner.

Krümmung

Diese Strategie wendest du an, wenn du die Krümmung einer Funktion untersuchen willst.

SO GEHT'S

1 Beispiel
Die Abbildung zeigt den Graphen der ganzrationalen Funktion
$f(x) = -0{,}5x^3 + 3x^2 - 4x + 1.$

a) Lies näherungsweise die Intervalle ab, auf denen der Graph eine Links- oder eine Rechtskurve ist.
b) Prüfe am Graphen, ob die Aussagen wahr sind:
(1) $f''(0) > 0$
(2) $f''(4) < 0$
(3) $f''(3) > 0$

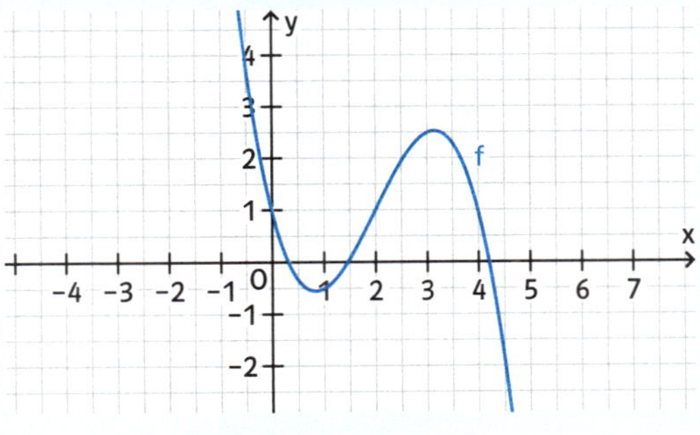

Du bist dran
Die Abbildung zeigt den Graphen der ganzrationalen Funktion
$f(x) = 0{,}2x^3 - 1{,}8x.$

a) Lies näherungsweise die Intervalle ab, auf denen der Graph eine Links- oder eine Rechtskurve ist.
b) Prüfe am Graphen, ob die Aussagen wahr sind:
(1) $f''(-3) > 0$
(2) $f''(1) < 0$
(3) $f''(3) > 0$

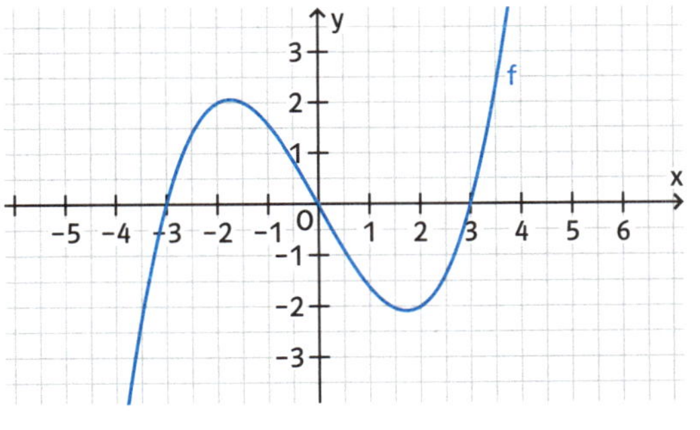

a) Beschreibe von links her die Krümmung des Graphen:

$x < 2$: Der Graph beschreibt eine Linkskurve.
$x > 2$: Der Graph beschreibt eine Rechtskurve.

b) Vergleiche die Aussagen mit dem in Teil a) beschriebenen Krümmungsverhalten:

(1) $f''(0) > 0$ wahr: An der Stelle $x = 0$ beschreibt der Graph eine Linkskurve.
(2) $f''(4) < 0$ wahr:
Bei $x = 0$ Rechtskurve.
(3) $f''(3) > 0$ falsch:
Bei $x = 3$ Rechtskurve.

○ **2** **a)** Lies an dem Graphen näherungsweise die Bereiche ab, in denen der Graph eine Links- bzw. Rechtskurve ist.
b) Untersuche die Aussagen:
(1) $f''(1) > 0$
(2) $f'(4) < 0$
(3) $f''(4) > 0$

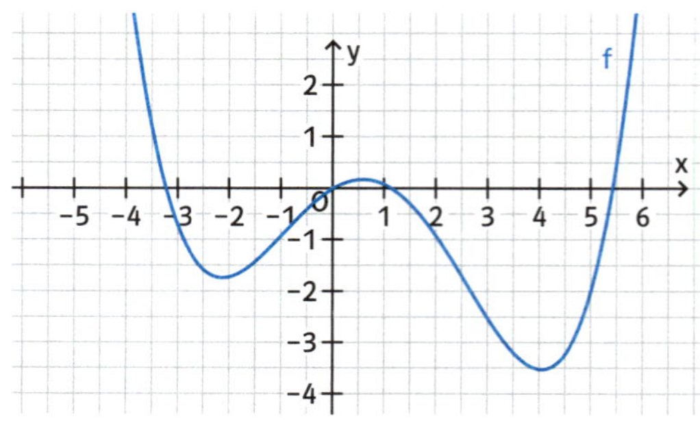

Erklärfilm
Krümmungsverhalten
kf25hp

○ **3** Bilde die 2. Ableitung der Funktion f. Bestimme die Nullstellen von f″. Beschreibe anhand des Vorzeichenwechsels von f″ an den Nullstellen die Krümmungseigenschaften von f.

a) $f(x) = x^3 - 6x^2 + 3x$ **b)** $f(x) = -\frac{1}{3}x^3 - \frac{3}{2}x^2 + 7$

◒ **4** Ergänze die beiden Aussagen mit „Linkskurve" oder „Rechtskurve".
a) Ein Hochpunkt liegt immer auf einer …
b) Ein Tiefpunkt liegt immer auf einer …

◒ **5** Weise nach, dass die Funktion
a) $f(x) = x^2 + 3x$ für alle x linksgekrümmt ist.
b) $f(x) = x^3$ für negative x rechtsgekrümmt und für positive x linksgekrümmt ist.

● **6** Die Abbildungen zeigen den Graphen der Ableitung f′ einer Funktion f. Lies daran die Krümmung des Graphen von f ab.

a)

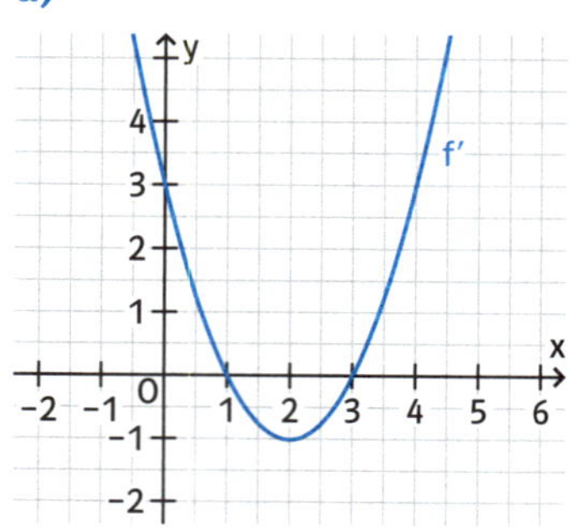

b)

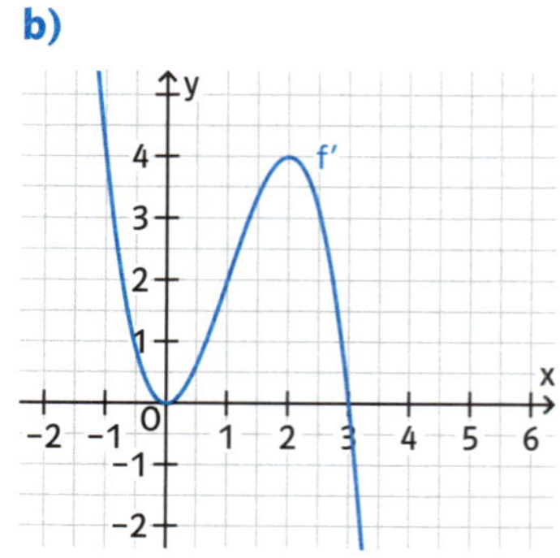

TIPPS ZUM LÖSEN DER AUFGABEN 3, 5 UND 6

3 Nachdem du die Nullstelle von $f''(x)$ bestimmt hast, kannst du zwei Bereiche festlegen. Das Krümmungsverhalten ändert sich innerhalb dieser Bereiche nicht. Bestimme jeweils mit einem Testwert aus dem Bereich das Krümmungsverhalten, indem du berechnest, ob die 2. Ableitung des Testwerts größer oder kleiner als null ist. **5 a)** Du musst zeigen, dass $f''(x) > 0$ für alle Werte von x gilt. **b)** Du musst zeigen, dass $f''(x) < 0$ für $x < 0$ und $f''(x) > 0$ für $x > 0$ gilt. **6** An den Extrempunkten wechselt das Vorzeichen von f′. Daher sind das die Stellen, an denen f sein Krümmungsverhalten ändert.

SCHRITT 14

Ich kann die Wendepunkte von ganzrationalen Funktionen bestimmen.

Hier lernst du, wie du berechnen kannst, an welchen Stellen die Funktion $f(x) = 0{,}5x^4 - 12x^2$ Wendepunkte hat.

→ Krümmung von Funktionen (Schritt 13)

DAS BRAUCHST DU WIEDER

Allgemein: $f''(x) > 0$:
f ist linksgekrümmt
$f''(x) < 0$:
f ist rechtsgekrümmt

Beispiele: $x < 2$: $f''(x) < 0$
f ist rechtsgekrümmt

$x > 2$: ____________

____

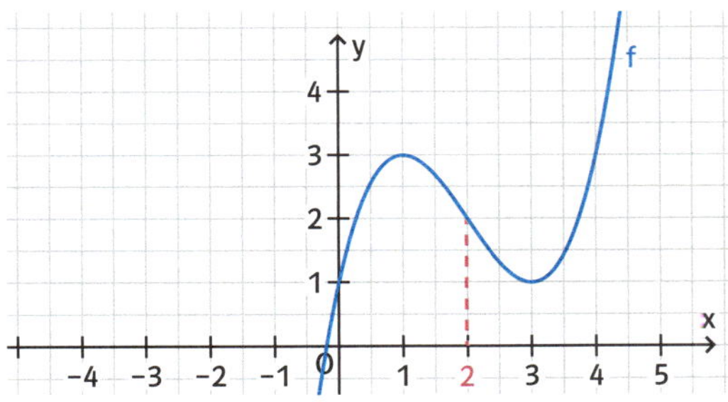

DARUM GEHT'S

Beim Übergang von einer Krümmung zur anderen hat der Graph einen Wendepunkt $\mathbf{W(x_0 \mid f(x_0))}$: $f''(x_0) = 0$.

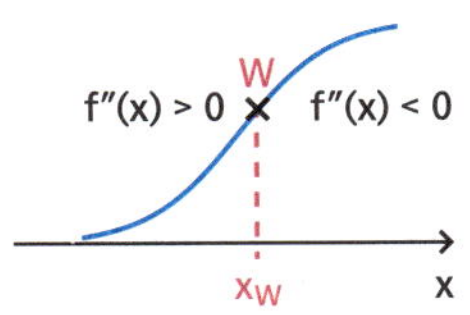

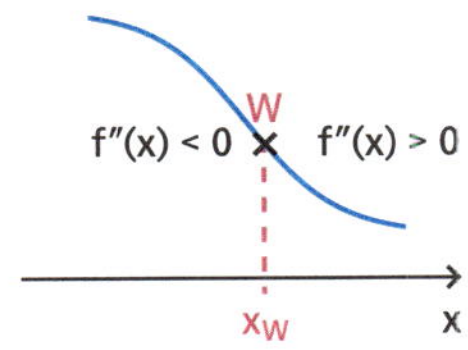

$f''(x_W) = 0$; $f'''(x_W) \neq 0$: Wendepunkt

Am Wendepunkt hat $f''(x_0)$ einen **VZW**.
Für den Nachweis eines Wendepunkts kannst du die 3. Ableitung $f'''(x)$ verwenden:
$f'''(x_0) \neq 0$.
Ist zusätzlich $f'(x_0) = 0$, so hat f hier einen Sattelpunkt.
Ein **Sattelpunkt** ist ein Wendepunkt mit der Steigung 0.

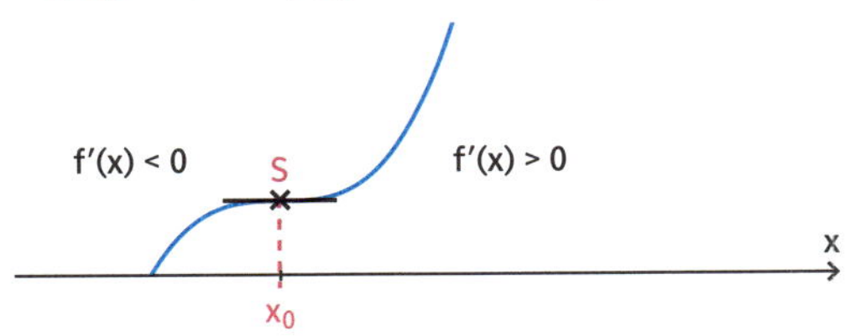

Erklärfilm
Bestimmung von Wendepunkten
kf25hp

Tipp
Die 3. Ableitung erhältst du, wenn du $f''(x)$ noch einmal ableitest.

Bestimmen von Wendepunkten

Diese Strategie verwendest du, wenn du die Wendepunkte einer Funktion f berechnen willst.

SO GEHT'S

1 Beispiel
Es wird die Funktion

$f(x) = \frac{1}{6}x^4 - \frac{4}{3}x^3 + 3x^2 - 3$

betrachtet.
Berechne die Wendepunkte.

Bilde die ersten drei Ableitungen:

$f(x) = \frac{1}{6}x^4 - \frac{4}{3}x^3 + 3x^2 - 3$

$f'(x) = \frac{1}{6} \cdot 4x^3 - \frac{4}{3} \cdot 3x^2 + 3 \cdot 2x$

$f'(x) = \frac{2}{3}x^3 - 4x^2 + 6x$

$f''(x) = \frac{2}{3} \cdot 3x^2 - 4 \cdot 2x + 6$

$f''(x) = 2x^2 - 8x + 6$

$f'''(x) = 4x - 8$

Du bist dran
Es wird die Funktion
$f(x) = 0{,}5x^4 - 12x^2$
betrachtet.
Berechne die Wendepunkte.

Tipp
Hier hast du Platz, mit der pq- oder abc-Formel zu rechnen.

Erklärfilm
Lösen von quadratischen Gleichungen mit der pq-Formel
kf25hp

Erklärfilm
Lösen von quadratischen Gleichungen mit der abc-Formel
kf25hp

Setze die 2. Ableitung $f''(x) = 0$ und löse die Gleichung:

$2x^2 - 8x + 6 = 0$

$x_1 = 1;\ x_2 = 3$

Setze die Lösungen in die 3. Ableitung ein:

$f'''(1) = 4 \cdot 1 - 8 = -4 \neq 0$
$\Rightarrow$ Wendepunkt bei $x = 1$
$f'''(3) = 4 \cdot 3 - 8 = 4 \neq 0$
$\Rightarrow$ Wendepunkt bei $x = 3$

Setze die Lösungen in die Funktionsgleichung von f zur Bestimmung der y-Werte:

$f(1) = \frac{1}{6} \cdot 1^4 - \frac{4}{3} \cdot 1^3 + 3 \cdot 1^2 - 3 = -\frac{7}{6}$
Wendepunkt $W_1\left(1 \middle| -\frac{7}{6}\right)$
$f(3) = \frac{1}{6} \cdot 3^4 - \frac{4}{3} \cdot 3^3 + 3 \cdot 3^2 - 3 = 1{,}5$
Wendepunkt $W_2(3 \mid 1{,}5)$

○ **2** Berechne die Wendepunkte der Funktion f.
a) $f(x) = x^3 - 3x^2 + 3$ **b)** $f(x) = x^4 - 4x^3 + 5x$

○ **3** Bestimme den Wendepunkt der Funktion f und die Steigung im Wendepunkt.
a) $f(x) = 2x^3 - 6x^2 - 7x$ **b)** $f(x) = -\frac{1}{6}x^3 - x^2 + 6$

◒ **4** Gib an, welche Art von Punkt die Aussagen beschreiben.
a) $f(2) = -6,\ f'(2) = -1,\ f''(2) = 0,\ f'''(2) = 2$
b) $f(-3) = 1,\ f'(-3) = 0,\ f''(-3) = 0,\ f'''(-3) < 0$

◒ **5** Weise die Aussage nach.
a) $f(x) = x^3 - 6x + 8$ hat in $(0 \mid 8)$ einen Wendepunkt.
b) $f(x) = 0{,}25x^4 + x^3 - 4x$ hat bei $x = -2$ einen Sattelpunkt.

● **6** Es wird die Funktion $f(x) = x^3 - 3x^2 + 4$ betrachtet.
a) Weise nach, dass der Wendepunkt genau in der Mitte zwischen Hoch- und Tiefpunkt liegt.
b) Wird f so verschoben, dass der Wendepunkt im Ursprung liegt, entsteht die Funktion $g(x) = x^3 - 3x$. Gib die Verschiebungen an, durch die g aus f entsteht. Zeige, dass g punktsymmetrisch ist.

TIPPS ZUM LÖSEN DER AUFGABEN 3, 4, 5 UND 6

3 Setze den x-Wert des Wendepunkts in $f'(x)$ ein, um die Steigung im Wendepunkt zu bestimmen. **4** Der Wert von $f'''(x)$ spielt keine Rolle; es geht nur darum, ob er gleich oder ungleich null ist. **5 a)** Du musst nachweisen: $f(0) = 8,\ f''(0) = 0$ und $f'''(0) \neq 0$. **b)** Beim Sattelpunkt musst du nachweisen: $f'(-2) = 0,\ f''(-2) = 0$ und $f'''(-2) \neq 0$. **6 a)** Das muss für die x- und die y-Koordinate des Wendepunkts gelten. **b)** Du musst zeigen, dass folgendes gilt: $g(-x) = -g(x)$.

SCHRITT **15**

Ich kann Graphen von ganzrationalen Funktionen zeichnen und Eigenschaften daran untersuchen.

Hier lernst du, wie du mithilfe der besonderen Punkte den Graphen der Funktion $f(x) = 0{,}5x^3 - 1{,}5x + 1$ zeichnen kannst.

→ Extrempunkte (Schritt 12), Wendepunkte (Schritt 14)

DAS BRAUCHST DU WIEDER

Allgemein:
Nullstellen: $f(x) = 0$
Extrempunkte: $f'(x) = 0$
$f''(x) > 0$: Tiefpunkt
$f''(x) < 0$: Hochpunkt
Wendepunkte: $f''(x) = 0$
$f'''(x) \neq 0$: Wendepunkt

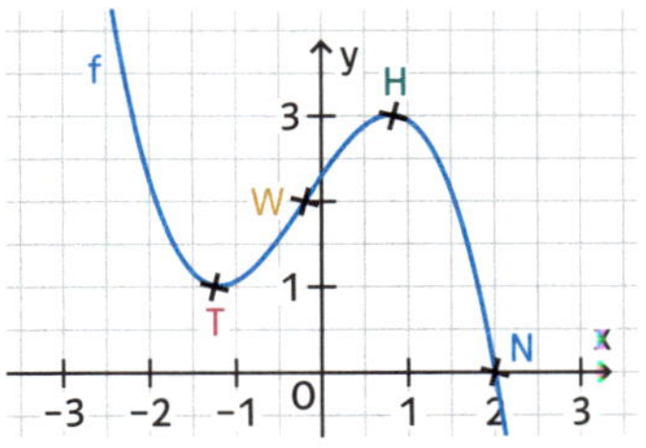

Beispiele:
Nullstelle: $x_1 = 2$ einfach N(2 | 0)

Extrempunkte:
Tiefpunkt T(−1,2 | 1): $f(-1{,}2) = 1$, $f'(-1{,}2) = 0$, $f''(-1{,}2) > 0$

Hochpunkt H(0,8 | 3): $f(0{,}8) =$ ______________________

Wendepunkt W(−0,2 | 2):

$f(-0{,}2) =$ ________, $f''(-0{,}2) =$ ________, $f'''(-2) =$ ________

DARUM GEHT'S

Du kannst jetzt alle besonderen Punkte einer ganzrationalen Funktion berechnen. Du weißt auch, wie du feststellen kannst, welche Art von Punkt vorliegt. Du kannst die Steigung in einem Punkt und das Krümmungsverhalten des Graphen angeben. Mit diesen Hilfen kannst du eine gute Näherung für den Graphen der Funktion zeichnen.

Manchmal benötigst du noch folgende Informationen:
Ist eine bestimmte x-Stelle gesucht, für die der Funktionswert b gegeben ist, löse die Gleichung: $\mathbf{f(x) = b}$.
Ist eine bestimmte x-Stelle gesucht, für die die Steigung m gegeben ist, löse die Gleichung: $\mathbf{f'(x) = m}$.

Bestimmen der besonderen Punkte und Zeichnen des Graphen

Diese Strategie wendest du an, wenn du den Graphen einer Funktion mithilfe der besonderen Punkte zeichnen willst.

SO GEHT'S

1 Beispiel
Es wird die Funktion
$f(x) = -0{,}75x^3 + 2{,}25x + 1{,}5$
betrachtet.
a) Weise nach, dass $x = -1$ und $x = 2$ Nullstellen von f sind.
b) Berechne die Extrempunkte und den Wendepunkt der Funktion.
c) Zeichne den Graphen.

Du bist dran
Es wird die Funktion
$f(x) = 0{,}5x^3 - 1{,}5x + 1$
betrachtet.
a) Weise nach, dass $x = -2$ und $x = 1$ Nullstellen von f sind.
b) Berechne die Extrempunkte und den Wendepunkt der Funktion.
c) Zeichne den Graphen.

Tipp
Bei diesem Beispiel könntest du die Nullstellen nur schwerlich selbst bestimmen.

a) Setze die x-Werte in die Funktionsgleichung ein:

$f(2) = -0{,}75 \cdot 8 + 2{,}25 \cdot 2 + 1{,}5$
$f(2) = -6 + 4{,}5 + 1{,}5 = 0$ wahr
$f(-1) = -0{,}75 \cdot (-1) + 2{,}25 \cdot (-1) + 1{,}5$
$f(2) = 0{,}75 - 2{,}25 + 1{,}5 = 0$ wahr

b) Bilde die ersten drei Ableitungen:

Tipp
Es ist sinnvoll, alle Ableitungen gleich am Anfang der Lösung zu machen.

$f(x) = -0{,}75\,x^3 + 2{,}25x + 1{,}5$
$f'(x) = -0{,}75 \cdot 3x^2 + 2{,}25$
$f'(x) = -2{,}25x^2 + 2{,}25$
$f''(x) = -2{,}25 \cdot 2x$
$f''(x) = -4{,}5x$
$f'''(x) = -4{,}5$

Setze die 1. Ableitung $f'(x) = 0$ und löse die Gleichung:

$-2{,}25x^2 + 2{,}25 = 0 \quad | : (-2{,}25)$
$x^2 - 1 = 0 \quad | +1$
$x^2 = 1 \quad | \sqrt{\ }$
$x_1 = 1$
$x_2 = -1$

Entscheide, welche Art von Extrempunkt vorliegt:

$f''(1) = -4{,}5 < 0$: Hochpunkt
$f(1) = -0{,}75 \cdot 1^3 + 2{,}25 \cdot 1 + 1{,}5 = 3$
$\Rightarrow H(1\,|\,3)$
$f''(-1) = 4{,}5 > 0$: Tiefpunkt
$f(-1) = 0$ (Nullstelle)
$\Rightarrow T(-1\,|\,0)$

Setze die 2. Ableitung $f''(x) = 0$ und löse die Gleichung:

$-4{,}5x = 0$
$x = 0$

Entscheide, ob ein Wendepunkt vorliegt:

$f'''(0) = -4{,}5 \neq 0$: Wendepunkt
$f(0) = 1{,}5$
$\Rightarrow W(0\,|\,1{,}5)$

c) Trage alle berechneten besonderen Punkte in ein Koordinatensystem ein und verbinde sie:

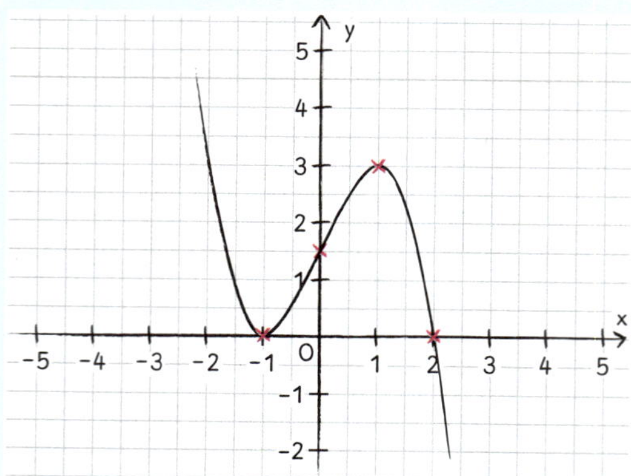

○ **2** Wir betrachten die Funktion $f(x) = -x^3 + 3x^2 - 4$.

a) Bestimme den Hochpunkt, Tiefpunkt und Wendepunkt der Funktion.

b) Bestimme alle x-Stellen, an denen die Funktion den Wert -4 hat.

c) Zeige, dass es nur eine x-Stelle gibt, an der die Funktion die Steigung 3 hat. Welche Stelle ist das?

d) Zeichne den Graphen im Intervall $[-1{,}5; 3]$.

○ **3** Wir betrachten die Funktion $f(x) = -0{,}2x^3 + 2{,}4x + 1{,}2$.

a) Bestimme den Hochpunkt, Tiefpunkt und Wendepunkt der Funktion.

b) Bestimme die Stellen, an denen der Graph parallel zur Geraden $y = -3x$ verläuft.

c) Zeichne den Graphen im Intervall $[-4; 4]$.

◒ **4** Wir betrachten die Funktion $f(x) = -\frac{1}{3}x^3 + 3x$.

a) Weise nach, dass f punktsymmetrisch zum Ursprung ist.

b) Bestimme die Nullstellen, den Hochpunkt, Tiefpunkt und Wendepunkt der Funktion.

c) Berechne die Steigung im Wendepunkt und begründe, dass diese Steigung die größte ist.

d) Zeichne den Graphen im Intervall $[-3{,}5; 3{,}5]$.

◒ **5** Wir betrachten die Funktion $f(x) = -\frac{1}{2}x^4 + \frac{4}{3}x^3$.

a) Weise nach, dass f bei $x = 0$ eine dreifache Nullstelle besitzt. Beschreibe ihre Bedeutung. Gib die zweite Nullstelle an.

b) Bestimme den Hochpunkt und die zweite Wendestelle.

c) Beschreibe das Monotonie- und das Krümmungsverhalten von f.

d) Zeichne den Graphen im Intervall $[-1; 3]$.

● **6** Die Abbildung zeigt die Funktion $f(x) = \frac{1}{4}x^2 \cdot (x - 4)^2$.

a) Ergänze die Skalierung der Achsen und bestimme den Wert a der eingezeichneten Symmetrieachse.

b) Bei Verschiebung um 2 nach links entsteht die achsensymmetrische Funktion g. Auf welchem Punkt kommt dabei der Hochpunkt zu liegen?

c) Finde das zur Funktion g passende Kärtchen.

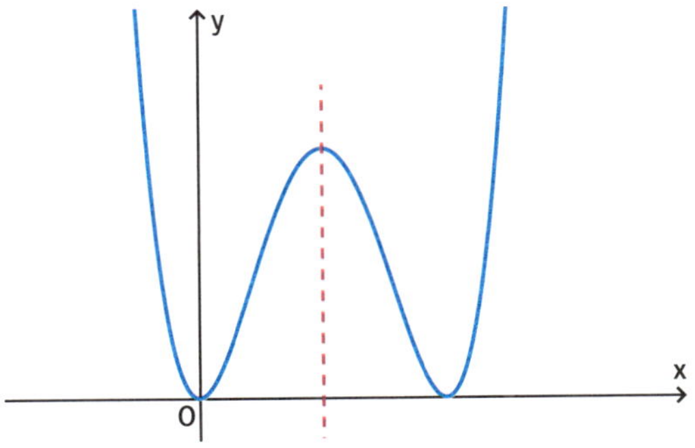

I $g(x) = \frac{1}{4}(x^4 - 4x^2)$

II $g(x) = \frac{1}{4}(x^2 - 2)^2$

III $g(x) = \frac{1}{4}(x^2 - 4)^2$

TIPPS ZUM LÖSEN DER AUFGABEN 2, 3, 4, 5 UND 6

2 b) Löse die Gleichung $f(x) = -4$. **c)** Löse die Gleichung $f'(x) = 3$. **3 b)** Parallel bedeutet, dass dort die Steigung gleich der Steigung der Geraden, also $m = -3$ sein muss. Löse daher die Gleichung $f'(x) = -3$. **4 a)** Für den Nachweis der Punktsymmetrie musst du zeigen, dass gilt: $f(-x) = -f(x)$. **c)** Setze die x-Koordinate des Wendepunkts in $f'(x)$ ein. Zeige, dass die Gleichung $f'(x) \le 3$ für alle $x \in \mathbb{R}$ stimmt. Tipp: Es gilt: $-x^2 \le 0$ für alle $x \in \mathbb{R}$ ☺. **5 a)** Das ist immer der Fall, wenn du x^3 ausklammern kannst. **6 a)** Bestimme die Nullstellen. Der Hochpunkt liegt genau in der Mitte der Nullstellen.

SCHRITT 16 Ich kann aus dem Graphen einer Funktion den Graphen der Ableitungsfunktion skizzieren.

Hier lernst du, wie du zu dem abgebildeten Graphen der Funktion $f(x) = -\frac{1}{4}x^4 - \frac{1}{3}x^3 + x^2 + 1$ den Graphen von f′ skizzieren kannst.

→ Steigung von Funktionen (Schritt 8)

DAS BRAUCHST DU WIEDER

Allgemein: Steigung $f'(x) = \frac{\text{y-Differenz}}{\text{x-Differenz}}$

Beispiele: $f'(a) \approx \frac{1{,}5}{1} = 1{,}5$

$f'(b) =$ ________

$f'(c) \approx$ ________

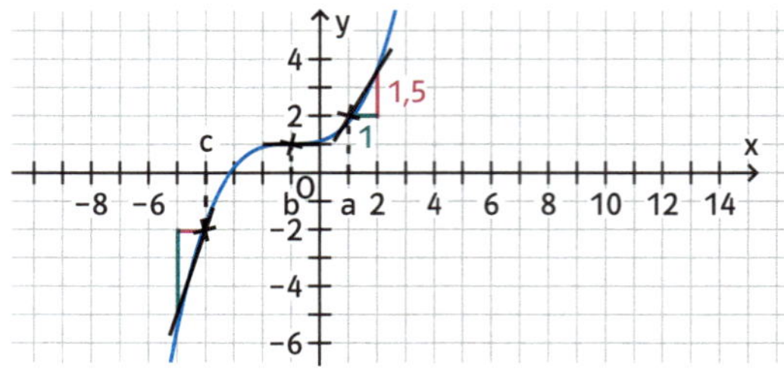

DARUM GEHT'S

Du weißt bereits, dass die Ableitung f′(a) an einer Stelle a gleich der Steigung der Tangente an dieser Stelle ist. Die Steigung kannst du näherungsweise bestimmen, indem du ein Stück der Tangente einzeichnest und die ungefähre Steigung daran abliest.

Die Tangenten in den Extrempunkten sind waagerecht, daher haben sie die Steigung Null. Damit kannst du zu einem gegebenen Graphen von f den Graphen von f′ skizzieren. Es gilt:

Extrempunkte von f = Nullstellen von f′

Wendepunkte von f = Extremstellen von f′
= Nullstellen von f″

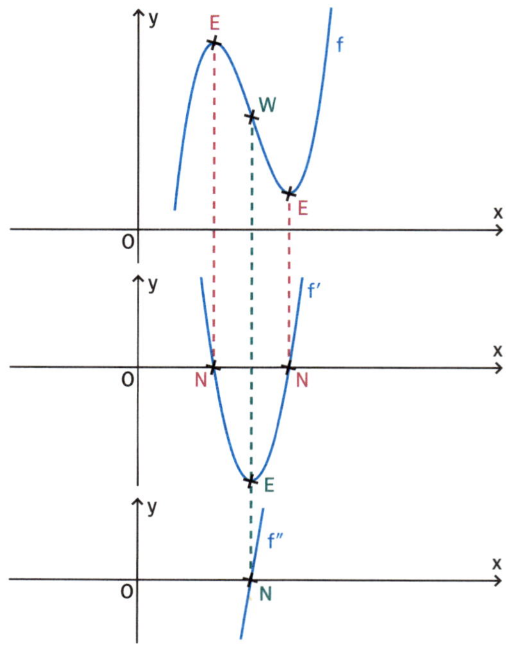

Tipp
f N E W
f′ N E W
f″ N E W

Grafisch ableiten

Eine gute Strategie ist es, zuerst die Steigungen der besonderen Punkte von f in den Graphen von f′ zu übertragen und dann den groben Verlauf von f′ zu skizzieren.

SO GEHT'S

1 Beispiel

Die Abbildung zeigt die Funktion

$f(x) = 0{,}1x^4 - \frac{4}{3}x^3 + 5{,}4x^2 - 7{,}2x + 4.$

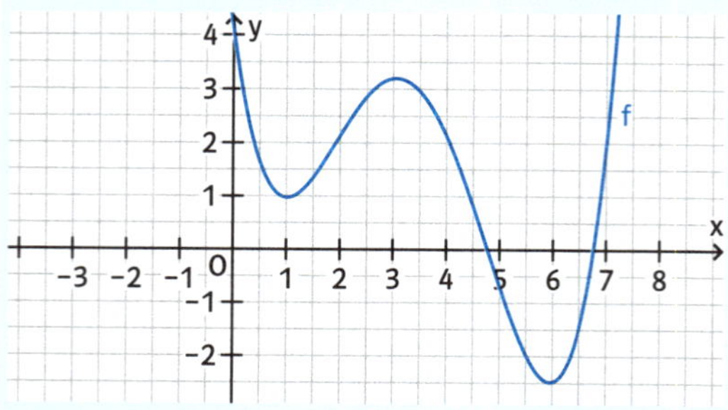

Skizziere zu dem abgebildeten Graphen von f den Graphen von f′.

Du bist dran

Die Abbildung zeigt die Funktion

$f(x) = -\frac{1}{4}x^4 - \frac{1}{3}x^3 + x^2 + 1.$

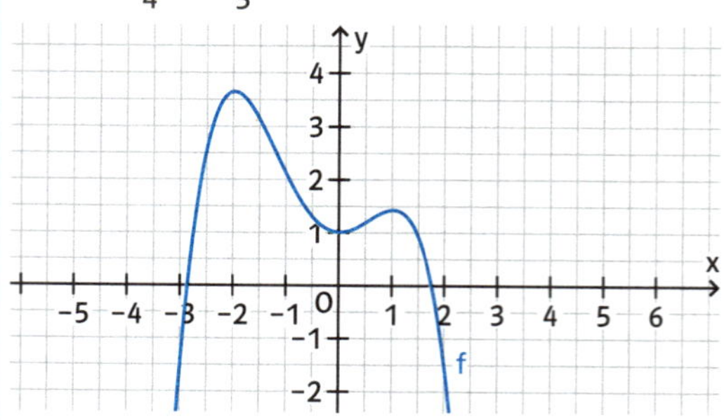

Skizziere zu dem abgebildeten Graphen von f den Graphen von f′.

Zeichne ein neues Koordinatensystem für den Graphen von f':

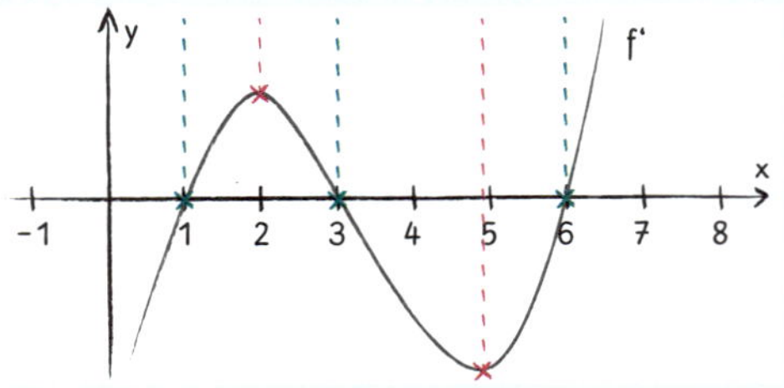

Suche die Extrempunkte von f. Trage deren x-Werte als Nullstellen von f' ein:

Nullstellen von f' (abgelesen):
$x_1 = 1$, $x_2 = 3$, $x_3 = 6$

Notiere das Steigungsverhalten von f:

Für $x < 1$ gilt: f ist streng monoton fallend, also $f'(x) < 0$;
entsprechend:
für $1 < x < 3$ gilt: $f'(x) > 0$
für $3 < x > 6$ gilt: $f'(x) < 0$
für $x > 6$ gilt: $f'(x) > 0$

Verbinde in der oberen Skizze die Nullstellen von f' mit dem entsprechenden Steigungsverhalten zum Graphen von f'.

○ **2** Ordne den abgebildeten Graphen von f den passenden Graphen von f' zu.

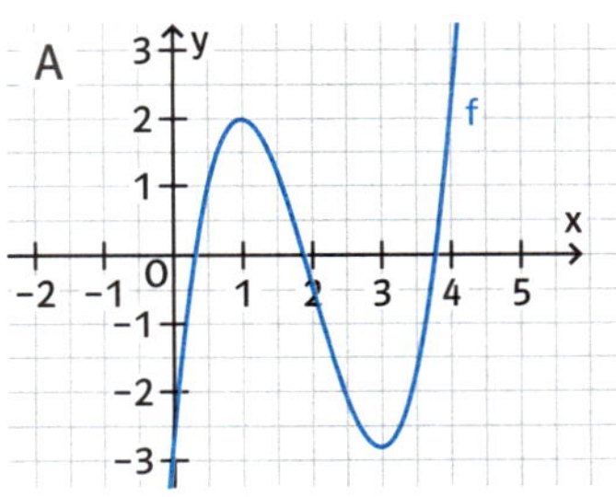

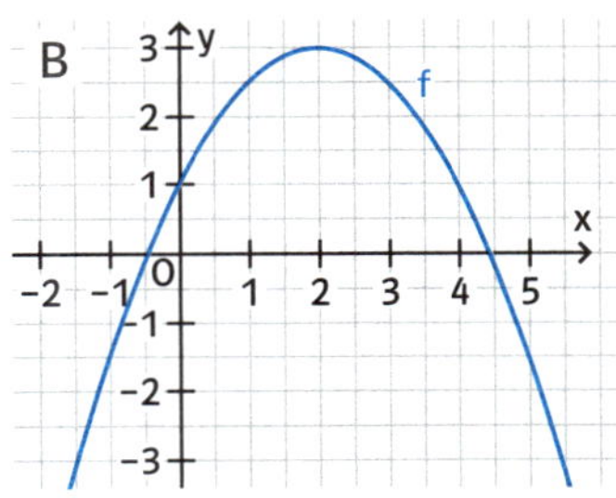

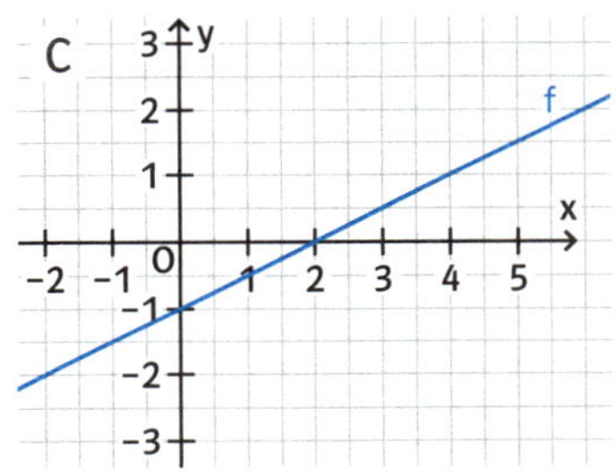

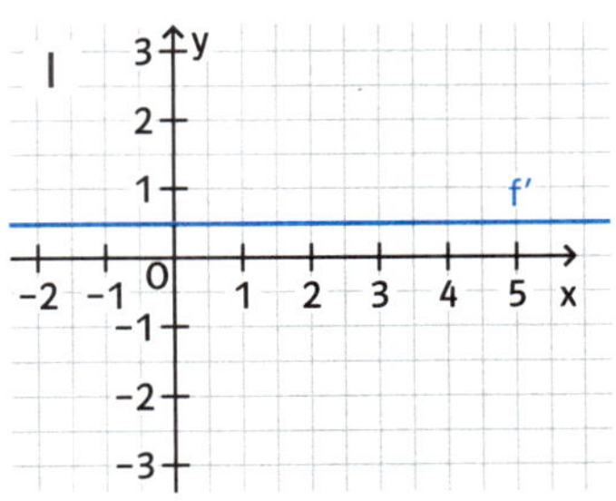

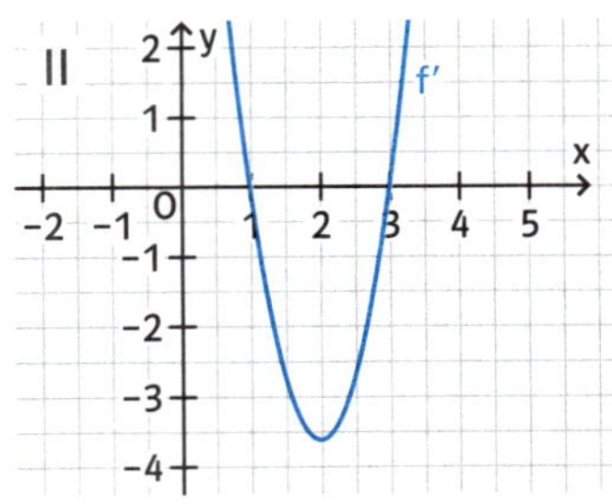

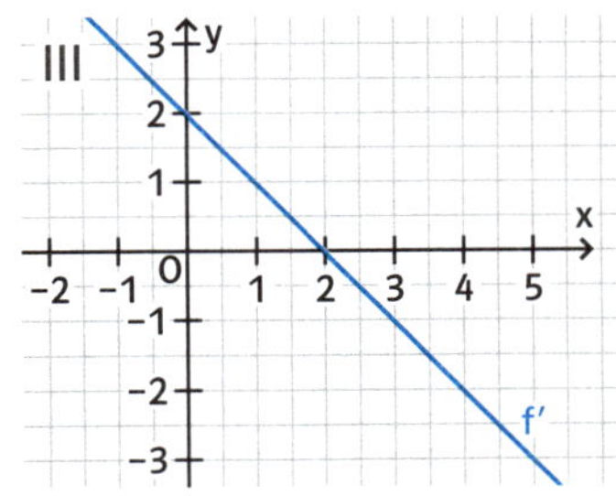

○ **3** Skizziere die Ableitungsfunktion.

a)

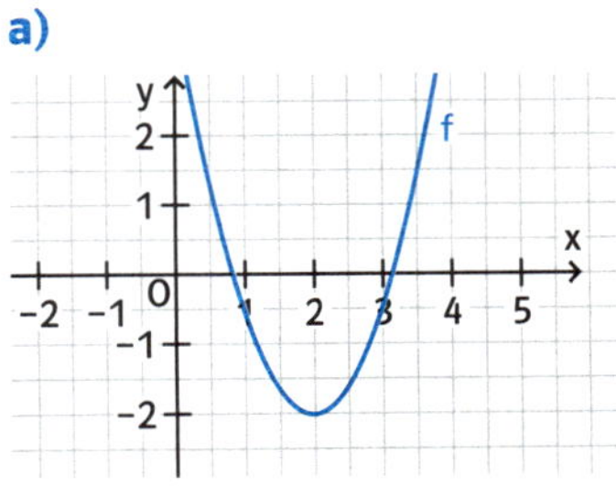

b)

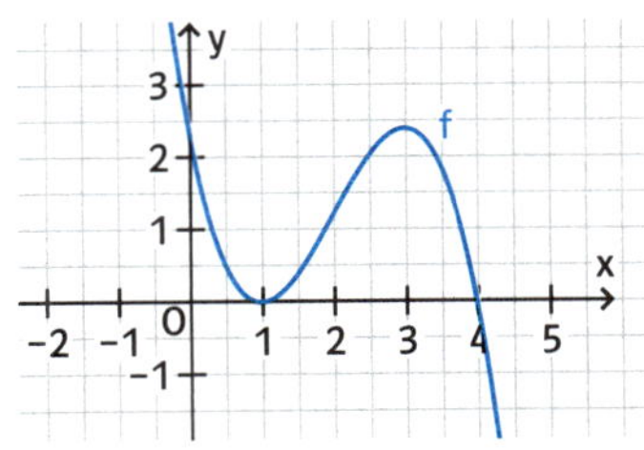

c)

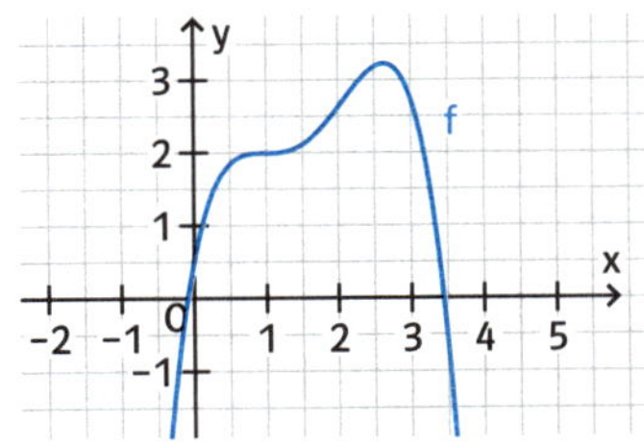

TIPPS ZUM LÖSEN DER AUFGABE 3

3 Für die Skizze kannst du die ungefähren Steigungen ablesen. **b)** Der Wendepunkt liegt bei $x = 2$; $f'(2) \approx 1,8$. **c)** Außer dem Sattelpunkt bei $x = 1$ liegt ein weiterer Wendepunkt bei etwa $x \approx 2,1$; $f'(2,1) \approx 1,3$.

○ **4** Untersuche, welcher Graph die Funktion f beziehungsweise die Ableitungsfunktion f′ darstellt.

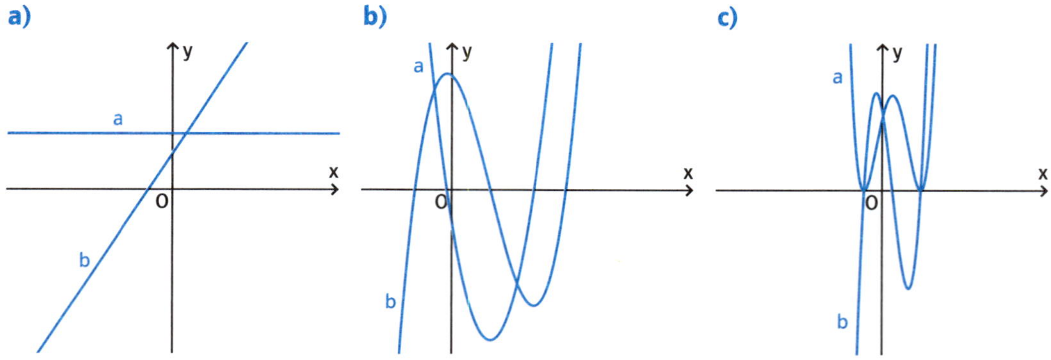

◒ **5** Der Graph zeigt eine ganzrationale Funktion 4. Grades. Prüfe, welche der Aussagen über f′ wahr sind.
Begründe deine Entscheidung.
a) f′ hat genau zwei Nullstellen.
b) f′ hat genau zwei Extrempunkte.
c) f′ ist im Intervall [1;2] größer als Null.

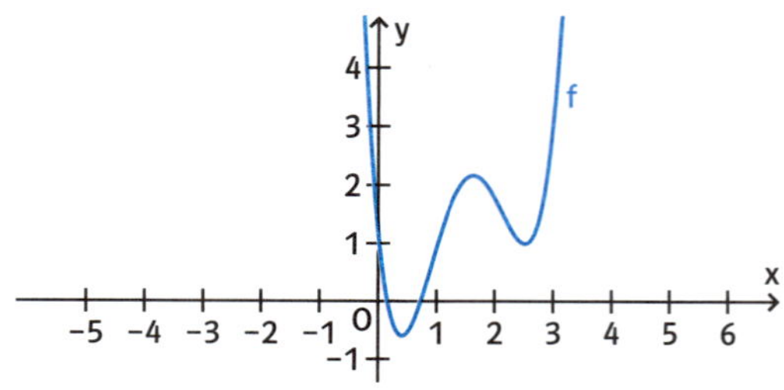

◒ **6** Der Graph zeigt eine ganzrationale Funktion 3. Grades. Prüfe, welche der Aussagen über f′ wahr sind.
Begründe deine Entscheidung.
a) f′ hat keine Nullstelle.
b) f′ hat einen Hochpunkt.
c) $f'(x) < 0$ für alle $x \in \mathbb{R}$.

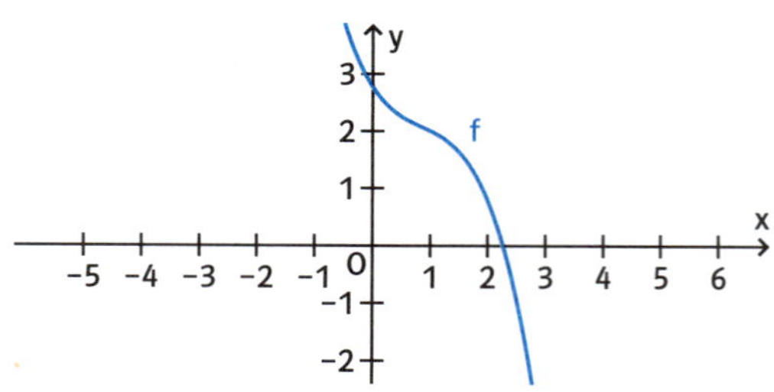

● **7** Die Graphen stellen jeweils Parabeln dar, deren Ableitungsfunktionen Geraden sind.
Ordne die Aussagen den entsprechenden Graphen zu.
Begründe deine Antwort.
A: Die drei Geraden sind gleich.
B: Die drei Geraden sind parallel.
C: Die drei Geraden gehen durch einen gemeinsamen Punkt.

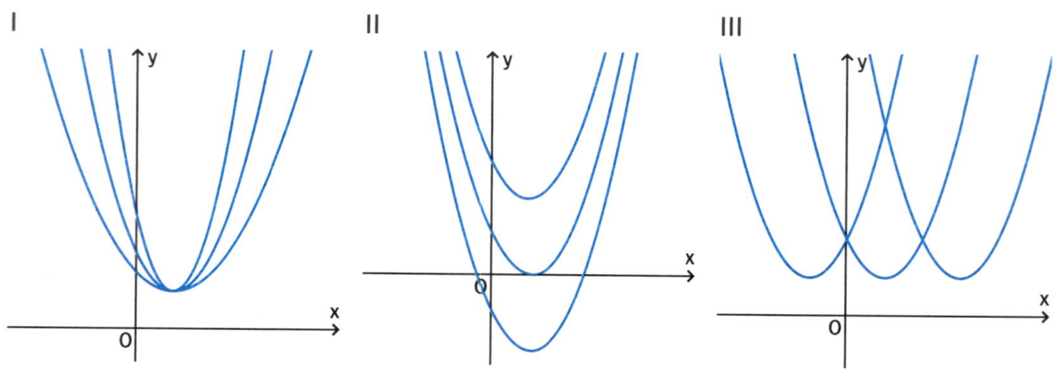

TIPPS ZUM LÖSEN DER AUFGABEN 5, 6 UND 7

5 Die Anzahl der Extrempunkte von f ist gleich der Anzahl der Nullstellen von f′, wenn f keinen Sattelpunkt hat. Die Anzahl der Wendepunkte von f ist gleich der Anzahl der Extrempunkte von f′. **6 b)** An Stellen, an denen die Funktion f Wendepunkte hat, besitzt die Ableitungsfunktion Extrempunkte. Ist die Steigung im Wendepunkt kleiner als im Bereich davor und danach, handelt es sich um einen Hochpunkt. **7** Die Steigungen der Geraden ändern sich nur dann, wenn die Parabeln gestreckt oder gestaucht werden.

TRAINING

○ **1** Bilde die 1. Ableitung. → Schritte 9, 10

a) $f(x) = -6 \cdot (4x^2 - 2x)$ **b)** $f(x) = \frac{1}{3} \cdot (x^3 - 6x^2 + 2x)$

c) $f(x) = (x - 2) \cdot (x - 4)$ **d)** $f(x) = (x^2 - 5) \cdot (0{,}2x + 4)$

○ **2** Die Abbildung zeigt den Graphen einer Funktion f.
Überprüfe, ob in dem abgebildeten Ausschnitt die Aussagen wahr oder falsch sind. → Schritt 11

(1) $f'(0) > 0$
(2) $f'(1) > f'(0)$
(3) $f'(x) > 0$ für $x > 0$

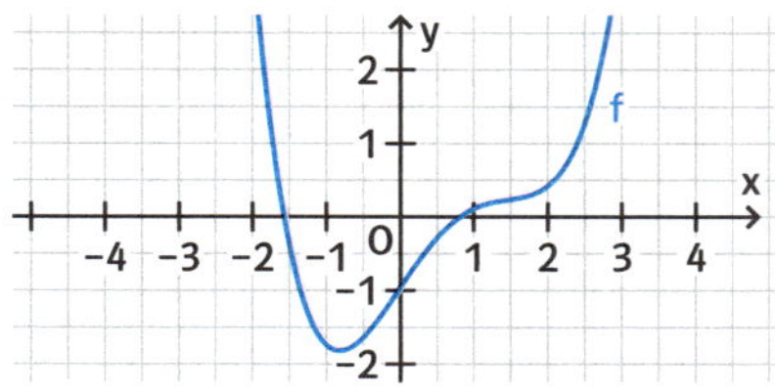

◐ **3** Es ist die Funktion $f(x) = 0{,}5x^3 - 1{,}5x^2 + 3x - 2$ gegeben. → Schritte 9, 10

a) Berechne die Steigung der Funktion an der Stelle $x = 3$.
b) Bestimme die Stellen, an denen die Funktion die Steigung $m = 3$ hat.
c) Weise nach, dass gilt: $f'(x) > 0$ für alle $x \in \mathbb{R}$.

◐ **4** Weise nach, dass sich die Graphen von f und g an der Stelle $x = 2$ berühren:
$f(x) = 0{,}5x^2 + 3$; $g(x) = 2x + 1$. → Schritte 10, 15

◐ **5** Weise nach: → Schritte 12, 14, 15

a) $f(x) = 2x^2 - 6x$ hat in $T(1{,}5 \mid -4{,}5)$ einen Tiefpunkt. **b)** $f(x) = \frac{1}{4}x^4 - 3x^2$ hat in $H(0 \mid 0)$ einen Hochpunkt.

c) $f(x) = -x^3 + 3x^2 - 3x + 1$ hat in $W(1 \mid 0)$ einen Sattelpunkt.

◐ **6** Die Abbildung zeigt den Graphen einer Funktion f.
Überprüfe, ob in dem abgebildeten Ausschnitt die Aussagen wahr oder falsch sind. → Schritt 11, 13

(1) $f'(x) = 0$ hat genau vier Lösungen.
(2) $f''(x) = 0$ hat genau zwei Lösungen.
(3) $f''(-1) > 0$

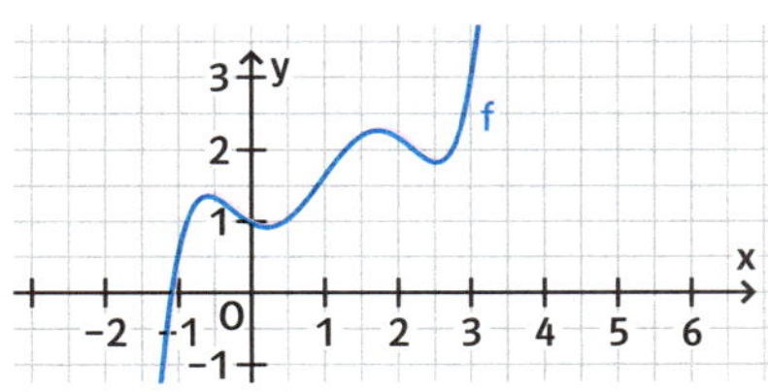

◐ **7** Skizziere die Ableitungsfunktion. → Schritt 16

a)

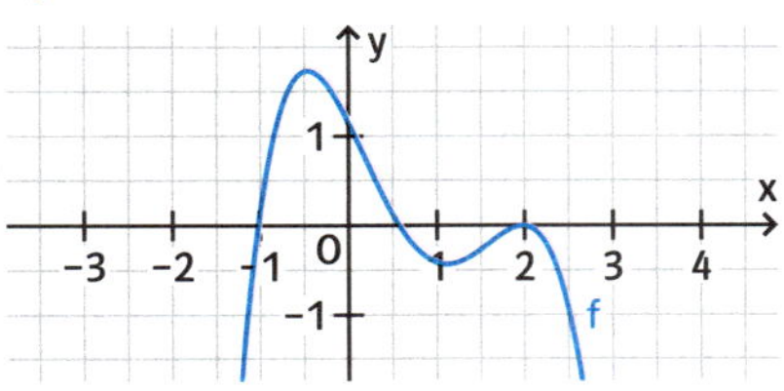

b)

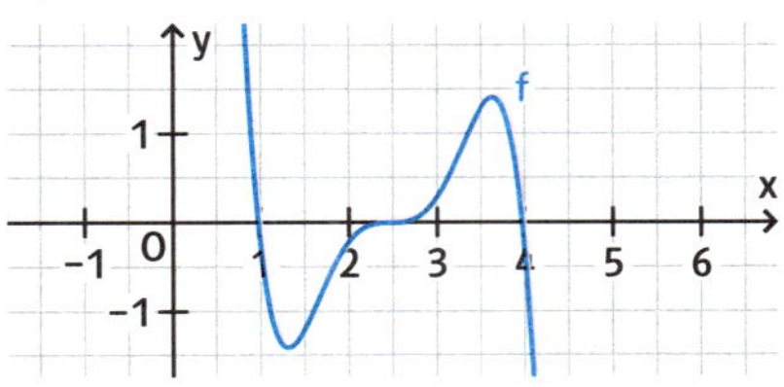

● **8** Es ist die Funktion $f(x) = x^3 - 7{,}5x^2 + 12x + 2{,}5$ gegeben.

a) Berechne die Extrempunkte und den Wendepunkt. → Schritte 12, 14, 15
b) Beschreibe die Monotonie und das Krümmungsverhalten der Funktion. → Schritte 11, 13

● **9** Untersuche, für welche der abgebildeten Funktionen die Aussagen gelten: → Schritt 16
(1) $f(2) = 0$; (2) $f'(2) = 0$; (3) $f''(2) = 0$.

A

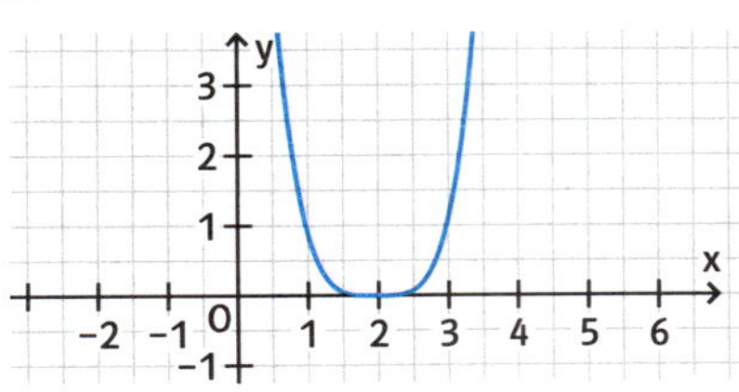

B

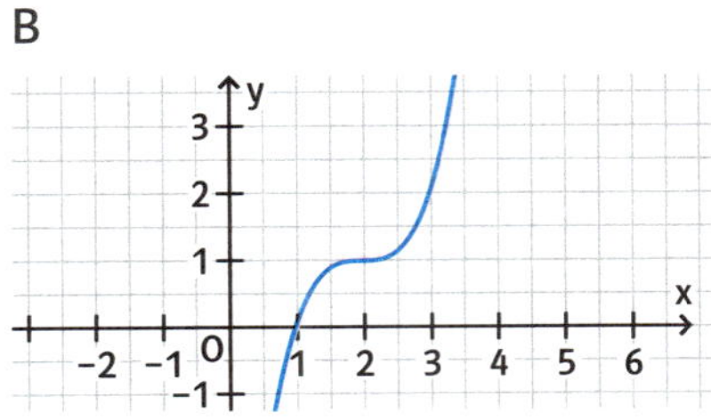

C

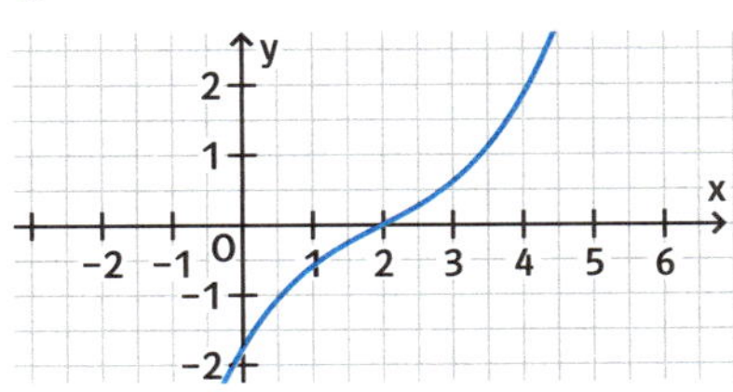

SCHRITT 17

Ich kann Punkte in Abhängigkeit von Parametern bestimmen.

Hier lernst du, wie du die Nullstellen der Parabelschar $f_t(x) = x^2 + 2t \cdot x - 3t^2$ in Abhängigkeit von t bestimmen kannst.

→ Lösen von Gleichungen mit Parametern (Grundlagen)

DAS BRAUCHST DU WIEDER

Allgemein: Lösung von Gleichungen mit Parametern

Beispiele:

$a \cdot x - 6 = 3a \cdot x$ | $+5 - 3a \cdot x$

$a \cdot x - 3a \cdot x = 6$ | x ausklammern

$-2a \cdot x = 6$ | $:(-2a)$

$x = \frac{6}{-2a} = -\frac{3}{a}$

$5x - 2a = 4a$

$a \cdot x = 7 - a \cdot x$

DARUM GEHT'S

Steht statt einer Zahl ein Parameter t (eine beliebige reelle Zahl) in einer Funktionsgleichung, hängen die Koordinaten der Punkte der Graphen meistens von t ab. Daher erhältst du für jedes t eine andere Funktion und einen anderen Graphen.

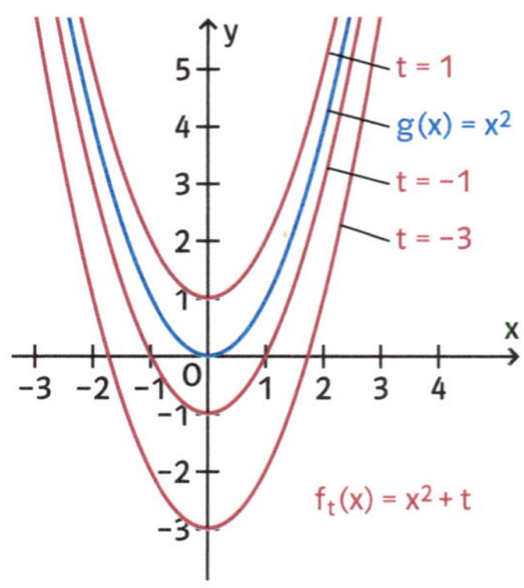

Du hast bereits gesehen, wie sich ein Parameter auf den Graphen einer Funktion auswirkt:

$f_t(x) = g(x) + t$ Verschiebung in y-Richtung

$f_t(x) = g(x - t)$ Verschiebung in x-Richtung

$f_t(x) = t \cdot g(x)$ Streckung/Stauchung

Punkte in Abhängigkeit von einem Parameter t bestimmen

Beachte, dass du den Parameter t bei allen Umformungen so behandelst, als wäre er eine Zahl.

SO GEHT'S

1 Beispiel

Es wird die Parabelschar $f_t(x) = x^2 - 4t \cdot x + 3t^2$ betrachtet, $t \in \mathbb{R}$.

a) Gib den Schnittpunkt mit der y-Achse in Abhängigkeit von t an.

b) Bestimme die Nullstellen in Abhängigkeit von t.

a) Setze $x = 0$ in die Funktionsgleichung ein und schreibe den Punkt in Abhängigkeit von t auf:

$x = 0$: $f_t(0) = 3t^2$

$Y_t(0 \mid 3t^2)$

b) Setze $f_t(x) = 0$ und löse die Gleichung:

$f_t(x) = 0$:

$x^2 - 4t \cdot x + 3t^2 = 0$

Du bist dran

Es wird die Parabelschar $f_t(x) = x^2 + 2t \cdot x - 3t^2$ betrachtet, $t \in \mathbb{R}$.

a) Gib den Schnittpunkt mit der y-Achse in Abhängigkeit von t an.

b) Bestimme die Nullstellen in Abhängigkeit von t.

Erklärfilm
Lösen von quadratischen Gleichungen mit der pq- oder abc-Formel
kf25hp

Lösung mit der pq-Formel:

$x_{1,2} = 2t \pm \sqrt{4t^2 - 3t^2}$
$x_{1,2} = 2t \pm \sqrt{t^2}$
$x_{1,2} = 2t \pm t$
$x_1 = t;\ x_2 = 3t$

Lösung mit der abc-Formel:

$x_{1,2} = \frac{4t \pm \sqrt{16t^2 - 4 \cdot 1 \cdot 3t^2}}{2}$

$x_{1,2} = \frac{4t \pm \sqrt{4t^2}}{2} = \frac{4t \pm 2t}{2}$

$x_1 = t;\ x_2 = 3t$

○ **2** Die abgebildete Parabelschar f_t hat die Gleichung $f_t(x) = x^2 - 2t \cdot x + t^2,\ t \in \mathbb{R}$.
a) Bestimme den Punkt $P_t(1\,|\,?)$ an der Stelle $x = 1$ in Abhängigkeit von t.
b) Berechne den Schnittpunkt mit der y-Achse in Abhängigkeit von t.
c) Berechne die Nullstellen in Abhängigkeit von t.

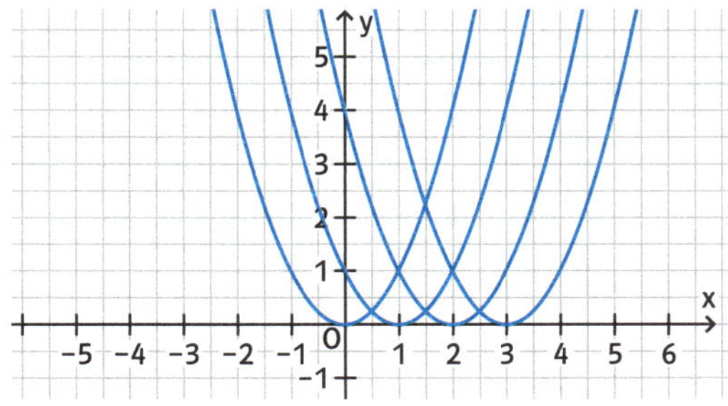

○ **3** Es wird die Geradenschar f_t betrachtet: $f_t(x) = t \cdot x + 2t - 3,\ t > 0$.
a) Berechne den Schnittpunkt mit der y-Achse in Abhängigkeit von t.
b) Berechne die Nullstelle in Abhängigkeit von t.
c) Zeichne die Geradenschar für $t = 0{,}5;\ 1;\ 2$.

◐ **4** Es wird die Parabelschar f_t betrachtet: $f_t(x) = t \cdot x^2 + 2x - 4t,\ t > 0$.
a) Berechne den Schnittpunkt mit der y-Achse in Abhängigkeit von t.
b) Weise nach, dass die Funktionswerte bei $x = 2$ und $x = -2$ für alle t jeweils gleich sind. Nenne die beiden Punkte.

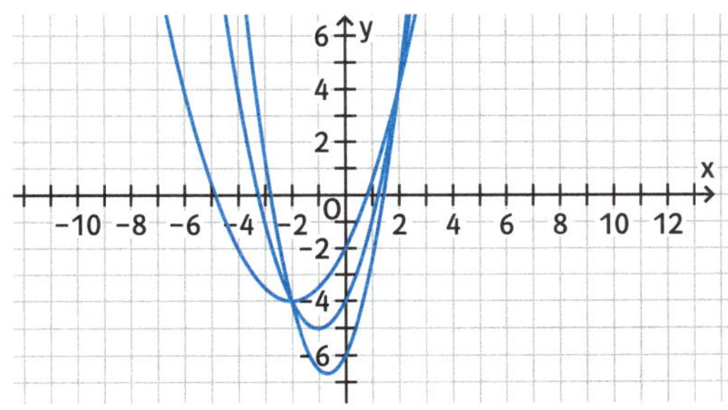

◐ **5** Es wird die Funktionenschar f_t betrachtet: $f_t(x) = x^3 - 2t \cdot x^2,\ t > 0$.
a) Weise nach, dass die Graphen für alle t durch den Ursprung verlaufen.
b) Berechne die Nullstellen in Abhängigkeit von t.

● **6** Untersuche, welche der Funktionsgleichungen die abgebildete Geradenschar beschreibt. Begründe deine Entscheidung.

A: $f_t(x) = t \cdot x - 3x + 2$

B: $f_t(x) = t \cdot x - 3t + 2$

C: $f_t(x) = t \cdot x + 2$

D: $f_t(x) = t \cdot (x - 3) + 2$

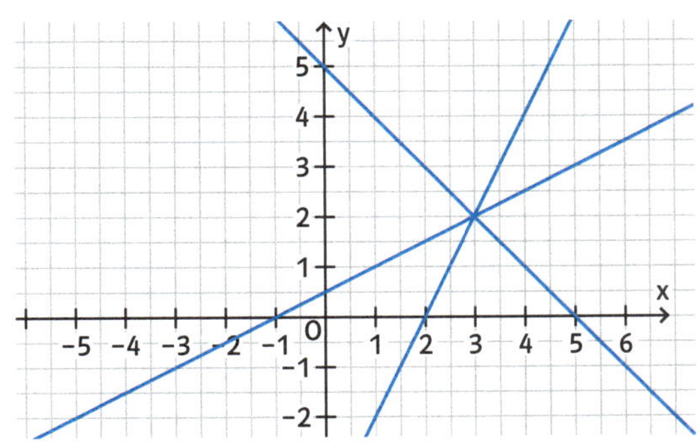

TIPPS ZUM LÖSEN DER AUFGABEN 3, 4, 5 UND 6

3 c) Bestimme einige Punkte des jeweiligen Graphen. Zeichne diese ein und skizziere den Verlauf des Graphen. **4 b)** Setze die x-Werte in die Gleichung ein. Das Ergebnis darf kein t mehr enthalten. **5 b)** Du kannst zunächst x^2 ausklammern. **6** Alle Geraden der Schar gehen duch den Punkt P(3 | 2), es muss gelten: f(3) = 2. Es gibt zwei richtige Lösungen.

SCHRITT 18

Ich kann Funktionenscharen untersuchen und zeichnen.

Hier lernst du, wie du Extrem- und Wendepunkte der Funktionenschar $f_t(x) = x^3 - 3t \cdot x^2 + 1$ bestimmen und die Schar zeichnen kannst.

→ Extrempunkte (Schritt 11)

→ Wendepunkte (Schritt 13)

DAS BRAUCHST DU WIEDER

Allgemein: Extrempunkte: $f'(x) = 0$; Wendepunkte: $f''(x) = 0$

Beispiele:

$f(x) = \frac{1}{3}x^3 - \frac{1}{2}x^2 + 1$

$f'(x) = x^2 - x$

$f''(x) = 2x - 1$

$f'''(x) = 2$

Extrempunkte: $f'(x) = 0$

$x^2 - x = 0$

$x \cdot (x - 1) = 0$

$x_1 = 0;\ x_2 = 1$

$f''(0) = -1 < 0$: $H(0\,|\,1)$

$f''(1) = 1 > 0$: $T\left(1\,\middle|\,\frac{5}{6}\right)$

Wendepunkt: $f''(x) = 0$

$2x - 1 = 0$

$x = \frac{1}{2}$; $f'''\left(\frac{1}{2}\right) = 2 \neq 0$

$f\left(\frac{1}{2}\right) = \frac{1}{3} \cdot \left(\frac{1}{2}\right)^3 - \frac{1}{2} \cdot \left(\frac{1}{2}\right)^2 + 1$

$f\left(\frac{1}{2}\right) = \frac{11}{12}$: $W\left(\frac{1}{2}\,\middle|\,\frac{11}{12}\right)$

$f(x) = \frac{1}{3}x^3 - x^2 + 4$

$f'(x) =$ ____________

$f''(x) =$ ____________

$f'''(x) =$ ____________

Erklärfilm Bestimmung von Extrempunkten kf25hp

Erklärfilm Bestimmung von Wendepunkten kf25hp

DARUM GEHT'S

Wir wollen jetzt bei Funktionenscharen Extrem- und Wendepunkte in Abhängigkeit des Parameters t bestimmen. Das Vorgehen entspricht dabei der bereits bekannten Strategie zur Bestimmung von Extrem- und Wendestellen. Den Parameter t behandelst du dabei wie eine Konstante.

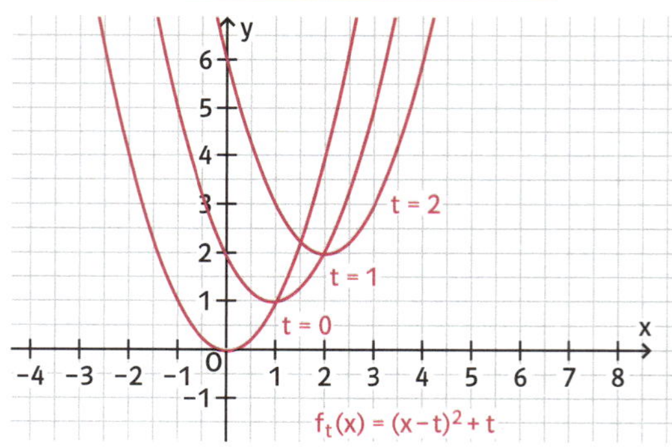

Extrem- und Wendepunkte in Abhängigkeit von einem Parameter t bestimmen

Beachte, dass du den Parameter t bei allen Umformungen so behandelst, als wäre er eine Zahl.

SO GEHT'S

1 Beispiel

Gegeben ist die Funktionenschar $f_t(x) = x^3 - 1{,}5t \cdot x^2 + 2$ mit $t > 0$.

a) Bestimme die Extrem- und Wendepunkte in Abhängigkeit von t.

b) Gib die Extrem- und Wendepunkte für die folgenden Werte an und skizziere die dazugehörigen Graphen: $t = 1; 2; 2{,}5$.

c) Beschreibe die Veränderung des Graphen mit wachsendem t.

Du bist dran

Gegeben ist die Funktionenschar $f_t(x) = x^3 - 3t \cdot x^2 + 1$ mit $t > 0$.

a) Bestimme die Extrem- und Wendepunkte in Abhängigkeit von t.

b) Gib die Extrem- und Wendepunkte für die folgenden Werte an und skizziere die dazugehörigen Graphen: $t = 0{,}5; 1; 1{,}5$.

c) Beschreibe die Veränderung des Graphen mit wachsendem t.

a) Bilde die ersten drei Ableitungen:

$f_t'(x) = 3x^2 - 3t \cdot x$
$f_t''(x) = 6x - 3t$
$f_t'''(x) = 6$

Setze die 1. Ableitung $f_t'(x) = 0$ und löse die Gleichung:

Tipp
Ein Nullprodukt löst du, indem du die einzelnen Faktoren gleich null setzt.

$3x^2 - 3t \cdot x = 0$ | ausklammern
$3x \cdot (x - t) = 0$ | Nullprodukt
$x_1 = 0;\ x_2 = t$

Setze die Lösungen in die 2. Ableitung $f_t''(x)$ ein:

$f_t''(0) = -3t < 0,$ da $t > 0$
$\Rightarrow$ Hochpunkt bei $x = 0$
$f_t''(t) = 6t - 3t = 3t > 0,$ da $t > 0$
$\Rightarrow$ Tiefpunkt bei $x = t$

Setze die Lösungen in die Funktionsgleichung $f_t(x)$ zur Bestimmung der y-Werte ein:

$f_t(0) = 2$: Hochpunkt $H(0 \mid 2)$
$f_t(t) = t^3 - 1{,}5t \cdot t^2 + 2 = -0{,}5t^3 + 2$
Tiefpunkt $T_t(t \mid -0{,}5t^3 + 2)$

Tipp
Sind eine oder beide Koordinaten eines Hoch-, Tief- oder Wendepunkts von t abhängig, erhalten auch die Abkürzungen einen Index: H_t, T_t, W_t.

Setze die 2. Ableitung $f_t''(x) = 0$ und löse die Gleichung:

$6x - 3t = 0$ | $+3t$
$6x = 3t$ | $:6$
$x = 0{,}5t$

Setze die Lösung in die 3. Ableitung ein:

$f_t'''(0{,}5t) = 6 \neq 0$
$\Rightarrow$ Wendepunkt bei $x = 0{,}5t$

Setze die Lösungen in die Funktionsgleichung von f zur Bestimmung der y-Werte ein:

$f_t(0{,}5t) = (0{,}5t)^3 - 1{,}5 \cdot (0{,}5t)^2 + 2$
$f_t(0{,}5t) = -0{,}25t^3 + 2$
Wendepunkt $W_t(0{,}5t \mid -0{,}25t^3 + 2)$

b) Schreibe für die angegebenen t die Extrem- und Wendepunkte auf:

alle t: $H(0 \mid 2)$, da der Hochpunkt unabhängig von t ist
$t = 1$: $T(1 \mid 1{,}5)$, $W(0{,}5 \mid \approx 1{,}97)$
$t = 2$: $T(2 \mid -2)$, $W(1 \mid 0)$
$t = 2{,}5$: $T(2{,}5 \mid \approx -5{,}81)$, $W(1{,}25 \mid \approx -1{,}91)$

Trage die oben bestimmten Punkte in ein Koordinatensystem ein und skizziere den Verlauf des Graphen:

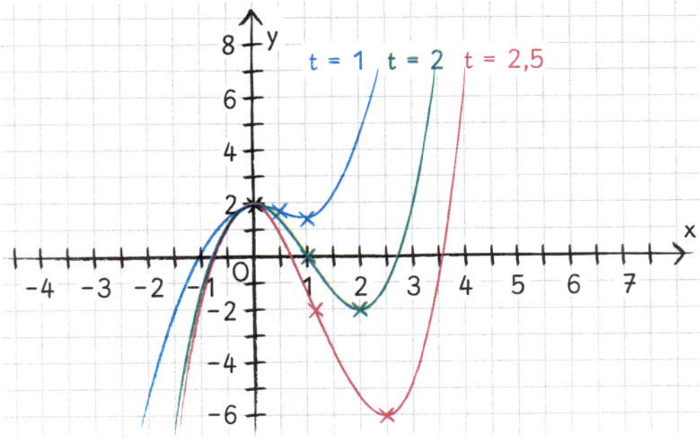

c) Untersuche die Eigenschaften des Graphen für sich änderndes t:

Man erkennt: Alle Graphen haben einen Hochpunkt im Punkt H(0 | 2). Der Tief- und der Wendepunkt verschieben sich mit zunehmendem t nach rechts unten.

○ **2** Bilde die 1. Ableitung.

a) $f_t(x) = 2t \cdot x^3 - 5x^2 + 3t \cdot x$

b) $f_t(x) = t \cdot x^4 - \frac{1}{t}x^2 - x + 4t^2$

c) $f_t(x) = (2x - 2)^2 - \frac{t}{4} \cdot x$

d) $f_t(x) = \frac{t}{2} \cdot x^3 - (1 - t) \cdot x^2 + 6 - t$

○ **3** Es wird die Funktionenschar f_t betrachtet.
Berechne die Extrem- und die Wendestellen von f_t in Abhängigkeit von t.

a) $f_t(x) = x^3 - t \cdot x^2 + 9t, t > 0$

b) $f_t(x) = t \cdot x^3 - 3t \cdot x^2 - t, t > 0.$

◒ **4** Die abgebildete Parabelschar f_t hat die Gleichung $f_t(x) = t \cdot x^2 - 4t \cdot x + 3,\ t > 0.$

a) Bestimme die Koordinaten des Scheitelpunkts in Abhängigkeit von t.

b) Berechne die Steigung im Schnittpunkt mit der y-Achse in Abhängigkeit von t.

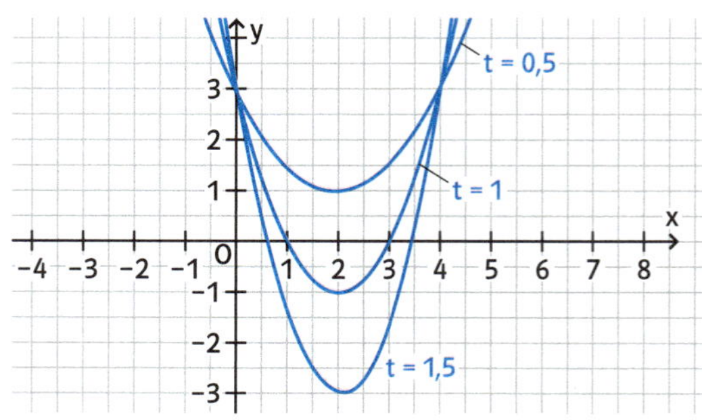

Tipp
Beim Scheitelpunkt einer Parabel handelt es sich immer um einen Hoch- oder Tiefpunkt.

◒ **5** Es wird die Funktionenschar $f_t(x) = x^3 + t \cdot x^2$ betrachtet.

a) Bestimme die Nullstellen, Extrem- und Wendepunkte in Abhängigkeit von t.

b) Skizziere die Graphen für $t = 2$ und $t = 4$.

c) Beschreibe die Veränderung des Graphen mit wachsendem t.

● **6** Ordne den Funktionsscharen die passende Funktionsgleichung zu $(t > 0)$.

A $f_t(x) = -t \cdot (x + 2) \cdot (x - 1)^2$

C $h_t(x) = -0{,}5\,(x + 2)^2 \cdot (x - t)$

B $g_t(x) = -x \cdot (x + t) \cdot (x - t)$

I

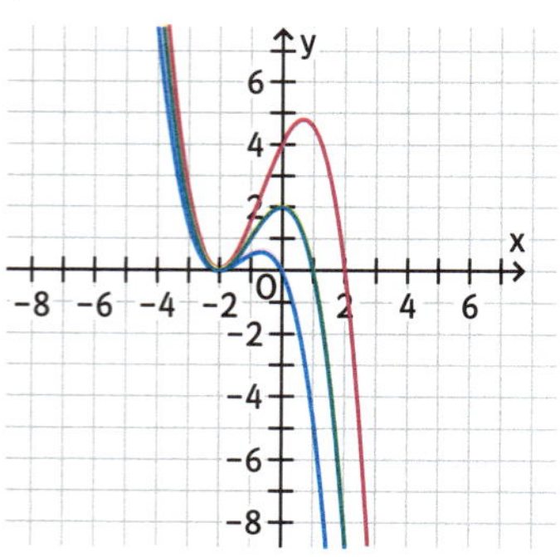

II

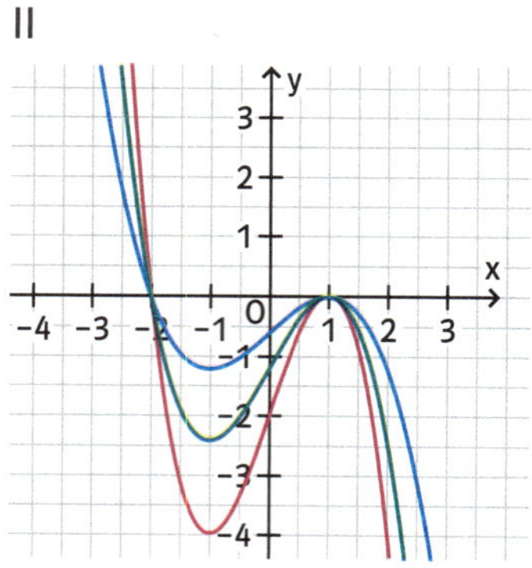

III

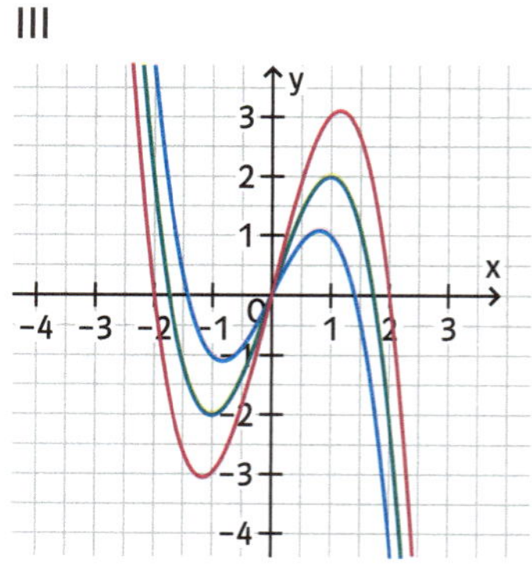

TIPPS ZUM LÖSEN DER AUFGABEN 2, 4, 5 UND 6

2b) Auch der Summand $4t^2$ wird als Zahl betrachtet und fällt beim Ableiten weg. **c)** Löse vor dem Ableiten zuerst die Klammer auf oder wende die Kettenregel an. **4b)** Gesucht ist hier $f_t'(0)$, also die 1. Ableitung an der Stelle $x = 0$. **5b)** Schreibe für jedes t die besonderen Punkte auf (runde dabei deren Koordinaten auf eine Nachkommastelle) und trage sie in ein Koordinatensystem ein. **6** Die Nullstellen in Abhängigkeit von t kannst du aus den Linearfaktoren ablesen (siehe Schritt 8).

SCHRITT 19

Ich kann die Ortskurve für bestimmte Punkte einer Funktionenschar bestimmen.

Hier lernst du, wie du die Funktionsgleichung für den Graphen bestimmen kannst, auf dem alle Scheitelpunkte der Parabelschar $f_t(x) = \frac{1}{3}x^3 - t \cdot x^2 + 1$ liegen.

→ Faktor- und Summenregel (Schritt 9)

DAS BRAUCHST DU WIEDER

Allgemein: Ableitungen von Funktionen mit Parameter

Beispiele:

a) $f_t(x) = t \cdot x^3 + 2t \cdot x^2 - 3x$ $f_t'(x) = t \cdot 3x^2 + 2t \cdot 2x - 3 = 3t \cdot x^2 + 4t \cdot x - 3$

b) $f_t(x) = 0{,}5t \cdot x^3 + x^2 + 6t$ $f_t'(x) =$ ______________________

c) $f_t(x) = \frac{1}{4}t \cdot x^4 + 0{,}5t \cdot x^2 + t$ $f_t'(x) =$ ______________________

DARUM GEHT'S

→ Extrem- und Wendepunkte in Abhängigkeit von einem Parameter bestimmen (Schritt 18)

Du weißt schon, dass die Punkte einer Funktionenschar häufig von deren Parameter t abhängig sind. In diesem Fall verändern sie ihre Position je nach Wert des Parameters t.

Sie bewegen sich dabei nicht zufällig, sondern auf einem Graphen, dessen zugehörige Funktionsgleichung du bestimmen kannst. Zum Beispiel kann die Gleichung des Graphen bestimmt werden, auf dem alle Scheitelpunkte einer Parabelschar liegen.

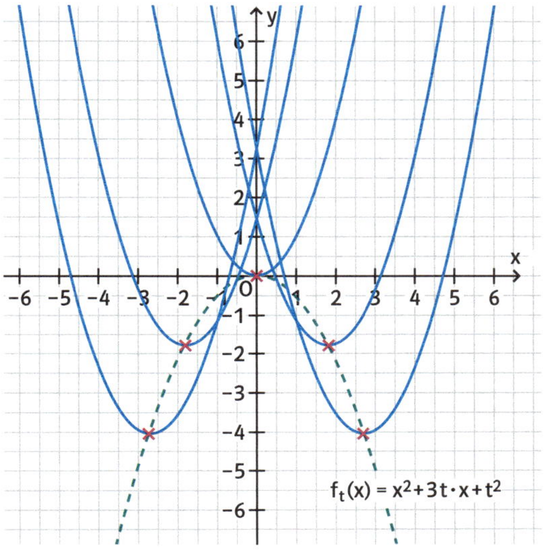

Bestimmen der Ortskurve besonderer Punkte einer Funktion

Bei diesem Vorgehen bestimmst du zunächst die Koordinaten des Punktes in Abhängigkeit von t. Dann löst du die x-Koordinate nach t auf und setzt den Ausdruck in die y-Koordinate ein.

SO GEHT'S

1 Beispiel

Es wird die Funktionenschar $f_t(x) = -0{,}5x^3 + 1{,}5t \cdot x^2 - 2,\ t > 0$ betrachtet.

a) Bestimme die Gleichung der Ortskurve, auf der alle Hochpunkte der Funktionenschar liegen.

b) Skizziere die Graphen für $t = 0{,}5; 1; 1{,}5$ sowie die Ortskurve.

a) Bilde die 1. und die 2. Ableitung:

$f_t'(x) = -1{,}5x^2 + 3t \cdot x$
$f_t''(x) = -3x + 3t$

Du bist dran

Es wird die Funktionenschar $f_t(x) = \frac{1}{3}x^3 - t \cdot x^2 + 1,\ t > 0$ betrachtet.

a) Bestimme die Gleichung der Ortskurve, auf der alle Tiefpunkte der Funktionenschar liegen.

b) Zeichne die Graphen für $t = 0{,}5; 1; 1{,}5$ sowie die Ortskurve.

Setze die 1. Ableitung $f_t'(x) = 0$ und löse die Gleichung:

$-1{,}5x^2 + 3t \cdot x = 0 \quad |$ ausklammern
$x \cdot (-1{,}5x + 3t) = 0$
$x_1 = 0$
$-1{,}5x + 3t = 0 \quad | -3t$
$-1{,}5x = -3t \quad | :(-1{,}5)$
$x_2 = 2t$

Setze die Lösungen in die 2. Ableitung $f_t''(x)$ ein:

$f_t''(0) = 3t > 0$, da $t > 0$
$\Rightarrow$ Tiefpunkt bei $x = 0$
$f_t''(2t) = -6t + 3t = -3t < 0$, da $t > 0$
$\Rightarrow$ Hochpunkt bei $x = 2t$

Setze die Lösungen in die Funktionsgleichung $f_t(x)$ zur Bestimmung der y-Werte ein:

Tipp
Ist ein Extrempunkt nicht von t abhängig, so ist er ein gemeinsamer Punkt aller Graphen der Funktionenschar.

$f_t(0) = -2$: Tiefpunkt $T(0 \mid -2)$
$f_t(2t) = -0{,}5 \cdot (2t)^3 + 1{,}5t \cdot (2t)^2 - 2$
$f_t(2t) = -4t^3 + 6t^3 - 2 = 2t^3 - 2$
Hochpunkt $H_t(2t \mid 2t^3 - 2)$

Stelle die x-Koordinate des infrage kommenden Extrempunkts nach t um und setze sie in die zugehörige y-Koordinate ein:

$2t = x \quad | :2$

$t = \frac{1}{2}x$

$y = 2 \cdot \left(\frac{1}{2}x\right)^3 - 2 = 2 \cdot \frac{1}{8}x^3 - 2$

$y = \frac{1}{4}x^3 - 2$

Damit liegen alle Hochpunkte auf dem Graphen der Funktion $h(x) = \frac{1}{4}x^3 - 2$.

b) Schreibe für die angegebenen Werte von t die zugehörigen Extrempunkte auf:

$t = 0{,}5$: $H_{0,5}(1 \mid -1{,}75)$
$t = 1$: $H_1(2 \mid 0)$
$t = 1{,}5$: $H_{1,5}(3 \mid 4{,}75)$

Trage alle bisher bestimmten Punkte in ein Koordinatensystem ein und skizziere den Verlauf des Graphen:

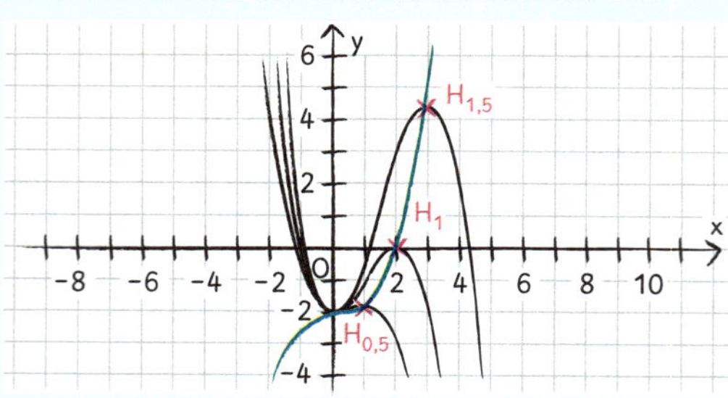

○ **2** Bestimme die Ortskurve, auf der die angegebenen Punkte für beliebige Werte von t liegen.

a) Hochpunkt $H_t(t+1 \mid 2t-1)$
b) Tiefpunkt $T_t\left(\frac{t}{2} \mid t^2\right)$
c) Wendepunkt $W_t(2t \mid t^2 - 5)$
d) Scheitelpunkt $S_t(t+4 \mid t^2+1)$

TIPP ZUM LÖSEN DER AUFGABE 2

2 Löse immer die x-Koordinate nach t auf und setze den Wert in die y-Koordinate ein.

○ **3** Es wird die Parabelschar $f_t(x) = x^2 - 2t \cdot x + 1{,}5t^2$ betrachtet.

a) Bestimme die Gleichung der Ortskurve, auf der alle Scheitelpunkte der Parabeln liegen.

b) Skizziere die Graphen für $t = 1; 2; 3$ sowie die Ortskurve der Scheitelpunkte.

○ **4** Es wird die Parabelschar $f_t(x) = t \cdot x^2 + 2t \cdot x - 2,\ t \neq 0$ betrachtet.

a) Weise nach, dass die Ortskurve der Scheitelpunkte eine Gerade ist, die parallel zur y-Achse verläuft.

b) Skizziere die Graphen für $t = 1; 2; 3$ sowie die Ortskurve der Scheitelpunkte.

◒ **5** Finde zu den drei Parabelscharen das passende Kärtchen mit den Scheitelkoordinaten, die auf der Ortskurve h liegen.

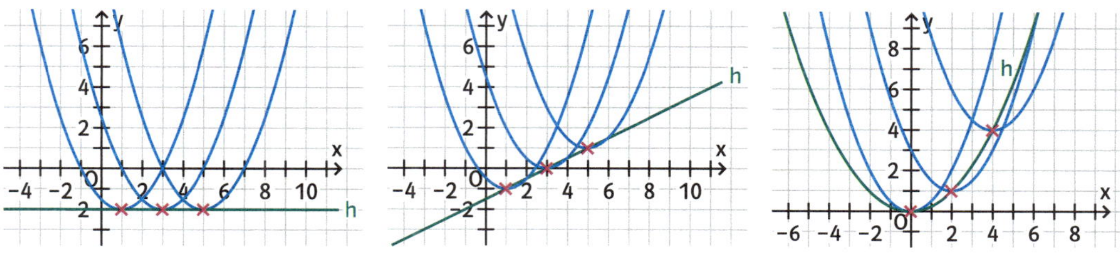

I $S_t(2t+1 \mid t-1)$

II $S_t(2t \mid t^2)$

III $S_t(2t+1 \mid -2)$

◒ **6** Es wird die Funktionenschar $f_t(x) = \frac{1}{3}x^3 - t \cdot x^2 + 3t$ betrachtet.
Bestimme die Gleichung der Ortskurve, auf der alle Wendepunkte liegen.

◒ **7** Es wird die Funktionenschar $f_t(x) = \frac{1}{4}x^4 - 0{,}5t^2 \cdot x^2$ betrachtet.

a) Bestimme die Gleichung der Ortskurve, auf der alle Tiefpunkte liegen.

b) Skizziere die Graphen für $t = 1$ und $t = 2$ sowie die Ortskurve der Tiefpunkte.

● **8** Ordne den Funktionenscharen die passenden Kärtchen mit den Gleichungen und den von t abhängigen Wendepunkten zu. Die Abbildungen zeigen jeweils die Graphen für $t = 1, 2$ und 3 und die Ortskurve der Wendepunkte für $x > 0$.

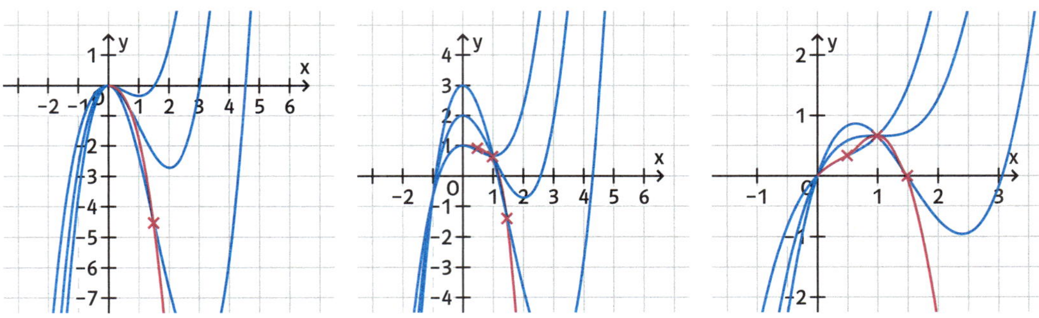

I $f_t(x) = \frac{2}{3}x^3 - t \cdot x^2 + t$

II $f_t(x) = \frac{2}{3}x^3 - t \cdot x^2 + t \cdot x$

III $f_t(x) = \frac{2}{3}x^3 - t \cdot x^2$

A $W_t\left(\frac{t}{2} \,\middle|\, -\frac{t^3}{6} + \frac{t^2}{2}\right)$

B $W_t\left(\frac{t}{2} \,\middle|\, -\frac{t^3}{6}\right)$

C $W_t\left(\frac{t}{2} \,\middle|\, -\frac{t^3}{6} + t\right)$

TIPPS ZUM LÖSEN DER AUFGABEN 4, 5, 6, 7 UND 8

4 Das bedeutet: Die x-Koordinate des Scheitelpunkts muss unabhängig von t sein. **5** Setze einige Werte für t ein und überprüfe, auf welcher der drei Ortskurven die bestimmten Punkte liegen. **6** Hier musst du die Wendepunkte in Abhängigkeit von t bestimmen. **7** Du kannst die Berechnungen abkürzen, wenn du die Symmetrie der Funktionen berücksichtigst. **8** Die blauen Kärtchen kannst du zuordnen, wenn du die Werte von f(x) und gegebenenfalls f'(x) für $x = 0$ betrachtest. Für die Zuordnung der gelben musst du die Wendepunkte aus den Graphen ablesen und mit den Werten von den gelben Kärtchen für $t = 1, 2, 3$ vergleichen.

SCHRITT 20

Ich kann gemeinsame Punkte von Funktionenscharen bestimmen.

Hier lernst du, wie du den Punkt bestimmen kannst, durch den alle Graphen der Schar $f_t(x) = x^2 - t \cdot x + 2t$ verlaufen.

→ Lösen von Gleichungen mit Parameter (Grundlagen)

DAS BRAUCHST DU WIEDER

Allgemein: Lösen von Gleichungen mit zwei Parametern

Beispiele:

$a \cdot x - 3a = 2b \cdot x - 6b \quad | +3a - 2b \cdot x$

$a \cdot x - 2b \cdot x = 3a - 6b \quad |$ x ausklammern

$x \cdot (a - 2b) = 3 \cdot (a - 2b) \quad | : (a - 2b)$

$x = 3 \quad (a \neq 2b)$

$2a \cdot x - 4a = b \cdot x - 2b$

DARUM GEHT'S

Bei Funktionen mit Parametern kommt es immer wieder vor, dass alle Graphen der Schar durch gleiche Punkte verlaufen. Diese Punkte kannst du bestimmen. Dazu musst du zwei beliebige Funktionen der Funktionenschar mit unterschiedlichem t gleichsetzen und prüfen, ob die Lösungen unabhängig von t sind.

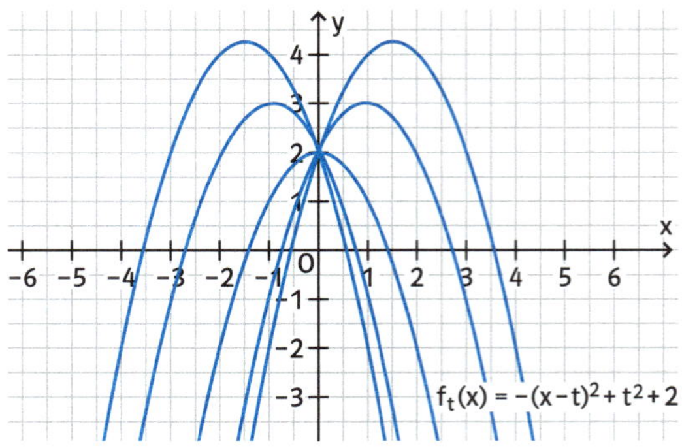

Bestimmen von gemeinsamen Punkten

Mit dieser Strategie berechnest du die Schnittpunkte zweier Funktionen aus der Schar mit den beiden Parametern t_1 und t_2.

SO GEHT'S

1 **Beispiel**

Untersuche, ob die Funktionenschar $f_t(x) = x^3 - 4x^2 + t \cdot x + t, \; t > 0$ gemeinsame Punkte besitzt. Gib gegebenenfalls die Punkte an.

Verwende beliebige t_1 und t_2 ($t_1 \neq t_2$) und setze die Funktionen gleich:

$x^3 - 4x^2 + t_1 \cdot x + t_1 =$
$x^3 - 4x^2 + t_2 \cdot x + t_2 \quad | -x^3 + 4x^2$

Forme so um, dass alle Summanden ohne t_1 oder t_2 entfallen:

$t_1 \cdot x + t_1 = t_2 \cdot x + t_2 \quad | -t_1 - t_2x$

Löse die Gleichung nach x auf:

$t_1 \cdot x - t_2 \cdot x = t_2 - t_1 \quad |$ x ausklammern

$(t_1 - t_2) \cdot x = t_2 - t_1 \quad | : (t_1 - t_2)$

$x = \frac{t_2 - t_1}{t_1 - t_2}$

$x = \frac{t_2 - t_1}{-(t_2 - t_1)}$

$x = -1$ für beliebiges t

Du bist dran

Untersuche, ob die Funktionenschar $f_t(x) = x^2 - t \cdot x + 2t, \; t > 0$ gemeinsame Punkte besitzt. Gib gegebenenfalls die Punkte an.

Tipp
Diese Umformung ist nicht so leicht zu erkennen, wird aber häufig gebraucht: $a - b = -(b - a)$

Setze die Lösung in die Funktionsgleichung $f_t(x)$ ein:

$f_t(-1) = (-1)^3 - 4 \cdot (-1)^2 + t \cdot (-1) + t$
$f_t(-1) = -1 - 4 - t + t$
$f_t(-1) = -5$

Dieses Ergebnis ist unabhängig von t. Damit liegt der Punkt $P(-1 \mid 5)$ auf allen Graphen.

○ **2** Es wird die Geradenschar f_t betrachtet: $f_t(x) = t \cdot x + 3t + 4,\ t \in \mathbb{R}$.
a) Untersuche, ob die Geradenschar gemeinsame Punkte besitzt, und gib sie gegebenenfalls an.
b) Zeichne die Geradenschar für $t = -1; 0; 1$.

○ **3** Die abgebildete Parabelschar f_t hat die Gleichung $f_t(x) = t \cdot x^2 + x - 4t,\ t > 0$. Bestimme rechnerisch die gemeinsamen Punkte der Parabelschar. Gib deren Koordinaten an.

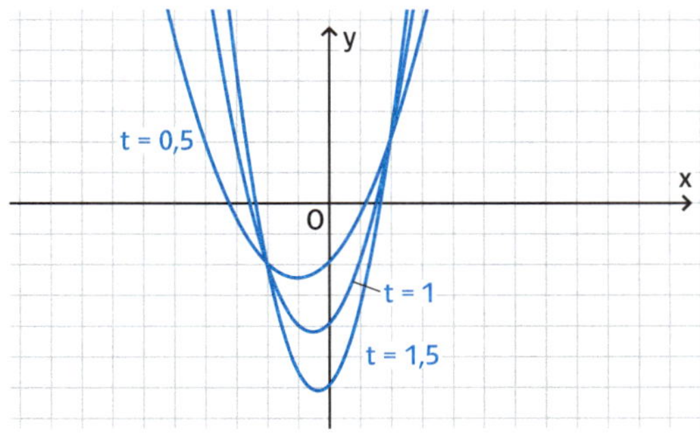

○ **4** Es wird die Funktionenschar f_t betrachtet: $f_t(x) = \frac{1}{4}x^4 + x^3 - 2t \cdot x + 2t,\ t > 0$.
Untersuche, ob die Funktionenschar gemeinsame Punkte besitzt.
Gib die Punkte gegebenenfalls an.

◒ **5** Es wird die Geradenschar f_t betrachtet: $f_t(x) = 2t \cdot x - t^2,\ t \in \mathbb{R} \setminus \{0\}$.
Weise nach, dass die Geradenschar keine gemeinsamen Punkte besitzt.

◒ **6** Es ist die Funktionenschar f_t gegeben: $f_t(x) = -0{,}5t \cdot x^3 + 3t \cdot x^2 - 4t \cdot x,\ t > 0$.
Zeige, dass alle Graphen der Funktionenschar den gleichen Wendepunkt besitzen.

◒ **7** Es wird die Funktionenschar f_t betrachtet: $f_t(x) = x^3 - t \cdot x^2 + x + 2,\ t > 0$.
Weise nach, dass alle Graphen der Funktionenschar die y-Achse an der gleichen Stelle mit der gleichen Steigung schneiden.

● **8** Die abgebildete Funktionenschar f_t hat die Gleichung $f_t(x) = t \cdot x^3 - 2t \cdot x^2 + x,\ t > 0$.
a) Weise nach, dass alle Graphen durch den Ursprung verlaufen.
b) Bestimme den zweiten gemeinsamen Punkt.
c) Ergänze die Skalierung der Koordinatenachsen.

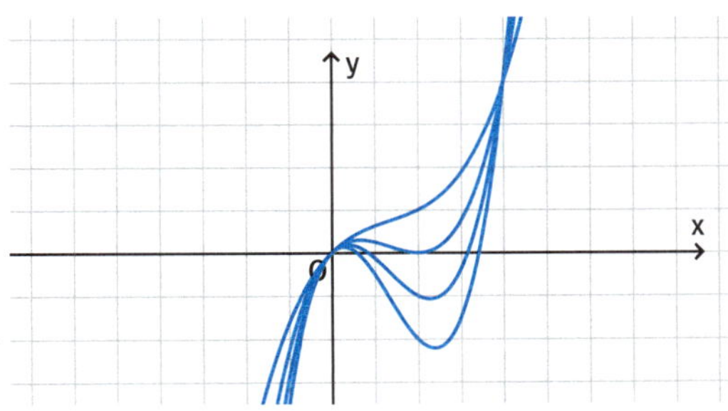

TIPPS ZUM LÖSEN DER AUFGABEN 3, 4, 5, 6, 7 UND 8

3 Hier gibt es zwei Lösungen. **4** Die Potenzen ohne Parameter t fallen beim Gleichsetzen weg. **5** Hier bleibt nach Dividieren durch $t_1 - t_2$ noch $t_1 + t_2$ stehen. **6** Du musst zeigen, dass die Koordinaten des Wendepunkts unabhängig von t sind. **7** Du erhältst die gesuchten Werte mit $f(0)$ und $f'(0)$. **8** Du kannst nach dem Gleichsetzen zweier Funktionen mit unterschiedlichem t zunächst x^2 ausklammern, da x wegfällt. **c)** Du findest die Skalierung durch die Lösung von b).

SCHRITT **21**

Ich kann den Parameter einer Funktionenschar bestimmen.

Hier lernst du, wie du das t finden kannst, für das die Parabel der Schar $f_t(x) = x^2 - 2t \cdot x + 2t$ durch den Punkt P(3 | 5) verläuft.

→ Funktion und Graphen (Schritt 1)

DAS BRAUCHST DU WIEDER

Allgemein: Punktprobe

Beispiele: g: $y = 2x - 2$; P(4 | 5)

$5 = 2 \cdot 4 - 2$

$5 = 6$ falsch

P liegt nicht auf g.

g: $y = 0{,}5x - 4$; P(6 | −1)

→ Funktionen mit Parametern (Schritt 17)

DARUM GEHT'S

Du weißt schon, dass du durch Einsetzen einer Zahl für den Parameter t in eine Funktionenschar eine bestimmte Funktion mit einem zugehörigen Graphen erhältst. Nun wird umgekehrt aus den unendlich vielen Graphen der eine gesucht, der durch einen vorgegebenen Punkt P verläuft.

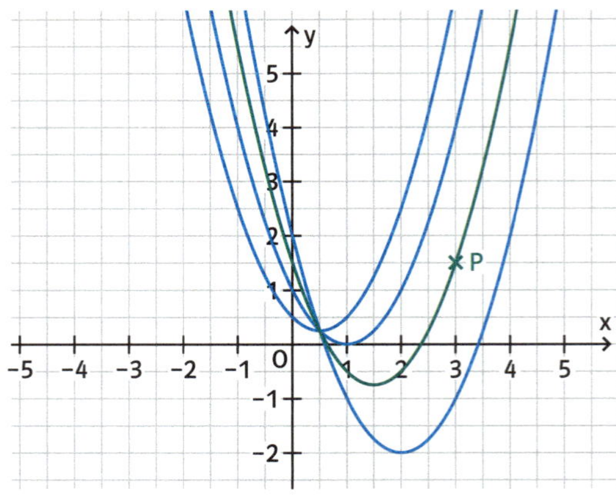

Bestimmen eines Parameters

Bei dieser Strategie gehst du wie bei einer Punktprobe vor.

SO GEHT'S

1 **Beispiel**

Es wird die Funktionenschar $f_t(x) = x^2 - 3t \cdot x + 4,\ t \in \mathbb{R} \setminus \{0\}$ betrachtet.

a) Bestimme den Parameter t, für den der Graph durch den Punkt P(5 | −1) verläuft.

b) Bestimme den Parameter t des Graphen, dessen Scheitelpunkt den x-Wert −6 hat.

a) Setze die Koordinaten des Punktes in die Funktionsgleichung ein und löse nach t auf:

$-1 = 5^2 - 3t \cdot 5 + 4$

$-1 = 29 - 15t \quad | +1 + 15t$

$15t = 30 \quad | :15$

$t = 2$

Du bist dran

Es wird die Funktionenschar $f_t(x) = x^2 - 2t \cdot x + 2t,\ t \in \mathbb{R} \setminus \{0\}$ betrachtet.

a) Bestimme den Parameter t, für den der Graph durch den Punkt Q(3 | 5) verläuft.

b) Bestimme den Parameter t des Graphen, dessen Scheitelpunkt den x-Wert 6 hat.

b) Bestimme $f_t'(x)$:

$f_t'(x) = 2x - 3t$

Setze $f'(x) = 0$ und löse die Gleichung nach x auf:

$2x - 3t = 0 \quad | +3t$
$2x = 3t \quad | :2$
$x = 1{,}5t$

Setze die für den Scheitelpunkt vorgegebene x-Koordinate ein und löse nach t auf:

$1{,}5t = -6 \quad | :1{,}5$
$t = -4$

Tipp
Am x-Wert des Scheitelpunkts hat die erste Ableitung den Wert 0, da es sich um einen Hoch- oder Tiefpunkt handelt.

○ **2** Bestimme den Parameter t, für den der Punkt P auf dem Graphen der Funktion f liegt.
a) $f_t(x) = t \cdot x^2 - 2x + 3$; $P(2\,|\,7)$
b) $f_t(x) = x^3 - t \cdot x^2 - 2x$; $P(-1\,|\,-2)$
c) $f_t(x) = t \cdot x^2 - 5t \cdot x + 4t$; $P(3\,|\,4)$
d) $f_t(x) = x^3 - 1{,}5t \cdot x^2$; $P(2\,|\,-4)$

○ **3** Es wird die Parabelschar $f_t(x) = t \cdot x^2 + 6t \cdot x + 2t - 5$, $t > 0$ betrachtet.
a) Bestimme den Parameter t, für den der Graph durch den Punkt $P(2\,|\,7)$ verläuft.
b) Bestimme den Parameter t, für den der Graph eine Nullstelle bei $x = -1$ hat.

○ **4** Es wird die Parabelschar $f_t(x) = x^2 + 3t \cdot x + 5t$, $t > 0$ betrachtet.
Bestimme den Parameter t, für den die Steigung im Schnittpunkt mit der y-Achse gleich 6 ist.

◒ **5** Es wird die Funktionenschar $f_t(x) = x^3 - 4{,}5t \cdot x^2 + 6t^2 \cdot x$, $t > 0$ betrachtet.
Bestimme den Parameter t, für den bei $x = 1$ ein Tiefpunkt vorliegt.

◒ **6** Die Abbildung zeigt die Funktionenschar $f_t(x) = \frac{1}{3}x^3 + t \cdot x^2 - t \cdot x$, $t > 0$.
a) Bestimme den Parameter t, für den der Wendepunkt bei $x = -1$ liegt.
b) Bestimme den Parameter t, für den der Graph an der Stelle $x = -1$ die Steigung $m = -1$ hat.

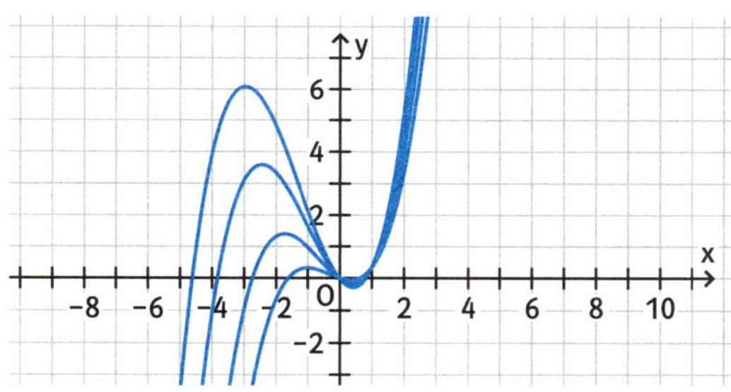

● **7** Es wird die Funktionenschar $f_t(x) = 0{,}5x^3 - 3t \cdot x^2 + t$, $t > 0$ betrachtet.
Bestimme den Parameter t, für den die Steigung im Wendepunkt $m = -6$ ist.

● **8** Die Abbildung zeigt die Parabelschar $f_t(x) = x^2 + 4t \cdot x + 6t$, $t > 0$.
Bestimme die Parameter t, für die der Scheitelpunkt oberhalb der x-Achse liegt.

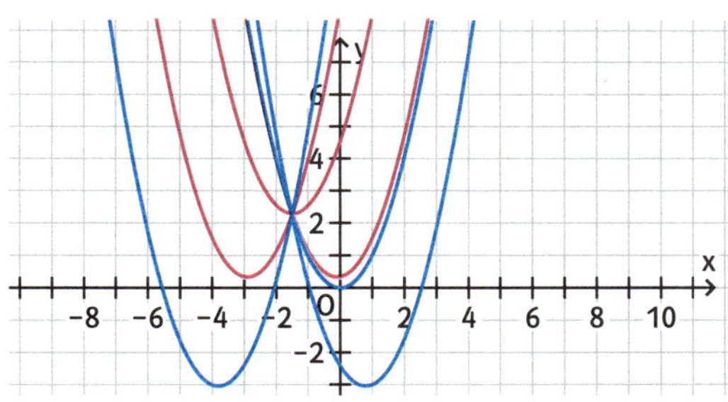

TIPPS ZUM LÖSEN DER AUFGABEN 3, 4, 5, 6, 7 UND 8

3 b) Setze $f_t(x) = 0$, setze $x = -1$ ein und löse die Gleichung nach t auf. **4** Du musst die Gleichung $f'(0) = 6$ nach t auflösen. **5** Du musst die Gleichung $f_t'(1) = 0$ nach t auflösen. **6 a)** Du musst die Gleichung $f_t''(-1) = 0$ nach t auflösen. **b)** Du musst die Gleichung $f'(-1) = -1$ lösen. **7** Berechne zuerst den x-Wert des Wendepunktes und setze diesen in $f'(x) = -6$ ein. **8** Die y-Koordinate des Scheitelpunkts ist selbst wieder eine nach unten geöffnete Parabel in Abhängigkeit von t. Bestimme mithilfe der Nullstellen die Werte von t, für die die Parabel oberhalb der x-Achse verläuft.

SCHRITT **22**

Ich kann lineare Gleichungssysteme lösen.

Hier lernst du, wie du eine gemeinsame Lösung der drei Gleichungen $x_1 + 2x_2 + 2x_3 = 8$, $x_1 - x_2 - x_3 = -1$ und $2x_1 - 2x_2 - x_3 = 2$ finden kannst.

→ Lösen von linearen Gleichungssystemen mit Additionsverfahren (Grundlagen)

DAS BRAUCHST DU WIEDER

Beispiele:

I $x - 2y = 5$ $|\cdot(-2)$
II $2x + 3y = 3$ (+)

IIa $7y = -7$ $|:7$
$\mathbf{y = -1}$

y in I: $x - 2\cdot(-1) = 5$ $|-2$
$\mathbf{x = 3}$

I $2x - y = 6$ $|\cdot(-3)$
II $3x + y = 4$ $|\cdot 2$ (+)

DARUM GEHT'S

Tipp
Für eine eindeutige Lösung braucht man immer so viele Gleichungen, wie es Variable sind.

Bei Gleichungen hast du es immer nur mit einer Lösungsvariablen, meistens x, zu tun. Hier sind mehrere Gleichungen mit mehreren verschiedenen Variablen, meistens x_1, x_2, x_3 oder x, y, z zu einem System zusammengefasst. Für die Variablen wird eine Lösung gesucht, die alle Gleichungen des Systems erfüllt.

$$\begin{array}{l} a_1x_1 + b_1x_2 + c_1x_3 = d_1 \\ 0 \quad a_2x_2 + b_2x_3 = d_2 \\ 0 \quad 0 \quad a_3x_3 = d_3 \end{array}$$

Beim Lösen geht es darum, das Gleichungssystem auf die „**Stufenform**" zu bringen.

Lineare Gleichungssysteme mit einer Lösung (Gauß-Verfahren)

Bei diesem Vorgehen bringst du das lineare Gleichungssystem auf die Stufenform.

Erklärfilm
Das Gauß-Verfahren – Lösen linearer Gleichungssysteme
kf25hp

SO GEHT'S

1 **Beispiel**
Löse das Gleichungssystem:
I $2x_1 - 3x_2 - x_3 = 4$
II $x_1 - 2x_2 - 2x_3 = -2$
III $3x_1 - 2x_2 - x_3 = 5$

Du bist dran
Löse das Gleichungssystem:
I $x_1 + 2x_2 + 2x_3 = 8$
II $x_1 - x_2 - x_3 = -1$
III $2x_1 - 2x_2 - x_3 = 2$

1. Schritt: Multipliziere die Gleichung I und/oder die Gleichung II mit einer geeigneten Zahl, sodass sich beim Addieren $0x_1$ ergibt:

Tipp
Steht in der Zeile II kein x_1, kannst du diesen Schritt überspringen.

I $2x_1 - 3x_2 - x_3 = 4$ (+)
II $x_1 - 2x_2 - 2x_3 = -2$ $|\cdot(-2)$
III $3x_1 - 2x_2 - x_3 = 5$

2. Schritt: Wiederhole den 1. Schritt mit der Gleichung I und III:

I $2x_1 - 3x_2 - x_3 = 4$ $|\cdot(-3)$
IIa $x_2 + 3x_3 = 8$
III $3x_1 - 2x_2 - x_3 = 5$ $|\cdot 2$ (+)

3. Schritt: Multipliziere die Gleichung IIa und/oder die Gleichung IIIa mit einer geeigneten Zahl, sodass sich beim Addieren $0x_2$ ergibt:

I $2x_1 - 3x_2 - x_3 = 4$
IIa $x_2 + 3x_3 = 8$ $|\cdot(-5)$
IIIa $5x_2 + x_3 = -2$ (+)

Tipp
Dies ist die Stufenform des linearen Gleichungssystems.

I $2x_1 - 3x_2 - x_3 = 4$
IIa $x_2 + 3x_3 = 8$
IIIb $-14x_3 = -42$ $|:(-14)$

4. Schritt: Löse Gleichung IIIb nach x_3 auf:

$-14x_3 = -42 \quad | : (-14)$
$x_3 = 3$

5. Schritt: Setze den Wert für x_3 in Gleichung II a ein und löse diese nach x_2 auf:

$x_2 + 3 \cdot 3 = 8 \quad | -9$
$x_2 = -1$

6. Schritt: Setze die Werte für x_2 und x_3 in Gleichung I ein und löse diese nach x_1 auf:

$2x_1 - 3 \cdot (-1) - 3 = 4$
$2x_1 = 4 \quad | : 2$
$x_1 = 2$
Lösung: $(2; -1; 3)$

○ **2** Finde heraus, ob $(5; -2; 4)$ eine Lösung der Gleichung ist.
a) $3x_1 + 4x_2 - 3x_3 = -1$ **b)** $-x_1 - x_2 - x_3 = 1$ **c)** $2x_1 + 4x_2 + 3x_3 = 14$

○ **3** Finde heraus, welches Zahlen-Tripel die Gleichung $4x_1 + 3x_2 - 2x_3 = 4$ erfüllt.
a) $(2; -1; 1)$ **b)** $(4; -2; 3)$ **c)** $(7; -8; 0)$

◒ **4** Löse das Gleichungssystem.

a)
$$\begin{aligned} x_1 + x_2 + x_3 &= 2 \\ -2x_1 - x_2 + 2x_3 &= -2 \\ x_1 + 3x_2 + 3x_3 &= 0 \end{aligned}$$

b)
$$\begin{aligned} x_1 + 4x_2 + x_3 &= 1 \\ -x_1 + x_2 - 2x_3 &= 5 \\ x_1 + 2x_2 - 3x_3 &= 3 \end{aligned}$$

c)
$$\begin{aligned} 2x_1 + 3x_2 + x_3 &= 4 \\ x_1 + 2x_2 - 2x_3 &= 7 \\ 2x_1 - 5x_2 + 3x_3 &= 0 \end{aligned}$$

d)
$$\begin{aligned} 3x_1 + x_3 &= 2 \\ x_1 + 2x_3 &= 9 \\ x_1 + 2x_2 &= 1 \end{aligned}$$

● **5** Löse das Gleichungssystem.

a)
$$\begin{aligned} x_1 + x_3 &= 2 \\ x_1 - x_2 &= 0 \\ 2x_2 + 3x_3 &= 4 \end{aligned}$$

b)
$$\begin{aligned} 2x_1 + 3x_2 + x_3 &= 4 \\ 3x_1 + x_2 + 5x_3 &= 8 \\ -x_1 - 5x_2 + 3x_3 &= 1 \end{aligned}$$

c)
$$\begin{aligned} 4x_2 + x_3 &= 0 \\ x_1 + x_2 + x_3 &= 0 \\ 2x_1 + 4x_2 + 3x_3 &= 0 \end{aligned}$$

d)
$$\begin{aligned} x_1 + x_2 &= 9 \\ x_1 + x_3 &= -2 \\ x_2 + x_3 &= -1 \end{aligned}$$

TIPPS ZUM LÖSEN DER AUFGABEN 2, 3, 4 UND 5

2 Setze die Zahlen in die Gleichungen ein. **3** Eine Gleichung mit drei Variablen hat immer unendlich viele Lösungen. **4d)** Hier kannst du aus den beiden ersten Gleichungen bereits x_1 und x_3 berechnen. **5** Gehe auch dann, wenn eine Variable nicht vorkommt, also 0 als Faktor davorsteht, nach der gleichen Systematik vor. **b)** Verschwinden alle Variablen und auf der rechten Seite steht nicht Null, hat das Gleichungssystem keine Lösung. **c)** Hier ist es sinnvoll, die 1. und 2. Gleichung zu vertauschen. Stehen auf der rechten Seite nur Nullen, ist $(0; 0; 0)$ immer eine Lösung. Aber es könnte auch noch unendlich viele andere Lösungen geben.

🌐 **Erklärfilm**
Lösungsmengen linearer Gleichungssyteme
kf25hp

Lineare Gleichungssysteme mit unendlich vielen Lösungen

Dieses Verfahren brauchst du dann, wenn sich nach dem Umformen des Gleichungssystems $0 = 0$ ergibt.

SO GEHT'S

6 **Beispiel**

Löse das Gleichungssystem:

$$\begin{array}{ll} \text{I} & 2x_1 - 5x_2 + x_3 = 2 \\ \text{II} & x_1 - 2x_2 - x_3 = -1 \\ \text{III} & x_2 - 3x_3 = -4 \end{array}$$

Führe die ersten drei Schritte so wie bisher aus. Versuche, die Additionen direkt auszurechnen:

$$\begin{array}{ll} \text{I} & 2x_1 - 5x_2 + x_3 = 2 \\ \text{II} & x_1 - 2x_2 - x_3 = -1 \quad | \cdot (-2) \\ \text{III} & x_2 - 3x_3 = -4 \\ \text{I} & 2x_1 - 5x_2 + x_3 = 2 \\ \text{IIa} & -x_2 + 3x_3 = 4 \\ \text{IIIa} & x_2 - 3x_3 = -4 \quad + \\ \text{I} & 2x_1 - 5x_2 + x_3 = 2 \\ \text{IIa} & -x_2 + 3x_3 = 4 \\ \text{IIIb} & 0x_3 = 0 \end{array}$$

Setze für x_3 eine beliebige reelle Zahl t ein:

$x_3 = t$

Setze den Wert für x_3 in Gleichung IIa ein und löse nach x_2 auf:

$$\begin{aligned} -x_2 + 3t &= 4 \quad | -3t \\ -x_2 &= 4 - 3t \quad | \cdot (-1) \\ x_2 &= -4 + 3t \end{aligned}$$

Setze den Wert für x_2 und x_3 in Gleichung I ein und löse nach x_1 auf:

$$\begin{aligned} 2x_1 - 5 \cdot (-4 + 3t) + t &= 2 \\ 2x_1 + 20 - 15t + t &= 2 \quad | -20 + 14t \\ 2x_1 &= -18 + 14t \quad | : 2 \\ x_1 &= -9 + 7t \end{aligned}$$

Lösung: $(-9 + 7t; -4 + 3t; t)$

Du bist dran

Löse das Gleichungssystem:

$$\begin{array}{ll} \text{I} & x_1 + 2x_2 + 3x_3 = 1 \\ \text{II} & 2x_1 + x_2 = 2 \\ \text{II} & -x_1 + x_2 + 3x_3 = -1 \end{array}$$

Tipp
Wenn du nicht alles im Kopf rechnen willst, kannst du dir die mit einem Faktor multiplizierte Gleichung über die ursprüngliche Gleichung schreiben.

Tipp
Hier erübrigt sich der zweite Schritt, dann gilt: IIIa = III.

Tipp
Das bedeutet:
Das Gleichungssystem hat unendlich viele Lösungen, zum Beispiel:
$t = 0$: $(-9; -4; 0)$
$t = 1$: $(-7; -1; 1)$

◐ 7 Löse das Gleichungssystem. Schreibe die Lösungen für $t = 0$ und $t = 1$ auf.

a)
$$\begin{aligned} x_1 + 3x_2 - 2x_3 &= 0 \\ -2x_1 - x_2 - x_3 &= 4 \\ -3x_1 + x_2 - 4x_3 &= 8 \end{aligned}$$

b)
$$\begin{aligned} x_1 + x_2 + 2x_3 &= 0 \\ -x_1 - x_2 - 2x_3 &= 0 \\ 3x_1 + x_2 - 2x_3 &= 0 \end{aligned}$$

c)
$$\begin{aligned} 2x_1 + 6x_2 - 4x_3 &= 1 \\ x_1 - 2x_2 - x_3 &= 3 \\ 4x_1 + 2x_2 - 6x_3 &= 7 \end{aligned}$$

d)
$$\begin{aligned} -2x_1 - x_2 + x_3 &= 3 \\ 2x_1 + x_2 + x_3 &= -4 \\ 4x_1 + 2x_2 - 2x_3 &= -6 \end{aligned}$$

● 8 Löse das Gleichungssystem. Schreibe die Lösungen für $t = 0$ und $t = 1$ auf.

a)
$$\begin{aligned} -x_1 + 2x_2 &= 2 \\ 2x_1 + 2x_3 &= 4 \\ 3x_1 - 4x_2 + x_3 &= -2 \end{aligned}$$

b)
$$\begin{aligned} 2x_1 - x_2 + 2x_3 &= 0 \\ x_1 + x_2 + x_3 &= 3 \\ 4x_1 + 4x_3 &= 4 \end{aligned}$$

TIPPS ZUM LÖSEN DER AUFGABEN 7 UND 8

7b) Hier gibt es außer $(0; 0; 0)$ noch unendlich viele andere Lösungen. **d)** Wenn x_3 einen bestimmten Wert hat, kannst du $x_1 = t$ oder $x_2 = t$ setzen. **8** Setze für die Leerstellen wie bei Aufgabe 5 Nullen ein.

SCHRITT 23 Ich kann ganzrationale Funktionen bestimmen.

Hier lernst du, wie du die Gleichung der Funktion finden kannst, die mit der Steigung 4 durch den Punkt P(0 | 3) verläuft und den Tiefpunkt T(2 | 3) hat.

→ Lösen von Gleichungssystemen (Schritt 22)

DAS BRAUCHST DU WIEDER

Beispiele:

$$\begin{array}{lrl} \text{I} & x_1 - 2x_2 + x_3 = 1 & |\cdot(-2) \\ \text{II} & 2x_1 - 6x_2 - x_3 = 3 & \leftarrow + \\ \text{III} & -x_1 + x_2 - 3x_3 = 0 & \leftarrow + \end{array}$$

$$\begin{array}{lrl} \text{I} & x_1 - 2x_2 + x_3 = 1 & \\ \text{IIa} & -2x_2 - 3x_3 = 1 & \leftarrow + \\ \text{IIIa} & -x_2 - 2x_3 = 1 & |\cdot(-2) \end{array}$$

$$\begin{array}{lrl} \text{I} & x_1 - 2x_2 + x_3 = 1 \\ \text{IIa} & -2x_2 - 3x_3 = 1 \\ \text{IIIb} & x_3 = -1 \end{array}$$

x_3 in II a:

$x_2 - 1 = 0 \quad |+1$

$x_2 = 1$

x_2 und x_3 in I:

$2x_1 - 5 - 1 = 2 \quad |+6$

$2x_1 = 8 \quad |:4$

$x_1 = 4$

$$\begin{array}{lrl} \text{II} & x_1 - x_2 + x_3 = -2 & |\cdot 2 \\ \text{II} & -2x_1 - x_2 + 2x_3 = 2 & | \leftarrow + \\ \text{III} & x_1 + 2x_2 - 2x_3 = 1 & | \end{array}$$

I $x_1 - x_2 + x_3 = -2$

II a ______________

III a ______________

I $x_1 - x_2 + x_3 = -2$

II a ______________

III b ______________

DARUM GEHT'S

Du weißt bestimmt noch, dass durch zwei Punkte eine Gerade bestimmt ist. Aber dass durch drei Punkte, die nicht auf einer Geraden liegen, bereits die Form einer Parabel eindeutig festgelegt ist, ist doch etwas überraschend. Und durch vier Punkte, die nicht auf einer Parabel liegen, ist wiederum eine ganzrationale Funktion 3. Grades festgelegt, usw.

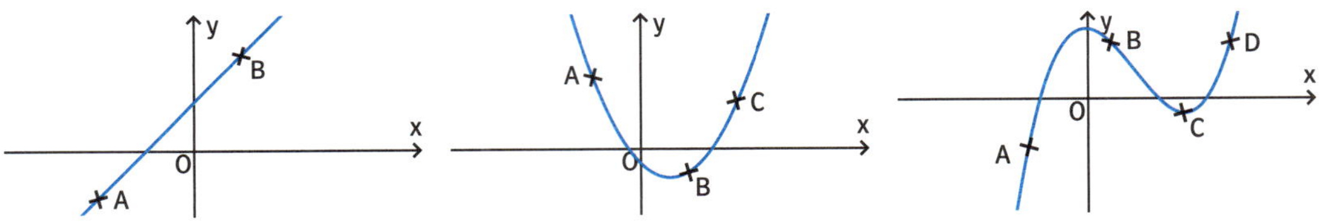

Folgende Eigenschaften können bei der Bestimmung des Funktionsterms herangezogen werden, zum Beispiel für den Punkt (2 | 3):

So steht es im Text.	Funktionsgleichung	Graph
Der Punkt (2 | 3) liegt auf dem Graph von f.	**f(2) = 3**	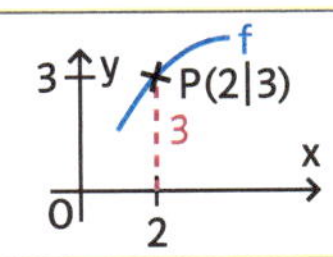
H(2 | 3) ist **Extrempunkt** oder f **berührt** bei x = 2 die Gerade g: y = 3	f(2) = 3 und **f′(2) = 0**	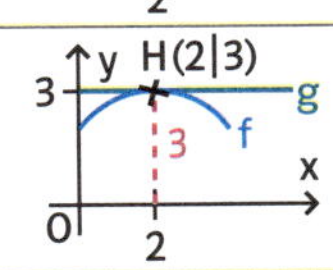
W(2 | 3) ist **Wendepunkt**.	f(2) = 3 und **f″(2) = 0**	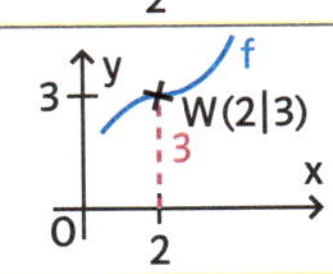
f hat im Punkt (2 | 3) die **Steigung 0,8**.	f(2) = 3 und **f′(2) = 0,8**	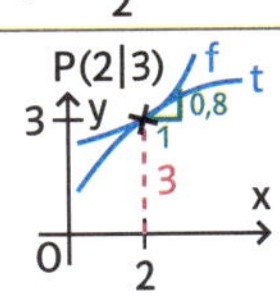

Sonderfälle:
Bei zur y-Achse achsensymmetrischen Funktionen treten nur gerade Hochzahlen auf.
Bei zum Ursprung punktsymmetrischen Funktionen treten nur ungerade Hochzahlen auf.

Bestimmung einer ganzrationalen Funktion

Dieses Verfahren wendest du immer dann an, wenn bestimmte Punkte oder Steigungen einer ganzrationalen Funktion gegeben sind.

Erklärfilm
Bestimmen ganzrationaler Funktionen
kf25hp

SO GEHT'S

1 Beispiel
Eine ganzrationale Funktion 3. Grades verläuft durch den Ursprung, hat bei $x = 1$ eine horizontale Tangente und in $W(2\,|\,1)$ einen Wendepunkt.
Bestimme die Gleichung der Funktion.

Du bist dran
Eine ganzrationale Funktion 3. Grades schneidet die y-Achse im Punkt $(0\,|\,3)$ mit der Steigung $m = 4$ und hat in $T(2\,|\,3)$ einen Tiefpunkt.
Bestimme die Gleichung der Funktion.

Schreibe die allgemeine Funktionsgleichung und die Ableitungen auf, soweit sie benötigt werden:

Tipp
Ganzrationale Funktion 3. Grades

$f(x) = a_3 \cdot x^3 + a_2 \cdot x^2 + a_1 \cdot x + a_0$
$f'(x) = 3a_3 \cdot x^2 + 2a_2 \cdot x + a_1$
$f''(x) = 6a_3 \cdot x + 2a_2$

Schreibe die Bedingungen auf und setze sie in die entsprechenden Gleichungen ein:

1. $f(0) = 0$: $a_0 = 0$
2. $f'(1) = 0$: $3a_3 + 2a_2 + a_1 = 0$
3. $f(2) = 1$: $8a_3 + 4a_2 + 2a_1 = 1$
4. $f''(2) = 0$: $12a_3 + 2a_2 = 0$

Schreibe die Gleichungen von rechts nach links und löse sie:

$$\begin{array}{lrl} \text{I} & a_1 + 2a_2 + 3a_3 = 0 & |\cdot(-2) \\ \text{II} & 2a_1 + 4a_2 + 8a_3 = 1 & \leftarrow + \\ \text{III} & 2a_2 + 12a_3 = 0 & \end{array}$$

$$\begin{array}{lrl} \text{I} & a_1 + 2a_2 + 3a_3 = 0 & \\ \text{IIa} & 2a_3 = 1 & |:2 \\ \text{III} & 2a_2 + 12a_3 = 0 & \end{array}$$

Tipp
Damit ist bereits die Stufenform erreicht, wenn du die 2. und 3. Zeile vertauschst.

$a_3 = 0{,}5$
a_3 in III: $2a_2 + 6 = 0 \quad |-6$
$2a_2 = -6 \quad |:2$
$a_2 = -3$
a_2 und a_3 in I:
$a_1 - 6 + 1{,}5 = 0 \quad |+4{,}5$
$a_1 = 4{,}5$
$f(x) = 0{,}5x^3 - 3x^2 + 4{,}5x$

○ **2** Stelle die Gleichung der Parabel durch die Punkte $A(-2\,|\,2)$, $B(2\,|\,-2)$ und $C(3\,|\,-0{,}5)$ auf.

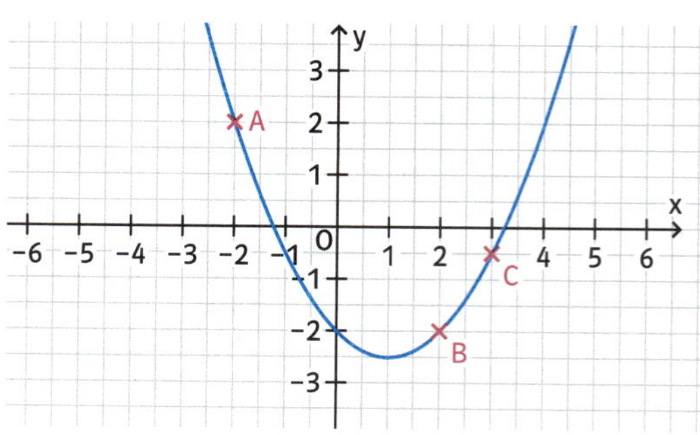

○ **3** Schreibe formal auf, was die Aussagen bedeuten.

a) Der Graph von f hat im Punkt $(5 \mid -3)$ die Steigung $m = 4$.
b) Der Graph von f schneidet die x-Achse an der Stelle $x = 6$ mit der Steigung $m = -1$.
c) Der Graph von f berührt die x-Achse an der Stelle $x = -3$.
d) Der Graph von f hat im Punkt $(4 \mid -1)$ einen Tiefpunkt.
e) Der Graph von f hat im Punkt $(-2 \mid 6)$ einen Wendepunkt.

Tipp
„Berühren" bedeutet: Dort liegt ein Extrempunkt vor.

◒ **4** Eine Parabel p verläuft durch den Punkt $P(1 \mid 2{,}7)$ und berührt die Gerade $g\colon\ y = 2x + 2{,}5$ an der Stelle $x = -2$. Stelle die Gleichung der Parabel auf.

◒ **5** Stelle die Gleichung der ganzrationalen Funktion 3. Grades durch die Punkte $A(0 \mid 0)$, $B(1 \mid 1{,}25)$, $C(2 \mid 2)$ und $D(4 \mid 26)$ auf.

◒ **6** Eine ganzrationale Funktion 3. Grades ist punktsymmetrisch zum Ursprung und verläuft durch den Punkt $P(2 \mid -0{,}8)$ mit der Steigung $m = 1{,}2$. Stelle die Gleichung der Funktion auf.

◒ **7** Stelle die Gleichung der ganzrationalen Funktion 3. Grades auf, die in $A(0 \mid 3)$ einen Hochpunkt und in $B(2 \mid -5)$ einen Wendepunkt besitzt.

◒ **8** Stelle die Gleichung der ganzrationalen Funktion 4. Grades auf, die achsensymmetrisch zur y-Achse ist, in $A(2 \mid 4)$ einen Hochpunkt hat und durch $B(-3 \mid 1{,}5)$ verläuft.

◒ **9** Stelle die Gleichung der ganzrationalen Funktion 4. Grades auf, die in $A(0 \mid 3)$ einen Sattelpunkt hat und die x-Achse in $B(3 \mid 0)$ berührt.

● **10** Die beiden parallelen Halbgeraden g und h sollen zwischen den Stellen −1 und 3 durch eine ganzrationale Funktion 3. Grades knickfrei verbunden werden:

$g\colon\ y = 2x + \frac{14}{3}$; $\quad h\colon\ y = 2x - 6$.

Stelle die Gleichung der Funktion auf.

Tipp
„Knickfrei" bedeutet: Die Steigungen am Verbindungspunkt sind gleich.

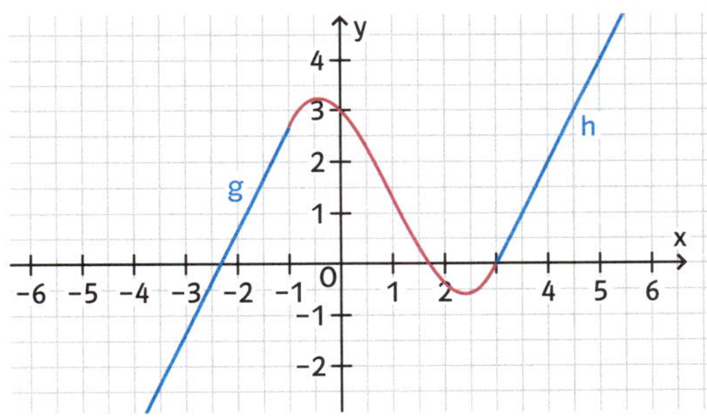

● **11** Die vier Punkte $A(-3 \mid 0{,}5)$, $B(-1 \mid 3{,}5)$, $C(0 \mid 4{,}25)$ und $D(4 \mid 2{,}25)$ sollen durch eine ganzrationale Funktion verbunden werden. Weise nach, dass die vier Punkte auf einer Parabel, aber nicht auf einer ganzrationalen Funktion 3. Grades liegen.

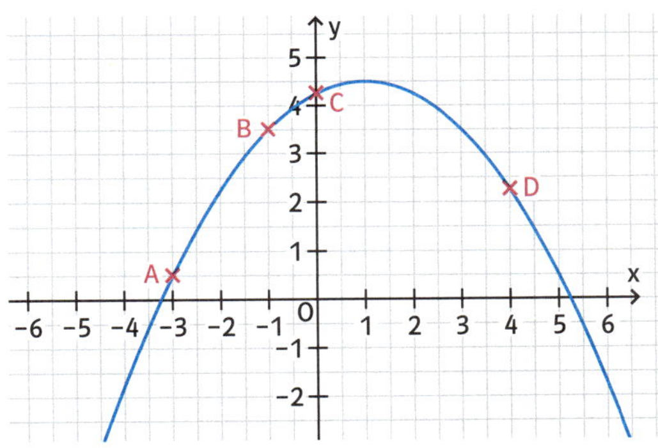

TIPPS ZUM LÖSEN DER AUFGABEN 4, 5, 6, 7, 8, 9, 10 UND 11

4 Hier gilt: $f'(-2) = 2$. Außerdem musst du noch den y-Wert des Berührpunkts mithilfe der Geradengleichung berechnen. **5** Verläuft der Graph durch den Ursprung, kannst du die Variable d weglassen und mit nur drei Variablen rechnen. **6** Bei einer punktsymmetrischen Funktion kannst du die geradzahligen Potenzen weglassen. Dann bleiben hier nur noch zwei Variable. **7** Ein Hochpunkt und ein Wendepunkt haben jeweils zwei Bedingungen. **8** Eine zur y-Achse symmetrische Funktion hat nur gerade Potenzen. Du kannst hier daher mit nur drei Variablen rechnen. **9** Für den Sattelpunkt gilt: $f(0) = 27$, $f'(0) = 0$, $f''(0) = 0$. **10** Du musst zuerst die Endpunkte der beiden Halbgeraden berechnen. Du hast hier ein Gleichungssystem mit vier Variablen zu lösen. **11** Wenn du das Gleichungssystem für eine ganzrationale Funktion 3. Grades löst, musst du $a_3 = 0$ erhalten. Du kannst aber auch die Gleichung der Parabel durch drei Punkte aufstellen und zeigen, dass der vierte Punkt auch auf dieser Parabel liegt.

TRAINING

○ **1** Es wird die Funktionenschar $f_t(x) = t \cdot x - t^2,\ t \in \mathbb{R}^*$ betrachtet.

a) Bestimme die Nullstelle in Abhängigkeit von t. → Schritt 17

b) Bestimme alle Parameter t, für die der Graph durch den Punkt $P(2\,|\,-3)$ verläuft. → Schritt 21

c) Untersuche, ob die Funktionenschar gemeinsame Punkte besitzt. → Schritt 20

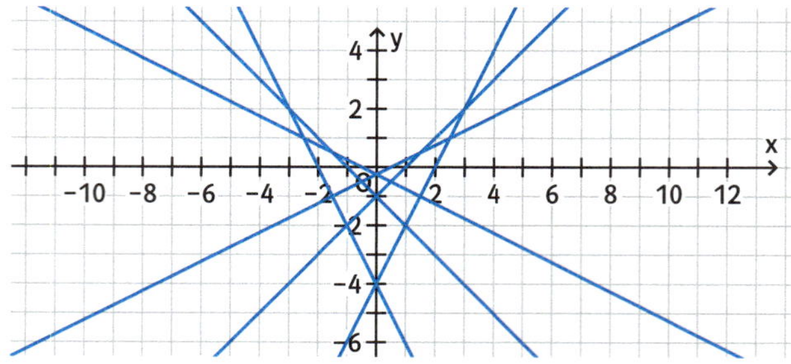

○ **2** Es wird die Funktionenschar $f_t(x) = \frac{1}{3}x^3 - \frac{1}{2}t \cdot x^2 + 4x - 2t,\ t \in \mathbb{R}$ betrachtet.

a) Untersuche, für welche t die Funktionenschar Extrempunkte besitzt. → Schritt 18

b) Bestimme den Wendepunkt in Abhängigkeit von t. → Schritt 18

c) Bestimme die Gleichung der Ortskurve, auf der alle Wendepunkte liegen. → Schritt 19

◒ **3** Es wird die Funktionenschar $f_t(x) = x^2 + 2t \cdot x - 4t,\ t \in \mathbb{R}$ betrachtet.

a) Bestimme den Scheitelpunkt in Abhängigkeit von t. → Schritt 18

b) Untersuche, für welche t der Scheitelpunkt oberhalb der x-Achse liegt. → Schritt 21

c) Bestimme die Gleichung der Ortskurve, auf der alle Scheitelpunkte liegen. → Schritt 19

d) Bestimme die gemeinsamen Punkte der Funktionenschar. → Schritt 20

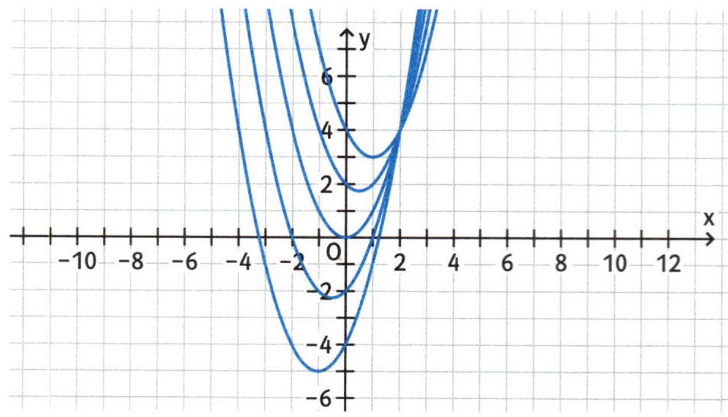

◒ **4** Die Abbildung zeigt die Funktionenschar $f_t(x) = 0{,}5t \cdot x^3 - 1{,}5t \cdot x^2 + t - 2,\ t > 0$.

a) Gib den Schnittpunkt mit der y-Achse in Abhängigkeit von t an. → Schritt 17

b) Weise nach, dass sich alle Graphen im Wendepunkt schneiden. → Schritt 20

c) Bestimme den Parameter t, für den der Graph den Tiefpunkt $T(2\,|\,-10)$ hat. → Schritt 21

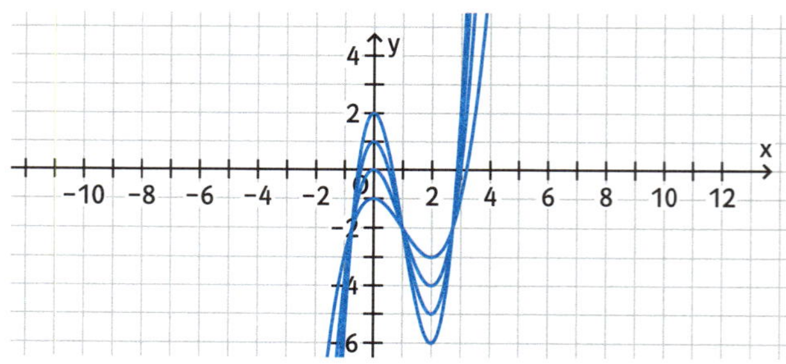

◒ **5** Löse das Gleichungssystem. → Schritt 22

a)
$$\begin{aligned} x_1 - 2x_2 + 4x_3 &= -4 \\ 2x_1 + x_2 - x_3 &= 6 \\ -x_1 + 3x_2 + 2x_3 &= -1 \end{aligned}$$

b)
$$\begin{aligned} 2x_1 - x_2 + x_3 &= 2 \\ -x_1 - 2x_2 &= 3 \\ -4x_1 - 3x_2 - x_3 &= 4 \end{aligned}$$

◒ **6** Eine ganzrationale Funktion 2. Grades verläuft durch die Punkte $A(-1\,|\,6)$, $B(2\,|\,-1{,}5)$ und $C(3\,|\,-2)$. Stelle die Gleichung der Funktion auf. → Schritt 23

● **7** Eine ganzrationale Funktion 3. Grades schneidet die y-Achse bei $y = -2$, hat eine Nullstelle bei $x = 2$ und den Hochpunkt $H(1\,|\,2)$. Stelle die Gleichung der Funktion auf. → Schritt 23

● **8** Die Enden der beiden Geradenstücke in den Punkten $(1\,|\,1{,}5)$ und $(-1\,|\,1{,}5)$ sollen durch einen Parabelbogen knickfrei verbunden werden. → Schritt 23

a) Stelle die Gleichung der beiden Geraden auf.

b) Stelle die Gleichung der Parabel auf.

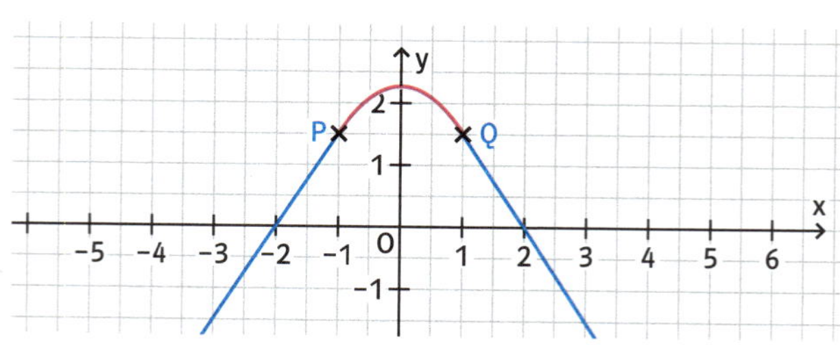

SCHRITT **24**

Ich kann einfache Funktionen mit negativen und gebrochenen Hochzahlen ableiten.

Hier lernst du, wie du die Steigung der Funktion $f(x) = \frac{3}{x}$ oder der Funktion $f(x) = 2 \cdot \sqrt{x}$ an einer bestimmten Stelle berechnen kannst.

→ Potenzen mit negativen und gebrochenen Hochzahlen (Grundlagen)

Tipp
$\sqrt{x} = \sqrt[2]{x}$

Erklärfilm
Potenz-, Faktor- und Summenregel
kf25hp

DAS BRAUCHST DU WIEDER

Allgemein:	$\frac{1}{a^n} = a^{-n}$	$\sqrt[n]{a^m} = a^{\frac{m}{n}}$		
Beispiele:	$\frac{1}{x} = x^{-1}$	$\frac{1}{x^2} =$ ______	$\frac{2}{x^3} =$ ______	$\frac{-4}{3x} =$ ______
	$\sqrt{x} = x^{\frac{1}{2}}$	$\sqrt[3]{x} =$ ______	$\sqrt{x^3} =$ ______	$\sqrt[3]{x^2} =$ ______

DARUM GEHT'S

Bisher haben wir nur Potenzfunktionen mit einer natürlichen Zahl als Hochzahl abgeleitet. Jetzt nehmen wir Funktionen wie $\frac{1}{x}$, $\frac{1}{x^2}$ oder $\sqrt{x}$ hinzu, die man als Potenz mit einer negativen oder gebrochenen Hochzahl schreiben kann. Für sie gilt ebenfalls die Potenzregel:

$f(x) = \frac{1}{x} = x^{-1}$ $\qquad f'(x) = -1 \cdot x^{-2} = -\frac{1}{x^2}$

$f(x) = \frac{1}{x^2} = x^{-2}$ $\qquad f'(x) = -2 \cdot x^{-3} = -\frac{2}{x^3}$

$f(x) = \sqrt{x} = x^{\frac{1}{2}}$ $\qquad f'(x) = \frac{1}{2} \cdot x^{-\frac{1}{2}} = \frac{1}{2 \cdot x^{\frac{1}{2}}} = \frac{1}{2 \cdot \sqrt{x}}$

Potenzen mit negativer oder gebrochener Hochzahl

Dieses Vorgehen verwendest du, wenn eine Potenz von x im Nenner steht oder wenn x unter einer Wurzel steht.

SO GEHT'S

1 Beispiel

Es wird die Funktion f betrachtet.

a) $f(x) = \frac{2}{x}$. Berechne die Steigung an der Stelle $x = -3$.

b) $f(x) = 3 \cdot \sqrt{x}$. Berechne die Steigung an der Stelle $x = 4$.

Du bist dran

Es wird die Funktion f betrachtet.

a) $f(x) = \frac{3}{x}$. Berechne die Steigung an der Stelle $x = -2$.

b) $f(x) = 2 \cdot \sqrt{x}$. Berechne die Steigung an der Stelle $x = 3$.

a) Schreibe f als Potenz mit negativer Hochzahl, bilde die Ableitung nach der Potenzregel und setze den x-Wert ein:

$f(x) = \frac{2}{x} = 2 \cdot x^{-1}$

$f'(x) = 2 \cdot (-1) \cdot x^{-2} = -2 \cdot x^{-2} = \frac{-2}{x^2}$

$f'(-3) = \frac{-2}{(-3)^2} = \frac{-2}{9} = -\frac{2}{9}$

Die Steigung an der Stelle $x = -3$ beträgt $m = -\frac{2}{9}$.

b) Schreibe f als Potenz mit gebrochener Hochzahl, bilde die Ableitung nach der Potenzregel und setze den x-Wert ein:

$f(x) = 3 \cdot \sqrt{x} = 3 \cdot x^{\frac{1}{2}}$

$f'(x) = 3 \cdot \frac{1}{2} \cdot x^{-\frac{1}{2}} = \frac{3}{2} \cdot x^{-\frac{1}{2}}$

$= \frac{3}{2} \cdot \frac{1}{x^{\frac{1}{2}}} = \frac{3}{2 \cdot \sqrt{x}}$

$f'(4) = \frac{3}{2 \cdot \sqrt{4}} = \frac{3}{2 \cdot 2} = 0{,}75$

Die Steigung an der Stelle $x = 4$ beträgt $m = 0{,}75$.

Tipp
$\frac{a}{b} \cdot \frac{c}{d} = \frac{a \cdot c}{b \cdot d}$

Tipp
$\sqrt{1} = 1$

○ **2** Bilde die 1. Ableitung.

a) $f(x) = \frac{5}{x^2}$ **b)** $f(x) = \frac{2}{3x^3}$ **c)** $f(x) = \frac{3}{5x^4}$

d) $f(x) = 2 \cdot \sqrt[3]{x}$ **e)** $f(x) = \frac{1}{2} \cdot \sqrt{x^3}$ **f)** $f(x) = \frac{4}{\sqrt{x}}$

○ **3** Ordne den Funktionen die passenden Ableitungen zu.

A: $f(x) = \frac{1}{2x}$ B: $f(x) = \frac{2}{x}$ C: $f(x) = \frac{1}{2x^2}$ D: $f(x) = \frac{1}{4x^2}$

I $f'(x) = -\frac{2}{x^2}$ II $f'(x) = -\frac{1}{2x^3}$ III $f'(x) = -\frac{1}{2x^2}$ IV $f'(x) = -\frac{1}{x^3}$

◐ **4** Bei Felix sind die Kärtchen mit den Funktionen und deren Ableitungen durcheinander geraten. Jeweils zwei gehören zusammen. Finde die richtige Zuordnung.

A $\frac{2}{\sqrt{x}}$ B $2\sqrt{x}$ C $4\sqrt{x}$ D $\frac{1}{\sqrt{x}}$

◐ **5** Die Abbildungen zeigen in der ersten Reihe die Graphen von vier Funktionen, in der zweiten Reihe die Graphen ihrer Ableitungen. Finde die richtige Zuordnung.

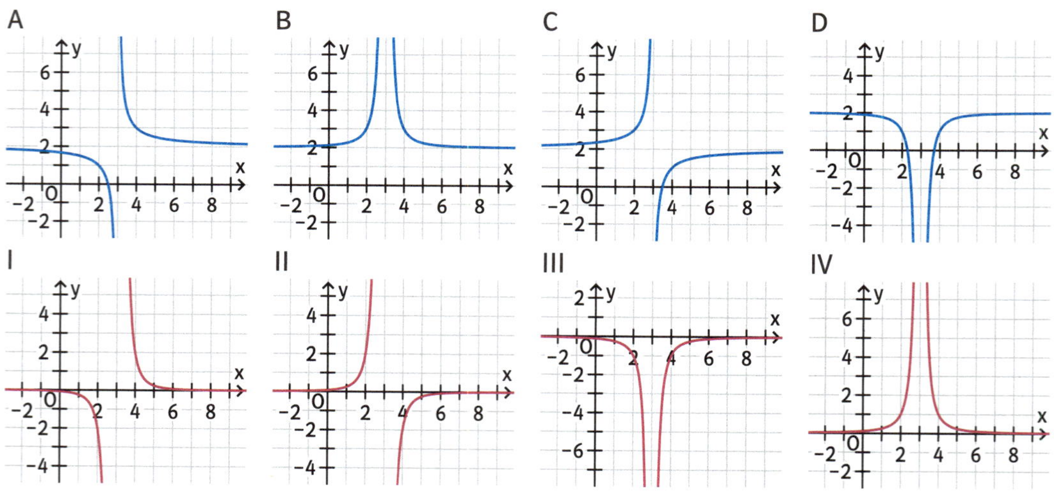

TIPPS ZUM LÖSEN DER AUFGABEN 2, 4 UND 5

2b) Der Faktor $\frac{2}{3}$ bleibt beim Umschreiben unberührt: $\frac{2}{3x^3} = \frac{2}{3}x^{-3}$ **f)** $\frac{4}{\sqrt{x}} = 4 \cdot x^{-\frac{1}{2}}$.
4 Leite die einzelnen Funktionen ab. **5** Betrachte die Steigungen der Graphen von f. Der Graph von $f(x) = \frac{1}{x^3}$ sieht „ähnlich" aus wie der von $f(x) = \frac{1}{x}$.

SCHRITT 25 Ich kann die Verkettung von Funktionen ausführen und darstellen.

Hier lernst du, wie du die Verkettung von zwei Funktionen $u(x) = x^2$ und $v(x) = x - 3$ ausführen und grafisch darstellen kannst.

DAS BRAUCHST DU WIEDER

Allgemein: Einsetzen von Termen in Funktionsterme

Beispiele: Ersetze die Variable:

$f(x) = x^2 + 3$	$f(x) = 5x + 1$	$f(x) = x^2 - 2x$
$f(\sqrt{2}) = (\sqrt{2})^2 + 3$	$f\left(\frac{2}{5}\right) =$ ______	$f(-1) =$ ______
$f(\sqrt{2}) = 2 + 3 = 5$	$f\left(\frac{2}{5}\right) =$ ______	$f(-1) =$ ______

DARUM GEHT'S

Beim Verketten zweier Funktionen setzt man für das x der einen Funktion den Funktionsterm der anderen Funktion in die Funktionsgleichung ein. Wird zum Beispiel auf das Ergebnis von $v(x) = x + 2$ eine zweite Vorschrift $u(x) = x^3$ angewandt, spricht man von der **Verkettung** $\mathbf{u \circ v}$: $u(v(x)) = (x + 2)^3$.

$u(x) = x^3$
$v(x) = x + 2$ **u ∘ v**

$\mathbf{u \circ v} = u(v(x)) = (x + 2)^3$

Das bedeutet: Führe zuerst v, dann u aus. Dabei wird jedes x in u durch $v(x)$ ersetzt; v wird als innere, u als äußere Funktion bezeichnet.

Verkettung von Funktionen

Dieses Vorgehen wählst du, wenn zwei Funktionen nacheinander ausgeführt werden sollen.

SO GEHT'S

1 Beispiel

Es werden die Funktionen $u(x) = x^3$ und $v(x) = -x + 4$ betrachtet.

a) Bilde die Verkettung $u \circ v$.

b) Bilde die Verkettung $v \circ u$.

c) Die Abbildung zeigt die Graphen der Funktionen f und g.
(1) Welchen Wert hat $f(g(2))$?
(2) Für welche x gilt $f(g(x)) = 1$?

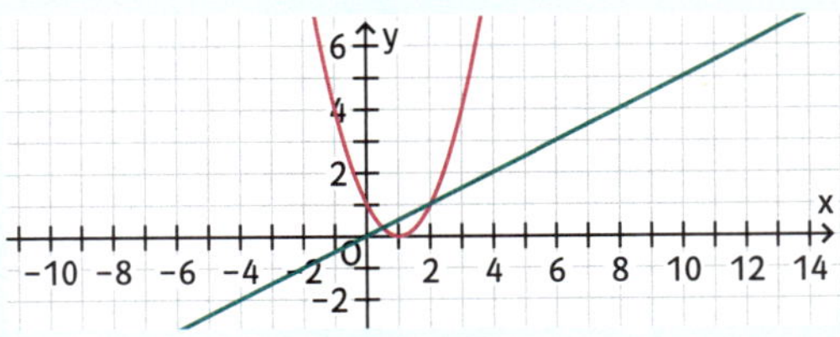

a) Setze den Funktionsterm von v(x) für x in u(x) ein:

$u(x) = x^3;\ v(x) = -x + 4$
$u(v(x)) = u(-x + 4) = (-x + 4)^3$

b) Setze den Funktionsterm von u(x) für x in v(x) ein:

$v(x) = -x + 4;\ u(x) = x^3$
$v(u(x)) = v(x^3) = -x^3 + 4$

Du bist dran

Es werden die Funktionen $u(x) = x^2$ und $v(x) = x - 3$ betrachtet.

a) Bilde die Verkettung $u \circ v$.

b) Bilde die Verkettung $v \circ u$.

c) Die Abbildung zeigt die Graphen der Funktionen f und g.
(1) Welchen Wert hat $f(g(2))$?
(2) Für welche x gilt $f(g(x)) = 2$?

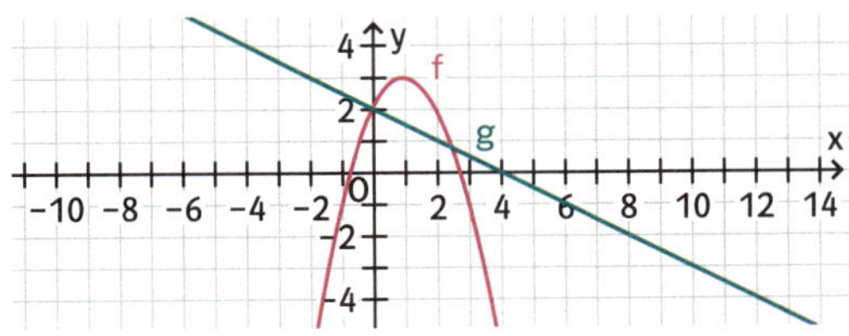

c) (1) Lies den Funktionswert von g ab und lies dann den Funktionswert von f an dieser Stelle ab:

$g(2) = 1$
$f(1) = 0$, also $f(g(2)) = 0$

(2) Lies die x-Stellen mit dem gegebenen Wert von f ab; lies dann die x-Stellen ab, an denen g diesen Funktionswert hat:

$f(x) = 1$ bei $x_1 = 0$ und $x_2 = 2$
A $g(x) = 0$ bei $x = 0$
B $g(x) = 2$ bei $x = 4$
daher $f(g(0)) = 1$ und $f(g(4)) = 1$

○ **2** Bilde die Verkettung $u(v(x))$ der beiden Funktionen u und v.
Berechne den Wert der Verkettung $u(v(x))$ an der Stelle a.

a) $u(x) = -2x;\ v(x) = \frac{1}{x};\ a = 3$ **b)** $u(x) = x^3;\ v(x) = x - 3;\ a = 2$

c) $u(x) = \sqrt{x};\ v(x) = x^2 + 2;\ a = 4$ **d)** $u(x) = -3x + 1;\ v(x) = \frac{1}{x^2};\ a = -1$

○ **3** Bilde mit den Funktionen von Aufgabe 2 die umgekehrten Verkettungen $v(u(x))$.
Berechne wieder den Wert an der Stelle a.

○ **4** Von der Verkettung $f(x) = u(v(x))$ ist eine der beiden Funktionen gegeben.
Schreibe die andere Funktion auf.

a) $f(x) = 5 \cdot (3x - 2)^3;\ u(x) = 5x^3$ **b)** $f(x) = \frac{1}{x^2 - 2};\ u(x) = \frac{1}{x}$

c) $f(x) = \left(\frac{2}{1 - x}\right)^2;\ v(x) = 1 - x$ **d)** $f(x) = \sqrt{3 \cdot (x^2 - 2x)};\ v(x) = x^2 - 2x$

◒ **5** Die Funktion f kann als Verkettung $u(v(x))$ zweier Funktionen aufgefasst werden.
Gib die Funktionsgleichungen von $u(x)$ und $v(x)$ an.

Tipp
Es gibt manchmal mehrere Möglichkeiten.

a) $f(x) = -3 \cdot (6 - 2x)^3$ **b)** $f(x) = \sqrt{5x^2 - 6x}$ **c)** $f(x) = \left(\frac{1}{x + 4}\right)^2$ **d)** $f(x) = \frac{8}{(x + 4)^2}$

◒ **6** Die erste Abbildung zeigt die Graphen der Funktionen f und g. Ordne den beiden anderen Graphen die passende Verkettung $f(g(x))$ beziehungsweise $g(f(x))$ zu.

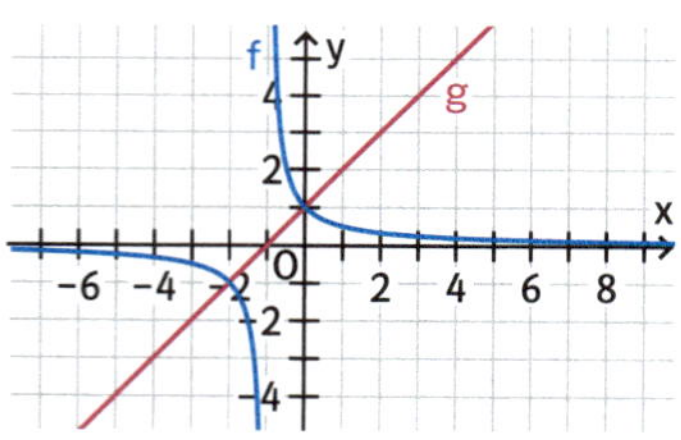

A

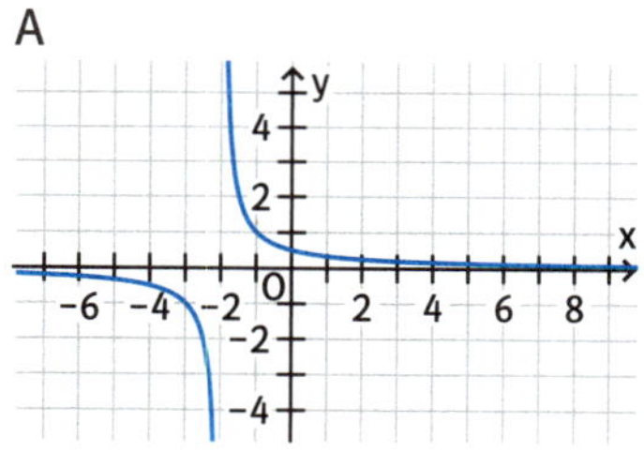

B

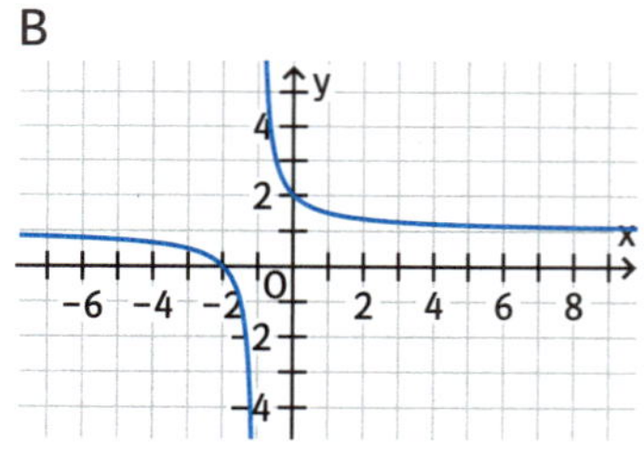

● **7** Die Abbildung zeigt die Graphen der Funktionen f und g.
a) Welchen Wert hat $f(g(2))$?
b) Welchen Wert hat $g(f(2))$?
c) Für welche x gilt $f(g(x)) = 2$?
d) Für welche x gilt $g(f(x)) = 0$?

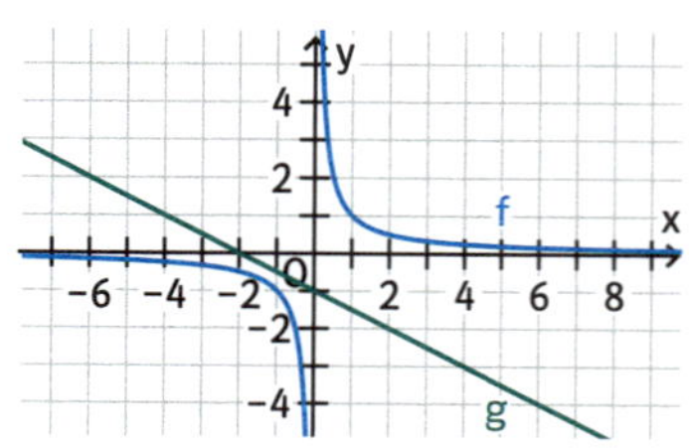

TIPPS ZUM LÖSEN DER AUFGABEN 4, 5, 6 UND 7

4 $v(x)$ ist immer der Ausdruck, der bei u für x eingesetzt ist. **5** Gehe von innen nach außen vor. **a)** $v(x) = 6 - 2x$ oder $v(x) = (6 - 2x)^3$. **6** Führe die beiden Verkettungen für einen x-Wert, z. B. $x = 0$ aus, bei dem du die Funktionswerte gut ablesen kannst. **7 a)** Lies den Wert $g(2)$ ab. Gehe zu diesem Wert auf der x-Achse und lies den Funktionswert von f ab. **c)** Gehe von $y = 2$ auf der y-Achse waagerecht bis zum Graphen von f und lies den x-Wert ab. Verwende diesen x-Wert auf der y-Achse und gehe waagerecht zum Graphen von g.

SCHRITT 26

Ich kann die Kettenregel anwenden.

Hier lernst du, wie du die Steigung der verketteten Funktion $f(x) = (2x - 4)^3$ an der Stelle $x = 1$ berechnen kannst.

→ Faktor- und Summenregel (Schritt 10)

DAS BRAUCHST DU WIEDER

Allgemein: $f(x) = k \cdot x^r$ $\quad f'(x) = k \cdot r \cdot x^{r-1}$

Verkettung: $(u \circ v)(x) = u(v(x))$

Beispiele: Bilde die Ableitung.

$f(x) = 3 \cdot \sqrt[3]{x} = 3 \cdot x^{\frac{1}{3}}$ $\qquad f(x) = 2 \cdot \sqrt{x^3} =$ ______

$f'(x) = 3 \cdot \frac{1}{3} \cdot x^{-\frac{2}{3}}$ $\qquad f'(x) =$ ______

$= \frac{1}{x^{\frac{2}{3}}} = \frac{1}{\sqrt[3]{x^2}}$ $\qquad =$ ______

→ Verkettung von Funktionen (Schritt 25)

Gib die innere und äußere Funktion an.

$f(x) = \frac{4}{x^2 + 1}$; $v(x) = x^2 + 1$; $u(x) = \frac{4}{x}$

$f(x) = 6 \cdot \sqrt{x^2 + 2x}$; $v(x) =$ ______; $u(x) =$ ______

DARUM GEHT'S

Du weißt, wie du eine Funktion f als Verkettung von zwei Funktionen u und v darstellen kannst. Jetzt wollen wir diese verketteten Funktionen ableiten. Dazu gibt es eine besondere Regel:

Kettenregel: $f'(x) = u'(v(x)) \cdot v'(x)$

$u'(v(x))$ äußere Ableitung; $v'(x)$ innere Ableitung

Das bedeutet: Leite zunächst die äußere Funktion ab (die innere bleibt unverändert) und multipliziere dann mit der Ableitung der inneren Funktion.

$f(x) = (2x - 4)^3$

innere Funktion: $2x - 4$; äußere Funktion: $(\ldots)^3$

Anwenden der Kettenregel

Dieses Vorgehen brauchst du, wenn du verkettete Funktionen ableitest.

SO GEHT'S

1 **Beispiel**

Es wird die Funktion $f(x) = \sqrt{2x + 5}$ betrachtet.

a) Bilde die Ableitung.

b) Bestimme die Ableitung an der Stelle $x = 2$.

a) Bilde zuerst die äußere Ableitung und multipliziere diese mit der inneren Ableitung:

$f(x) = \sqrt{2x + 5} = (2x + 5)^{\frac{1}{2}}$

$f'(x) = \frac{1}{2} \cdot (2x + 5)^{-\frac{1}{2}} \cdot 2$

$f'(x) = (2x + 5)^{-\frac{1}{2}}$

$f'(x) = \frac{1}{\sqrt{2x + 5}}$

Du bist dran

Es wird die Funktion $f(x) = (2x - 4)^3$ betrachtet.

a) Bilde die Ableitung.

b) Bestimme die Ableitung an der Stelle $x = 1$.

Erklärfilm
Kettenregel
kf25hp

b) Setze den Wert für x in die Ableitung ein:

$f'(2) = \frac{1}{\sqrt{2 \cdot 2 + 5}} = \frac{1}{\sqrt{9}} = \frac{1}{3}$

Die Ableitung bei $x = 2$ beträgt $m = \frac{1}{3}$.

○ 2 Bilde die Ableitung der Funktion f.

Tipp
Du kannst manchmal auch ausmultiplizieren, hast aber meistens mehr Arbeit.

a) $f(x) = (3x - 2)^3$ **b)** $f(x) = \sqrt{24 - x}$

c) $f(x) = (0{,}5x^2 - 5x)^4$ **d)** $f(x) = \sqrt{x^2 - 2x}$

e) $f(x) = \frac{1}{x^3 - 2}$ **f)** $f(x) = \frac{36}{2x^2 - 1}$

○ 3 Berechne die Steigung der Funktion f an der Stelle a.

a) $f(x) = (6 - 2x)^3$; $a = 5$ **b)** $f(x) = 3 \cdot (0{,}5x^2 - 1)^5$; $a = -2$

c) $f(x) = \frac{5}{x^2 + 3x}$; $a = -1$ **d)** $f(x) = (\sqrt{x} + 2)^3$; $a = 4$

◒ 4 Ordne den Funktionen die passenden Ableitungen zu.

I $f(x) = (x^2 + 2x)^2$ II $f(x) = (x^2 + 2)^2$ III $f(x) = (x^2 + x)^2$ IV $f(x) = (2x^2 + 2)^2$

A $f'(x) = 8x \cdot (2x^2 + 2)$ C $f'(x) = 2 \cdot (x^2 + 2x) \cdot (2x + 2)$

B $f'(x) = 2 \cdot (x^2 + x) \cdot (2x + 1)$ D $f'(x) = 4x \cdot (x^2 + 2)$

◒ 5 Es wird die Funktion $f(x) = \frac{1}{(1 - x)^2}$ betrachtet.

a) Mit welcher Steigung schneidet der Graph von f die y-Achse?
b) An welcher Stelle hat der Graph von f die Steigung −4?

◒ 6 In den Ableitungen ist ein Fehler aufgetreten. Finde den Fehler und schreibe die richtige Ableitung auf.

a) $f(x) = (2x^2 + 4)^3$; $f'(x) = 3 \cdot (2x^2 + 4)^2 \cdot (4x + 4)$

b) $f(x) = (8x^3 + a)^4$; $f'(x) = 4 \cdot (8x^3 + a)^3 \cdot (24x^2 + 1)$

c) $f(x) = \frac{1}{2 + x^2}$; $f'(x) = -\frac{2x}{2 + x^2}$

d) $f(x) = 2 \cdot \sqrt{6 - x} = 2 \cdot (6 - x)^{\frac{1}{2}}$; $f'(x) = 2 \cdot \frac{1}{2} \cdot (6 - x)^{-\frac{1}{2}} = \frac{1}{\sqrt{6 - x}}$

● 7 Es werden die Funktionen $f(x) = (1 - x)^3$, $g(x) = 0{,}25 \cdot (1 - 2x)^3$ und $h(x) = 4 \cdot (1 - 0{,}5x)^3$ betrachtet. Die Abbildungen zeigen die Graphen der Funktionen f′, g′ und h′. Finde die richtige Zuordnung. Begründe deine Entscheidung.

A

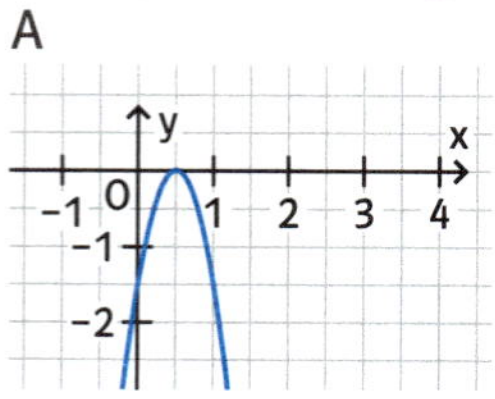

B

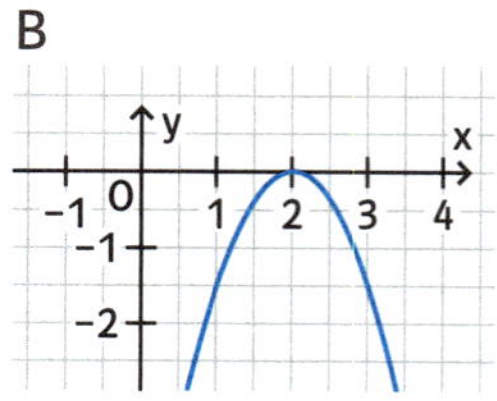

C

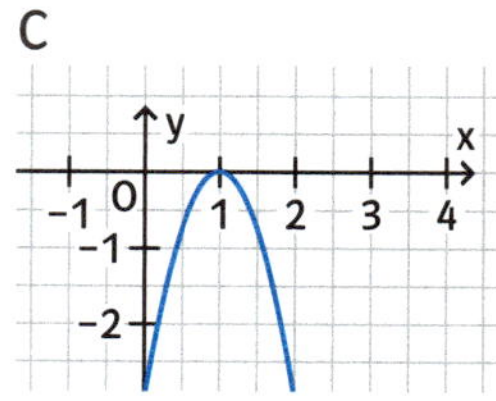

TIPPS ZUM LÖSEN DER AUFGABEN 5, 6 UND 7

5 a) Berechne f′(0). **b)** Setze f′(x) = −4. **6 a)** Die Ableitung einer Konstanten ist null. **b)** a kann auch als Konstante betrachtet werden. **c)** Da stimmt etwas im Nenner nicht. **d)** Die 2 ist schon gekürzt, aber es fehlt noch etwas. **7** Die Ableitungen sind Parabeln, die sich durch die Verschiebung in x-Richtung und den y-Achsenabschnitt unterscheiden. Beachte f′(x), g′(x) und h′(x).

SCHRITT 27

Ich kann die Produktregel anwenden.

Hier lernst du, wie du das Produkt $f(x) = x^2 \cdot \sqrt{x+2}$ von zwei Funktionen $u(x) = x^2$ und $v(x) = \sqrt{x+2}$ ableiten kannst.

→ Faktor-, Summen- und Kettenregel (Schritte 10 + 26)

DAS BRAUCHST DU WIEDER

Allgemein:

Faktorregel: $f(x) = k \cdot x^r$ $\quad f'(x) = k \cdot r \cdot x^{r-1}$

Kettenregel: $f(x) = u(v(x))$ $\quad f'(x) = u'(v(x)) \cdot v'(x)$

Beispiele:

$f(x) = 2 \cdot (x^3 - x)^2$ $\quad f'(x) = 2 \cdot 2 \cdot (x^3 - x) \cdot (3x^2 - 1) = 4 \cdot (x^3 - x) \cdot (3x^2 - 1)$

$f(x) = 7 \cdot (5x - 3)^3$ $\quad f'(x) =$ ______________________ = ______________________

$f(x) = 3 \cdot \sqrt{x^2 + x}$ $\quad f'(x) =$ ______________________ = ______________________

DARUM GEHT'S

Tipp
Ist u(x) oder v(x) nur eine Zahl, kannst du die Faktorregel benutzen.

Du kannst erkennen, wenn eine Funktionsgleichung f(x) aus dem Produkt von zwei Funktionen u(x) und v(x) gebildet ist: $f(x) = u(x) \cdot v(x)$.

Für die Ableitung eines solchen Produkts gibt es eine besondere Regel, die **Produktregel**: $f'(x) = u'(x) \cdot v(x) + u(x) \cdot v'(x)$, Kurzform: $f' = u'v + uv'$.

Produktregel

Diese Regel wendest du an, wenn du ein Produkt von zwei Funktionen ableitest.

Erklärfilm
Produktregel
kf25hp

SO GEHT'S

1 **Beispiel**
Es wird die Funktion
$f(x) = (x^2 - 2) \cdot \sqrt{x+4}$ betrachtet.
a) Bilde die Ableitung.
b) Berechne die Steigung im Schnittpunkt mit der y-Achse.

a) Bilde die Ableitungen der einzelnen Funktionen u und v:

$u(x) = x^2 - 2$
$u'(x) = 2x$
$v(x) = \sqrt{x+4}$
$v'(x) = \frac{1}{2\sqrt{x+4}}$

Setze alles in die Produktregel $f' = u' \cdot v + u \cdot v'$ ein:

$f'(x) = 2x \cdot \sqrt{x+4} + (x^2 - 2) \cdot \frac{1}{2\sqrt{x+4}}$

b) Berechne den Schnittpunkt mit der y-Achse durch Einsetzen von $x = 0$ in f(x):

$f(0) = -2 \cdot \sqrt{4} = -2 \cdot 2 = -4$
Der Schnittpunkt mit der y-Achse ist $S_y(0\,|\,-4)$.

Berechne die Steigung in S_y durch Einsetzen von $x = 0$ in f'(x):

$f'(0) = 0 \cdot \sqrt{4} + (-2) \cdot \frac{1}{2\sqrt{4}}$
$f'(0) = 0 - 2 \cdot \frac{1}{4} = -\frac{1}{2} = -0{,}5$
Die Steigung im Punkt $S_y(0\,|\,-4)$ beträgt $m = -0{,}5$.

Du bist dran
Es wird die Funktion
$f(x) = x^2 \cdot \sqrt{x+2}$ betrachtet.
a) Bilde die Ableitung.
b) Berechne die Steigung im Schnittpunkt mit der y-Achse.

○ 2 Bilde die Ableitung.

a) $f(x) = 2{,}5x \cdot (x+1)^3$

b) $f(x) = 3x^2 \cdot (x-3)^2$

c) $f(x) = x^3 \cdot \sqrt{x^2 - 1{,}5}$

d) $f(x) = (x - 5{,}2)^3 \cdot \sqrt{x}$

e) $f(x) = (a \cdot x^2 + 44) \cdot \frac{1}{x}$

f) $f(x) = (-x - a) \cdot \frac{10}{x^2}$

○ 3 Berechne die Steigung der Funktion f an der Stelle a.

a) $f(x) = (1 - 3x^2) \cdot (2 - x);\; a = -3$

b) $f(x) = x^3 \cdot (0{,}5x^2 - 5x);\; a = 2$

c) $f(x) = (x+2) \cdot \frac{6}{x-3};\; a = 5$

d) $f(x) = 2x^4 \cdot \sqrt{x+2};\; a = -1$

◒ 4 Bei manchen Funktionen muss zum Ableiten sowohl die Kettenregel als auch die Produktregel herangezogen werden. Finde heraus, in welcher Reihenfolge die Regeln angewendet werden müssen. Schreibe die Ableitung auf.

a) $f(x) = x^2 \cdot (5x - 2)^3$

b) $f(x) = -6x \cdot \sqrt{3x+2}$

c) $f(x) = \frac{1}{2} \cdot \frac{3}{3x^2 + 6}$

d) $f(x) = \sqrt{x \cdot (x^2 + 12)}$

◒ 5 In die Ableitungen hat sich ein Fehler eingeschlichen. Finde und korrigiere ihn.

a) $f(x) = 2x \cdot (1-x)^5$ $\qquad f'(x) = 2 \cdot (1-x)^5 + 10x \cdot (1-x)^4$

b) $f(x) = \frac{1}{3a \cdot x - 1}$ $\qquad f'(x) = -1 \cdot \frac{1}{(3a \cdot x - 1)^2} \cdot (3a + 3x)$

c) $f(x) = 6x \cdot \sqrt{x+2}$ $\qquad f'(x) = 6x \cdot \sqrt{x+2} + 6x \cdot \frac{1}{2} \cdot (x+2)^{-\frac{1}{2}}$

● 6 Der Graph der Funktion f hat im Punkt $(2\,|\,1)$ die Steigung −1. Bestimme für die Funktion $g(x) = (x^2 - 1) \cdot f(x)$ den Wert und die Steigung an der Stelle $x = 2$.

● 7 Der Graph f hat an der Stelle $x = 3$ eine Nullstelle mit einem Vorzeichenwechsel von plus nach minus (VZW +/−). Untersuche die Aussagen über das Produkt k von f und der Geraden g: $k(x) = f(x) \cdot g(x)$. Ordne den Aussagen die passenden Kärtchen zu.

A $g(x) = x$

B $g(x) = -x$

C $g(x) = x - 3$

D $g(x) = -x + 3$

I k hat bei $x = 3$ einen Hochpunkt auf der x-Achse.
II k hat bei $x = 3$ einen Tiefpunkt auf der x-Achse.
III k hat bei $x = 3$ eine Nullstelle mit (VZW +/−).
IV k hat bei $x = 3$ eine Nullstelle mit (VZW −/+).

TIPPS ZUM LÖSEN DER AUFGABEN 2, 3, 4, 5, 6 UND 7

2 + 3 Verwende negative Hochzahlen bei Brüchen und gebrochene Hochzahlen bei Wurzeln. **4 a) + b)** Das ist jeweils ein Produkt, bei dem der zweite Faktor eine Verkettung ist. **c)** Für ein Produkt mit einer Zahl kannst du die Faktorregel anwenden. **d)** Hier ist es sinnvoll, zuerst unter der Wurzel die Klammer aufzulösen. **5 a)** Da fehlt etwas am Ende. **b)** Die innere Ableitung ist nicht ganz richtig. **c)** Der Fehler befindet sich gleich am Anfang. **6** Bilde die Ableitung von g mit der Produktregel. Du solltest f(x) und f′(x) in der Formel weiterschreiben und dann die Werte einsetzen. **7** Untersuche jeweils die Vorzeichen von f und g links und rechts von $x = 3$ und denke daran: $(-) \cdot (-) = (+)$ ☺

SCHRITT **28**

Ich kann Punkte von gebrochenrationalen Funktionen bestimmen.

Hier lernst du, wie du bestimmte Werte der Funktion $f(x) = \frac{2x-4}{x-1}$ bestimmen kannst.

→ Bruchgleichungen (Grundlagen)

→ Definitionsmenge (Schritt 1)

DAS BRAUCHST DU WIEDER

Allgemein: Bruchgleichungen
Definitionsmenge

Beispiele: Löse die Bruchgleichung:

$\frac{3}{x+1} = 2 \quad | \cdot (x+1)$

$3 = 2 \cdot (x+1)$

$3 = 2x + 2 \quad | -3 - 2x$

$-2x = -1 \quad | :(-2)$

$x = 0{,}5$

$\frac{-1}{2x+4} = 0{,}5$

Ordne den Funktionen die passende Definitionsmenge zu.

A: $f(x) = \frac{1}{x+3}$ B: $f(x) = \frac{1}{x-3}$ C: $f(x) = \frac{1}{x}$

I $D_f = \mathbb{R} \setminus \{0\}$ II $D_f = \mathbb{R} \setminus \{3\}$ III $D_f = \mathbb{R} \setminus \{-3\}$

DARUM GEHT'S

Werden ganzrationale Funktionen addiert, subtrahiert oder multipliziert, erhält man wieder ganzrationale Funktionen. Anders ist es, wenn sie dividiert werden: $f(x) = \frac{u(x)}{v(x)}$.

Wie du von den Funktionen $\frac{1}{x}$ und $\frac{1}{x^2}$ her schon weißt, sind diese Funktionen an den Stellen, an denen der Nenner null wird, nicht definiert.

Ist für einen bestimmten Funktionswert der zugehörige x-Wert gesucht, musst du eine Bruchgleichung lösen. Bei den Nullstellen und den Definitionslücken brauchst du nur den Zähler oder den Nenner null zu setzen.

Nullstelle von f: Zähler $u(x) = 0$

Definitionslücke von f: Nenner $v(x) = 0$

Gebrochenrationale Funktionen

Diese Strategie verwendest du, wenn die Funktion ein Quotient von zwei ganzrationalen Funktionen ist.

SO GEHT'S

1 Beispiel

Es wird die Funktion

$f(x) = \frac{2x+3}{x+1}$ betrachtet.

a) Bestimme die Nullstelle.
b) Gib die Definitionslücke an.
c) Bestimme den x-Wert, an dem die Funktion den Wert $f(x) = 3$ hat.

Du bist dran

Es wird die Funktion

$f(x) = \frac{2x-4}{x-1}$ betrachtet.

a) Bestimme die Nullstelle.
b) Gib die Definitionslücke an.
c) Bestimme den x-Wert, an dem die Funktion den Wert $f(x) = 1{,}5$ hat.

a) Setze den Nenner $u(x) = 0$ und löse die Gleichung:

$2x + 3 = 0 \quad | -3$

$2x = -3 \quad | :2$

$x = -1{,}5$

Nullstelle bei $x = -1{,}5$

b) Setze den Nenner $v(x) = 0$ und löse die Gleichung:

$x + 1 = 0 \quad | -1$

$x = -1$

Definitionslücke bei $x = -1$

c) Setze für $f(x)$ den Wert ein und löse die Gleichung:

$\frac{2x+3}{x+1} = 1{,}5 \quad | \cdot (x+1)$

$2x + 3 = 1{,}5x + 1{,}5 \quad | -3 - 1{,}5x$

$0{,}5x = -1{,}5 \quad | :0{,}5$

$x = -3$

f hat an der Stelle $x = -3$ den Wert 1,5:

$f(-3) = 1{,}5$

○ **2** Bestimme die Nullstellen und die Definitionslücken.

a) $f(x) = \frac{3x^2}{2x+6}$ **b)** $f(x) = \frac{11x}{4x+8}$ **c)** $f(x) = \frac{3-2x}{5-x}$

d) $f(x) = \frac{x+2}{x^2-5x}$ **e)** $f(x) = \frac{2x^2-6x+5}{3x^2+2x}$ **f)** $f(x) = \frac{8x^2}{2x^2-2}$

◒ **3** Bestimme die x-Werte, an denen die Funktion den Wert $y = 2$ annimmt.

a) $f(x) = \frac{3x+9}{1-2x}$ **b)** $f(x) = \frac{6x}{x+6}$ **c)** $f(x) = \frac{6x-4}{x^2}$

◒ **4** Bestimme die x-Werte, an denen die Funktion die Gerade $y = b$ schneidet.

a) $f(x) = \frac{6x-6}{1-2x}$; $b = -4$ **b)** $f(x) = \frac{2x+8}{x^2+1}$; $b = 4$ **c)** $f(x) = \frac{x^2}{2x+6}$; $b = 2$

◒ **5** Es wird die Funktion $f(x) = \frac{x+5}{x+1}$ betrachtet.

a) Bestimme die Nullstelle.
b) Bestimme den Schnittpunkt mit der y-Achse.
c) Bestimme den Schnittpunkt mit der Geraden $g(x) = x$.

● **6** Mariela und Samson sollen die Funktion $f(x) = \frac{1}{x^2-4}$ auf Definitionslücken untersuchen. Mariela argumentiert: $\frac{1}{x^2-4}$ ist eine Verschiebung von $\frac{1}{x^2}$ um 4 nach rechts und hat daher eine Definitionslücke bei $x = 4$. Samson gibt aber zu bedenken, dass die Gleichung $x^2 - 4 = 0$ die beiden Lösungen +2 und −2 hat. Damit hätte die Funktion Definitionslücken bei $x = 2$ und $x = -2$. Kannst du den beiden aus dem Dilemma helfen?

TIPPS ZUM LÖSEN DER AUFGABEN 2, 3, 4, 5 UND 6

2 Bei einigen Aufgaben gibt es mehrere Lösungen. **d)** Beim Nullsetzen des Nenners musst du x ausklammern. **e)** Beim Nullsetzen des Zählers brauchst du die abc- oder pq-Formel. **3** Löse die Gleichung $f(x) = 2$. **c)** Es gibt zwei Lösungen. **4** Löse die Gleichung $f(x) = b$. Bei **b)** gibt es zwei Lösungen. **5c)** Löse die Gleichung $f(x) = g(x)$. Auch hier gibt es zwei Lösungen. **6** Die Verschiebung von $\frac{1}{x^2}$ um 4 nach rechts ist so nicht ganz richtig.

SCHRITT 29 Ich kann die senkrechten Asymptoten von gebrochenrationalen Funktionen bestimmen.

Hier lernst du, wie du die Polstellen und die senkrechten Asymptoten der Funktion $f(x) = \frac{x-1}{x+2}$ untersuchen kannst.

→ Linearfaktoren (Schritt 8)

→ Definitionslücken (Schritt 28)

DAS BRAUCHST DU WIEDER

Allgemein: Gerade und ungerade Nullstellen
Definitionslücken

Beispiele: Zerlege in Linearfaktoren und gib die Art der Nullstelle und den Verlauf des Graphen an.

$f(x) = 2x^3 - x^2$
$2x^3 - x^2 = 0$
$x^2 \cdot (2x - 1) = 0$
$x_1 = 0$ 2-fache Nullstelle
Der Graph hat keinen VZW.
$x_2 = -0{,}5$ einfache Nullstelle
Der Graph hat einen VZW.

$f(x) = x^2 - 3x$

Bestimme die Definitionslücke.

$f(x) = \frac{3}{x+4}$

$x + 4 = 0 \quad | -4$

$x = -4$

$f(x) = \frac{2}{x-5}$

DARUM GEHT'S

Tipp
Jede gebrochenrationale Funktion lässt sich als Division zweier Funktionen schreiben: $f(x) = \frac{u(x)}{v(x)}$

Tipp
Es werden hier nur Funktionen mit $u(x_0) \neq 0$, also bei denen der Zähler ungleich null ist, betrachtet.

Du weißt bereits, wie man die Definitionslücken einer gebrochenrationalen Funktion bestimmt. Diese Stellen sollen hier genauer untersucht werden.

Ist an einer Definitionslücke x_0 der Zähler $u(x_0) \neq 0$, hat der Graph dort eine Polstelle und nähert sich dabei der senkrechten Asymptote $x = x_0$ an.
Der linke Graph hat eine Polstelle mit VZW und die senkrechte Asymptote $x = x_0$.
Der rechte Graph hat eine Polstelle ohne VZW und die senkrechte Asymptote $x = x_0$.

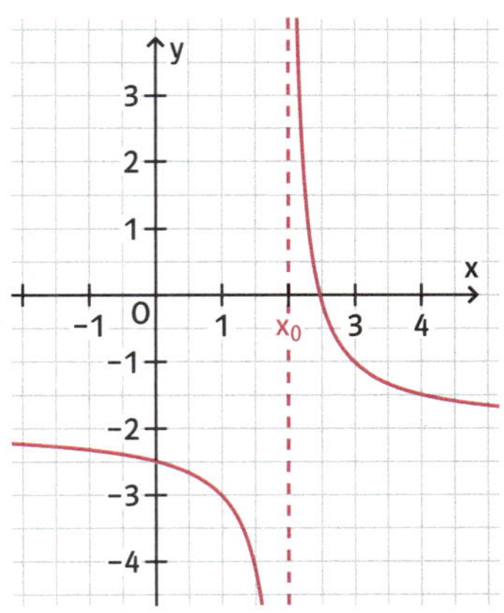

Polstelle mit VZW

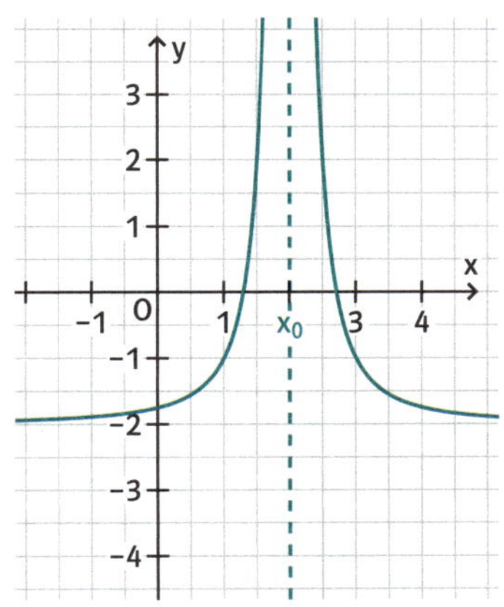

Polstelle ohne VZW

> **Erklärfilm**
> Definitionslücken und senkrechte Asymptoten
> kf25hp

Senkrechte Asymptoten von gebrochenrationalen Funktionen

Mit dieser Strategie kannst du die senkrechten Asymptoten und die Art der Polstellen bestimmen.

SO GEHT'S

1 **Beispiel**

Es wird die Funktion $f(x) = \frac{x-1}{x-2}$ betrachtet.

Nenne die senkrechte Asymptote.
Untersuche das Verhalten von f bei Annäherung an die Definitionslücken.

Setze den Nenner $v(x) = 0$ und löse die Gleichung:

$x - 2 = 0 \quad | +2$

$x = 2$

Senkrechte Asymptote: $x = 2$

Untersuche das Verhalten von f bei Annäherung an die Definitionslücke:

1. Annäherung von links an $x = 2$:
   Zähler $u(x) > 0$ (da $x - 1$ für z. B. $x = 1{,}9$ größer als null ist)
   Nenner $v(x) < 0$ (da $x - 2$ für z. B. $x = 1{,}9$ kleiner als null ist)
   $\Rightarrow \frac{u(x)}{v(x)} < 0$
   Es gilt: Für $x \to 2$ und $x < 2$: $f(x) \to -\infty$
2. Annäherung von rechts an $x = 2$:
   Zähler $u(x) > 0$ (da $x - 1$ für z. B. $x = 2{,}1$ größer als null ist)
   Nenner $v(x) > 0$ (da $x - 2$ für z. B. $x = 2{,}1$ größer als null ist)
   $\Rightarrow \frac{u(x)}{v(x)} > 0$
   Es gilt: Für $x \to 2$ und $x > 2$: $f(x) \to +\infty$

Du bist dran

Es wird die Funktion $f(x) = \frac{x-1}{x+2}$ betrachtet.

Nenne die senkrechte Asymptote.
Untersuche das Verhalten von f bei Annäherung an die Definitionslücken.

> **Tipp**
> Der Erklärfilm zeigt eine deutlich knappere Darstellung als im Beispiel rechts. Die Lösungen der Aufgaben 2 c) und 2 d) verwenden ebenfalls diese Darstellung. Du kannst selbst entscheiden, welche Vorgehensweise dir mehr zusagt.

> **Tipp**
> $\frac{(+)}{(-)} = (-)$

○ **2** Nenne die senkrechte Asymptote und untersuche das Verhalten von f bei Annäherung an die Definitionslücke.

a) $f(x) = \frac{3}{2 \cdot (x+3)}$ **b)** $f(x) = \frac{x}{2x+8}$ **c)** $f(x) = \frac{2x+5}{x^2}$ **d)** $f(x) = -\frac{x+1}{(x-4)^2}$

> **Tipp**
> $(x-4)^2 = 0$ hat nur die Lösung $x = 4$;
> $x^2 - 4 = 0$, also $x^2 = 4$ hat die beiden Lösungen $x_1 = 2$ und $x_2 = -2$.

◐ **3** Nenne die gebrochenrationale Funktion $f(x) = \frac{1}{v(x)}$ mit möglichst niedrigem Grad von v(x), deren Graph die angegebene senkrechte Asymptote besitzt.

a) $x = 5$ **b)** $x = -3$ **c)** $x = 2{,}5$ **d)** $x = -5$

● **4** Nenne eine gebrochenrationale Funktion mit möglichst niedrigem Grad, deren Graph die angegebene Polstelle hat.

a) $x = 3$ Polstelle ohne VZW **b)** $x = -5$ Polstelle mit VZW

TIPPS ZUM LÖSEN DER AUFGABEN 2, 3 UND 4

2d) Ein Minuszeichen vor dem Bruch hat keine Auswirkung auf die Art der Polstelle, aber auf den Verlauf des Graphen. **3** Im Nenner steht ein Ausdruck $x - a$, der für den angegebenen x-Wert 0 wird. **4** Wähle für den Zähler immer 1.

SCHRITT **30**

Ich kann die waagerechten Asymptoten von gebrochenrationalen Funktionen bestimmen.

Hier lernst du, wie du die waagerechte Asymptote der Funktion $f(x) = \frac{2x}{x-3}$ bestimmen kannst.

→ Potenzregeln (Grundlagen)

→ Verhalten von ganzrationalen Funktionen für $x \to \pm\infty$ (Schritt 5)

DAS BRAUCHST DU WIEDER

Allgemein: Dividieren von Potenzen: $\frac{x^m}{x^n} = x^{m-n}$

Verhalten für $x \to \pm\infty$

Beispiele: Forme um:

$\frac{x^3}{x} = x^{3-1} = x^2$ $\frac{x^3}{x^2} =$ ______________ $\frac{x^2}{x^3} =$ ______________

Bestimme das Verhalten für $x \to \pm\infty$:

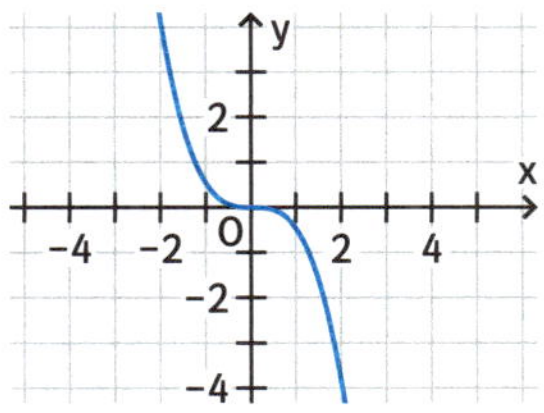

Für $x \to +\infty$ gilt:

$f(x) \to -\infty$

Für $x \to -\infty$ gilt:

$f(x) \to +\infty$

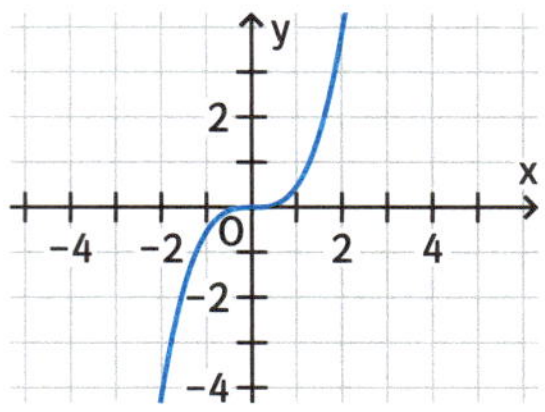

Für $x \to +\infty$ gilt:

____

Für $x \to -\infty$ gilt:

____

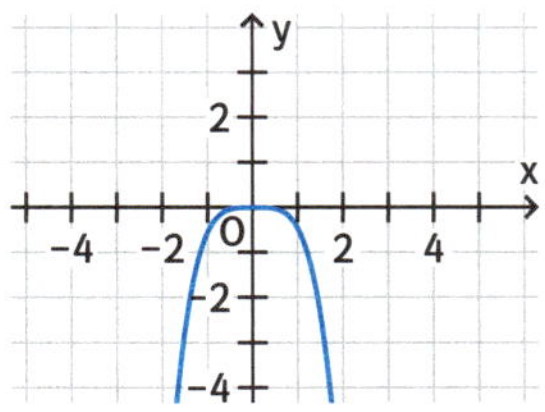

Für $x \to \pm\infty$ gilt:

____

DARUM GEHT'S

Du kannst bereits die Polstellen und senkrechten Asymptoten einer gebrochenrationalen Funktion bestimmen. Hier geht es nun um die waagerechten Asymptoten. Dazu wird das Verhalten für $x \to \pm\infty$ betrachtet. Dieses Verhalten hängt vom Grad der ganzrationalen Funktionen im Zähler und im Nenner ab.

Die Funktion verläuft gegen eine **waagerechte Asymptote**, wenn der Grad des Nenners (n) größer oder gleich dem des Zählers (z) ist: $f(x) = \frac{a \cdot x^z + \ldots}{b \cdot x^n + \ldots}$.

Tipp
Der Grad ist die höchste Potenz, also die jeweils größte Hochzahl im Zähler bzw. Nenner.

Tipp
Die Zahlen a und b entsprechen den Vorfaktoren der jeweils größten x-Potenzen im Zähler bzw. Nenner.

Grad	$x \to \pm\infty$	waagerechte Asymptote
$z < n$	$f(x) \to 0$	$y = 0$
$z = n$	$f(x) \to \frac{a}{b}$	$y = \frac{a}{b}$
$z > n$	$f(x) \to +\infty$ oder $f(x) \to -\infty$	keine

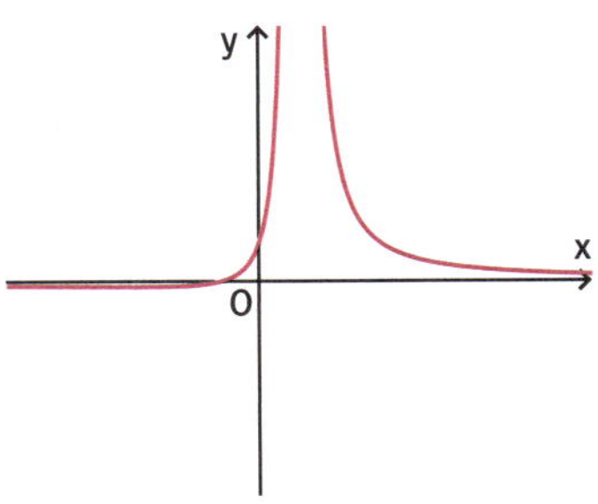

$z < n$
Zählergrad < Nennergrad
Bsp.: $f(x) = \frac{x+1}{(x-1)^2}$

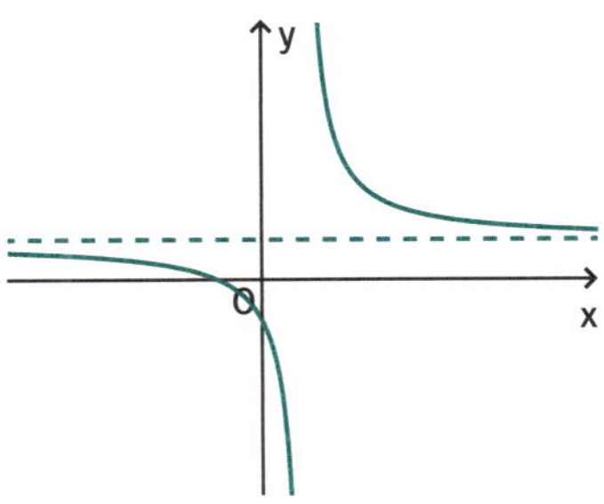

$z = n$
Zählergrad = Nennergrad
Bsp.: $f(x) = \frac{x+1}{x-1}$

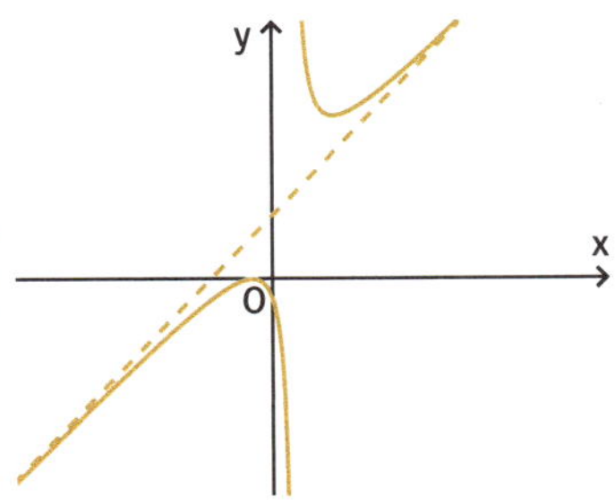

$z > n$
Zählergrad > Nennergrad
Bsp.: $f(x) = \frac{(x+1)^2}{x-1}$

Tipp
Auch im Fall $z > n$ kann es Asymptoten geben. Diese verlaufen dann aber, wie im rechten Graphen zu sehen, nicht waagerecht.

Erklärfilm
Waagerechte Asymptoten – Verhalten von Funktionen für $x \to \pm\infty$
kf25hp

Waagerechte Asymptoten von gebrochenrationalen Funktionen

Mit dieser Strategie kannst du das Verhalten für $x \to \pm\infty$ und die waagerechte Asymptote bestimmen.

SO GEHT'S

1 **Beispiel**
Es wird die Funktion f betrachtet.

a) $f(x) = \frac{x-4}{2x+2}$

b) $f(x) = \frac{3x+2}{x^2+2}$

Bestimme das Verhalten für $x \to \pm\infty$ und nenne die waagerechte Asymptote.

Vergleiche Zähler- und Nennergrad, gib das Verhalten für $x \to \pm\infty$ an und nenne die waagerechte Asymptote.

a) Zählergrad = Nennergrad
Für $x \to \pm\infty$ gilt: $f(x) \to \frac{1}{2}$
Waagerechte Asymptote: $y = 0{,}5$

b) Zählergrad < Nennergrad
Für $x \to \pm\infty$ gilt: $f(x) \to 0$
Waagerechte Asymptote: $y = 0$

Du bist dran
Es wird die Funktion f betrachtet.

a) $f(x) = \frac{2x}{x-3}$

b) $f(x) = \frac{x+5}{x^2+1}$

Bestimme das Verhalten für $x \to \pm\infty$ und nenne die waagerechte Asymptote.

○ **2** Bestimme das Verhalten für $x \to \pm\infty$ und nenne die waagerechte Asymptote.

a) $f(x) = \frac{4x}{2x+6}$ **b)** $f(x) = \frac{12x}{3x^2+1}$ **c)** $f(x) = \frac{2x^2+5}{3x^2-2}$

d) $f(x) = \frac{5x^2}{x^2-5x}$ **e)** $f(x) = \frac{3-2x}{x-5}$ **f)** $f(x) = \frac{x^2}{2x^3-2}$

○ **3** Gib eine gebrochenrationale Funktion an, deren Graph die angegebene waagerechte Asymptote besitzt.

a) $y = 1$ **b)** $y = -3$ **c)** $y = 0$ **d)** $y = -2{,}5$

◐ **4** Entscheide, ob der Graph der Funktion gegen $+\infty$ oder gegen $-\infty$ läuft.

a) $f(x) = \frac{x^3-x}{1+x^2}$ **b)** $f(x) = \frac{-x^3-x}{1+x^2}$ **c)** $f(x) = \frac{x^4+x^2}{1-x^2}$ **d)** $f(x) = \frac{-x^4+x^2}{1-x^2}$

● **5** Gegeben seien die beiden Funktionen $p(x) = x^2 + 1$ und $q(x) = 2x^2 + 1$. Die rechte Abbildung zeigt die gebrochenrationalen Funktionen $f(x) = \frac{p(x)}{q(x)}$ und $g(x) = \frac{q(x)}{p(x)}$. Finde die richtige Zuordnung. Begründe deine Entscheidung und nenne die jeweiligen waagerechten Asymptoten.

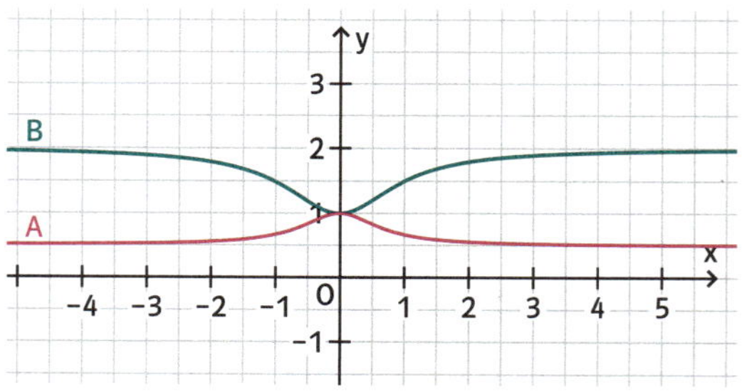

TIPPS ZUM LÖSEN DER AUFGABEN 2, 3, 4 UND 5

2d) Betrachte die beiden höchsten Potenzen; ihre Vorzeichen entscheiden darüber, ob der Graph nach $+\infty$ oder $-\infty$ läuft. **e)** Beachte, dass die größte x-Potenz nicht immer an erster Stelle steht. **3** Du kannst Zähler und Nenner in den meisten Fällen als lineare Funktionen nehmen. **4** Bilde den Quotienten der beiden höchsten Potenzen im Zähler und Nenner einschließlich deren Vorzeichen. **5** Bestimme zuerst die waagerechte Asymptote der gebrochenrationalen Funktionen.

SCHRITT 31

Ich kann die Quotientenregel anwenden.

Hier lernst du, wie du die gebrochenrationale Funktion $f(x) = \frac{2x+3}{x+1}$ ableiten kannst.

→ Potenzregeln (Grundlagen)

→ Rechnen mit Klammern (Grundlagen)

DAS BRAUCHST DU WIEDER

Allgemein: Rechnen mit Potenzen und Klammern:

$f(x) = x^m \cdot x^n = x^{m+n}$

$(a+b) \cdot (c+d) = a \cdot c + a \cdot d + b \cdot c + b \cdot d$

$(a-b) \cdot (c-d) = a \cdot c - a \cdot d - b \cdot c + b \cdot d$

Beispiele: $(x^2+1) \cdot (2-x^3) = 2x^2 - x^5 + 2 - x^3$

$(x^2 - 2x) \cdot (x-1) =$ ____________________

$(x^3 + 3x^2) \cdot (2x-4) =$ ____________________

$-5x \cdot (x-2)^2 = -5x \cdot (x^2 - 4x + 4) =$ ____________________

DARUM GEHT'S

Du kennst gebrochenrationale Funktionen, die aus dem Quotienten von zwei ganzrationalen Funktionen u(x) und v(x) gebildet sind: $f(x) = \frac{u(x)}{v(x)}$.

Für die Ableitung einer solchen Funktion kannst du eine besondere Regel verwenden, die **Quotientenregel**: $f(x) = \frac{u'x \cdot v(x) - u(x) \cdot v'(x)}{(v(x))^2}$, Kurzform: $f' = \frac{u'v - uv'}{v^2}$.

Tipp
Beachte das Minuszeichen im Zähler.

Quotientenregel

Diese Regel wendest du an, wenn du eine gebrochenrationale Funktion ableitest.

SO GEHT'S

1 Beispiel

Es wird die Funktion $f(x) = \frac{3x^2-3}{x-2}$ betrachtet.

a) Bilde die Ableitung.

b) Berechne den Schnittpunkt mit der y-Achse und die Steigung von f in diesem Punkt.

a) Bilde die Ableitungen der einzelnen Funktionen u und v:

$u(x) = 3x^2 - 3$

$u'(x) = 6x$

$v(x) = x - 2$

$v'(x) = 1$

Setze alles in die Quotientenregel $f' = \frac{u' \cdot v - u \cdot v'}{v^2}$ ein und fasse den Zähler so weit wie möglich zusammen:

$f'(x) = \frac{6x \cdot (x-2) - (3x^2-3) \cdot 1}{(x-2)^2}$

$f'(x) = \frac{6x^2 - 12x - 3x^2 + 3}{(x-2)^2}$

$f'(x) = \frac{3x^2 - 12x + 3}{(x-2)^2}$

Tipp
Den Nenner brauchst du nicht auszumultiplizieren.

Tipp
$-(-3) = +3$

b) Berechne den Schnittpunkt mit der y-Achse durch Einsetzen von $x = 0$ in f(x):

$f(0) = \frac{-3}{-2} = 1{,}5$

$\Rightarrow \quad S_y(0\,|\,1{,}5)$

Du bist dran

Es wird die Funktion $f(x) = \frac{2x+3}{x+1}$ betrachtet.

a) Bilde die Ableitung.

b) Berechne den Schnittpunkt mit der y-Achse und die Steigung von f in diesem Punkt.

Berechne die Steigung in S_y durch Einsetzen von $x = 0$ in $f'(x)$:

$f'(0) = \frac{3}{(-2)^2} = \frac{3}{4} = 0{,}75$

Die Steigung im Punkt $S_y(0\,|\,1{,}5)$ beträgt $m = 0{,}75$.

○ **2** Bilde die Ableitung.

a) $f(x) = \frac{5x}{x-6}$ **b)** $f(x) = \frac{4}{x^2+2}$ **c)** $f(x) = \frac{x^2}{2x+4}$

d) $f(x) = \frac{2-3x}{x-4}$ **e)** $f(x) = \frac{x^2}{4x+2}$ **f)** $f(x) = \frac{2x}{(x-1)^2}$

○ **3** Berechne die Steigung der Funktion f an der Stelle a.

a) $f(x) = \frac{6}{2x-1}$; $a = 1$ **b)** $f(x) = \frac{x}{x^2+2}$; $a = -1$ **c)** $f(x) = \frac{x^2}{x+3}$; $a = 2$

◒ **4** Die Funktion hat im Schnittpunkt mit der y-Achse die Steigung m. Ordne den Funktionen die passende Steigung zu.

A: $f(x) = \frac{x}{x-2}$ B: $f(x) = \frac{x+2}{x-2}$ C: $f(x) = \frac{x-4}{x-2}$

I $m = -1$ II $m = 0{,}5$ III $m = -0{,}5$

◒ **5** In die Ableitung hat sich ein Fehler eingeschlichen. Finde und korrigiere ihn.

a) $f(x) = \frac{2}{1-x}$ $f'(x) = \frac{-2}{(1-x)^2}$

b) $f(x) = \frac{4x+3}{5x}$ $f'(x) = \frac{20x-(4x+3)\cdot 5}{5x^2} = \frac{-15}{5x^2} = \frac{-3}{x^2}$

c) $f(x) = \frac{4x}{5-x}$ $f'(x) = \frac{4\cdot(5-x)-4x}{5x^2} = \frac{20-4x-4x}{5x^2} = \frac{20-8x}{5x^2}$

d) $f(x) = \frac{x}{(x-1)^2}$ $f'(x) = \frac{(x-1)^2-2x\cdot(x-1)}{(x-1)^3} = \frac{x^2-2x+1-2x^2+2x}{(x-1)^3} = \frac{-x^2+1}{(x-1)^3}$

◒ **6** Bilde die Ableitung der zusammengesetzten Funktion.

a) $f(x) = 3x + \frac{5}{x-6}$ **b)** $f(x) = -5x - \frac{4x}{x+2}$ **c)** $f(x) = 2x + 1 + \frac{2}{x^2+4}$

● **7** Es wird die Funktion $f(x) = \frac{x}{x+1}$ betrachtet. Weise die folgenden Aussagen nach.

a) f hat im Schnittpunkt mit der y-Achse die Steigung $m = 1$.
b) f ist für alle $x < -1$ und $x > -1$ streng monoton wachsend.
c) f ist für alle $x < -1$ links und für $x > -1$ rechts gekrümmt.

TIPPS ZUM LÖSEN DER AUFGABEN 2, 4, 5, 6 UND 7

2 f) Beim Ableiten ist es sinnvoll, die Klammer im Nenner stehen zu lassen. Beim Zusammenfassen im Zähler musst du sie dann ausmultiplizieren. **4** Im Nenner steht bei der Ableitung jeweils $(x-2)^2$, das ergibt 4 für $x = 0$. **5 a)** Das Vorzeichen stimmt nicht. **b)** Der Nenner ist nicht richtig. **c)** Beachte die Vorzeichen. **d)** Die Rechnungen im Zähler sind alle richtig, trotzdem stimmt etwas nicht ☺. **6** Bei diesen Funktionen musst du verschiedene Ableitungsregeln nacheinander anwenden. **7 a) + b)** Bilde die Ableitung. **c)** Hier musst du die 2. Ableitung bilden.

TRAINING

○ **1** Bilde die 1. Ableitung mit der Kettenregel. → Schritte 24, 26

a) $f(x) = (5x - 10)^3$

b) $f(x) = (2 - 4x^2)^4$

c) $f(x) = \sqrt{5 - 2x}$

d) $f(x) = \sqrt{9 - x^2}$

e) $f(x) = \frac{5}{x^2 - 1}$

f) $f(x) = \frac{6}{2x^2 + 7}$

◒ **2** Bilde die 1. Ableitung mit der Produkt- und Kettenregel. → Schritte 24, 26, 27

a) $f(x) = 8x^2 \cdot (2x - 2)^3$

b) $f(x) = -x^6 \cdot (x^2 - 2x + 3)^2$

c) $f(x) = 3x^3 \cdot \sqrt{4x^2 - 4x + 1}$

d) $f(x) = (x - 2{,}5)^3 \cdot \sqrt{1 - x}$

e) $f(x) = (12 - x^2) \cdot \frac{1}{3x + 3}$

f) $f(x) = (4 - 2x)^2 \cdot \frac{6}{x^3}$

◒ **3** Bilde die 1. Ableitung der Funktionenschar mit dem Parameter a. → Schritte 24, 26, 27

a) $f(x) = (a \cdot x^2 - 2x + a)^3$

b) $f(x) = \frac{6}{3x + a} \cdot (a^2 - x^2)$

c) $f(x) = (3x + 15) \cdot \sqrt{x^2 + 2a \cdot x}$

d) $f(x) = \frac{a^2}{3x^2} \cdot \sqrt{a - x}$

◒ **4** Es sind die beiden Funktionen $u(x) = 2x + 3$ und $v(x) = \frac{1}{x^2 + 1}$ sowie der Wert $a = 1$ gegeben.
→ Schritt 25

a) Bilde die Verkettung $u(v(x))$ und berechne den Wert an der Stelle a.

b) Bilde die Verkettung $v(u(x))$ und berechne den Wert an der Stelle a.

◒ **5** Es sind die beiden Funktionen $f(x) = x^2 - 1$ und $g(x) = (x - 1)^2$ gegeben.
Überprüfe die Aussagen: → Schritt 25

(i) Da $f(1) = 0$ und $g(1) = 0$, gilt auch: $f(g(1)) = 0$.

(ii) Für $x = 0$ gilt: $f(g(0)) = 0$.

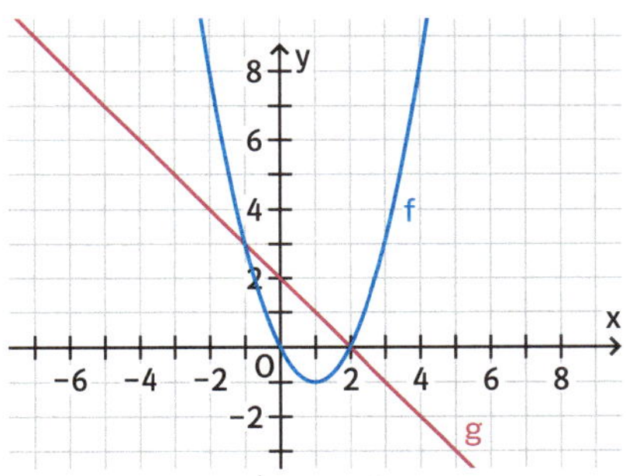

● **6** Die Abbildung zeigt die Graphen der Funktionen f und g. → Schritt 25

a) Lies am Graphen näherungsweise ab:
(1) $f(g(2))$; (2) $g(f(2))$

b) Finde die Lösung der Gleichungen:
(1) $f(g(x)) = -1$; (2) $g(f(x)) = -1$

● **7** Es sind die beiden Funktionen $f(x) = x^3$ und $g(x) = \sqrt{x + 5}$ gegeben. → Schritt 25

a) Berechne den Wert $f(g(4))$.

b) Berechne den Wert $g(f(-1))$.

c) Bestimme den x-Wert, für den gilt: $f(g(x)) = 8$.

● **8** Die Abbildung zeigt die Geraden f und g. → Schritt 27

a) Untersuche, welcher der beiden Graphen A oder B in der anderen Abbildung das Produkt $f \cdot g$ darstellt.

b) Begründe mit der Produktregel, dass gilt:
(i) $x < 1$: $(f(x) \cdot g(x))' > 0$
(ii) $x > 4$: $(f(x) \cdot g(x))' < 0$

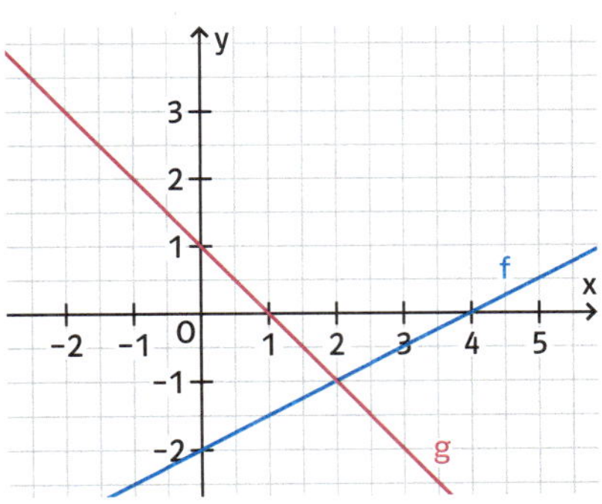

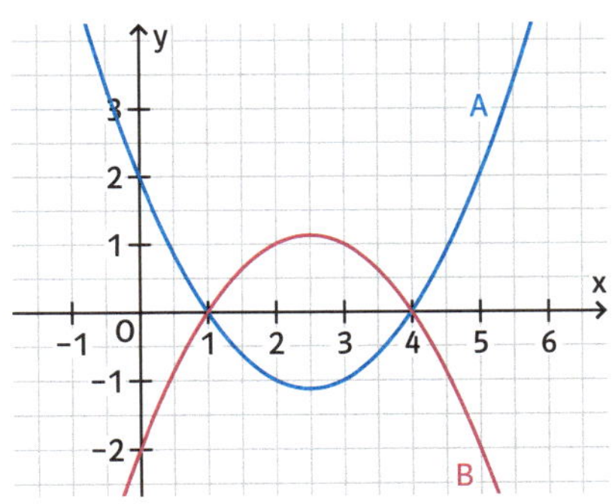

SCHRITT 32 Ich kann mit Summen von Funktionen umgehen.

Hier lernst du, wie du die Summe von zwei Funktionen $g(x) = 2x + 1$ und $h(x) = \frac{1}{x+2}$ ausführen und grafisch darstellen kannst.

→ Senkrechte Asymptoten (Schritt 29)

DAS BRAUCHST DU WIEDER

Allgemein: Senkrechte Asymptoten

Beispiele: Bestimme die senkrechte Asymptote:

$f(x) = \frac{2x}{x+3}$

$x + 3 = 0 \quad | -3$

$x = -3$

$f(x) = \frac{3x}{x-6}$

____

____

DARUM GEHT'S

Tipp
Bei den Summen sind die Differenzen mit eingeschlossen.

Du hast schon die ganzrationalen Funktionen als Summen von Potenzfunktionen kennengelernt. Hier sollen auch Summen mit gebrochenrationalen Funktionen betrachtet werden.
Den Graph der Summe $f(x) = g(x) + h(x)$ erhältst du, indem du für jedes x die y-Werte von g und h addierst.

Für die Werte an den Nullstellen gilt:
$f(x) = g(x)$, wenn $h(x) = 0$;
$f(x) = h(x)$, wenn $g(x) = 0$.

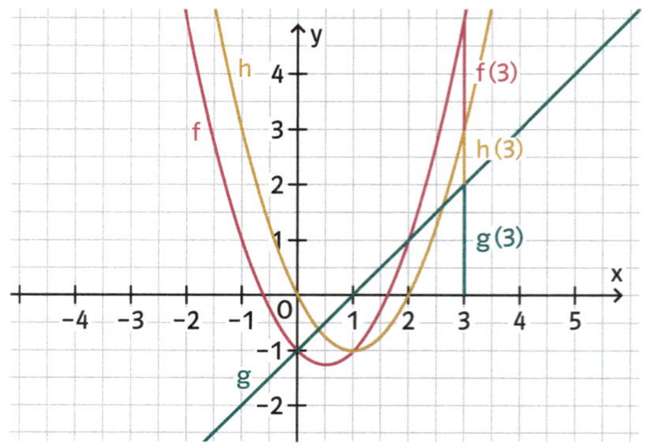

$f(3) = g(3) + h(3)$

Summe von Funktionen

Diese Strategie verwendest du, wenn die Funktion eine Summe von zwei oder mehreren Funktionen ist.

SO GEHT'S

1 Beispiel

Es wird die Funktion $f(x) = x + 1 + \frac{1}{x-2}$ $(x \neq 2)$ als Summe von $g(x) = x + 1$ und $h(x) = \frac{1}{x-2}$ betrachtet.

a) Bestimme den Schnittpunkt mit der y-Achse.
b) Berechne die Nullstellen.
c) Skizziere die Graphen von g, h und f.

a) Setze $x = 0$ in $f(x)$ ein:

$f(0) = 1 + \frac{1}{-2} = 1 - 0{,}5 = 0{,}5$

$\Rightarrow \quad S_y(0\,|\,0{,}5)$

Du bist dran

Es wird die Funktion $f(x) = 2x + 1 + \frac{1}{x+2}$ $(x \neq -2)$ als Summe von $g(x) = 2x + 1$ und $h(x) = \frac{1}{x+2}$ betrachtet.

a) Bestimme den Schnittpunkt mit der y-Achse.
b) Berechne die Nullstellen.
c) Skizziere die Graphen von g, h und f.

> **Tipp**
> Denke an die Klammer.

> **Tipp**
> Hier hast du Platz, mit der pq- oder abc-Formel zu rechnen.

> **Erklärfilm**
> Lösen von quadratischen Gleichungen mit der pq- oder abc-Formel
> kf25hp

b) Setze $f(x) = 0$ und löse die Bruchgleichung durch Multiplizieren mit dem Nenner:

$x + 1 + \frac{1}{x - 2} = 0 \quad | \cdot (x - 2)$

$(x + 1) \cdot (x - 2) + 1 = 0$

$x^2 - 2x + x - 2 + 1 = 0$

$x^2 - x - 1 = 0$

$x_1 \approx 1{,}62 \qquad N_1(1{,}62 \mid 0)$

$x_2 \approx -0{,}62 \qquad N_2(-0{,}62 \mid 0)$

c) Skizziere die Graphen von g und h. Skizziere dann den Graphen von f als Summe von g und h.

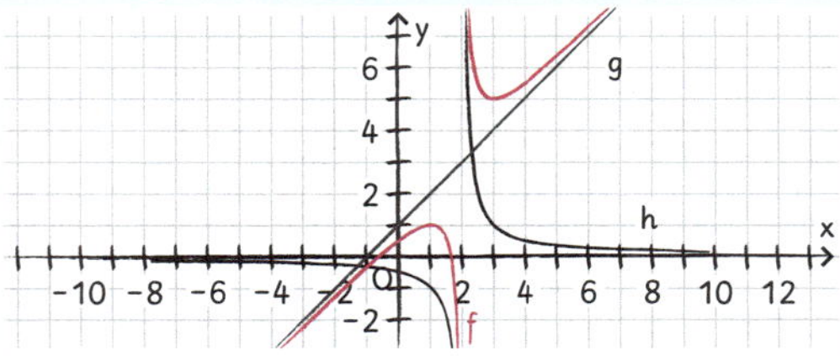

○ **2** Skizziere in einem Koordinatensystem die Graphen von g, h und $f = g + h$.

a) $g(x) = 0{,}5x$; $h(x) = x^2 - 4$ **b)** $g(x) = 1 - x$; $h(x) = \sqrt{x}$

c) $g(x) = x$; $h(x) = \frac{1}{x - 1}$ **d)** $g(x) = x^2$; $h(x) = \frac{1}{x}$

> **Tipp**
> Die Verschiebung um a ist die Summe mit der Geraden $y = a$.

○ **3** Die Verschiebung einer Funktion in y-Richtung kann auch als Summe verstanden werden. Finde heraus, zu welchen Funktionen die Terme auf den Kärtchen passen.

A: $f(x) = \frac{1}{x - 1} + 1$ B: $g(x) = \frac{1}{x - 1} + 2$ C: $h(x) = \frac{1}{x - 1} - 1$

I $\frac{2 - x}{x - 1}$

II $\frac{x}{x - 1}$

III $\frac{2x - 1}{x - 1}$

◐ **4** Berechne die Schnittpunkte mit den Koordinatenachsen.

a) $f(x) = x - 4 + \frac{5}{x + 2}$ **b)** $f(x) = x - 4 - \frac{10}{x - 1}$

◐ **5** Die Abbildung zeigt die Graphen der Funktionen $g(x) = -x + 2$ und $h(x) = x^2 - 1$. Ordne den Graphen A, B und C die passende Funktion zu.
I $f = g + h$; II $f = g - h$; III $f = h - g$

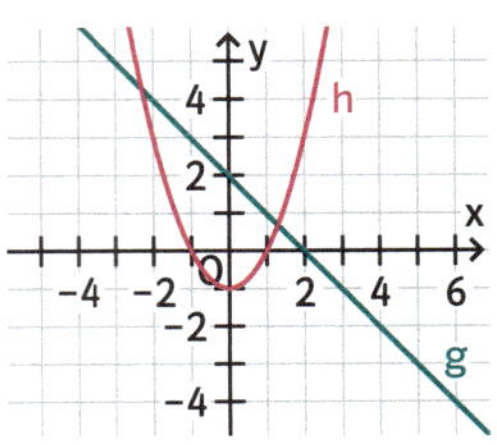

A

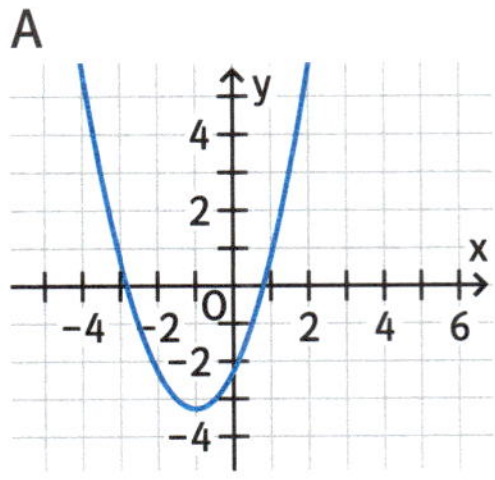

B

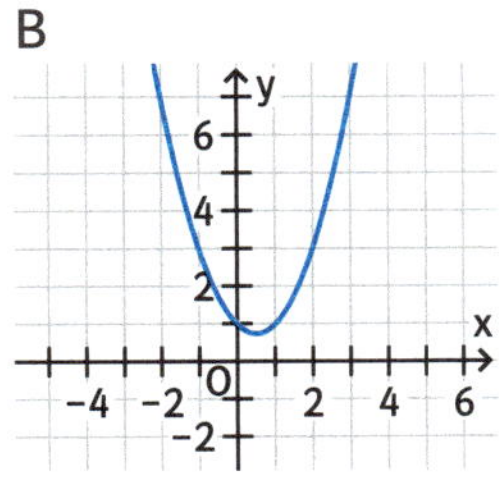

C

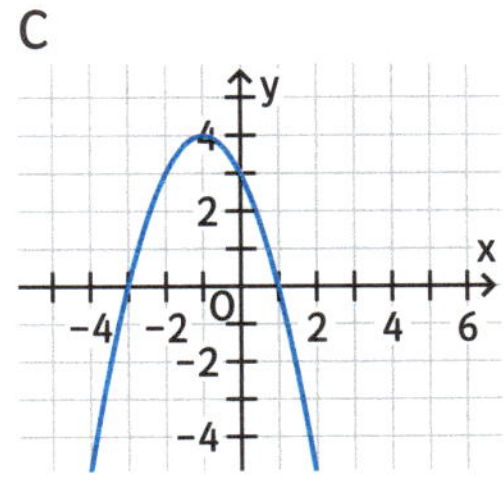

● **6** Berechne von der Funktion $f(x) = x + 1 + \frac{1}{x - 2}$ aus dem obigen Beispiel den Hochpunkt und den Tiefpunkt.

TIPPS ZUM LÖSEN DER AUFGABEN 2, 4, 5 UND 6

2 Skizziere erst die Graphen von g und h. Skizziere dann den Graph von f als Summe von g und h. **4** Du musst für die Nullstellen die Gleichung mit dem Nenner multiplizieren. **5** Du kannst dich an den y-Achsenabschnitten orientieren. **6** Denke beim Multiplizieren mit dem Nenner an die binomischen Formeln.

SCHRITT 33

Ich kann die Gleichung einer Tangente in einem Punkt eines Graphen aufstellen.

Hier lernst du, wie du die Gleichung der Tangente an die Parabel $f(x) = x^2 - 1$ an der Stelle $x = 2$ aufstellen kannst.

→ Geraden (Grundlagen)

→ Steigung von Funktionen (Schritt 9)

DAS BRAUCHST DU WIEDER

Allgemein: Punktprobe an einer Geraden $y = m \cdot x + c$
Steigung einer Funktion an einer Stelle x

Beispiele: Bestimme die Gleichung der Geraden durch den Punkt P mit der Steigung m.

$P(5\,|-2);\ m = 0{,}5$
$y = 0{,}5 \cdot x + c$
Setze $P(5\,|-2)$ ein:
$-2 = 0{,}5 \cdot 5 + c \quad |+2-c$
$-c = 2{,}5 + 2 = 4{,}5 \quad |:(-1)$
$c = -4{,}5$
$y = 0{,}5x - 4{,}5$

$P(-3\,|\,2);\ m = -2$

Bestimme die Steigung der Funktion f an der Stelle a.

$f(x) = x^3 + x;\ a = 2$
$f'(x) = 3x^2 + 1$
$f'(2) = 3 \cdot 2^2 + 1$
$f'(2) = 3 \cdot 4 + 1 = 13$

$f(x) = x^2 - 2x;\ a = 3$
$f'(x) =$ ____________

____

____

Erklärfilm
Bestimmung der Tangentengleichung
kf25hp

DARUM GEHT'S

Du kannst bereits die Steigung $m = f'(b)$ in einem Punkt $B(b\,|\,f(b))$ eines Graphen berechnen. Dies ist die Steigung der **Tangenten** t im Punkt B. Sie hat die Gleichung:

$t:\ y = m \cdot x + c$

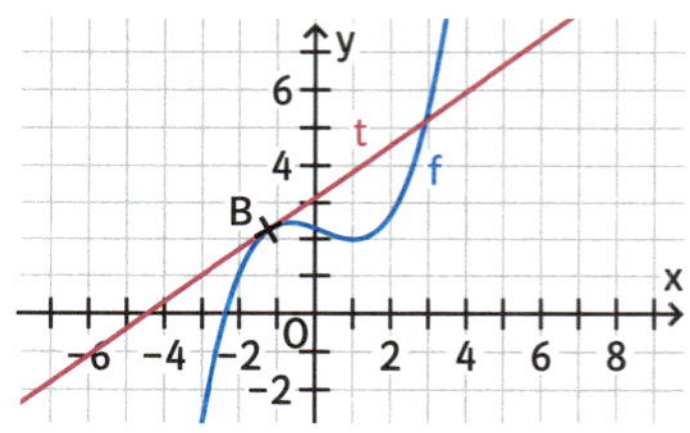

Tipp
Du kennst die Gleichung vielleicht auch in der Form $y = mx + n$ oder $y = mx + b$.

Tangente in einem Punkt eines Graphen

Diese Strategie wendest du an, wenn der x-Wert des Berührpunkts gegeben ist.

SO GEHT'S

1 **Beispiel**
Es wird die Funktion $f(x) = 0{,}5x^2 - 2$ betrachtet. Stelle die Gleichung der Tangente an der Stelle $x = 3$ auf. Zeichne den Graphen von f und die Tangente t.

Bilde die Ableitung:

$f'(x) = 0{,}5 \cdot 2 \cdot x = x$

Setze den x-Wert in f(x) und in f′(x) ein:

$f(3) = 0{,}5 \cdot 3^2 - 2 = 4{,}5 - 2 = 2{,}5$
$f'(3) = 3$

Du bist dran
Es wird die Funktion $f(x) = x^2 - 1$ betrachtet. Stelle die Gleichung der Tangente an der Stelle $x = 2$ auf. Zeichne den Graphen von f und die Tangente t.

Setze alle Werte in die Geradengleichung $y = m \cdot x + c$ ein und löse die Gleichung nach c auf:

$2{,}5 = 3 \cdot 3 + c \quad | -9$
$c = -6{,}5$
Tangente: $y = 3x - 6{,}5$

Zeichne den Graphen der Funktion und die Tangente:

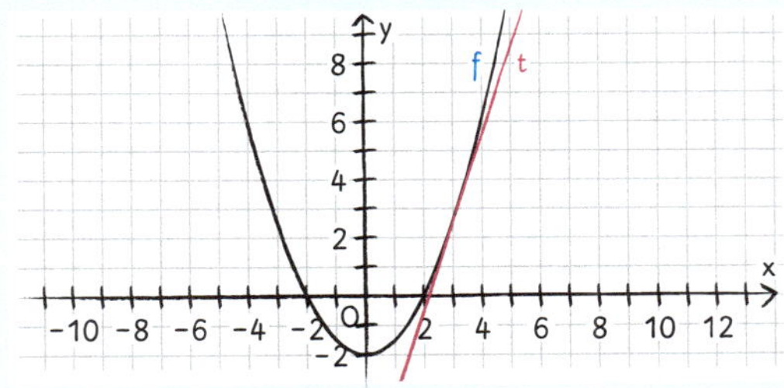

○ **2** Stelle die Gleichung der Tangente von f an der Stelle b auf.

a) $f(x) = 0{,}5x^3 + 1;\ b = -1$
b) $f(x) = 2x^2 + 3x - 4;\ b = -2$
c) $f(x) = 4 \cdot \frac{1}{x^2};\ b = 2$
d) $f(x) = \sqrt{x+1};\ b = 0$

○ **3** Es wird die Funktion $f(x) = 0{,}25x^2 + 2x - 4$ betrachtet.
a) Bestimme den Berührpunkt der Tangente an f, die parallel zu der Geraden $g\colon y = 3x + 1$ verläuft.
b) Stelle die Gleichung der Tangente auf.
c) Stelle die Gleichung der Normalen auf.

Tipp
Die Normale steht im Berührpunkt senkrecht auf der Tangente.

◐ **4** Es wird die Funktion $f(x) = -0{,}5x^3 + 1{,}5x^2 + 2x - 5$ betrachtet.
Stelle die Gleichung der Tangente im Wendepunkt auf.

Tipp
Diese Tangente nennt man auch Wendetangente.

◐ **5** Der Graph der Funktion $f(x) = \frac{1}{x} + 1$ wird von der Stelle $x = 10$ tangential durch eine lineare Funktion fortgesetzt.
a) Bestimme die Gleichung der linearen Fortsetzung.
b) Gib die Stelle an, an der die lineare Fortsetzung die x-Achse schneidet.

● **6** Es wird die abgebildete Funktion $f(x) = 0{,}5x^2 - 2x + 5$ betrachtet. Die Tangenten an den Stellen $b = 3$ und $b = 4$ schneiden eine Strecke aus der y-Achse.
Bestimme deren Länge d.

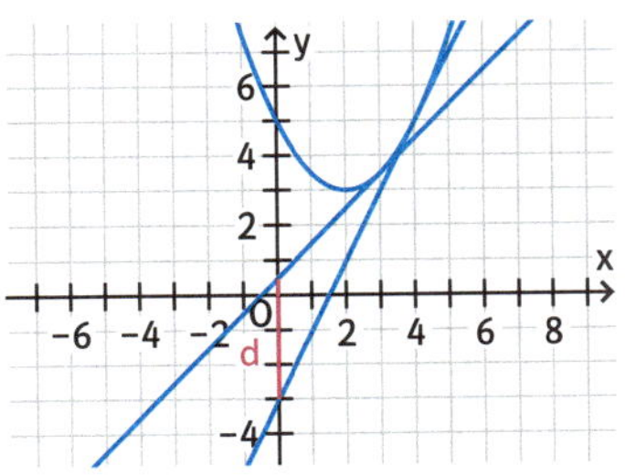

● **7** Es wird die Funktion $f(x) = x^3 - x + 1$ betrachtet.
Weise nach, dass die Gerade $y = 11x - 15$ Tangente an den Graphen von f ist. Gib den Berührpunkt an.

TIPPS ZUM LÖSEN DER AUFGABEN 3, 4, 5, 6 UND 7

3 a) Löse die Gleichung $f'(x) = 3$. **c)** Die Steigung der Normalen ist $m_n = -\frac{1}{f'(x_B)}$. Die weitere Bestimmung der Normalengleichung erfolgt analog zur Tangentengleichung. **4** Zur Berechnung des Wendepunktes löse die Gleichung $f''(x) = 0$. **5** Stelle die Gleichung der Tangente an der Stelle $x = 10$ auf. **6** Berechne die Differenz der y-Achsenabschnitte der beiden Tangenten. **7** Löse die Gleichung $f'(x) = 11$ und zeige, dass die y-Werte der Funktion und der Geraden an dieser Stelle gleich sind.

SCHRITT 34 Ich kann die Gleichung einer Tangente von einem Punkt außerhalb des Graphen aufstellen.

Hier lernst du, wie du die Gleichung der Tangente vom Punkt $P(3\,|\,4)$ an die Parabel $f(x) = x^2 - 1$ aufstellen kannst.

→ Faktor- und Summenregel (Schritt 10)

DAS BRAUCHST DU WIEDER

Allgemein: $f(x) = k \cdot x^r$ $\quad f'(x) = k \cdot r \cdot x^{r-1}$

$f(x) = g(x) + h(x)$ $\quad f'(x) = g'(x) + h'(x)$

Beispiele: $f(x) = 3x^5$ $\quad f'(x) =$ ____________

$f(x) = 2x^4 + 3x$ $\quad f'(x) =$ ____________

$f(x) = 6x^3 - 2x^{-3}$ $\quad f'(x) =$ ____________

DARUM GEHT'S

Du kannst bereits die Gleichung der Tangente in einem Punkt eines Graphen aufstellen. Soll von einem Punkt $P(x_0\,|\,y_0)$ außerhalb des Graphen die Tangente an den Graphen gelegt werden, verwendest du die

Tipp
Mit dieser Tangentengleichung kannst du auch die Aufgaben von Schritt 33 lösen.

Tangentengleichung:
$y = f'(u) \cdot (x - u) + f(u)$

Du setzt die Koordinaten x_0 und y_0 des Punktes P in die Gleichung ein und löst sie nach der unbekannten Berührstelle u auf. Dabei kann es mehrere Lösungen geben, denn von einem Punkt außerhalb kann es mehrere Tangenten an den Graphen geben. In der dargestellten Skizze gibt es zum Beispiel zwei Berührpunkte $B_1(u_1\,|\,f(u_1))$ und $B_2(u_2\,|\,f(u_2))$.

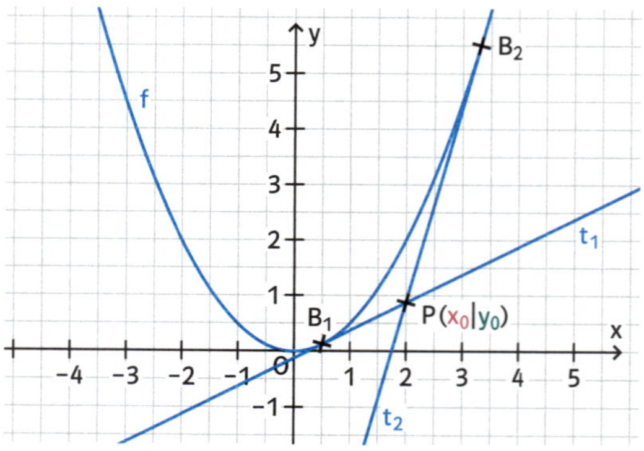

Tangente von einem Punkt außerhalb des Graphen

Diese Strategie wendest du an, wenn ein Punkt gegeben ist, der nicht auf dem Graphen der Funktion liegt.

SO GEHT'S

1 **Beispiel**
Es wird die Funktion $f(x) = \frac{1}{4}x^2 + 3$ betrachtet.
Vom Punkt $P(5\,|\,7)$ werden Tangenten an den Graphen von f gelegt.
Berechne die Berührpunkte und stelle die Gleichung der Tangenten auf.

Bilde die Ableitung:

$f'(x) = \frac{1}{2}x$

Notiere f(u) und f'(u):

$f(u) = \frac{1}{4}u^2 + 3;\; f'(u) = \frac{1}{2}u$

Du bist dran
Es wird die Funktion $f(x) = x^2 - 1$ betrachtet.
Vom Punkt $P(3\,|\,4)$ werden Tangenten an den Graphen von f gelegt.
Berechne die Berührpunkte und stelle die Gleichung der Tangenten auf.

Setze f(u), f'(u) und die Koordinaten des Punktes P in die Tangentengleichung ein:

$7 = f'(u) \cdot (5 - u) + f(u)$

$7 = \frac{1}{2}u \cdot (5 - u) + \frac{1}{4}u^2 + 3$

$7 = 2{,}5u - \frac{1}{2}u^2 + \frac{1}{4}u^2 + 3 \quad | -7$

$0 = 2{,}5u - \frac{1}{4}u^2 - 4$

$0 = -\frac{1}{4}u^2 + 2{,}5u - 4$

Löse die quadratische Gleichung nach u auf:

Tipp
Hier hast du Platz, mit der pq- oder der abc-Formel zu rechnen.

Erklärfilm
Lösen von quadratischen Gleichungen mit der pq- oder abc-Formel
kf25hp

$u_1 = 2;\ u_2 = 8$

Setze die Lösungen von b in die Funktionsgleichung f(x) und in die Ableitung f'(x) ein; schreibe den Berührpunkt auf:

1. $f(2) = 4;\ B_1(2\,|\,4)$
   $f'(2) = 1$
2. $f(8) = 19;\ B_2(8\,|\,19)$
   $f'(8) = 4$

Stelle die Tangentengleichungen in B_1 und B_2 auf:

t_1: $y = f'(2) \cdot (x - 2) + f(2)$
$y = 1 \cdot (x - 2) + 4 = x - 2 + 4$
$y = x + 2$

t_2: $y = f'(8) \cdot (x - 8) + f(8)$
$y = 4 \cdot (x - 8) + 19 = 4x - 32 + 19$
$y = 4x - 13$

○ **2** Es wird die Funktion f betrachtet. Lege vom Punkt P aus die Tangenten an den Graphen von f. Stelle die Gleichung der Tangenten auf und nenne den Berührpunkt.

a) $f(x) = -x^2 + 5;\ P(0\,|\,9)$
b) $f(x) = x^3;\ P(2\,|\,0)$
c) $f(x) = x^2 - 2x;\ P(3\,|\,2)$
d) $f(x) = x^2 + 3;\ P(-1\,|\,-5)$

○ **3** Bestimme für die Funktion $f(x) = \frac{1}{4}x^2 + 4$ die Tangente, die durch den Ursprung verläuft. Gib den Berührpunkt an.

◒ **4** Es wird die Funktion $f(x) = 0{,}5x^3 - 4{,}5x^2 + 7{,}5x + 2{,}5$ betrachtet. Weise nach, dass es durch den Punkt $P(-6\,|\,6)$ eine waagerechte Tangente an den Graphen von f gibt.

● **5** Es wird die Funktion $f(x) = \frac{6}{x-2} + 1$ betrachtet. Vom Punkt $P(6\,|\,1)$ wird die Tangente an den Graphen von f gelegt.

a) Begründe rechnerisch, warum es vom Punkt $(6\,|\,1)$ nur eine Tangente an den Graphen von f gibt.

b) Berechne den Berührpunkt B und stelle die Gleichung der Tangente auf.

TIPPS ZUM LÖSEN DER AUFGABEN 3, 4 UND 5

3 Hier ist der Ursprung der Punkt, von dem aus die Tangenten an den Graphen gelegt werden.
4 Berechne zuerst die Stellen mit waagerechten Tangenten. Waagerechte Tangenten haben die Steigung $m = 0$. Löse also die Gleichung $f'(x) = 0$. **5** Wende das normale Verfahren wie oben im Beispiel an. Wie viele Lösungen erhältst du für u?

TRAINING

○ **1** Es sind die Funktionen $f(x) = x - 1$ und $g(x) = \frac{1}{x-1}$ gegeben. → Schritt 32

a) Bestimme die Extrempunkte der Funktion $h = f + g$.
b) Zeige, dass die Funktion $k = f - g$ keine Extrempunkte hat.

◒ **2** Es wird die Funktion $f(x) = -x^3 + 3x^2 + 1$ betrachtet. → Schritt 33

a) Stelle die Tangente t an der Stelle $x = 2$ auf. Beschreibe die besondere Lage der Tangente.
b) Die Tangente t schneidet den Graphen von f außerdem im Punkt P. Weise nach, dass P an der Stelle $x = -1$ liegt.

◒ **3** Es wird die abgebildete Funktion $f(x) = \frac{2}{x-1}$ betrachtet. → Schritt 33

a) Stelle die Gleichung der Tangente t und der Normalen n von f an der Stelle $b = 2$ auf.
b) Bestimme die Schnittpunkte T von t und N von n mit der x-Achse. Gib den Abstand von T und N an.

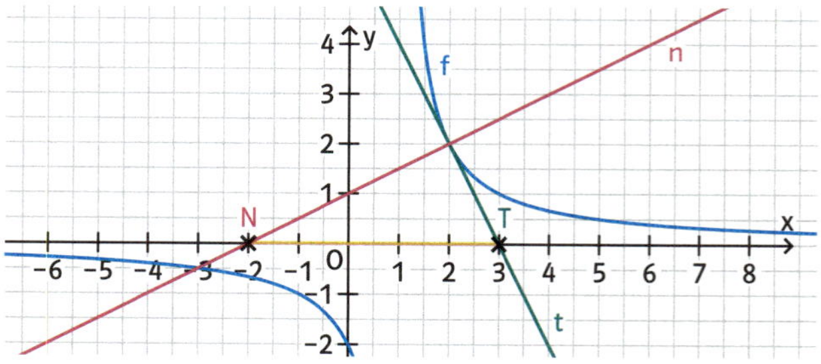

◒ **4** Der Graph der Funktion $f(x) = 2 \cdot \sqrt{x+1} + 1$ ist im Intervall $0 \le x \le 3$ gegeben. Er soll links und rechts geradlinig (tangential) fortgesetzt werden. → Schritt 33

a) Bestimme die tangentiale Fortsetzung t_1 an der Stelle $x = 0$. Berechne die Stelle, an der t_1 auf die x-Achse trifft.
b) Bestimme die tangentiale Fortsetzung t_2 an der Stelle $x = 3$. Berechne den y-Wert, an dem t_2 auf die Senkrechte $x = 6$ trifft.

◒ **5** Es wird die Funktion $f(x) = x^3 - 4x^2 + 3x + 3$ betrachtet.

a) Stelle die Gleichung der Tangente t_1 im Punkt $P(0 \mid 3)$ auf. → Schritt 33
b) Vom Punkt P aus gibt es noch eine zweite Tangente t_2, die den Graphen in einem anderen Punkt berührt. Bestimme den Berührpunkt, und stelle die Gleichung der Tangente t_2 auf. → Schritt 34

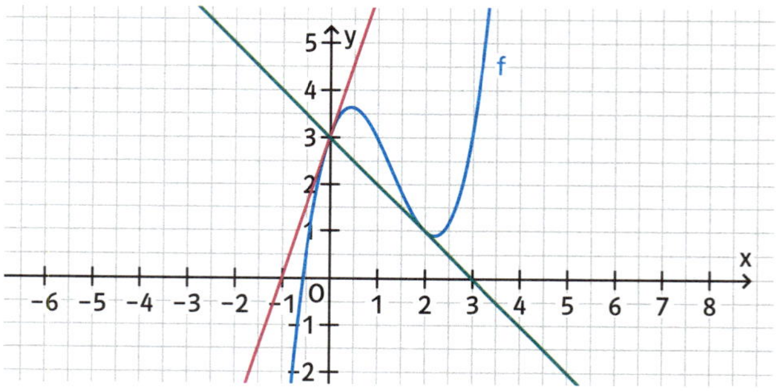

● **6** Die Abbildung zeigt einen Ausschnitt aus dem Graphen von $f(x) = \frac{3}{x^3} - \frac{2}{x}$. → Schritt 32

Weise die Aussagen für die x-Stelle nach:
a) $a > 1$ **b)** $b > 2$.

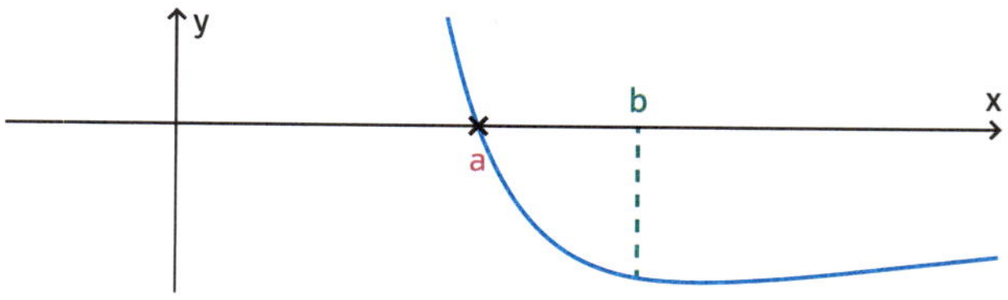

● **7** Es wird die abgebildete Funktion $f(x) = -0{,}25x^2 + 4$ betrachtet.
Die Normalen in den Schnittpunkten mit der x-Achse bilden zusammen mit der x-Achse ein gleichschenkliges Dreieck.
Berechne dessen Flächeninhalt. → Schritt 33

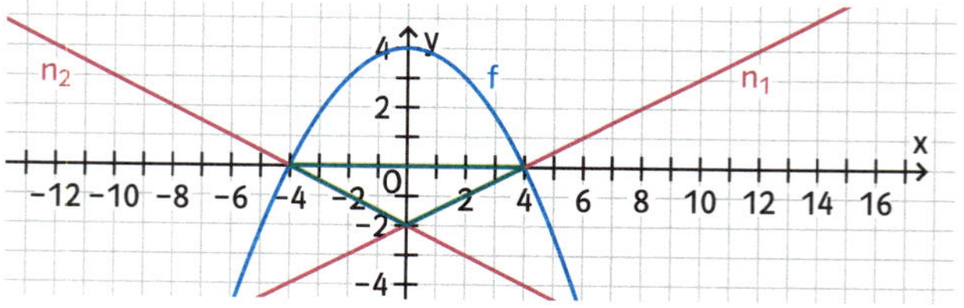

● **8** An die Funktion $f(x) = 2x^3 - 2x + 2$ werden vom Punkt $P(1 \mid 0)$ aus die Tangenten gelegt. → Schritt 34

a) Bestimme die beiden Berührstellen.
b) Weise nach, dass die Tangente, die den Graphen von f auf der y-Achse berührt, die Wendetangente ist. Nenne die Gleichung und den Wendepunkt.

SCHRITT **35**

Ich kann das Maximum oder Minimum der Differenz von zwei Funktionen bestimmen.

Hier lernst du, wie du den maximalen senkrechten Abstand zwischen den Graphen der Geraden $y=-x-3$ und der Parabel $y=x^2-3x+4$ berechnen kannst.

→ Extrempunkte von ganzrationalen Funktionen (Schritt 12)

DAS BRAUCHST DU WIEDER

Allgemein: Extremwerte

Beispiele: Bestimme die Extrempunkte:

$f(x)=0{,}25x^4-8x+3$

$f'(x)=x^3-8;\quad f''(x)=3x^2$

$f'(x)=0:\ x^3-8=0$

$x^3=8$

$x=2;\ f''(2)=12>0:$ TP

$f(2)=-9:$ Tiefpunkt $(2\,|\,-9)$

$f(x)=-x^4+4x$

DARUM GEHT'S

Hier wird die Differenz zweier Funktionen f und g betrachtet:
$f(x)-g(x)$ oder $g(x)-f(x)$.
Es wird der kleinste oder größte Wert der Differenz gesucht, also die Stelle, an der der senkrechte Abstand zwischen den beiden Graphen am kleinsten oder größten ist.
Bei einer solchen **Extremwertaufgabe** wird eine neue Zielfunktion $z(u)$ für eine beliebige Stelle u aufgestellt, von der das Maximum oder Minimum bestimmt wird:

$$z(u)=\begin{cases} f(u)-g(u) & \text{für } f(u)>g(u) \\ g(u)-f(u) & \text{für } g(u)>f(u) \end{cases}$$

Die gegebenen Funktionen f und g sind die sogenannten **Nebenbedingungen** für die Zielfunktion.

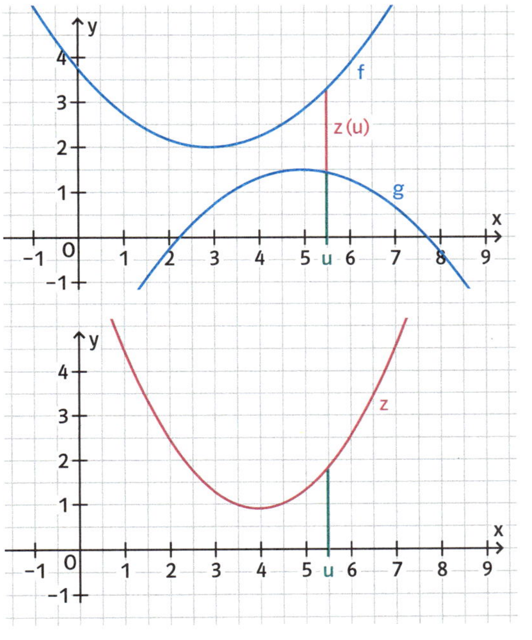

Tipp
Bei der **Zielfunktion** z wird zur Unterscheidung von f und g die Variable u anstatt x verwendet.

Maximum oder Minimum der Differenz zweier Funktionen

Mit diesem Vorgehen findest du die x-Stelle, an der der senkrechte Abstand zwischen zwei Graphen am größten oder am kleinsten ist.

SO GEHT'S

1 Beispiel
Es werden die Funktionen $f(x)=-x^2+2x$ und $g(x)=0{,}5x+2$ betrachtet. Die Gerade $x=u$ schneidet den Graphen von f im Punkt P und den Graphen von g im Punkt Q. Gesucht ist der Wert, für den die Länge der Strecke $\overline{PQ}$ am kleinsten wird.

Du bist dran
Es werden die Funktionen $f(x)=x^2-3x+4$ und $g(x)=-0{,}5x+1$ betrachtet. Die Gerade $x=u$ schneidet den Graphen von f im Punkt P und den Graphen von g im Punkt Q. Gesucht ist der Wert, für den die Länge der Strecke $\overline{PQ}$ am kleinsten wird.

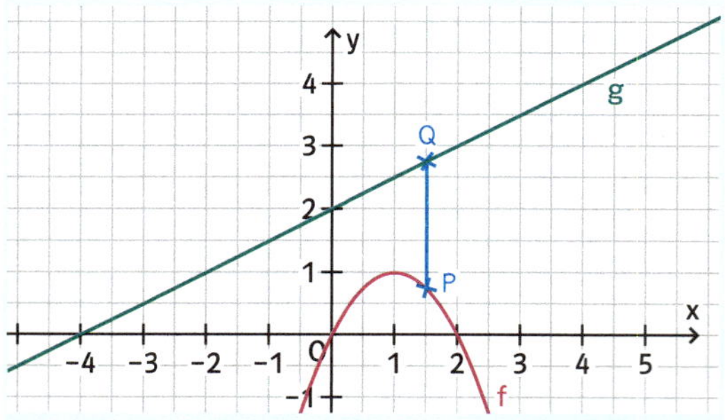

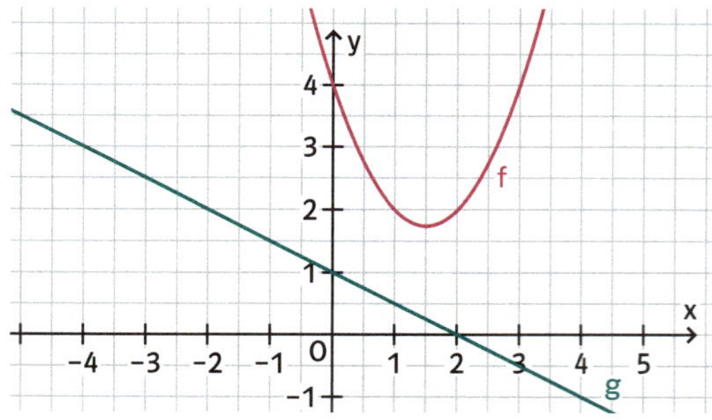

Schreibe die Nebenbedingungen und die Zielfunktion z(u) auf:

$g(u) = -0{,}5u + 2$
$f(u) = -u^2 + 2u$
Es gilt: $g(u) > f(u)$
$z(u) = g(u) - f(u) = 0{,}5u + 2 - (u^2 + 2u)$
$= 0{,}5u + 2 + u^2 - 2u$
$= u^2 - 1{,}5u + 2$

Tipp
Je nachdem, ob f oder g die größeren Funktionswerte hat, ist die Zielfunktion $f(x) - g(x)$ oder $g(x) - f(x)$.

Bestimme den Extrempunkt von z(u):

$z'(u) = 2u - 1{,}5;\ z''(u) = 2$
$z'(u) = 0{:}\ 2u - 1{,}5 = 0 \quad | +1{,}5$
$2u = 1{,}5 \quad | :2$
$u = \frac{1{,}5}{2} = 0{,}75$
$z''(0{,}75) = 2 > 0$: Tiefpunkt
Bei $u = 0{,}75$ ist die Strecke $\overline{PQ}$ am kleinsten: $z(0{,}75) \approx 1{,}44$

Beachte
Das ist nicht am Scheitelpunkt der Parabel.

○ **2** Es wird die Differenz $z = g - f$ der Funktionen $f(x) = -0{,}5x^2 + 3x - 2$ und $g(x) = 0{,}5x^2 + 2x + 2$ betrachtet. Bestimme die Stelle, an der z(u) am kleinsten ist. Nenne die kleinste Länge.

◒ **3** Gegeben sind die beiden Funktionen
$f(x) = -x^2 + 4x - 2$ und $g(x) = x^2 - 2$.
a) Bestimme die Schnittpunkte der beiden Graphen der Funktionen. Überprüfe dann, welcher der beiden Graphen im Bereich zwischen den Schnittpunkten die größeren Funktionswerte hat.
b) Bestimme die Punkte P (auf f) und Q (auf g) auf den Graphen zwischen den Schnittpunkten, für die $\overline{PQ}$ am größten ist. Gib die größte Länge an.

● **4** Untersuche, wo der Unterschied zwischen den Potenzen a^2 und a^3 für $0 < a < 1$ am größten ist. Gib den exakten Unterschied an.

TIPPS ZUM LÖSEN DER AUFGABEN 3 UND 4

3 a) Setze einen Testwert in f und g ein, der zwischen den beiden Schnittpunkten liegt, um zu überprüfen, welche der beiden Funktionen in diesem Bereich die größeren Funktionswerte hat. **4** Du kannst die Potenzen als Funktionen betrachten. Der größte Unterschied ist gleichbedeutend mit dem größten senkrechten Abstand zwischen den zugehörigen Graphen der Funktionen.

SCHRITT **36**

Ich kann den kürzesten Abstand eines Punktes vom Graphen einer Funktion bestimmen.

Hier lernst du, wie du den kleinsten Abstand des Punktes $P(3\,|\,-2)$ von der Parabel $f(x) = -0{,}5x^2 - 1$ bestimmen kannst.

→ Ableitung von Funktionen mit gebrochenen Hochzahlen (Schritt 24)

→ Kettenregel (Schritt 26)

DAS BRAUCHST DU WIEDER

Allgemein: Ableitung der Wurzelfunktion: $f(x) = \sqrt{x} = x^{\frac{1}{2}}$; $f'x = \frac{1}{2}x^{-\frac{1}{2}} = \frac{1}{2\sqrt{x}}$

Kettenregel: $f(x) = u(v(x))$; $f'(x) = u'(v(x)) \cdot v'(x)$

Beispiele: Bilde die Ableitung.

$f(x) = \sqrt{x^2 + 4x} = (x^2 + 4x)^{\frac{1}{2}}$

$f'(x) = \frac{1}{2}(x^2 + 4x)^{-\frac{1}{2}} \cdot (2x + 4) = \frac{1}{2\sqrt{x^2 + 4x}} \cdot (2x + 4)$

$f(x) = \sqrt{3x^2} =$ ____________________

$f'(x) =$ ____________________

$f(x) = \sqrt{x^3 - x} =$ ____________________

$f'(x) =$ ____________________

DARUM GEHT'S

Hier soll der kleinste Abstand eines Punktes $P(a\,|\,b)$ von dem Graph einer Funktion f bestimmt werden. Dazu wird auf dem Graph ein beliebiger Punkt $Q(u\,|\,f(u))$ ausgewählt und mit dem **Satz des Pythagoras** der Abstand zu $P(P_x, P_x)$ berechnet.

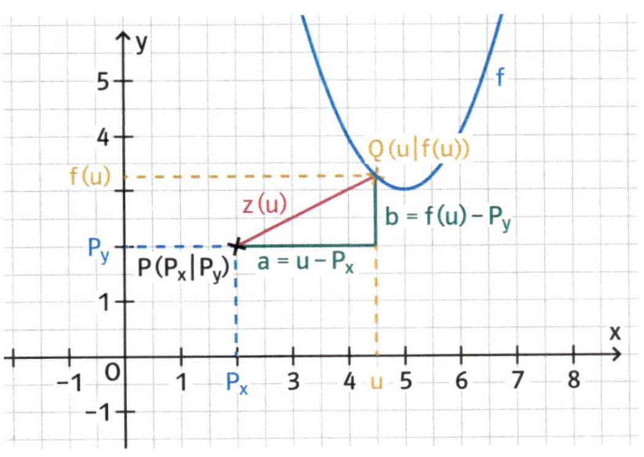

Dieser Abstand ist die Zielfunktion $z(u)$, deren kleinster Wert zu bestimmen ist:

$z(u) = \sqrt{(u - P_x)^2 + (f(u) - P_y)^2}$

Die **Nebenbedingungen** sind hier die Seitenlängen $u - P_x$ und $f(u) - P_y$ des dargestellten Dreiecks.

Tipp
In einem rechtwinkligen Dreieck gilt: $a^2 + b^2 = c^2$

→ Zielfunktion (Schritt 35)

Tipp
Du brauchst keine Angst vor dieser Wurzel zu haben, da beim Ableiten nur die innere Ableitung null gesetzt wird.

Kleinster Abstand eines Punktes von einem Graphen

Mit diesem Vorgehen findest du den Punkt auf dem Graphen, von dem aus der Abstand zu dem gegebenen Punkt am kleinsten ist.

SO GEHT'S

1 **Beispiel**
Es werden die Funktion $f(x) = 0{,}5x^2 + 1$ und der Punkt $P(4\,|\,2)$ betrachtet.
Bestimme den Punkt Q auf dem Graphen von f, der den kleinsten Abstand von P hat.
Gib den kleinsten Abstand an.

Du bist dran
Es werden die Funktion $f(x) = -0{,}5x^2 - 1$ und der Punkt $P(3\,|\,-2)$ betrachtet.
Bestimme den Punkt Q auf dem Graphen von f, der den kleinsten Abstand von P hat.
Gib den kleinsten Abstand an.

Skizziere den Graphen von f und trage das Dreieck zwischen P und einem beliebigen Punkt Q auf dem Graphen ein:

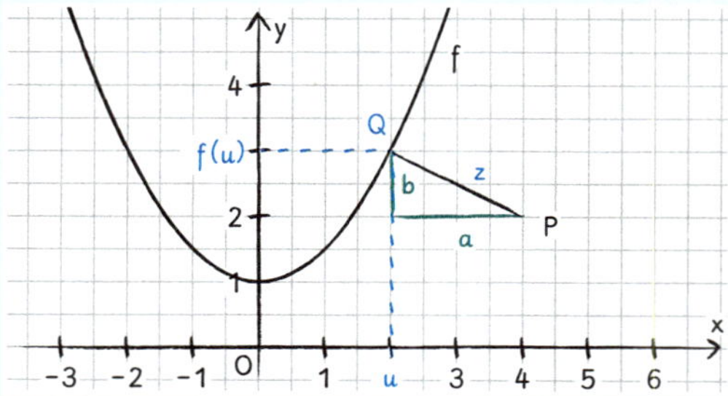

Beschreibe den formalen Zusammenhang der betrachteten Größe.

$z^2 = a^2 + b^2$

Tipp
Achte beim Aufstellen der Nebenbedingungen auf die Vorzeichen der eingesetzten Werte.

Schreibe die Nebenbedingungen auf:

$a = u - 4$

$b = f(u) - 2 = 0{,}5u^2 + 1 - 2 = 0{,}5u^2 - 1$

Tipp
Beachte die zweite binomische Formel: $(a - b)^2 = a^2 - 2ab + b^2$.

Setze die Nebenbedingungen ein und stelle die Zielfunktion auf:

$z^2 = (u - 4)^2 + (0{,}5u^2 - 1)^2$

$z^2 = u^2 - 8u + 16 + 0{,}25u^4 - u^2 + 1$

$z(u) = \sqrt{0{,}25u^4 - 8u + 17}$

$= (0{,}25u^4 - 8u + 17)^{\frac{1}{2}}$

Leite die Zielfunktion ab und bestimme mögliche Extremstellen:

$z'(u) = \frac{1}{2}(0{,}25u^4 - 8u + 17)^{-\frac{1}{2}}$

$\cdot (0{,}25 \cdot 4u^3 - 8)$

$= \frac{1}{2\sqrt{0{,}25u^4 - 8u + 17}} \cdot (u^3 - 8)$

$= \frac{u^3 - 8}{2\sqrt{0{,}25u^4 - 8u + 17}}$

Tipp
Ein Bruch wird dann null, wenn der Zähler null wird. D.h. $\frac{a}{b} = 0$ für $a = 0$.

$z'(u) = 0$: $u^3 - 8 = 0 \quad | +8$

$u^3 = 8$

$u = \sqrt[3]{8} = 2$

Bestimme die Art der Extremstelle durch Überprüfen auf Vorzeichenwechsel, indem du geeignete Testwerte links und rechts der möglichen Extremstelle in die Ableitungsfunktion einsetzt:

Tipp
Da eine Wurzel immer positive Werte hat, genügt es, den Zähler auf den Vorzeichenwechsel zu untersuchen.

$z'(1) < 0$

$z'(3) > 0$

$u^3 - 8$ hat bei $u = 2$ VZW von − nach +.

$z(u)$ hat einen Tiefpunkt bei $u = 2$.

Setze zur Bestimmung von Q den Wert u für x in f(x) ein (nicht in z(u)):

$f(2) = 0{,}5 \cdot 2^2 + 1 = 3$: $Q(2\,|\,3)$

Setze zur Bestimmung des kleinsten Abstands den Wert u in z(u) ein:

$z(2) = \sqrt{0{,}25 \cdot 2^4 - 8 \cdot 2 + 17}$

$z(2) = \sqrt{4 - 16 + 17} = \sqrt{5} \approx 2{,}24$

Der Punkt Q(2 | 3) auf f hat den kleinsten Abstand vom Punkt P.
Er beträgt ungefähr 2,24 LE.

Tipp
LE bedeutet Längeneinheit.

○ **2** Es werden die Gerade g: $y = -0{,}5x - 2$ und der Punkt P(2 | 7) betrachtet.

a) Zeichne die Gerade und den Punkt in ein Koordinatensystem.

b) Bestimme den Punkt Q auf der Geraden, der von dem Punkt P den kleinsten Abstand hat.

c) Gib den minimalen Abstand an.

◒ **3** Die nebenstehende Abbildung zeigt die Funktion $f(x) = \frac{1}{4}x^2 - 4$.

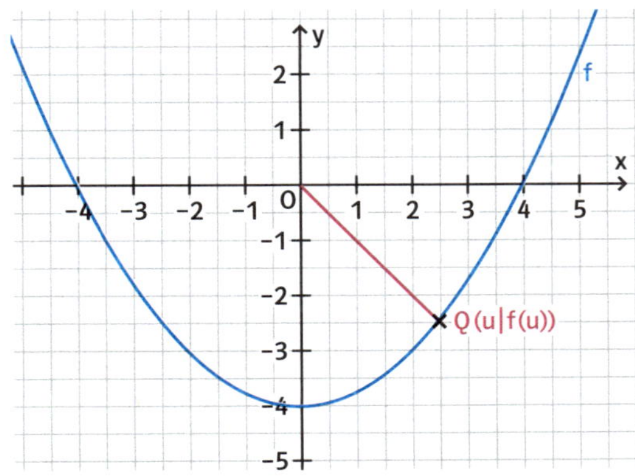

a) Weise nach, dass die Abstände der Schnittpunkte mit den Koordinatenachsen vom Ursprung jeweils 4 Längeneinheiten betragen.

b) Überprüfe, ob es für $-4 \le x \le 4$ einen Punkt Q auf dem Graphen von f gibt, der weiter entfernt vom Ursprung ist.

c) Bestimme den Punkt Q auf f, der am nächsten am Ursprung liegt.

◒ **4** Es wird die Funktion $f(x) = -x^2 + 6x - 8$ betrachtet.

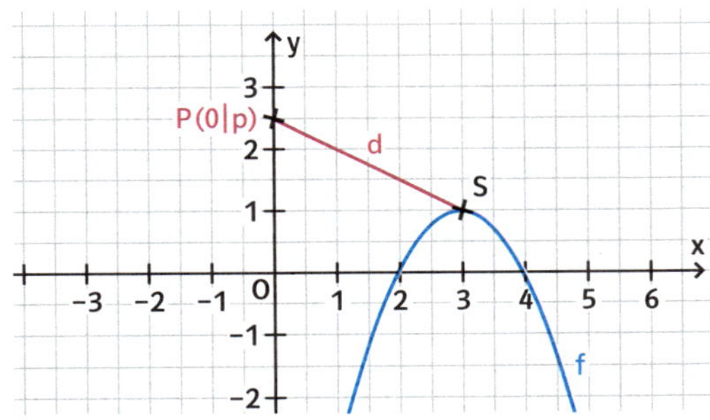

a) Bestimme den Punkt P(0 | p) auf der y-Achse mit $p > 0$, der vom Scheitelpunkt der Parabel den kleinsten Abstand hat.

b) Bestimme den Punkt R auf der y-Achse, der vom Scheitelpunkt den Abstand 5 LE hat.

● **5** Die Abbildung zeigt die Funktion $f(x) = 0{,}5x^2 - 2x + 2$. Der Punkt Q(u | f(u)) wandert vom Scheitel aus auf dem linken Ast der Parabel aufwärts.

a) Weise nach, dass der Punkt P(5 | 4,5) auf dem Graphen von f liegt.

b) Stelle die Funktion d(u) für den Abstand zwischen P und Q auf.

c) Weise nach, dass d(u) für $-1 \le u \le 2$ vom Scheitel aus zuerst größer wird und dann wieder abnimmt. Gib die entsprechenden Punkte mit dem größten und kleinsten Abstand auf diesem Intervall an.

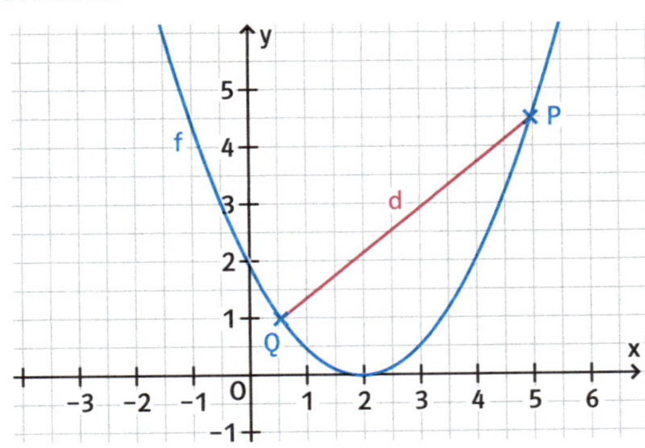

TIPPS ZUM LÖSEN DER AUFGABEN 3, 4 UND 5

3 a) Gib die Koordinaten der Schnittpunkte mit den Achsen an und begründe damit, dass diese vom Ursprung den Abstand 4 haben. **b)** Bestimme das Maximum der Länge $\overline{OQ}$ und vergleiche es mit 4. **4** Die Funktion f(x) brauchst du lediglich, um den Scheitelpunkt S zu bestimmen. Der Abstand ergibt sich dann aus den Koordinaten von S und denen des Punktes P mit dem Satz des Pythagoras. **b)** Du musst die Gleichung für den Abstand nach p auflösen. **5 c)** Du musst alle Extremwerte der Zielfunktion überprüfen.

SCHRITT 37 Ich kann das Maximum oder Minimum von geometrischen Figuren innerhalb von Graphen bestimmen.

Hier lernst du, wie du das Rechteck mit dem größten Flächeninhalt bestimmen kannst, von dem zwei Seiten auf den Koordinatenachsen und ein Eckpunkt auf dem Graphen von $f(x) = -0{,}5x^2 + 2$ liegt.

Tipp
Wenn du die Formeln nicht kennst, kannst du in einer Formelsammlung nachschlagen oder im Internet danach suchen.

DAS BRAUCHST DU WIEDER

Allgemein: Flächeninhalte von Dreiecken und Vierecken

Beispiele: I Rechteck II Dreieck III Trapez

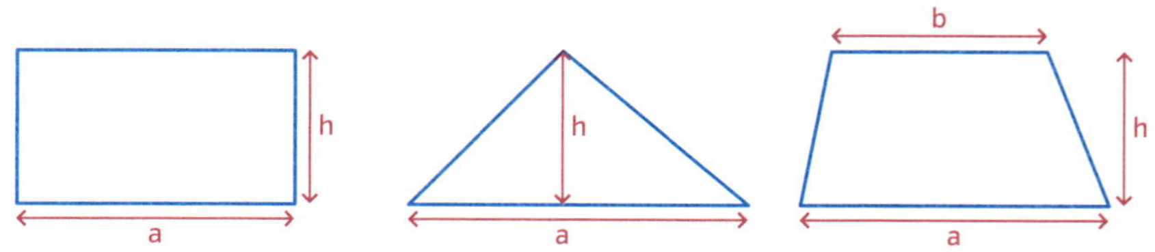

Ordne den Figuren die richtigen Formeln für die Berechnung des Flächeninhalts zu.

A $A_1 = \frac{a \cdot h}{2}$ B $A_2 = \frac{(a+b) \cdot h}{2}$ C $A_3 = a \cdot h$

DARUM GEHT'S

Bei diesen Problemen geht es um geometrische Figuren, deren Eckpunkte auf dem Graphen einer Funktion und den Koordinatenachsen liegen. Dabei wird die Figur gesucht, die den größten oder kleinsten Flächeninhalt oder Umfang hat. Für das Aufstellen der Zielfunktion $z(u)$ kannst du die Formeln für die Flächenberechnungen von Vierecken und Dreiecken verwenden.

→ Zielfunktion (Schritt 35)

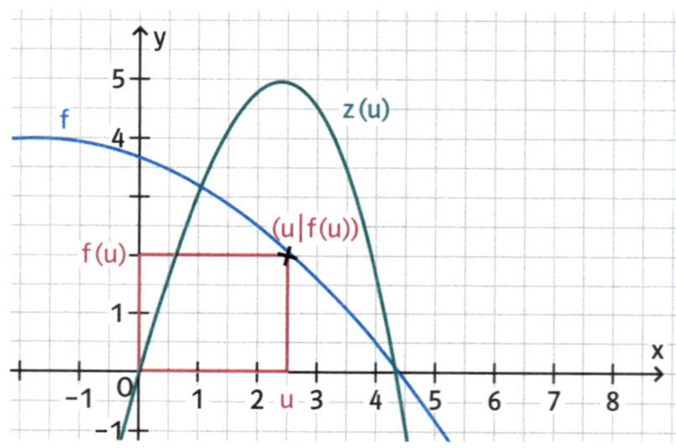

$z(u) = u \cdot f(u)$

Kleinste und größte Flächen

Mit diesem Vorgehen findest du den oder die Punkte auf dem Graphen einer Funktion, die zusammen mit anderen Punkten eine maximale oder minimale Fläche einschließen.

SO GEHT'S

Erklärfilm
Extremwertprobleme mit funktionalem Zusammenhang
kf25hp

1 Beispiel

Es wird die Funktion $f(x) = x^2 - 6x + 9$ betrachtet. Von einem Punkt $P(u \mid f(u))$ $(0 < u < 3)$ des Graphen werden die Parallelen zu den Koordinatenachsen gezogen, sodass ein Rechteck entsteht.

a) Fertige eine Skizze des Graphen der Funktion F und der gesuchten geometrischen Figur an und stelle die Zielfunktion auf.

b) Bestimme den Punkt P, für den der Flächeninhalt am größten ist.

Du bist dran

Es wird die Funktion $f(x) = -0{,}5x^2 + 2$ betrachtet. Von einem Punkt $P(u \mid f(u))$ $(0 < u < 2)$ des Graphen werden die Parallelen zu den Koordinatenachsen gezogen, sodass ein Rechteck entsteht.

a) Fertige eine Skizze des Graphen der Funktion F und der gesuchten geometrischen Figur an und stelle die Zielfunktion auf.

b) Bestimme den Punkt P, für den der Flächeninhalt am größten ist.

a) Fertige eine Skizze mit dem Graphen von f an. Zeichne an eine beliebige Stelle u die geometrische Figur ein:

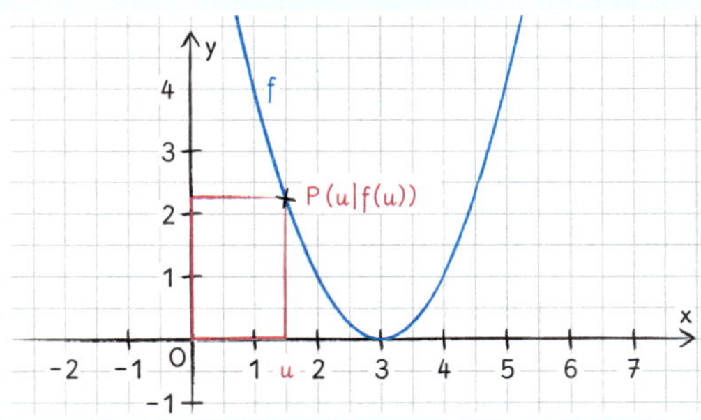

b) Stelle die Formel für den Flächeninhalt des Rechtecks auf:

$A = u \cdot f(u)$

Gib die Nebenbedingungen und den Definitionsbereich an:

P(u | f(u)) liegt auf der Parabel und es gilt: $f(u) = u^2 - 6u + 9$ mit $0 < u < 3$.

Tipp
u kann keinen der beiden Randwerte annehmen, da die Formel dann null ergäbe und das Rechteck keinen Inhalt hätte.

Stelle die Zielfunktion z(u) auf:

$z(u) = u \cdot (u^2 - 6u + 9)$
$z(u) = u^3 - 6u^2 + 9u$

Bestimme den Hochpunkt von z(u):

$z'(u) = 3u^2 - 12u + 9$
$z''(u) = 6u - 12$
$z'(u) = 0$: $3u^2 - 12u + 9 = 0$

Tipp
Hier hast du Platz, mit der pq- oder abc-Formel zu rechnen.

$u_1 = 3$ (nicht Teil des Definitionsbereichs)
$u_2 = 1$
$z''(1) = 6 - 12 = -6 < 0$: HP
$f(1) = 4 \quad \Rightarrow \quad$ Hochpunkt (1 | 4)
$z(1) = 4$
Das größte Rechteck hat den Eckpunkt P(1 | 4) auf dem Graphen von f und den Flächeninhalt 4 FE.

○ **2** Es wird die Funktion $f(x) = -x^2 + 3x$ betrachtet. Von einem Punkt P(u | f(u)) mit $0 < u < 3$ wird die Senkrechte zum Punkt Q(u | 0) und die Gerade zum Ursprung gezogen. Dadurch entsteht ein rechtwinkliges Dreieck.
a) Fertige eine Skizze an.
b) Berechne das Dreieck mit dem größten Flächeninhalt.

Tipp
Flächeninhalt eines rechtwinkligen Dreiecks:
$A = \frac{1}{2} a \cdot b$

TIPP ZUM LÖSEN DER AUFGABE 2

2 Klammere zunächst x aus, lies dann die Nullstellen von f(x) ab und trage sie in ein Koordinatensystem ein. Überlege dir dann, ob die Parabel nach oben oder unten geöffnet ist und skizziere den Graphen von f.

○3 Stelle die Zielfunktion für den Flächeninhalt der Figur an einer beliebigen Stelle u auf. Nenne die Randbedingungen.

a) **b)** **c)**

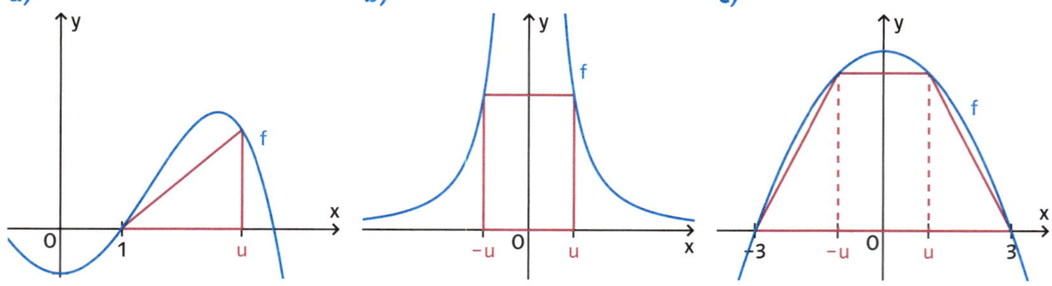

◒4 Es wird die Funktion $f(x) = -0{,}4x^2 + 1{,}2x + 1{,}6$ betrachtet. Die drei Punkte $A(-1\,|\,0)$, $B(u\,|\,0)$ und $C(u\,|\,f(u))$ bilden für $-1 < u < 4$ ein rechtwinkliges Dreieck (Abb.).

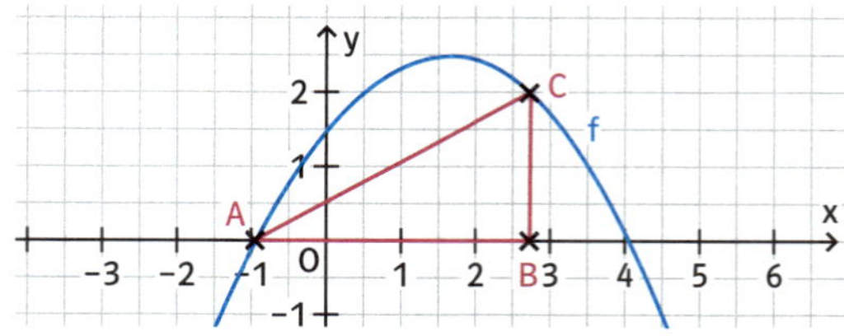

a) Berechne den Flächeninhalt des Dreiecks für $u = 2$.

b) Bestimme, für welches u das Dreieck den größten Flächeninhalt hat.

◒5 Es wird die Funktion $f(x) = -\frac{1}{4}x^2 + 4$ betrachtet. Die Nullstellen der Funktion bilden mit den Schnittpunkten von f und den Geraden $x = u$ und $x = -u$ mit $0 < u < 4$ ein gleichseitiges Trapez.

a) Bestimme die Nullstellen von f und den Schnittpunkt mit der y-Achse. Fertige eine Skizze an.

b) Berechne den Flächeninhalt des Trapezes für $u = 2$.

c) Bestimme den Wert u, für den das Trapez den größten Flächeninhalt hat.

◒6 Es wird die Funktion $f(x) = \frac{8}{x^2}$ betrachtet. Parallele zur x-Achse schneiden den Graphen in den Punkten $P(u\,|\,f(u))$ und $Q(-u\,|\,f(u))$. Die Parallelen zu den Koordinatenachsen durch P und Q bilden ein Rechteck (Abb.).

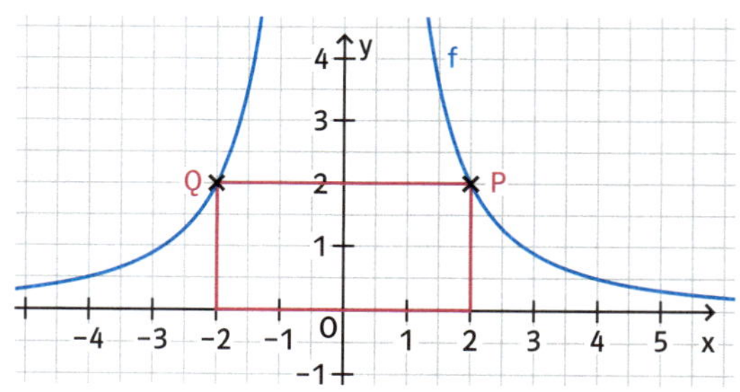

a) Stelle die Zielfunktion für den Flächeninhalt auf.

b) Berechne, für welches u der Flächeninhalt des Rechtecks 8 FE groß ist.

c) Begründe, warum die Flächen für wachsende u immer kleiner werden, obwohl die Ausdehnung immer größer wird.

●7 Es wird die Funktionenschar $f_t(x) = -t \cdot x + 2t + 3$ mit $t > 0$ betrachtet. Die Geraden bilden jeweils mit den Koordinatenachsen ein rechtwinkliges Dreieck. Berechne, für welches t die Fläche dieses Dreiecks am kleinsten wird.

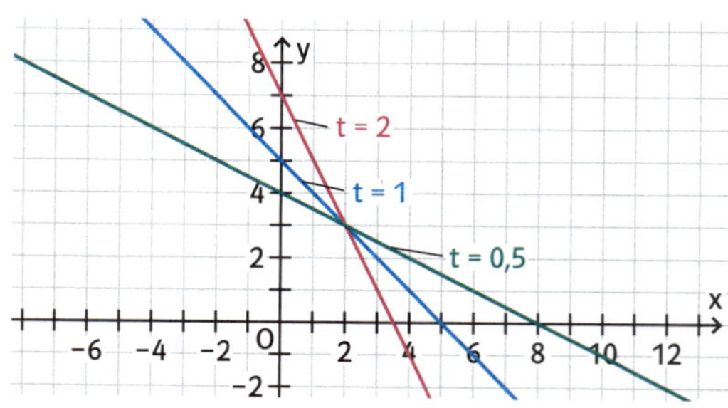

TIPPS ZUM LÖSEN DER AUFGABEN 4, 5, 6 UND 7

4 Für die Berechnung des Flächeninhalts kannst du die beiden Katheten $\overline{AB}$ und $\overline{BC}$ des Dreiecks verwenden. **5** Die Formel für den Flächeninhalt eines Trapezes findest du oben bei „Das brauchst du wieder". Beachte, dass die Länge der oberen Seite 2u ist. **6 a)** Beachte, dass die Seite des Rechtecks 2u ist. **b)** Setze die Zielfunktion = 8 und löse die Gleichung nach u auf. **7** Hier hängt die Zielfunktion von dem Parameter t ab. Berechne zuerst die Schnittpunkte mit den Koordinatenachsen in Abhängigkeit von t. Gib damit die beiden senkrecht aufeinander stehenden und auf den Achsen liegenden Seiten des Dreiecks an und stelle dann die Zielfunktion auf.

TRAINING

○ **1** Es sind die Funktionen $f(x) = 0{,}5x^2 - 0{,}5x + 2{,}5$ und $g(x) = 0{,}5x - 1$ gegeben.

a) Untersuche, ob die beiden Graphen gemeinsame Punkte besitzen.

b) Bestimme die Stelle, an der die Differenz zwischen den beiden Graphen am kleinsten ist. Gib die Differenz an. → Schritt 35

○ **2** Es sind die Funktionen $f(x) = \frac{4}{x+1}$ und $g(x) = -x + 4$ gegeben.

a) Berechne die Schnittpunkte der beiden Graphen.

b) Bestimme die Stelle, an der der senkrechte Abstand zwischen den beiden Graphen am größten ist. Gib den größten senkrechten Abstand an. → Schritt 35

◒ **3** Es wird die abgebildete Funktion $f(x) = -0{,}05x^4 + 0{,}25x^3 + 0{,}8x$ und ihre Tangente t im Ursprung betrachtet. → Schritt 33

a) Stelle die Gleichung der Tangente t auf.

b) Schreibe die Zielfunktion z auf, die den senkrechten Abstand zwischen der Tangente t und dem Graphen von f an einer Stelle $u\ (0 \le u \le 5{,}5)$ beschreibt. → Schritt 35

c) Bestimme im Intervall $[0; 5{,}5]$ die Stelle, an der der Abstand maximal wird. → Schritt 35

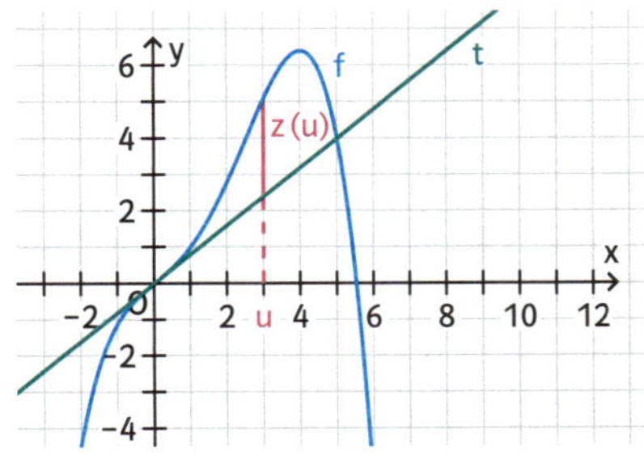

◒ **4** Es wird die Funktion $f(x) = -0{,}5x^2 + 2$ betrachtet. → Schritt 36

a) Gib den Abstand der Achsenschnittpunkte vom Ursprung an.

b) Stelle die Zielfunktion auf, die den Abstand eines Punktes Q der Parabel vom Ursprung beschreibt.

c) Untersuche, ob die Punkte auf der Parabel zwischen den Nullstellen einen kleineren Abstand zum Ursprung haben. Bestimme die Punkte, die den kleinsten Abstand haben. Gib den kleinsten Abstand an.

◒ **5** Die beiden Geraden $f(x) = -x + 4$ und $g(x) = \frac{1}{3}x - 4$ bilden mit der y-Achse ein rechtwinkliges Dreieck. In dieses Dreieck soll ein Rechteck mit möglichst großem Inhalt gelegt werden (Abb.).

a) Bestimme Länge und Breite des optimalen Rechtecks.

b) Berechne das Verhältnis der größten Rechtecksfläche zur Dreiecksfläche. → Schritte 35, 37

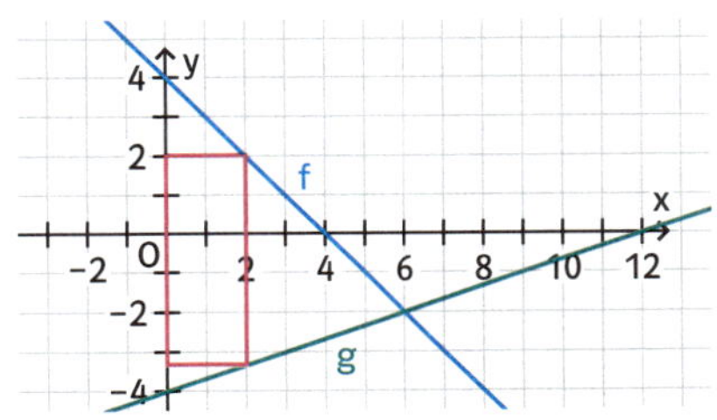

● **6** Es wird die Funktion $f(x) = \frac{5}{x-4} + 5$ betrachtet. → Schritt 37

a) Bestimme die Nullstelle der Funktion.

b) Die drei Punkte $A(0\,|\,0)$, $B(u\,|\,0)$ und $C(u\,|\,f(u))$ bilden für $0 < u < 3$ ein rechtwinkliges Dreieck. Gib den Flächeninhalt in Abhängigkeit von u an.

c) Bestimme, für welches u das Dreieck den größten Flächeninhalt hat.

● **7** Es ist die Gerade $g\colon\ y = -0{,}5x - 1$ gegeben.
Um den Punkt $(0\,|\,4)$ wird ein Kreis mit dem Radius $r = 4$ LE gezogen. Zeige, dass der Kreis die Gerade nirgends schneidet. → Schritt 36

● **8** Es sind eine Funktion f und der Punkt $P(3\,|\,10)$ gegeben. Es soll überprüft werden, ob der Abstand des Punkts vom Graphen von f überall mindestens 6 Längeneinheiten beträgt. Die Freundinnen Mia, Lia und Pia haben dafür drei unterschiedliche Ansätze.

Mia: $|f(x) - 10| \le 6$

Lia: $(x-3)^2 + (f(x) - 10)^2 \le 36$

Pia: $(3+6)^2 + (10+6)^2 \ge x^2 + (f(x))^2$

Diskutiere die drei Ansätze und stelle fest, wer von den Dreien Recht hat.
Beschreibe, was mit den anderen Ansätzen berechnet werden kann. → Schritt 36

LÖSUNGEN

GRUNDLAGEN

VEREINFACHEN UND ZUSAMMENFASSEN VON TERMEN

1 „Du bist dran" aus dem „So geht's"-Kasten

Fasse gleichnamige Terme zusammen:

a) $5x^2 + 2 + 7x^2 = 12x^2 + 2$

b) $3x^2 + 5 + 2x + 7x + 2x^2 = 5x^2 + 9x + 5$

c) $2xy + 4 - 8y^3 + 3yx + 2y^3 = -6y^3 + 5xy + 4$

2 Aufgabe

a) $3y^2 + 2y + 7y^2 = 10y^2 + 2y$

b) $-2x^2 + 3y - 4y + 2x^2 = -y$

c) $2de + 3 + 2z^3 + 3ed - 3z^3 + 5ed - 11$
$= -z^3 + 10de - 8$

3 Aufgabe

a) $3a \cdot (-2a) - ab - a^2 + ba = -6a^2 - a^2 = -7a^2$

b) $d^2 + e^2 + 2d$ Hier kann man nicht vereinfachen.

c) $2abc + 3bca - 4acb + ac = abc + ac$

d) $5ab^2 - b^2 + a^3 + b^2 - 9ab^2 = -4ab^2 + a^3$

e) $5b \cdot (-2a) + 2a \cdot (5b) = -10ab + 10ab = 0$

f) $-9ab^2 - 4a^2b + 2a \cdot (5b^2) =$
$-9ab^2 - 4a^2b + 10ab^2 = ab^2 - 4a^2b$

RECHNEN MIT KLAMMERN UND AUSKLAMMERN

1 „Du bist dran" aus dem „So geht's"-Kasten

Suche den größtmöglichen Faktor:

In beiden Summanden $2x^4$ und x^3 ist x^3 erhalten.

Dividiere durch den größtmöglichen Faktor und schreibe das Ergebnis in die Klammer:

$\frac{2x^4}{x^3} = 2x \qquad \frac{x^3}{x^3} = 1$

Klammere aus:

$x^3 \cdot (2x - 1)$

2 Aufgabe

a) $5y + y^2 = y \cdot (5 + y)$

b) $4n^3 + 5n^4 = n^3 \cdot (4 + 5n)$

c) $2e^6 + 5e^9 = e^6 \cdot (2 + 5e^3)$

d) $3x^2 + 6 = 3 \cdot (x^2 + 2)$

e) $15k^5 + 20k^4 = 5k^4 \cdot (3k + 4)$

f) $x + xy = x \cdot (1 + y)$

3 Aufgabe

a) $3y^3 + 2y^2 + y = y \cdot (3y^2 + 2y + 1)$

b) $2m^2 - 4m^3 + 6m^4 = 2m^2 \cdot (1 - 2m + 3m^2)$

c) $21xy^2 - 12x^2y + 6xy = 3xy \cdot (7y - 4x + 2)$

RECHNEN MIT KLAMMERN – AUSMULTIPLIZIEREN

1 „Du bist dran" aus dem „So geht's"-Kasten

Multipliziere jeden Summanden des ersten Faktors mit jedem Summanden des zweiten Faktors:

a) $-(5 - x^2) = -5 - (-x^2) = -5 + x^2$

b) $-5(x - 4) = -5x - 5 \cdot (-4) = -5x + 20$

c) $(x^2 - 2) \cdot (x + 3) = x^2 \cdot x + x^2 \cdot 3 - 2x - 2 \cdot 3$
$= x^3 + 3x^2 - 2x - 6$

2 Aufgabe

a) $-(2x - 8) = -2x + 8$

b) $5 - (d + 3) = 5 - d - 3 = 2 - d$

c) $x - (4 - x) = x - 4 + x = 2x - 4$

d) $(4 - k) - (y - k) = 4 - k - y + k = 4 - y$

e) $b^2 - (3b - 4b^2) = b^2 - 3b + 4b^2 = 5b^2 - 3b$

3 Aufgabe

a) $-4(2x - 5) = -8x + 20$

b) $10 - 3(y + 3) = 10 - 3y - 9 = 1 - 3y$

c) $5 - 2(z - 2) = 5 - 2z + 4 = 9 - 2z$

d) $(2s - 5) - 2(s - y) = 2s - 5 - 2s + 2y = 2y - 5$

e) $2z^2 - 3(2z - 4z^2) = 2z^2 - 6z + 12z^2 = 14z^2 - 6z$

4 Aufgabe

a) $(x + 4) \cdot (x - 5) = x^2 - 5x + 4x - 20 = x^2 - x - 20$

b) $(3r + 2) \cdot (r - 3) = 3r^2 - 9r + 2r - 6 = 3r^2 - 7r - 6$

c) $(2w - 4) \cdot (5w - 4) = 10w^2 - 8w - 20w + 16 =$
$10w^2 - 28w + 16$

d) $(x + y) \cdot (z - a) = xz - ax + yz - ay$

e) $3 \cdot (6x + 4) \cdot (x - 5) = 3 \cdot (6x^2 - 30x + 4x - 20) =$
$3 \cdot (6x^2 - 26x - 20) = 18x^2 - 78x - 60$

RECHNEN MIT KLAMMERN – BINOMISCHE FORMELN

1 „Du bist dran" aus dem „So geht's"-Kasten

Überlege dir, welche binomische Formel passt, und wende sie an:

a) Verwende die 1. binomische Formel, da in der Klammer eine Summe steht.
$(x + 5)^2 = x^2 + 2 \cdot x \cdot 5 + 5^2$
$= x^2 + 10x + 25$

b) Verwende die 2. binomische Formel, da in der Klammer eine Differenz steht.
$(2x - 3y)^2 = (2x)^2 - 2 \cdot 2x \cdot 3y + (3y)^2$
$= 4x^2 - 12xy + 9y^2$

c) Verwende die 3. binomische Formel, da hier zwei Klammern mit gleichen Zahlen multipliziert werden.
$(4x - 5y) \cdot (4x + 5y) = (4x)^2 - (5y)^2$
$= 16x^2 - 25y^2$

2 Aufgabe

a) $(x+6)^2 = x^2 + 12x + 36$
b) $(2x+5)^2 = 4x^2 + 20x + 25$
c) $(4a+3)^2 = 16a^2 + 24a + 9$
d) $(x+2y)^2 = x^2 + 4xy + 4y^2$
e) $(3m+4e)^2 = 9m^2 + 24em + 16e^2$

3 Aufgabe

a) $(x-3)^2 = x^2 - 6x + 9$
b) $(4f-3)^2 = 16f^2 - 24f + 9$
c) $(5x-2)^2 = 25x^2 - 20x + 4$
d) $(x-5y)^2 = x^2 - 10xy + 25y$
e) $(7r-2s)^2 = 49r^2 - 28rs + 4s^2$

4 Aufgabe

a) $(x+3)\cdot(x-3) = x^2 - 9$
b) $(2d+3)\cdot(2d-3) = 4d^2 - 9$
c) $(4x+2y)\cdot(4x-2y) = 16x^2 - 4y^2$
d) $(7g+8h)\cdot(7g-8h) = 49g^2 - 64h^2$

5 Aufgabe

a) $(2x+2)^2 = 4x^2 + 8x + 4$
b) $(6u-2)^2 = 36u^2 - 24u + 4$
c) $(3t-9w)\cdot(3t+9w) = 9t^2 - 81w^2$
d) $(5x+2y)\cdot(5x-3y) = 25x^2 - 15xy + 10xy - 6y^2$
$= 25x^2 - 5xy - 6y^2$

POTENZREGEL

1 „Du bist dran" aus dem „So geht's"-Kasten

Wende die passende Potenzregel an:

a) $4^4 \cdot 4^5 = 4^{4+5} = 4^9$ (gleiche Basis)
b) $\frac{x^8}{x^3} = x^{8-3} = x^5$ (gleiche Basis)
c) $x^7 \cdot 2^7 = (x\cdot 2)^7 = (2x)^7$ (gleicher Exponent)
d) $\frac{9^8}{3^8} = \left(\frac{9}{3}\right)^8 = 3^8$ (gleicher Exponent)
e) $(7^5)^6 = 7^{5\cdot 6} = 7^{30}$ (Potenzieren von Potenzen)

2 Aufgabe

a) $5^4 \cdot 5^7 = 5^{11}$
b) $8^5 : 8^3 = 8^2$
c) $x^6 \cdot x^7 = x^{13}$
d) $\frac{9^{13}}{9^7} = 9^6$

3 Aufgabe

a) $2^6 \cdot 4^6 = 8^6$
b) $z^7 : z^7 = 1$
c) $4^8 \cdot 11^8 = 44^8$
d) $15^9 : 5^9 = 3^9$

4 Aufgabe

a) $(3^2)^5 = 3^{10}$
b) $(x^4)^{13} = x^{52}$
c) $(y^{-4})^2 = y^{-8}$
d) $(4^{-8})^{-9} = 4^{72}$

5 Aufgabe

a) $(2^2)^5 \cdot 2^3 = 2^{10} \cdot 2^3 = 2^{13}$
b) $\frac{8^4 : 4^4}{2^3} = \frac{2^4}{2^3} = 2^1 = 2$
c) $(9^{-3})^{-2} : 3^6 = 9^6 : 3^6 = 3^6$
d) $\frac{(16^{-2})^{-4} : 8^8}{2^6} = \frac{16^8 : 8^8}{2^6}$
$= \frac{2^8}{2^6} = 2^2$

POTENZEN MIT NEGATIVEN UND GEBROCHENEN HOCHZAHLEN

1 „Du bist dran" aus dem „So geht's"-Kasten

Schreibe ohne Potenz, indem du die obige Schreibweise anwendest:

a) $3^{-4} = \frac{1}{3^4} = \frac{1}{81}$
b) $5^{\frac{1}{2}} = \sqrt{5}$
c) $x^{\frac{1}{3}} = \sqrt[3]{x}$
d) $3^{\frac{4}{5}} = (3^4)^{\frac{1}{5}} = \sqrt[5]{3^4} = \sqrt[5]{81}$
e) $x^{-\frac{1}{5}} = \frac{1}{x^{\frac{1}{5}}} = \frac{1}{\sqrt[5]{x}}$
f) $(5x)^{-\frac{1}{2}} = \frac{1}{(5x)^{\frac{1}{2}}} = \frac{1}{\sqrt{5x}}$

2 Aufgabe

a) $3^{-4} = \frac{1}{3^4} = \frac{1}{81}$
b) $4^{-3} = \frac{1}{4^3} = \frac{1}{64}$
c) $x^{-5} = \frac{1}{x^5}$
d) $(x^2)^{-3} = x^{-6} = \frac{1}{x^6}$
e) $(3x^2)^{-3} = \frac{1}{(3x^2)^3} = \frac{1}{27x^6}$

3 Aufgabe

a) $3^{\frac{1}{5}} = \sqrt[5]{3}$
b) $5^{\frac{1}{8}} = \sqrt[8]{5}$
c) $x^{\frac{1}{9}} = \sqrt[9]{x}$
d) $x^{\frac{3}{5}} = \sqrt[5]{x^3}$
e) $(2x)^{\frac{2}{5}} = \sqrt[5]{(2x)^2} = \sqrt[5]{4x^2}$

4 Aufgabe

a) $4^{-\frac{1}{5}} = \frac{1}{\sqrt[5]{4}}$
b) $3^{-\frac{1}{3}} = \frac{1}{\sqrt[3]{3}}$
c) $x^{-\frac{1}{11}} = \frac{1}{\sqrt[11]{x}}$
d) $x^{-\frac{2}{3}} = \frac{1}{\sqrt[3]{x^2}}$
e) $(x^2)^{-\frac{3}{5}} = x^{-\frac{6}{5}} = \frac{1}{\sqrt[5]{x^6}}$

LÖSEN DURCH ÄQUIVALENZUMFORMUNGEN

1 „Du bist dran" aus dem „So geht's"-Kasten

Löse die Gleichung mithilfe von Äquivalenzumformungen:

a) $3x + 12 = 27 \quad |-12$
$3x = 15 \quad |:3$
$x = 5$

b) $\frac{5}{2}\cdot x + 10 = 2x - 5 \quad |-2x$
$\frac{1}{2}x + 10 = -5 \quad |-10$
$\frac{1}{2}x = -15 \quad |\cdot 2$
$x = -30$

2 Aufgabe

a) $3x + 27 = 33 \quad |-27$
$3x = 6 \quad |:3$
$x = 2$

b) $-4x + 11 = -33 \quad |-11$
$-4x = -44 \quad |:(-4)$
$x = 11$

c) $-8x + 16 = 4 \quad | -16$

$-8x = -12 \quad | :(-8)$

$x = \frac{12}{8} = 1{,}5$

3 Aufgabe

a) $5x + 4 = 4x - 5 \quad | -4x$

$x + 4 = -5 \quad | -4$

$x = -9$

b) $-3x + 37 = 2x - 23 \quad | -2x$

$-5x + 37 = -23 \quad | -37$

$-5x = -60 \quad | :(-5)$

$x = 12$

c) $2x - 28 = 8x + 20 \quad | -8x$

$-6x - 28 = 20 \quad | +28$

$-6x = 48 \quad | :(-6)$

$x = -8$

4 Aufgabe

a) $\frac{1}{2}x + 4 = -3 \quad | -4$

$\frac{1}{2}x = -7 \quad | \cdot 2$

$x = -14$

b) $-\frac{7}{2}x - 3 = -3x + 12 \quad | +3x$

$-\frac{1}{2}x - 3 = 12 \quad | +3$

$-\frac{1}{2}x = 15 \quad | \cdot(-2)$

$x = -30$

c) $\frac{7}{4} \cdot x - 2 = x + 28 \quad | -x$

$\frac{3}{4}x - 2 = 28 \quad | +2$

$\frac{3}{4}x = 30 \quad | \cdot \frac{4}{3}$

$x = \frac{120}{3} = 40$

LÖSEN VON QUADRATISCHEN GLEICHUNGEN MIT DER PQ-FORMEL

1 „Du bist dran" aus dem „So geht's"-Kasten

Bringe zuerst die Gleichung durch Äquivalenzumformungen in die richtige Form:

$2x^2 - 10x + 12 = 0 \quad | :2$

$x^2 - 5x + 6 = 0$

Notiere die Werte von p und q:

$p = -5, \; q = 6$

Setze die Werte für p und q in die Formel ein:

$x_{1,2} = -\left(-\frac{5}{2}\right) \pm \sqrt{\left(-\frac{5}{2}\right)^2 - 6}$

$= \frac{5}{2} \pm \sqrt{\frac{25}{4} - 6}$

$= \frac{5}{2} \pm \sqrt{\frac{1}{4}} = \frac{5}{2} \pm \frac{1}{2}$

Berechne die beiden Ergebnisse x_1 und x_2:

$x_1 = \frac{5}{2} + \frac{1}{2} = 3$

$x_2 = \frac{5}{2} - \frac{1}{2} = 2$

2 Aufgabe

a) $x^2 + 3x + 2 = 0$

$x_{1,2} = -\frac{3}{2} \pm \sqrt{\frac{9}{4} - 2} = -\frac{3}{2} \pm \frac{1}{2}$

$x_1 = -1, \; x_2 = -2$

b) $x^2 - 2x - 3 = 0$

$x_{1,2} = 1 \pm \sqrt{1 + 3} = 1 \pm \sqrt{4} = 1 \pm 2$

$x_1 = 3, \; x_2 = -1$

c) $-2x^2 + 2x + 12 = 0 \quad | :(-2)$

$x^2 - x - 6 = 0$

$x_{1,2} = \frac{1}{2} \pm \sqrt{\frac{1}{4} + 6} = \frac{1}{2} \pm \sqrt{\frac{25}{4}} = \frac{1}{2} \pm \frac{5}{2}$

$x_1 = 3, \; x_2 = -2$

d) $-x^2 + 2x - 1 = 0 \quad | \cdot(-1)$

$x^2 - 2x + 1 = 0$

$x_{1,2} = 1 \pm \sqrt{1 - 1} = 1$

$x = 1$

e) $5x^2 - 4x + 2 = 0 \quad | :5$

$x^2 - \frac{4}{5}x + \frac{2}{5} = 0$

$x_{1,2} = \frac{4}{10} \pm \sqrt{\frac{16}{100} - \frac{2}{5}} = \frac{4}{10} \pm \sqrt{-\frac{24}{100}}$

Die Gleichung hat keine Lösung.

f) $2x^2 - 14x + 24 = 0 \quad | :2$

$x^2 - 7x + 12 = 0$

$x_{1,2} = \frac{7}{2} \pm \sqrt{\frac{49}{4} - 12} = \frac{7}{2} \pm \sqrt{\frac{1}{4}} = \frac{7}{2} \pm \frac{1}{2}$

$x_1 = 4, \; x_2 = 3$

3 Aufgabe

a) $x^2 + 3x = 10 \quad | -10$

$x^2 + 3x - 10 = 0$

$x_{1,2} = -\frac{3}{2} \pm \sqrt{\frac{9}{4} + 10} = -\frac{3}{2} \pm \sqrt{\frac{49}{4}} = -\frac{3}{2} \pm \frac{7}{2}$

$x_1 = 2, \; x_2 = -5$

b) $0{,}2x^2 = -0{,}5x - 0{,}2 \quad | +0{,}5x + 0{,}2$

$0{,}2x^2 + 0{,}5x + 0{,}2 = 0 \quad | \cdot 5$

$x^2 + \frac{5}{2}x + 1 = 0$

$x_{1,2} = -\frac{5}{4} \pm \sqrt{\frac{25}{16} - 1} = -\frac{5}{4} \pm \sqrt{\frac{9}{16}} = -\frac{5}{4} \pm \frac{3}{4}$

$x_1 = -\frac{1}{2}, \; x_2 = -2$

c) $-\frac{1}{3}x + x^2 = \frac{2}{9} \quad | -\frac{2}{9}$

$x^2 - \frac{1}{3}x - \frac{2}{9} = 0$

$x_{1,2} = \frac{1}{6} \pm \sqrt{\frac{1}{36} + \frac{2}{9}} = \frac{1}{6} \pm \sqrt{\frac{9}{36}} = \frac{1}{6} \pm \frac{3}{6}$

$x_1 = \frac{2}{3}, \; x_2 = -\frac{2}{6} = -\frac{1}{3}$

LÖSEN VON QUADRATISCHEN GLEICHUNGEN MIT DER ABC-FORMEL

1 „Du bist dran" aus dem „So geht's"-Kasten

Notiere zunächst die Werte von a,b und c:

$a = 2;\ b = -10;\ c = 12$

Setze die Werte für a, b und c in die Formel ein:

$$x_{1,2} = \frac{-(-10) \pm \sqrt{(-10)^2 - 4 \cdot 2 \cdot 12}}{2 \cdot 2} = \frac{10 \pm \sqrt{100 - 96}}{4} = \frac{10 \pm \sqrt{4}}{4} = \frac{10 \pm 2}{4}$$

Berechne die beiden Ergebnisse x_1 und x_2:

$$x_1 = \frac{10-2}{4} = \frac{8}{4} = 2;\quad x_2 = \frac{10+2}{4} = \frac{12}{4} = 3$$

2 Aufgabe

a) $a = 1;\ b = 3;\ c = 2$

$$x_{1,2} = \frac{-3 \pm \sqrt{3^2 - 4 \cdot 1 \cdot 2}}{2 \cdot 1} = \frac{-3 \pm \sqrt{1}}{2} = \frac{-3 \pm 1}{2}$$

$$x_1 = \frac{-3-1}{2} = \frac{-4}{2} = -2$$

$$x_2 = \frac{-3+1}{2} = \frac{-2}{2} = -1$$

b) $a = 1;\ b = -2;\ c = -3$

$$x_{1,2} = \frac{-(-2) \pm \sqrt{(-2)^2 - 4 \cdot 1 \cdot (-3)}}{2 \cdot 1} = \frac{2 \pm \sqrt{4+12}}{2} = \frac{2 \pm \sqrt{16}}{2} = \frac{2 \pm 4}{2}$$

$$x_1 = \frac{2-4}{2} = \frac{-2}{2} = -1;\quad x_2 = \frac{2+4}{2} = \frac{6}{2} = 3$$

c) $a = -2;\ b = 2;\ c = 12$

$$x_{1,2} = \frac{-2 \pm \sqrt{2^2 - 4 \cdot (-2) \cdot 12}}{2 \cdot (-2)} = \frac{-2 \pm \sqrt{4+96}}{-4} = \frac{-2 \pm \sqrt{100}}{-4} = \frac{-2 \pm 10}{-4}$$

$$x_1 = \frac{-2-10}{-4} = \frac{-12}{-4} = 3;\quad x_2 = \frac{-2+10}{-4} = \frac{8}{-4} = -2$$

d) $a = -1;\ b = 2;\ c = -1$

$$x_{1,2} = \frac{-2 \pm \sqrt{2^2 - 4 \cdot (-1) \cdot (-1)}}{2 \cdot (-1)} = \frac{-2 \pm \sqrt{4-4}}{-2} = \frac{-2 \pm 0}{2}$$

$x = 1$

e) $a = 5;\ b = -4;\ c = 2$

$$x_{1,2} = \frac{-(-4) \pm \sqrt{-(4)^2 - 4 \cdot 5 \cdot 2}}{2 \cdot 5} = \frac{4 \pm \sqrt{16-40}}{10} = \frac{4 \pm \sqrt{-24}}{10}$$

Keine Lösung, da negativer Wert unter der Wurzel.

f) $a = 2;\ b = -14;\ c = 24$

$$x_{1,2} = \frac{-(-14) \pm \sqrt{(-14)^2 - 4 \cdot 2 \cdot 24}}{2 \cdot 2} = \frac{14 \pm \sqrt{196 - 192}}{4} = \frac{14 \pm \sqrt{4}}{4} = \frac{14 \pm 2}{4}$$

$$x_1 = \frac{14-2}{4} = \frac{12}{4} = 3;\quad x_2 = \frac{14+2}{4} = \frac{16}{4} = 4$$

3 Aufgabe

a) $x^2 + 3x = 10 \quad | -10$

$x^2 + 3x - 10 = 0$

$$x_{1,2} = \frac{-3 \pm \sqrt{3^2 - 4 \cdot (-10)}}{2} = \frac{-3 \pm \sqrt{9+40}}{2} = \frac{-3 \pm \sqrt{49}}{2} = \frac{-3 \pm 7}{2}$$

$$x_1 = \frac{-3-7}{2} = \frac{-10}{2} = -5;\quad x_2 = \frac{-3+7}{2} = \frac{4}{2} = 2$$

b) $0{,}2x^2 = -0{,}5x - 0{,}2 \quad | +0{,}5x + 0{,}2$

$0{,}2x^2 + 0{,}5x + 0{,}2 = 0 \quad | \cdot 10$

$2x^2 + 5x + 2 = 0$

$$x_{1,2} = \frac{-5 \pm \sqrt{25 - 4 \cdot 2 \cdot 2}}{2 \cdot 2} = \frac{-5 \pm \sqrt{25-16}}{4} = \frac{-5 \pm \sqrt{9}}{4} = \frac{-5 \pm 3}{4}$$

$$x_1 = \frac{-5-3}{4} = \frac{-8}{4} = -2;\quad x_2 = \frac{-5+3}{4} = \frac{-2}{4} = -\frac{1}{2}$$

c) $-\frac{1}{3}x + x^2 = \frac{2}{9} \quad | -\frac{2}{9}$

$x^2 - \frac{1}{3}x - \frac{2}{9} = 0 \quad | \cdot 9$

$9x^2 - 3x - 2 = 0$

$$x_{1,2} = \frac{3 \pm \sqrt{9 - 4 \cdot 9 \cdot (-2)}}{2 \cdot 9} = \frac{3 \pm \sqrt{9+72}}{18} = \frac{3 \pm \sqrt{81}}{18} = \frac{3 \pm 9}{18}$$

$$x_1 = \frac{3-9}{18} = \frac{-6}{18} = -\frac{1}{3};\quad x_2 = \frac{3+9}{18} = \frac{12}{18} = \frac{2}{3}$$

LÖSEN VON EINFACHEN BRUCHGLEICHUNGEN

1 „Du bist dran" aus dem „So geht's"-Kasten

Multipliziere mit einem geeigneten Term, sodass keine Variable mehr im Nenner steht:

$\frac{15}{x-2} = x \quad | \cdot (x-2)$

$15 = x(x-2)$

Vereinfache die Gleichung und löse sie durch Anwendung der pq- oder abc-Formel:

$15 = x^2 - 2x \quad | -x^2 + 2x$

$-x^2 + 2x + 15 = 0$

Anwendung der pq- oder abc-Formel:

Lösungen: $x_1 = 5;\ x_2 = -3$

2 Aufgabe

a) $\frac{16}{x} = 2 \quad | \cdot x$

$16 = 2x \quad | : 2$

$x = 8$

b) $\frac{4}{x^2} = 1 \quad | \cdot x^2$

$4 = x^2 \quad | \sqrt{\ }$

$x_1 = 2;\ x_2 = -2$

c) $4y = \frac{64}{y} \quad | \cdot y$

$4y^2 = 64 \quad | : 4$

$y^2 = 16 \quad | \sqrt{\ }$

$y_1 = 4;\ y_2 = -4$

d) $\frac{16}{z} = 2z^2 \quad |\cdot z$
$16 = 2z^3 \quad |:2$
$8 = z^3 \quad |\sqrt[3]{}$
$z = 2$

3 Aufgabe

a) $\frac{6}{x+3} = -3x \quad |\cdot(x+3)$
$6 = -3x\cdot(x+3)$
$6 = -3x^2 - 9x \quad |+3x^2+9x$
$3x^2 + 9x + 6 = 0$
Anwendung der pq- oder abc-Formel.
Lösungen: $x_1 = -2$; $x_2 = -1$

b) $-2 = \frac{7-3x}{x} \quad |\cdot x$
$-2x = 7 - 3x \quad |+3x$
$x = 7$

c) $a - \frac{1}{a} = \frac{20}{a} - 4 \quad |\cdot a$
$a^2 - 1 = 20 - 4a \quad |-20a+4a$
$a^2 + 4a - 21 = 0$
Anwendung der pq- oder abc-Formel.
Lösungen: $x_1 = -7$; $x_2 = 3$

d) $1 + \frac{3}{x} = \frac{10}{x^2} \quad |\cdot x^2$
$x^2 + 3x = 10 \quad |-10$
$x^2 + 3x - 10 = 0$
Anwendung der pq- oder abc-Formel.
$x_1 = -5$; $x_2 = 2$

SCHNITTPUNKTE VON FUNKTIONEN

1 „Du bist dran" aus dem „So geht's"-Kasten

Setze die beiden Funktionsterme gleich ($f(x) = g(x)$):
$2x - 5 = x + 3$
Löse die Gleichung nach x auf:
$2x - 5 = x + 3 \quad |-x+5$
$x = 8$
Setze den x-Wert in eine der beiden Funktionen ein, um dem y-Wert des Schnittpunktes zu berechnen:
$f(8) = 2\cdot 8 - 5 = 16 - 5 = 11$
Gib den Schnittpunkt an:
$P(8|11)$

2 Aufgabe

a) $3x + 1 = -x + 5 \quad |+x-1$
$4x = 4 \quad |:4$
$x = 1$
$f(1) = 4$: $P(1|4)$

b) $-6x + 2 = 6 + 2x \quad |-2x-2$
$-8x = 4 \quad |:(-8)$
$x = -\frac{1}{2}$
$f\left(-\frac{1}{2}\right) = 5$: $P\left(-\frac{1}{2}\middle|5\right)$

3 Aufgabe

a) $3x^2 - 2{,}5x - 5 = x^2 + 0{,}5x \quad |-x^2-0{,}5x$
$2x^2 - 3x - 5 = 0$
Anwendung der pq- oder abc-Formel
Lösungen: $x_1 = \frac{5}{2}$; $x_2 = -1$
$f\left(\frac{5}{2}\right) = \frac{15}{2}$: $P_1\left(\frac{5}{2}\middle|\frac{15}{2}\right)$
$f(-1) = \frac{1}{2}$: $P_2\left(-1\middle|\frac{1}{2}\right)$

b) $-x^2 - 4x + 1 = x^2 - x - 1 \quad |-x^2+x+1$
$-2x^2 - 3x + 2 = 0$
Anwendung der pq- oder abc-Formel.
Lösungen: $x_1 = -2$; $x_2 = \frac{1}{2}$
$f(-2) = 5$: $P_1(-2|5)$
$f\left(\frac{1}{2}\right) = -\frac{5}{4}$: $P_2\left(\frac{1}{2}\middle|-\frac{5}{4}\right)$

LÖSEN VON GLEICHUNGEN MIT PARAMETERN

1 „Du bist dran" aus dem „So geht's"-Kasten

Bringe zunächst alle Summanden, die die Variable x enthalten, auf die linke Seite und alle Summanden ohne x auf die rechte Seite der Gleichung:
$4x + 3 = 1 - tx \quad |+tx-3$
$4x + tx = -2$
Klammere das x aus der linke Seite aus und leite die Gleichung durch den mit x verbundenen Faktor:
$x(4+t) = -2 \quad |:(4+t)$
$x = \frac{-2}{4+t}$

2 Aufgabe

a) $5x - 2 = tx - 1 \quad |-tx+2$
$5x - tx = 1$
$x(5-t) = 1 \quad |:(5-t)$
$x = \frac{1}{(5-t)}$

b) $-3 = 2x + ax - 4 \quad |+4$
$1 = x\cdot(2+a) \quad |:(2+a)$
$\frac{1}{2+a} = x$

c) $5x - 2 = bx - 1 \quad |-bx+2$
$5x - bx = 1$
$x(5-b) = 1 \quad |:(5-b)$
$x = \frac{1}{5-b}$

d) $3x + 1 = 3t - 5 \quad |-1$
$3x = 3t - 6 \quad |:3$
$x = t - 2$

e) $-x + tx = tx - 2 \quad |-tx$
$-x = -2 \quad |:(-2)$
$x = 2$

f) $2x - 4 = 2x + ax - 3 \quad |-2x-ax+4$
$-ax = 1 \quad |:(-a)$
$x = -\frac{1}{a}$

3 Aufgabe

a) $ax = -bx + 2 \quad | +bx$

$ax + bx = 2$

$x(a+b) = 2 \quad | : (a+b)$

$x = \frac{2}{a+b}$

b) $bx + 2a = 3ax - a \quad | -3ax - 2a$

$bx - 3ax = -3a$

$x(b - 3a) = -3a \quad | : (b - 3a)$

$x = \frac{-3a}{b-3a}$

c) $xa - b = -xb + a \quad | +bx + b$

$xa + xb = a + b$

$x(a+b) = a + b \quad | : (a+b)$

$x = 1$

d) $2ax - 4a = bx - 2b \quad | -bx + 4a$

$2ax - bx = -2b + 4a$

$x(2a - b) = (4a - 2b) \quad | : (2a - b)$

$x = \frac{4a-2b}{2a-b} = \frac{2\cdot(2a-b)}{2a-b} = 2$

LÖSEN VON LINEAREN GLEICHUNGSSYSTEMEN (LGS) MIT DEM ADDITIONSVERFAHREN

1 „Du bist dran" aus dem „So geht's"-Kasten

Multipliziere eine der beiden Gleichungen mit einer Zahl, sodass die Variable x oder y zusammen mit ihrem Vorfaktor das Vielfache der entstehenden Variablen in der zweiten Gleichung mit umgekehrtem Vorzeichen ist:

I $\quad 3x - y = 5$

II $\quad -x + y = -1 \quad | \cdot 3$

I $\quad 3x - y = 5$

IIa $\quad -3x + 3y = -3$ (+)

I + IIa $\quad 2y = 2$

Löse die Gleichung nach der verbliebenen Variablen auf:

$2y = 2 \quad | : 2$

$y = 1$

Setze deren Wert in die andere Gleichung ein:

$3x - 1 = 5 \quad | +1$

$3x = 6 \quad | : 3$

$x = 2$

2 Aufgabe

a) I $\quad -x + 2y = 4$

II $\quad x - y = -1$ (+)

I + II $\quad y = 3$

$-x + 2\cdot 3 = 4$

$-x + 6 = 4 \quad | -6$

$-x = -2 \quad | \cdot(-1)$

$x = 2$

b) I $\quad 2x - 3y = -4$

II $\quad -x + y = 1 \quad | \cdot 2$

I $\quad 2x - 3y = -4$

IIa $\quad -2x + 2y = 2$ (+)

I + IIa $\quad -y = -2 \quad | \cdot(-1)$

$y = 2$

$2x - 3\cdot 2 = -4$

$2x - 6 = -4 \quad | +6$

$2x = 2 \quad | : 2$

$x = 1$

c) I $\quad -x + 3y = -1$

II $\quad -y = -1 \quad | \cdot(-1)$

$y = 1$

$-x + 3 = -1 \quad | -3$

$-x = -4 \quad | \cdot(-1)$

$x = 4$

d) I $\quad 4x - 2y = -6 \quad | \cdot 5$

II $\quad 5x + 3y = -2 \quad | \cdot(-4)$

Ia $\quad 20x - 10y = -30$

IIa $\quad -20x - 12y = 8$ (+)

Ia $\quad 20x - 10y = -30$

$-22y = -22 \quad | : (-22)$

$y = 1$

$20x - 10 = -30 \quad | +10$

$20x = -20 \quad | : 20$

$x = -1$

3 Aufgabe

a) Die Zahlen auf der rechten Seite wurden nicht addiert:

I $\quad -x - 2y = 5$

II $\quad x + 4 = 0$ (+)

I + II $\quad -y = 5 \quad | \cdot(-1)$

$y = -5$

$-x - 2\cdot(-5) = 5$

$-x + 10 = 5 \quad | -10$

$-x = -5 \quad | \cdot(-1)$

$x = 5$

b) Die beiden Summanden mit x wurden falsch addiert:

I $\quad 2x + y = -3$

II $\quad -x - y = 1$ (+)

I + II $\quad x = -2$

$2\cdot(-2) + y = -3$

$-4 + y = -3 \quad | +4$

$y = 1$

GRAPHEN VON LINEAREN FUNKTIONEN ZEICHNEN UND LINEARE FUNKTIONEN BESTIMMEN

1 „Du bist dran“ aus dem „So geht's“-Kasten

a) Lies aus der Funktionsgleichung die Werte für die Gleichung m und den y-Achsenabschnitt c ab:

$m = 1{,}5$; $c = -2$

Zeichne ein Koordinatensystem und trage den y-Achsenabschnitt auf der y-Achse ein. Gehe von diesem Punkt aus eine Längeneinheit nach rechts und dann entsprechend der Steigung den gegebenen Wert nach oben oder unten. Zeichne dort einen zweiten Punkt ein und zeichne die Gerade durch beide Punkte:

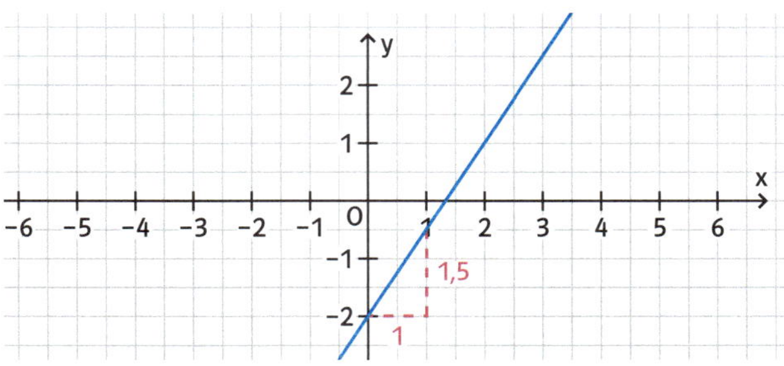

b) Lies aus dem Graphen auf der y-Achse den y-Achsenabschnitt c ab. Gehe von diesem Punkt aus eine Lösungseinheit nach rechts und dann nach oben oder unten, sodass du wieder den Graphen erreichst. Die nach oben oder unten zurückgelegte Länge entspricht der Steigung m:

$m = -\frac{1}{2}$; $c = 1$

Gib die Funktionsgleichung an:

$y = -1{,}5 \cdot x + 1$

2 Aufgabe

a)

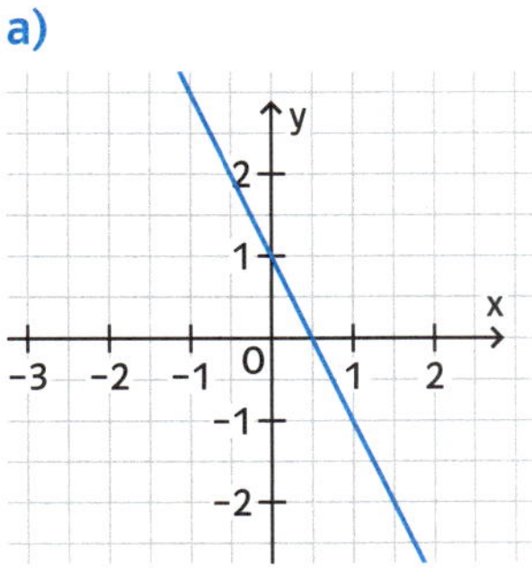

b)

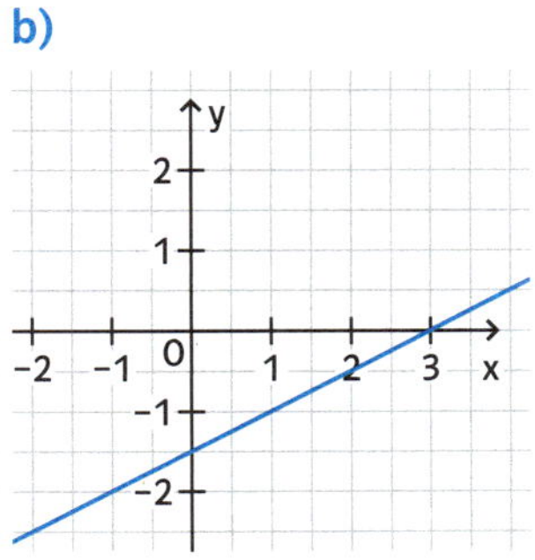

c)

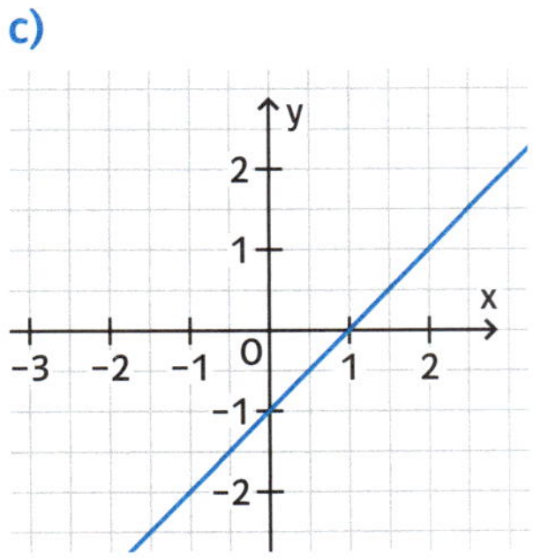

d)

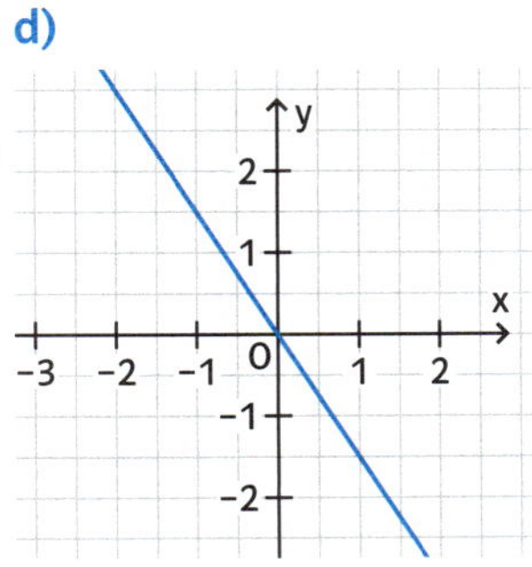

e)

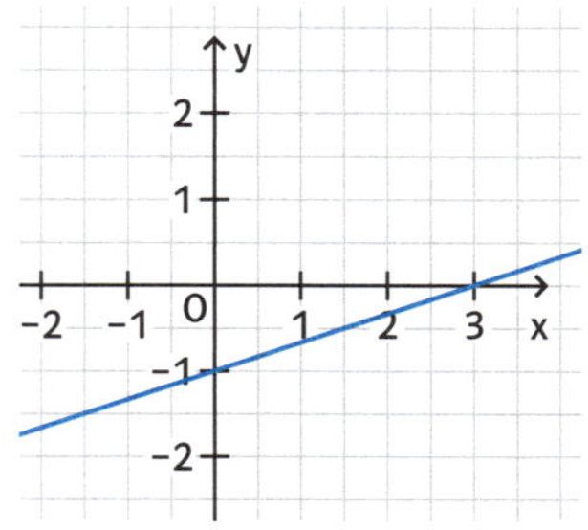

f)

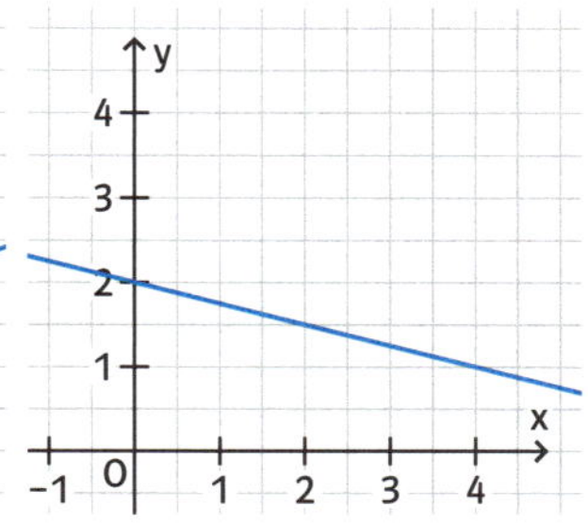

g)

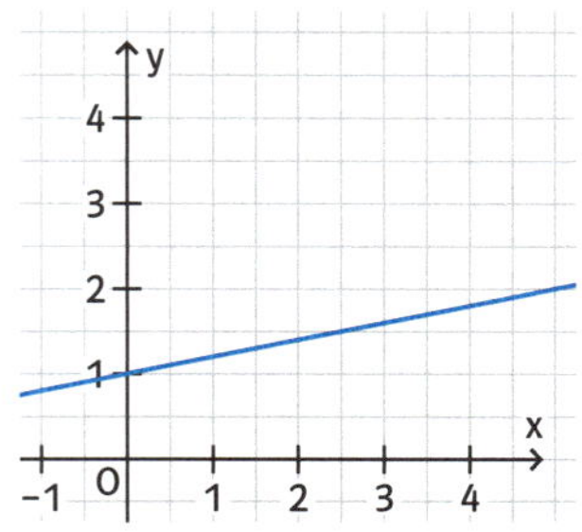

h)

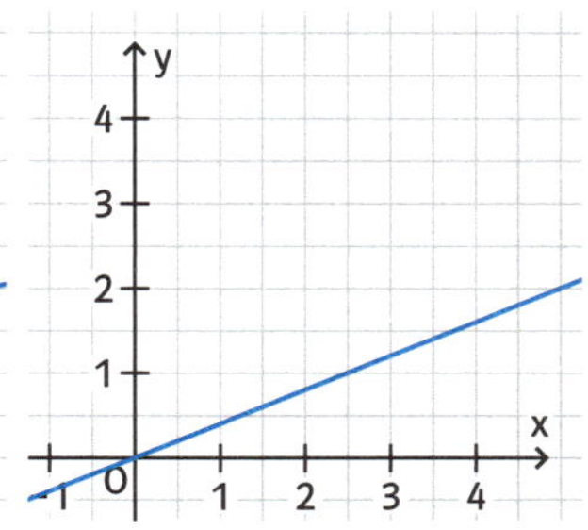

3 Aufgabe

a) $y = -0{,}5x + 1$

b) $y = 2{,}5x - 2$

c) $y = -\frac{1}{3}x + 1{,}5$

d) $y = \frac{1}{2}x - 0{,}5$

LINEARE FUNKTIONEN AUS GEGEBENEN WERTEN BESTIMMEN

1 „Du bist dran“ aus dem „So geht's“-Kasten

Bestimme zunächst die Steigung m:

$m = \frac{y_2 - y_2}{x_2 - x_1} = \frac{-1-2}{3-1} = \frac{-3}{2} = -1{,}5$

Setze den Wert von m sowie den x- und y-Wert eines der beiden Punkte in die allgemeine Geradengleichung ein und bestimme den y-Achsenabschnitt c:

$y = m \cdot x + c$

$2 = -1{,}5 \cdot 1 + c$

$2 = -1{,}5 + c \quad | +1{,}5$

$3{,}5 = c$

Gib mit den Werten von m und c die gesuchte Funktionsgleichung an:

$y = -1{,}5 \cdot x + 3{,}5$

2 Aufgabe

a) $m = \frac{5-4}{3-2} = \frac{1}{1} = 1$

$y = m \cdot x + c$

$4 = 1 \cdot 2 + c$

$4 = 2 + c \quad | -2$

$2 = c$

$y = x + 2$

b) $m = \frac{2-3}{3-1} = \frac{-1}{2} = -0{,}5$

$y = m \cdot x + c$
$3 = -0{,}5 \cdot 1 + c$
$3 = -0{,}5 + c \qquad | +0{,}5$
$3{,}5 = c$
$y = -0{,}5x + 3{,}5$

c) $m = \frac{-1-2}{0-(-3)} = \frac{-3}{3} = -1$

$c = -1$
$y = -x - 1$

d) $m = \frac{-5-(-3)}{-1-(-2)} = \frac{-5+3}{-1+2} = \frac{-2}{1} = -2$

$y = m \cdot x + c$
$-3 = -2 \cdot (-2) + c$
$-3 = 4 + c \qquad | -4$
$-7 = c$
$y = -2x - 7$

DIE GRAPHEN DER GRUNDFUNKTIONEN ZEICHNEN UND UNTERSUCHEN

1 „Du bist dran" aus dem „So geht's"-Kasten

a) Zeichne eine Wertetabelle und berechne die y-Werte für alle ganzzahligen x-Werte im angegebenen Bereich:

x	−2	−1	0	1	2
y	−8	−1	0	1	8

Zeichne ein Koordinatensystem und trage die Punkte aus der Tabelle darin ein. Ergänze anschließend den Verlauf der Funktion entsprechend der Skizzen der Grundfunktion von oben:

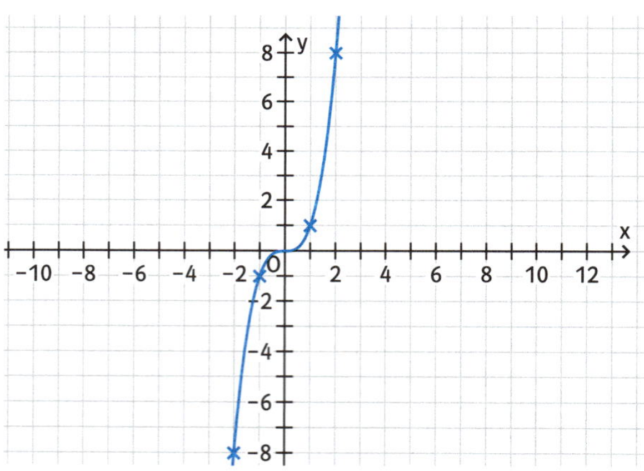

b) Setze den x-Wert in die Funktionsgleichung ein:
$f(4) = 4^3 = 64$

c) Setze die Funktionsgleichung mit dem gegebenen Wert gleich und löse nach x auf:

$-27 = x^3 \qquad | \sqrt[3]{}$
Lösung: $x = -3$

2 Aufgabe

a)

x	−2	−1	0	1	2
y	$\frac{1}{4}$	1	/	1	$\frac{1}{4}$

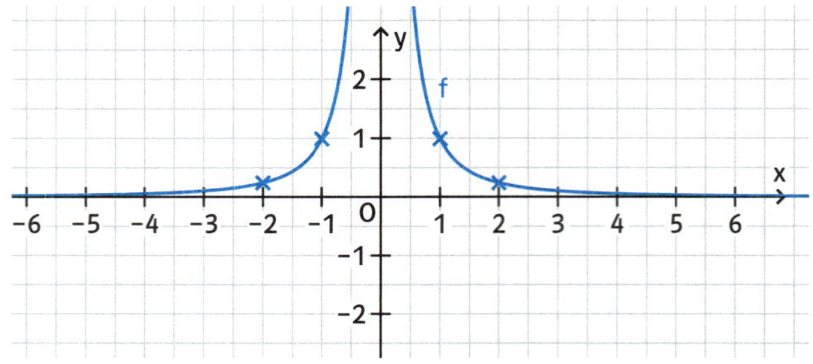

b) $f(4) = \frac{1}{4^2} = \frac{1}{16}$

c) $\frac{1}{9} = \frac{1}{x^2} \qquad | \cdot 9$
$1 = \frac{9}{x^2} \qquad | \cdot x^2$
$x^2 = 9 \qquad | \sqrt{}$
Lösungen: $x_1 = -3$; $x_2 = 3$

3 Aufgabe

a)

x	0	1	4	9
y	0	1	2	3

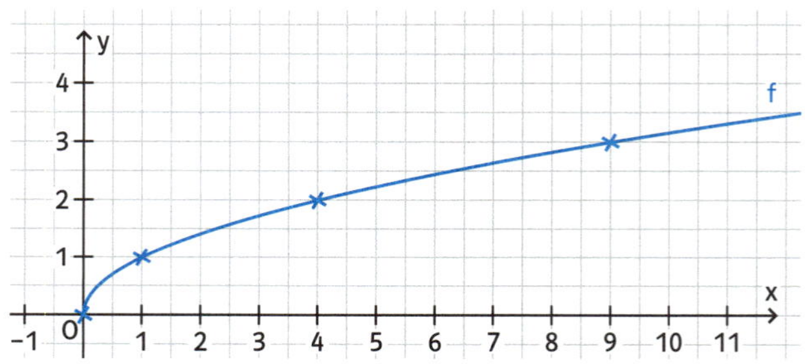

b) $f(64) = \sqrt{64} = 8$

c) $5 = \sqrt{x} \qquad |\ ^2$
$25 = x$
Lösung: $x = 25$

SCHRITT 1

Das brauchst du wieder

$f(1) = 0{,}25 \cdot 1 + 2 = 2{,}25;$ $Q(1|2{,}25)$

$f(-2) = 0{,}25 \cdot 4 + 2 = 3;$ $R(-2|3)$

1 „Du bist dran" aus dem „So geht's"-Kasten

a) i) Setze den Nenner gleich null und löse nach x auf:

$x - 2 = 0 \quad |+2$

$x = 2$

Schreibe die Definitionsmenge D_f auf:

$D_f = \mathbb{R} \setminus \{2\}$

ii) Setze den Funktionsterm gleich null:

$\frac{2}{x-2} = 0 \quad |\cdot(x-2)$

$2 = 0$ falsch

Die Gleichung hat keine Lösung. Daher ist 0 kein möglicher Funktionswert.

iii) Setze den x- und den y-Wert in die Funktionsgleichung ein und vergleiche beide Seiten (Punktprobe):

$\frac{2}{4-2} = 1$

$\frac{2}{2} = 1$

$1 = 1$ richtig

Der Punkt $Q(4|1)$ liegt auf dem Graphen von f.

b) Lies den Funktionswert am Graphen ab und vergleiche die Werte:

(1) Falsch. Es gilt $f(-2) \approx -0{,}5$.

(2) Wahr. Bei $x = 1$ verläuft der Graph unterhalb der x-Achse.

(3) Falsch. Der y-Wert bei $x = 1$ ist kleiner als bei $x = 0$.

2 Fehlende Koordinaten

a) $f(2) = -2 \cdot 2^2 + 5 \cdot 2 = -8 + 10 = 2$ $A(2|2)$

$f(-1) = -2 \cdot (-1)^2 + 5 \cdot (-1)$

$= -2 - 5 = -7$ $B(-1|-7)$

b) $f(2) = \frac{3}{2+1} + 4 = 1 + 4 = 5$ $A(2|5)$

$f(-2) = \frac{3}{-2+1} + 4 = -3 + 4 = 1$ $B(-2|1)$

c) $f(1) = \frac{5}{1^2+1} + 4 = 2{,}5 + 4 = 6{,}5$ $A(1|6{,}5)$

$f(-2) = \frac{5}{(-2)^2+1} + 4 = 1 + 4 = 5$ $B(-2|5)$

d) $f(5) = 2 \cdot \sqrt{5-5} = 2 \cdot 0 = 0$ $A(5|0)$

$f(9) = 2 \cdot \sqrt{9-5} = 2 \cdot \sqrt{4} = 2 \cdot 2 = 4$ $B(9|4)$

3 Punktprobe

a) $2^3 - 3 \cdot 2 = 2$

$8 - 6 = 2$

$2 = 2$

Wahr. Der Punkt P liegt auf dem Graphen.

$(-1)^3 - 3 \cdot (-1) = -2$

$-1 + 3 = -2$

$2 = -2$

Falsch. Der Punkt Q liegt nicht auf dem Graphen.

b) $\frac{3}{-2+5} = 1$

$\frac{3}{3} = 1$

$1 = 1$

Wahr. Der Punkt P liegt auf dem Graphen.

$\frac{3}{-4+5} = 3$

$\frac{3}{1} = 3$

$3 = 3$

Wahr. Der Punkt Q liegt auf dem Graphen.

c) $\sqrt{0+4} = 0$

$\sqrt{4} = 0$

$2 = 0$

Falsch. Der Punkt P liegt nicht auf dem Graphen.

$\sqrt{5+4} = 3$

$\sqrt{9} = 3$

$3 = 3$

Wahr. Der Punkt Q liegt auf dem Graphen.

d) $\frac{4}{4^2-4} = 1$

$\frac{4}{12} = 1$

$\frac{1}{3} = 1$

Falsch. Der Punkt P liegt nicht auf dem Graphen.

$\frac{4}{0^2-4} = -1$

$\frac{4}{-4} = -1$

$-1 = -1$

Wahr. Der Punkt Q liegt auf dem Graphen.

4 Zuordnung der passenden Definitionsmenge

A → II; B → I; C → IV; D → III

5 Zuordnung der passenden Wertemenge

A → III; B → I; C → IV; D → II

6 Aussagen über Parabeln überprüfen

a) Falsch. Es gilt $f(3) > 2$.

b) Wahr. Bei $x = -1{,}5$ verläuft der Graph unterhalb der x-Achse.

c) Falsch. Der y-Wert bei $x = 4$ ist kleiner als bei $x = 3$.

d) Wahr. Der Graph hat an zwei Stellen den Wert $y = 1$.

7 Aussagen über Funktion überprüfen

a) Falsch. Es gilt $f(2) > 2$.

b) Wahr. Der Graph verläuft bei $x = 0$ oberhalb der x-Achse.

c) Falsch. Der y-Wert bei $x = 3$ ist kleiner als bei $x = 1$.

d) Falsch. Der Graph hat an drei Stellen den Wert $y = 1$.

SCHRITT 2

Das brauchst du wieder

A → V;	B → I;	C → IV;
D → III;	E → II;	F → VI

1 **„Du bist dran" aus dem „So geht's"-Kasten**

a) Vergleiche die beiden Potenzen mit x als Bestandteil und lies darin die Verschiebung ab:

f: x; g: x + 2

Dies bedeutet: g entsteht aus f durch Verschiebung um 2 nach links.

b) Skizziere zuerst den Graphen von f und dann den verschobenen von g:

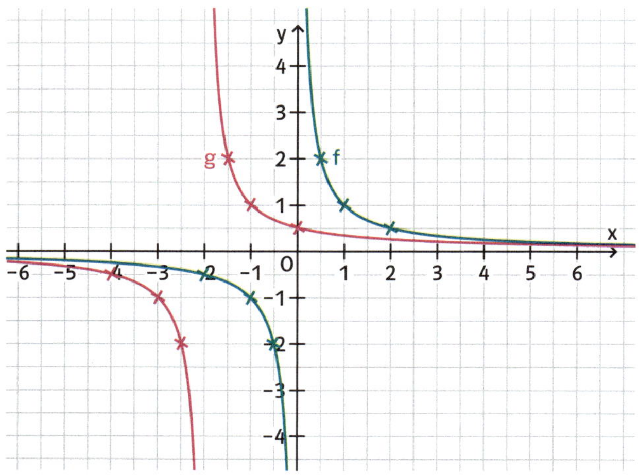

2 **Verschobene Funktion beschreiben und skizzieren**

a) g entsteht aus f durch Verschiebung um 2 nach rechts.

b) g entsteht aus f durch Verschiebung um 3 nach unten.

c) g entsteht aus f durch Verschiebung um 2 nach links.

d) g entsteht aus f durch Verschiebung um 3,5 nach oben.

a)

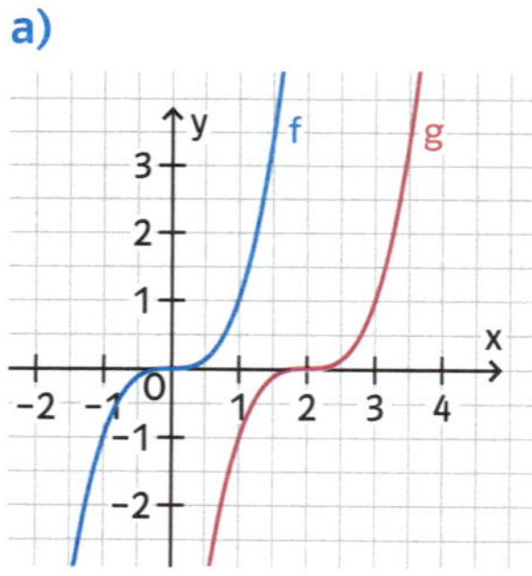

b)

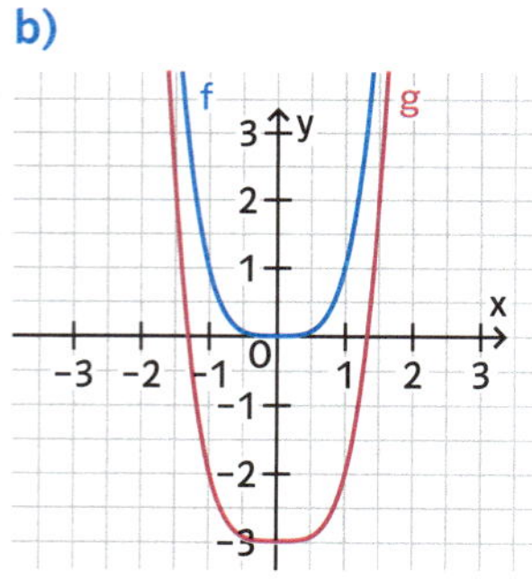

c)

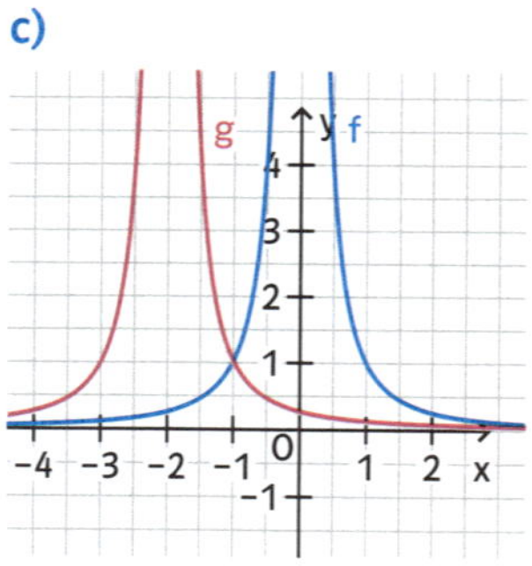

d)

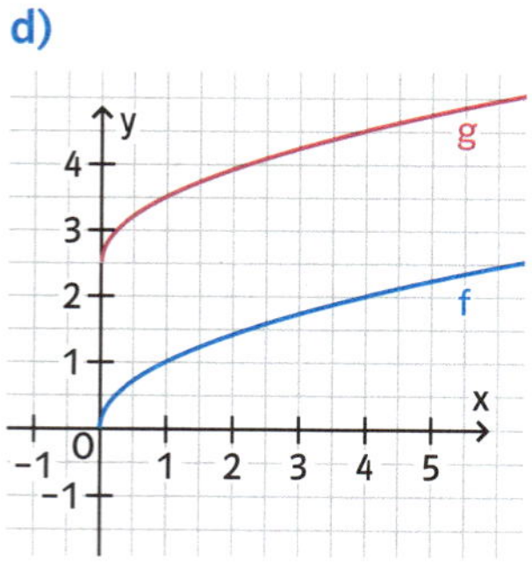

3 **Funktionsgleichung von verschobener Funktion nennen**

a) $g(x) = \frac{1}{x-1}$ **b)** $g(x) = \frac{1}{x^2} + 6$

c) $g(x) = (x+4)^3 - 3$ **d)** $g(x) = (x - 2{,}5)^4 + 1{,}5$

4 **Zuordnung der passenden Kärtchen**

A → IV; B → III; C → I; D → II

5 **Funktionsterm von verschobener Funktion bestimmen**

a) $f(1) = 1$

Da nun gilt $g(1) = 5$, wurde f um 4 nach oben verschoben.

$g(x) = \sqrt{x} + 4$

b) $f(2) = 0{,}5$

Da nun gilt $g(2) = -1{,}5$, wurde f um 2 nach unten verschoben.

$g(x) = \frac{1}{x} - 2$

c) $x^3 = 1$; $x = 1$

Da nun gilt $g(4) = 1$, wurde f um 3 nach rechts verschoben.

$g(x) = (x-3)^3$

d) $\frac{1}{x^2} = 4$

$x^2 = \frac{1}{4}$; $x = \frac{1}{2}$ oder $x = -\frac{1}{2}$

Da nun gilt $g(-2) = 4$, wurde f um 2,5 oder um 1,5 nach links verschoben.

$g(x) = \frac{1}{(x+2{,}5)^2}$ oder $g(x) = \frac{1}{(x+1{,}5)^2}$

6 **Funktionsgleichungen von f und g nennen**

a) $f(x) = \frac{1}{x}$; $g(x) = \frac{1}{x-2} + 3$

b) $f(x) = \frac{1}{x^2}$; $g x = \frac{1}{(x+3)^2} - 4$

c) $f(x) = \sqrt{x}$; $g(x) = \sqrt{x+3} + 1$

7 **Funktion f anhand des Schaubilds verschieben**

a) Der Scheitel von f muss um 5 nach oben verschoben werden.

$g(x) = (x-1)^2 + 1$

b) Der Graph von f muss um 1 nach links verschoben werden.

$g(x) = x^2 - 4$

c) Lösung 1: Der Graph von f muss um 3 nach oben verschoben werden.

$g(x) = (x-1)^2 - 1$

Lösung 2: Der Graph von f muss um 1 nach rechts verschoben werden.

$g(x) = (x-2)^2 - 4$

Lösung 3: Der Graph von f muss um 3 nach links verschoben werden.

$g(x) = (x+2)^2 - 4$

SCHRITT 3

Das brauchst du wieder

I → B; II → C; III → A

1 „Du bist dran" aus dem „So geht's"-Kasten

a) Beschreibe die Wirkung des Faktors:

Alle Funktionswerte von f werden mit 1,5 multipliziert.

Setze $x = 1$ in $f(x)$ und $g(x)$ ein:

$f(1) = 1^2 = 1$

$g(1) = 1{,}5 \cdot 1 = 1{,}5$

b) Skizziere zuerst den Graphen von f und dann den gestreckten von g:

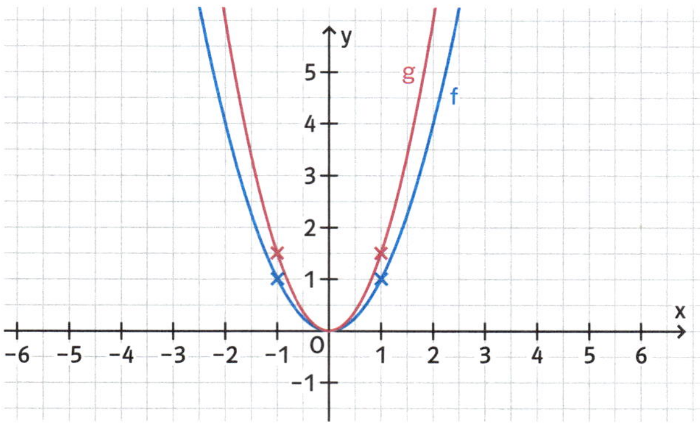

2 Skizzen von verschobenen Funktionen

a)

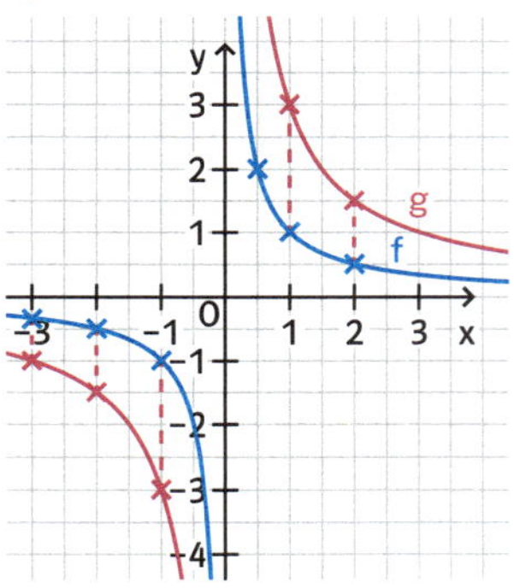

b)

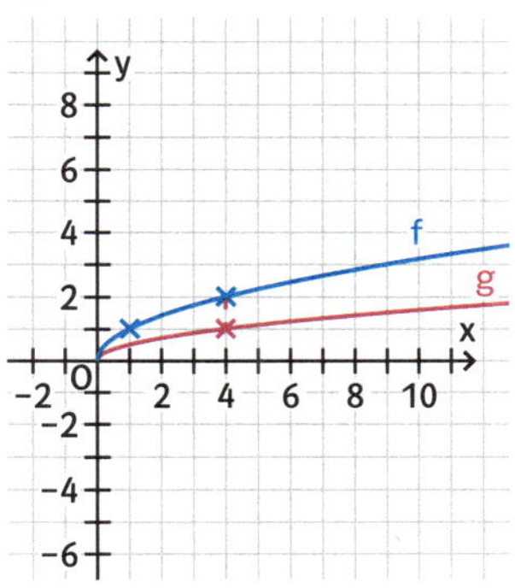

c)

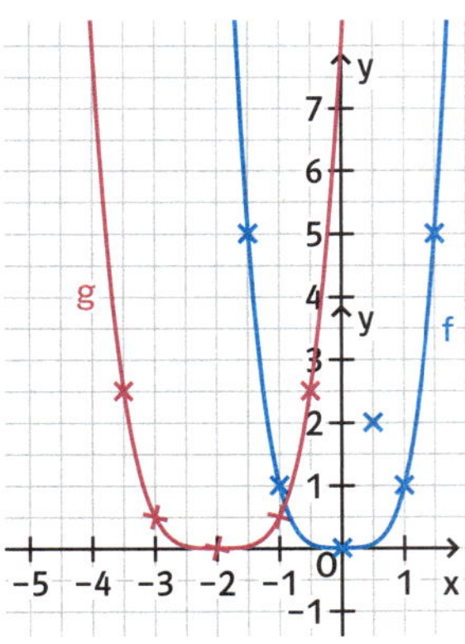

d)

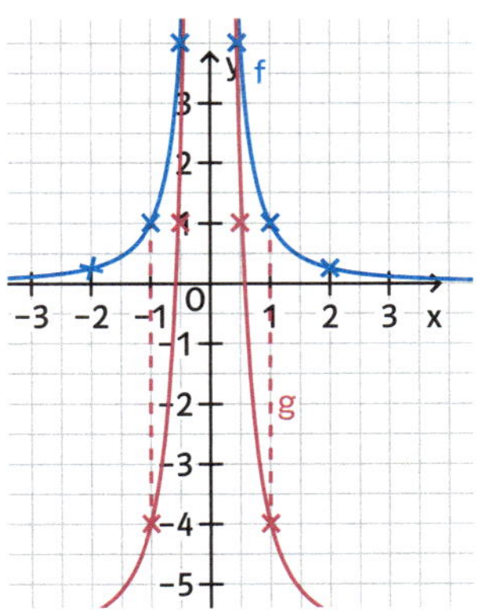

3 Beschreibung, wie g aus f entsteht

a) Alle Funktionswerte von f werden um 4 nach rechts verschoben und mit dem Faktor 0,25 gestaucht.

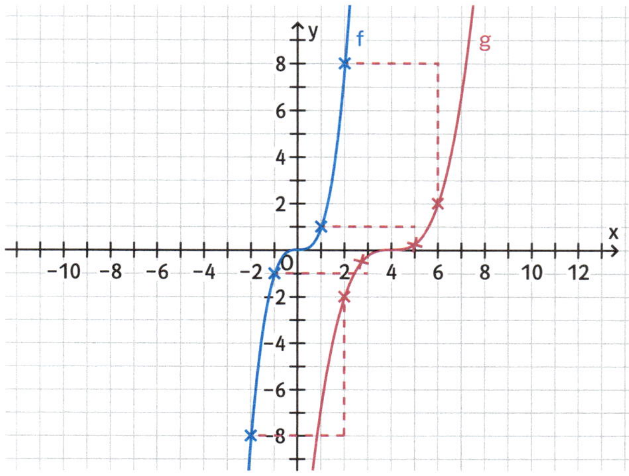

b) Alle Funktionswerte von f werden um 2 nach links verschoben, dann mit dem Faktor 2 gestreckt und anschließend um 3 nach unten verschoben.

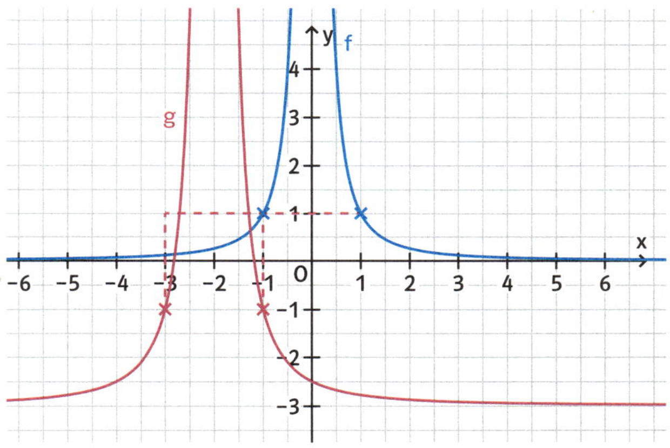

4 Zuordnung der passenden Kärtchen

A → III; B → II; C → I

5 Aussagen über die Funktion g überprüfen

a) Falsch. Da alle Funktionswerte von f mit 0,8 multipliziert werden, gilt dies auch für die Asymptote.

b) Wahr. Die Stellen, an denen f den y-Wert 0 hat, behalten diesen auch nach dem Multiplizieren mit dem Streckfaktor, denn $0{,}8 \cdot 0 = 0$.

c) Falsch. Da der y-Wert für $x = 2$ unterhalb der x-Achse liegt, wird er durch das Multiplizieren mit dem Faktor 0,8 größer.

d) Wahr. Da die Asymptote jetzt bei $y = -3{,}2$ liegt und keine y-Werte darunter liegen, kann $g(x)$ nicht den y-Wert $-3{,}5$ erreichen.

SCHRITT 4

Das brauchst du wieder

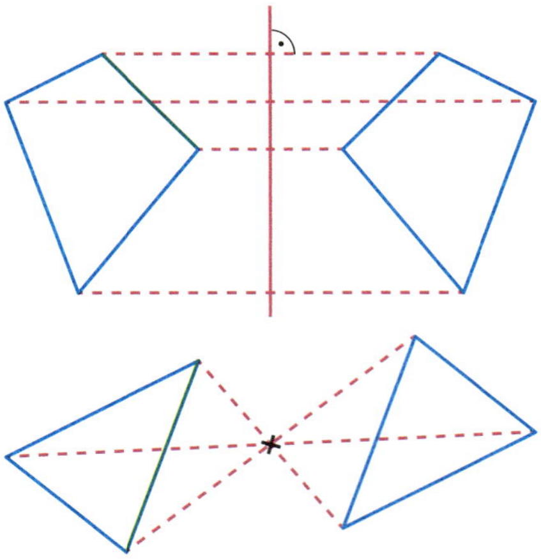

1 „Du bist dran“ aus dem „So geht's“-Kasten

a) Setze vor den Funktionsterm von f ein Minuszeichen und bestimme $g(1) = -f(1)$. Skizziere die Graphen von f und g:

$g(x) = -f(x)$

$g(1) = -f(1) = -\frac{1}{1^2} = -1$

Beim Spiegeln an der x-Achse wird aus dem Punkt P(1 | 1) der Punkt P′(1 | −1).

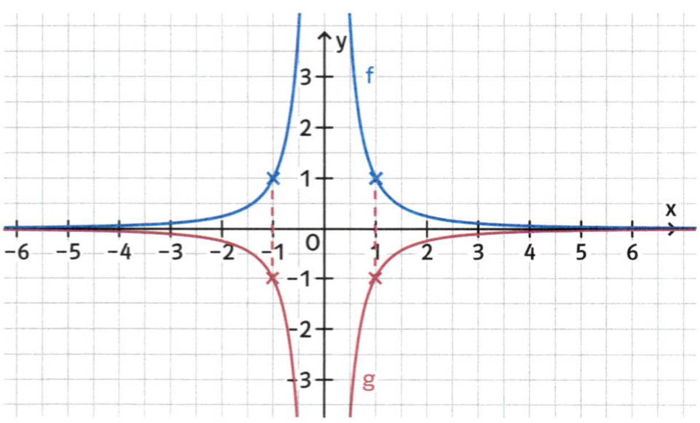

b) Setze −x im Funktionsterm von f für x ein und bestimme $h(-1) = f(-(-1))$. Skizziere den Graphen von f und h.

$h(x) = f(-x)$

$h(x) = \frac{1}{(-x)^2} = \frac{1}{x^2} = f(x)$

$h(-1) = f(-(-1)) = f(1) = \frac{1}{1^2} = \frac{1}{1} = 1$

Beim Spiegeln an der y-Achse wird aus dem Punkt P(1 | 1) der Punkt P′(−1 | 1).

Der gespiegelte Graph h entspricht dem ursprünglichen Graphen f.

2 Spiegelungen

a) Es handelt sich um eine Spiegelung an der x-Achse.

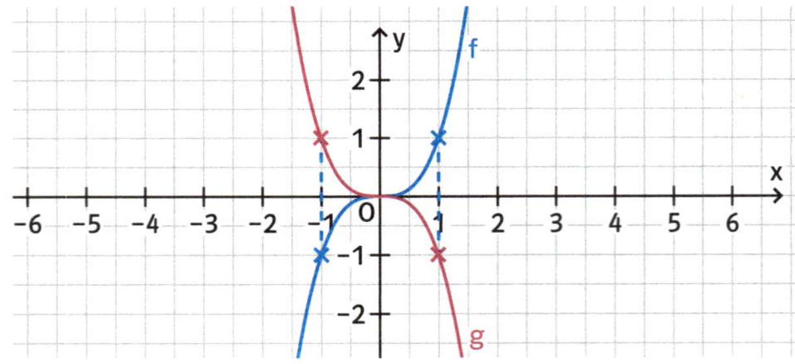

b) Es handelt sich um eine Spiegelung an der x-Achse.

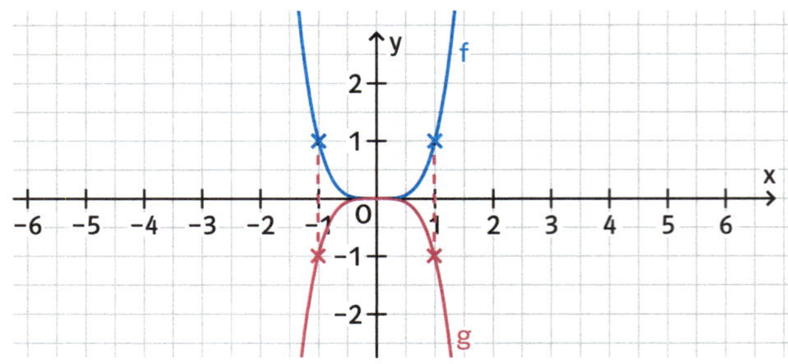

c) Es handelt sich um eine Spiegelung an der x-Achse.

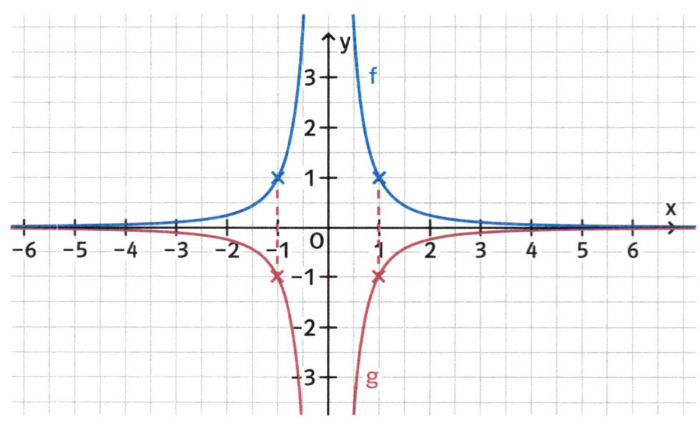

d) Es handelt sich um eine Spiegelung an der y-Achse.

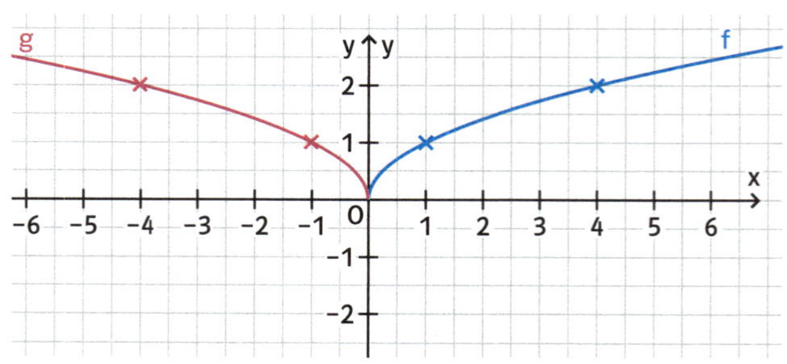

3 Beschreibung der Art der Spiegelung

a) $-f(x) = -(x^2 + 3) = -x^2 - 3 = g(x)$
Es handelt sich um eine Spiegelung an der x-Achse.

b) $f(-x) = (-x - 2)^3 + 7$
$= ((-1) \cdot (x + 2))^3 + 7$
$= (-1)^3 \cdot (x + 2)^3 + 7$
$= -(x + 2)^3 + 7$
$= g(x)$
Es handelt sich um eine Spiegelung an der y-Achse.

c) $f(-x) = \frac{0{,}5}{(-x-4)^2} - 5$
$= \frac{0{,}5}{(-(x+4))^2 - 5}$
$= \frac{0{,}5}{(-1)^2 \cdot (x+4)^2} - 5$
$= \frac{0{,}5}{(x+4)^2} - 5$
$= g(x)$
Es handelt sich um eine Spiegelung an der y-Achse.

d) $-f(x) = -\left(\frac{6}{x-5} + 4\right)$
$= -\frac{6}{x-5} - 4$
$= g(x)$
Es handelt sich um eine Spiegelung an der x-Achse.

4 Fragen zur Gerade f

a) gespiegelt an x-Achse: Kärtchen III
gespiegelt an y-Achse: Kärtchen II

b) Die Gerade g verläuft wie die Gerade f, hat also die gleiche Steigung, jedoch um 8 LE nach unten verschoben.
Die Gerade j hat mit $m = \frac{3}{2}$ eine deutlich größere Steigung, verläuft also steiler als f, teilt sich mit dieser aber den y-Achsenabschnitt.

5 Zuordnung des passenden Kärtchens

A → III; B → II; C → I

6 Zuordnung der passenden Funktion

a) $g(x) \to B$
Der Graph wurde gestaucht.
$g(0) = 2$ und $f(0) = 3$, d.h. $a \cdot 3 = 2$, also $a = \frac{2}{3}$.

b) $h(x) \to C$
Der Graph wurde an der x-Achse gespiegelt und nach oben verschoben.
$h(0) = 1$ und $f(0) = 3$, d.h. $1 = -3 + b$, also $b = 4$.

c) $k(x) \to A$
Der Graph wurde um 1 nach links verschoben, d.h. $c = -1$. $(k(x) = f(x + 1))$

7 Spiegelung

a) $f(0) = 0$ und $g(0) = 2$:
Verschiebung um 2 nach oben gegenüber f und damit ist $g(x) = -x^2 + 2$.

b) $f(0) = 1$ und $g(0) = 1$:
Keine Verschiebung gegenüber f und damit ist $g(x) = -x^2 + 1$.

c) $f(0) = 2$ und $g(0) = 0$:
Verschiebung um 2 nach unten gegenüber f und damit ist $g(x) = -x^2$.

d) $f(0) = -1$ und $g(0) = 3$:
Verschiebung um 4 nach oben gegenüber f und damit ist $g(x) = -x^2 + 3$.

8 Funktionsgleichung für gespiegelte Funktion finden

Es muss gelten $f(0) = g(0) = 2$ und $f(4) = g(4) = 2$.

A: $g(0) = -2 - 2 = -4$;	falsch
B: $h(0) = -2 + 2 = 0$;	falsch
C: $j(0) = 2 - 2 = 0$;	falsch
D: $k(0) = 4 - 2 = 2$;	wahr

Es gilt die Funktionsgleichung D: $k(x) = 4 - f(x)$.

SCHRITT 5

Das brauchst du wieder

B: $f(x) = x^2$; C: $f(x) = x^3$; D: $f(x) = -x^2$

1 „Du bist dran" aus dem „So geht's"-Kasten

Prüfe die höchste Potenz und notiere das Verhalten von f für $x \to +\infty$ und $x \to -\infty$:

$n = 4$, also gerade und $a_n = \frac{1}{4} > 0$.
Für $x \to +\infty$ gilt $f(x) \to +\infty$.
Für $x \to -\infty$ gilt $f(x) \to +\infty$.
Der Graph kommt von oben und geht nach oben.

2 Verhalten ganzrationaler Funktionen für $x \to \pm\infty$ beschreiben

a) $n = 3$, also ungerade und $a_n = 1 > 0$.
Für $x \to +\infty$ gilt $f(x) \to +\infty$.
Für $x \to -\infty$ gilt $f(x) \to -\infty$.

b) $n = 4$, also gerade und $a_n = -1 < 0$.
Für $x \to \pm\infty$ gilt $f(x) \to -\infty$.

c) $n = 5$, also ungerade und $a_n = -2 < 0$.
Für $x \to +\infty$ gilt $f(x) \to -\infty$.
Für $x \to -\infty$ gilt $f(x) \to +\infty$.

d) $n = 6$, also gerade und $a_n = 1 > 0$.
Für $x \to \pm\infty$ gilt $f(x) \to +\infty$.

3 Zuordnung von Graph zu passender Funktion

A → III; B → II; C → I

4 Verhalten von Funktionen für $x \to \pm\infty$ beschreiben

a) $f(x) = -(x^2 + 5x - 3x - 15)$
$= -x^2 - 5x + 3x + 15$
$= -x^2 - 2x + 15$
$n = 2$, also gerade und $a_n < 0$
Für $x \to \pm\infty$ gilt $f(x) \to -\infty$.

b) $f(x) = x^3 + 2x^2$
$n = 3$, also ungerade und $a_n > 0$
Für $x \to +\infty$ gilt $f(x) \to +\infty$.
Für $x \to -\infty$ gilt $f(x) \to -\infty$.

c) $f(x) = -x^4 + 3x^2$
$n = 4$, also gerade und $a_n < 0$
Für $x \to \pm\infty$ gilt $f(x) \to -\infty$.

d) $f(x) = (x^2 + 6x + 9) \cdot (x^2 + 1)$
$= x^4 + 6x^3 + 9x^2 + x^2 + 6x + 9$
$= x^4 + 6x^3 + 10x^2 + 6x + 9$
$n = 4$, also gerade und $a_n > 0$
Für $x \to \pm\infty$ gilt $f(x) \to +\infty$.

5 Zuordnung von Skizze zu passender Funktion

A → III; B → I; C → II

6 Verhalten von veränderter Funktion für $x \to \pm\infty$ untersuchen

a) g ist gegenüber f um 6 nach links verschoben. Dadurch verändert sich das Verhalten für $x \to \pm\infty$ nicht und entspricht dem von f.

b) g wurde gegenüber f an der x-Achse gespiegelt. Dadurch kehrt sich das Verhalten für $x \to \pm\infty$ um und es gilt:
Für $x \to +\infty$ gilt $g(x) \to +\infty$.
Für $x \to -\infty$ gilt $g(x) \to -\infty$.

c) g wurde gegenüber f an der y-Achse gespiegelt. Dadurch kehrt sich das Verhalten für $x \to \pm\infty$ um und es gilt:
Für $x \to +\infty$ gilt $g(x) \to +\infty$.
Für $x \to -\infty$ gilt $g(x) \to -\infty$.

d) Dadurch, dass sich f(x) im Nenner von g(x) befindet, wird dessen Betrag für $x \to \pm\infty$ unendlich groß und somit gilt:
Für $x \to \pm\infty$ gilt $g(x) \to 0$.

SCHRITT 6

Das brauchst du wieder

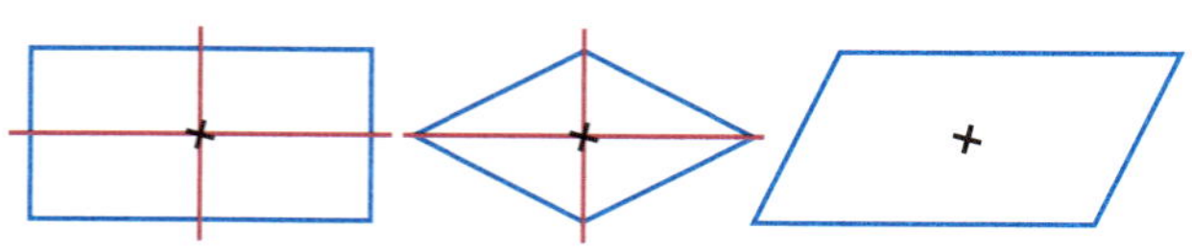

1 „Du bist dran" aus dem „So geht's"-Kasten

Setze −x im Funktionsterm von f für x ein und vergleiche mit f(x):
$f(-x) = (-x^3) - (-x) = -x^3 + x = -(x^3 - x) = -f(x)$
Das heißt: Der Graph von f ist punktsymmetrisch zum Ursprung.

2 Untersuchung auf Achsen- oder Punktsymmetrie

a) $f(-x) = (-x)^4 - 6(-x)^2 - 8$
$= x^4 - 6x^2 - 8$
$= f(x)$
f(x) ist achsensymmetrisch zur y-Achse.

b) $f(-x) = 0{,}5 \cdot (-x)^3 + 6(-x)$
$= -0{,}5x^3 - 6x$
$= -(0{,}5x^3 + 6x)$
$= -f(x)$
f(x) ist punktsymmetrisch zum Ursprung.

c) $f(-x) = \frac{2}{(-x)^2} + 2 = \frac{2}{x^2} + 2 = f(x)$
f(x) ist achsensymmetrisch zur y-Achse.

d) $f(-x) = \frac{1}{-x} - (-x)$
$= -\frac{1}{x} + x$
$= -\left(\frac{1}{x} - x\right)$
$= -f(x)$
f(x) ist punktsymmetrisch zum Ursprung.

3 Nachweis der Symmetrie-Eigenschaften

a) Der Funktionsterm enthält nur Potenzen mit geraden Hochzahlen, der Graph ist achsensymmetrisch zur y-Achse.

b) Der Funktionsterm enthält nur Potenzen mit ungeraden Hochzahlen, der Graph ist punktsymmetrisch zum Ursprung.

c) Der Funktionsterm ist eine Summe zweier zur y-Achse symmetrischen Funktionen, daher ist f(x) selbst auch wieder achsensymmetrisch zur y-Achse.

d) Die Funktion $\frac{1}{x}$ ist punktsymmetrisch zum Ursprung, daher ist auch ein Vielfaches davon punktsymmetrisch zum Ursprung.

4 Begründung, weder achsen- noch punktsymmetrisch

a) $\left.\begin{array}{l} f(1) = (1+3)^2 - 2 = 14 \\ f(-1) = (-1+3)^2 - 2 = 2 \end{array}\right\} \Rightarrow f(-1) \neq f(1)$ und $f(-1) \neq -f(1)$

⇒ Der Graph h von f ist weder punkt- noch achsensymmetrisch.

b) $\left.\begin{array}{l} f(1) = -1^3 - 3 = -1 - 3 = -4 \\ f(-1) = -(-1)^3 - 3 = -1 \cdot (-1) - 3 \\ \qquad = 1 - 3 = -2 \end{array}\right\} \Rightarrow f(-1) \neq f(1)$ und $f(-1) \neq -f(1)$

⇒ Der Graph h von f ist weder punkt- noch achsensymmetrisch.

c) $\left.\begin{array}{l} f(1) = \frac{1}{(1-2)^2} = \frac{1}{(-1)^2} = \frac{1}{1} = 1 \\ f(-1) = \frac{1}{(-1-2)^2} = \frac{1}{(-3)^2} = \frac{1}{9} \end{array}\right\} \Rightarrow f(-1) \neq f(1)$ und $f(-1) \neq -f(1)$

⇒ Der Graph h von f ist weder punkt- noch achsensymmetrisch.

d) $f(1) = \frac{1}{1} - 1 = 1 - 1 = 0$

$f(-1) = \frac{1}{(-1)} - 1 = -\frac{1}{1} - 1 = -1 - 1 = -2$ $\Rightarrow f(-1) \neq f(1)$ und $f(-1) \neq -f(1)$

$\Rightarrow$ Der Graph h von f ist weder punkt- noch achsensymmetrisch.

5 Verschobene Symmetrie

A → IV; B → III; C → I; D → II

6 Prüfen, ob Symmetrie-Eigenschaft erhalten bleibt

a) achsensymmetrisch: $f(x) = x^2$

$g(x) = x^2 + 2$

$g(-x) = (-x)^2 + 2 = x^2 + 2 = g(x)$

$\Rightarrow$ g(x) ist auch achsensymmetrisch zur y-Achse.

punktsymmetrisch: $f(x) = \frac{1}{x}$

$g(x) = \frac{1}{x} + 2$

$g(-x) = -\frac{1}{x} + 2 = -\left(\frac{1}{x} - 2\right) \neq -g(x)$

$\Rightarrow$ g(x) ist nicht punktsymmetrisch zum Ursprung.

b) achsensymmetrisch: $f(x) = x^2$

$g(x) = 5x^2$

$g(-x) = 5 \cdot (-x)^2 = 5x^2 = g(x)$

$\Rightarrow$ g(x) ist auch achsensymmetrisch zur y-Achse.

punktsymmetrisch: $f(x) = \frac{1}{x}$

$g(x) = \frac{5}{x}$

$g(-x) = \frac{5}{(-x)} = -\left(\frac{5}{x}\right) = -g(x)$

$\Rightarrow$ g(x) ist auch punktsymmetrisch zum Ursprung.

c) achsensymmetrisch: $f(x) = x^2$

$g(x) = -x^2$

$g(-x) = -(-x)^2 = -x^2 = g(x)$

$\Rightarrow$ g(x) ist auch achsensymmetrisch zur y-Achse.

punktsymmetrisch: $f(x) = \frac{1}{x}$

$g(x) = -\frac{1}{x}$

$g(-x) = -\frac{1}{(-x)} = \frac{1}{x} = -g(x)$

$\Rightarrow$ g(x) ist auch punktsymmetrisch zum Ursprung.

SCHRITT 7

Das brauchst du wieder

pq-Formel:

$x_1 = 2 + \sqrt{4+5} = 2 + \sqrt{9} = 2 + 3 = 5$

$x_2 = 2 - \sqrt{9} = 2 - 3 = -1$

abc-Formel:

$x_1 = \frac{2 + \sqrt{4+5}}{1} = 2 + \sqrt{9} = 2 + 3 = 5$

$x_2 = 2 - \sqrt{9} = 2 - 3 = -1$

1 „Du bist dran" aus dem „So geht's"-Kasten

Setze $f(x) = 0$ und klammere die x-Potenz mit der kleinsten Hochzahl aus:

$x^3 - 6x^2 + 5x = 0$ | x ausklammern

$x(x^2 - 6x + 5) = 0$ | Nullprodukt

1. Fall: $x_1 = 0$

2. Fall: $x^2 - 6x + 5 = 0$

Löse die quadratische Gleichung.

(Anwenden der pq- oder abc-Formel)

$x_2 = 1$

$x_3 = 5$

Die Nullstellen von f lauten $x_1 = 0;\ x_2 = 1;\ x_3 = 5$

2 Lösen durch Ausklammern

a) $x(x^2 - 2x - 8) = 0$

1. Fall: $x_1 = 0$

2. Fall: $x^2 - 2x - 8 = 0$

(Anwendung der pq- oder abc-Formel)

$x_2 = 4$

$x_3 = -2$

b) $x(x^2 - 8) = 0$

1. Fall: $x_1 = 0$

2. Fall: $x^2 - 8 = 0$ | +8

$x^2 = 8$ | $\sqrt{\ }$

$x_2 = \sqrt{8};\ x_3 = -\sqrt{8}$

c) $x^2(3x + 1) = 0$

1. Fall: $x_1 = 0$

2. Fall: $3x + 1 = 0$ | −1

$3x = -1$ | : 3

$x_2 = -\frac{1}{3}$

d) $x^2(x^2 + 8x - 9) = 0$

1. Fall: $x_1 = 0$

2. Fall: $x^2 + 8x - 9 = 0$

(Anwendung der pq- oder abc-Formel)

$x_2 = 1$

$x_3 = -9$

e) $2x(x^2 - 3x + 2) = 0$

1. Fall: $x_1 = 0$

2. Fall: $x^2 - 3x + 2 = 0$

(Anwendung der pq- oder abc-Formel)

$x_2 = 2$

$x_3 = 1$

f) $0{,}5x^3(x + 5) = 0$

1. Fall: $x_1 = 0$

2. Fall: $x + 5 = 0$ | −5

$x_2 = -5$

3 Nullstellen bestimmen

a) $f(x) = 0$

$2x^3 - 8x^2 + 8x = 0$

$2x(x^2 - 4x + 4) = 0$

1. Fall: $x_1 = 0$

2. Fall: $x^2 - 4x + 4 = 0$

(Anwendung der pq- oder abc-Formel)

$x_2 = 2$

b) $f(x) = 0$

$0{,}5x^3 - 4{,}5x = 0$

$0{,}5x(x^2 - 9) = 0$

1. Fall: $x_1 = 0$

2. Fall: $x^2 - 9 = 0 \quad |+9$

$x^2 = 9 \quad |\sqrt{\ }$

$x_2 = 3$

$x_3 = -3$

c) $f(x) = 0$

$\frac{1}{3}x^2 + \frac{1}{4}x = 0$

$\frac{1}{3}x\left(x + \frac{3}{4}\right) = 0$

1. Fall: $x_1 = 0$

2. Fall: $x + \frac{3}{4} = 0 \quad |-\frac{3}{4}$

$x_2 = -\frac{3}{4}$

d) $f(x) = 0$

$4x^3 - x^2 = 0$

$x^2(4x - 1) = 0$

1. Fall: $x_1 = 0$

2. Fall: $x_2 = \frac{1}{4}$

4 Schnittpunkte von Funktionen

a) $f(x) = g(x)$

$f(x) - g(x) = 0$

$x^3 - 4x^2 + 3x = 0$

$x(x^2 - 4x + 3) = 0$

1. Fall: $x_1 = 0$

2. Fall: $x^2 - 4x + 3 = 0$

(Anwendung der pq- oder abc-Formel)

$x_2 = 3;\ x_3 = 1$

Bestimmung der y-Werte der Schnittpunkte:

$g(0) = 0 \qquad S_1(0\,|\,0)$

$g(3) = -3 \cdot 3 = -9 \qquad S_2(3\,|\,-9)$

$g(1) = -3 \cdot 1 = -3 \qquad S_3(1\,|\,-3)$

b) $f(x) - g(x) = 0$

$0{,}5x^3 - 3x^2 + 4x - (x^2 - 2x) = 0$

$0{,}5x^3 - 3x^2 + 4x - x^2 + 2x = 0$

$0{,}5x^3 - 4x^2 + 6x = 0$

$0{,}5x(x^2 - 8x + 12) = 0$

1. Fall: $x_1 = 0$

2. Fall: $x^2 - 8x + 12 = 0$

(Anwendung der pq- oder abc-Formel)

$x_2 = 6;\ x_3 = 2$

Bestimmung der y-Werte der Schnittpunkte:

$g(0) = 0 \qquad S_1(0\,|\,0)$

$g(6) = 6^2 - 2 \cdot 6 = 36 - 12 = 24 \qquad S_2(6\,|\,24)$

$g(2) = 2^2 - 2 \cdot 2 = 4 - 4 = 0 \qquad S_3(2\,|\,0)$

c) $f(x) - g(x) = 0$

$x^2 - 2{,}5x - (2x - 2) = 0$

$x^2 - 2{,}5x - 2x + 2 = 0$

$x^2 - 4{,}5x + 2 = 0$

$x^2 - \frac{9}{2}x + 2 = 0$

(Anwendung der pq- oder abc-Formel)

$x_1 = \frac{16}{4} = 4$

$x_2 = \frac{2}{4} = \frac{1}{2}$

Bestimmung der y-Werte der Schnittpunkte:

$g(4) = 2 \cdot 4 - 2 = 8 - 2 = 6 \qquad S_1(4\,|\,6)$

$g\left(\frac{1}{2}\right) = 2 \cdot \frac{1}{2} - 2 = 1 - 2 = -1 \qquad S_2\left(\frac{1}{2}\,\middle|\,-1\right)$

d) $f(x) - g(x) = 0$

$x^3 + 3x^2 + 10x - (-4x^2) = 0$

$x^3 + 3x^2 + 10x + 4x^2 = 0$

$x^3 + 7x^2 + 10x = 0$

$x(x^2 + 7x + 10) = 0$

1. Fall: $x_1 = 0$

2. Fall: $x^2 + 7x + 10 = 0$

(Anwendung der pq- oder abc-Formel)

$x_2 = -2$

$x_3 = -5$

Bestimmung der y-Werte der Schnittpunkte:

$g(0) = 0 \qquad S_1(0\,|\,0)$

$g(-2) = -4 \cdot (-2)^2$

$= -4 \cdot 4 = -16 \qquad S_2(-2\,|\,-16)$

$g(-5) = -4 \cdot (-5)^2$

$= -4 \cdot 25 = -100 \qquad S_3(-5\,|\,-100)$

5 „Du bist dran" aus dem „So geht's"-Kasten

Setze $f(x) = 0$ und substituiere x^2 durch z:

$x^4 - 4x^2 - 5 = 0 \quad |$ Substitution $x^2 = z;\ x^4 = z^2$

$z^2 - 4z - 5 = 0$

Löse die quadratische Gleichung:

(Anwendung der pq- oder abc-Formel)

$z_1 = 5$

$z_2 = -1$

Führe die Rücksubstitution aus:

$z_1 = 5$: $x^2 = 5$

ergibt $x_{1,2} = \pm\sqrt{5}$

$x_1 = -\sqrt{5};\ x_2 = \sqrt{5}$

$z_2 = -1$: $x^2 = -1$

hat keine Lösung

Damit hat die Funktion die Nullstellen

$x_1 = -\sqrt{5}$ und $x_2 = \sqrt{5}$.

6 Substitution

a) $x^4 - 2x^2 - 8 = 0 \quad |$ Substitution $x^2 = z;\ x^4 = z^2$

$z^2 - 2z - 8 = 0$

(Anwendung der pq- oder abc-Formel)

$z_1 = -2$, $z_2 = 4$ | Rücksubstitution

$z_1 = -2$: $x^2 = -2$

hat keine Lösung

$z_2 = 4$: $x^2 = 4$

ergibt: $x_{1,2} = \pm\sqrt{4}$

$x_1 = -2;\ x_2 = 2$

b) $2x^4 + 4x^2 - 6 = 0 \quad | :2$
$x^4 + 2x^2 - 3 = 0 \quad |$ Substitution $x^2 = z;\ x^4 = z^2$
$z^2 + 2z - 3 = 0$
(Anwendung der pq- oder abc-Formel)
$z_1 = -3$, $z_2 = 1$ | Rücksubstitution
$z_1 = -3$: $x^2 = -3$
hat keine Lösung
$z_2 = 1$: $x^2 = 1$
ergibt: $x_{1,2} = \pm\sqrt{1}$
$x_1 = -1;\ x_2 = 1$

c) $x^5 - 6x^3 + 5x = 0$
$x(x^4 - 6x^2 + 5) = 0$
1. Fall: $x_1 = 0$
2. Fall: $x^4 - 6x^2 + 5 = 0 \quad |$ Substitution $x^2 = z;\ x^4 = z^2$
$z^2 - 6z + 5 = 0$
(Anwendung der pq- oder abc-Formel)
$z_1 = 1$, $z_2 = 5$ | Rücksubstitution
$z_1 = 1$: $x^2 = 1$
ergibt: $x_{2,3} = \pm\sqrt{1}$
$x_2 = -1;\ x_3 = 1$
$z_2 = 5$: $x^2 = 5$
ergibt: $x_{4,5} = \pm\sqrt{5}$
$x_4 = -\sqrt{5};\ x_5 = \sqrt{5}$

d) $x^4 - \frac{3}{2}x^2 - 1 = 0 \quad |$ Substitution $x^2 = z;\ x^4 = z^2$
$z^2 - \frac{3}{2}z - 1 = 0$
(Anwendung der pq- oder abc-Formel)
$z_1 = -0{,}5$, $z_2 = 2$ | Rücksubstitution
$z_1 = -0{,}5$: $x^2 = -0{,}5$
hat keine Lösung
$z_2 = 2$: $x^2 = 2$
ergibt: $x_{1,2} = \pm\sqrt{2}$
$x_1 = -\sqrt{2};\ x_2 = \sqrt{2}$

e) $x^6 + 7x^3 - 8 = 0 \quad |$ Substitution $x^3 = z;\ x^6 = z^2$
$z^2 + 7z - 8 = 0$
(Anwendung der pq- oder abc-Formel)
$z_1 = -8$, $z_2 = 1$ | Rücksubstitution
$z_1 = -8$: $x^3 = -8$
ergibt: $x_1 = \sqrt[3]{-8}$
$x_1 = -2$
$z_2 = 1$: $x^3 = 1$
ergibt: $x_2 = \sqrt[3]{1}$
$x_2 = 1$

f) $4u^5 + 7u^3 - 2u = 0$
$u(4u^4 + 7u^2 - 2) = 0$
1. Fall: $u_1 = 0$
2. Fall: $4u^4 + 7u^2 - 2 = 0 \quad |$ Substitution $u^2 = z;\ u^4 = z^2$
$4z^2 + 7z - z = 0$
(Anwendung der pq- oder abc-Formel)
$z_1 = -2$, $z_2 = \frac{1}{4}$ | Rücksubstitution
$z_1 = -2$: $u^2 = -2$
hat keine Lösung
$z_2 = \frac{1}{4}$: $u^2 = \frac{1}{4}$
ergibt: $u_{2,3} = \pm\sqrt{\frac{1}{4}}$
$u_2 = -\frac{1}{2};\ u_3 = \frac{1}{2}$

7 Nullstellen bestimmen

a) $f(x) = 0$
$x^4 - 3x^2 + 2 = 0 \quad |$ Substitution $x^2 = z;\ x^4 = z^2$
$z^2 - 3z + 2 = 0$
(Anwendung der pq- oder abc-Formel)
$z_1 = 1$, $z_2 = 2$ | Rücksubstitution
$z_1 = 1$: $x^2 = 1$
ergibt: $x_{1,2} = \pm\sqrt{1}$
$x_1 = -1;\ x_2 = 1$
$z_2 = 2$: $x^2 = 2$
ergibt: $x_{3,4} = \pm\sqrt{2}$
$x_3 = -\sqrt{2};\ x_4 = \sqrt{2}$

b) $f(x) = 0$
$x^5 - 6x^3 - 7x = 0$
$x(x^4 - 6x^2 - 7) = 0$
1. Fall: $x_1 = 0$
2. Fall: $x^4 - 6x^2 - 7 = 0 \quad |$ Substitution $x^2 = z;\ x^4 = z^2$
$z^2 - 6z - 7 = 0$
(Anwendung der pq- oder abc-Formel)
$z_1 = -1$, $z_2 = 7$ | Rücksubstitution
$z_1 = -1$: $x^2 = -1$
hat keine Lösung
$z_2 = 7$: $x^2 = 7$
ergibt: $x_{2,3} = \pm\sqrt{7}$
$x_2 = -\sqrt{7};\ x_3 = \sqrt{7}$

c) $f(x) = 0$
$\frac{1}{2}x^4 - 8 = 0 \quad | +8$
$\frac{1}{2}x^4 = 8 \quad | :\frac{1}{2}$
$x^4 = 16$
$x_{1,2} = \pm\sqrt[4]{16}$
$x_1 = 2;\ x_2 = -2$

d) $f(x) = 0$
$2x^4 - 8x^2 - 10 = 0 \quad | :2$
$x^4 - 4x^2 - 5 = 0 \quad |$ Substitution $x^2 = z;\ x^4 = z^2$
$z^2 - 4z - 5 = 0$
(Anwendung der pq- oder abc-Formel)
$z_1 = -1$, $z_2 = 5$ | Rücksubstitution
$z_1 = -1$: $x^2 = -1$
hat keine Lösung

$z_2 = 5$: $x^2 = 5$
ergibt: $x_{1,2} = \pm\sqrt{5}$
$x_1 = -\sqrt{5}$; $x_2 = \sqrt{5}$

8 Schnittpunkte bestimmen

a) $f(x) - g(x) = 0$
$x^4 - 8x^2 - (2x^2 - 9) = 0$
$x^4 - 8x^2 - 2x^2 + 9 = 0$
$x^4 - 10x^2 + 9 = 0$ | Substitution $x^2 = z$; $x^4 = z^2$
$z^2 - 10z + 9 = 0$
(Anwendung der pq- oder abc-Formel)
$z_1 = 9$, $z_2 = 1$ | Rücksubstitution
$z_1 = 9$: $x^2 = 9$
ergibt: $x_{1,2} = \pm\sqrt{9}$
$x_1 = -3$; $x_2 = 3$
$z_2 = 1$: $x^2 = 1$
ergibt: $x_{3,4} = \pm\sqrt{1}$
$x_3 = -1$; $x_4 = 1$
Bestimmung der y-Werte der Schnittpunkte:
$g(-3) = 2 \cdot (-3)^2 - 9$
$= 2 \cdot 9 - 9 = 18 - 9 = 9$ $S_1(-3\,|\,9)$
$g(3) = 2 \cdot 3^2 - 9 = 18 - 9 = 9$ $S_2(3\,|\,9)$
$g(-1) = 2 \cdot (-1)^2 - 9 = 2 - 9 = -7$ $S_3(-1\,|\,-7)$
$g(1) = 2 \cdot 1^2 - 9 = 2 - 9 = -7$ $S_4(1\,|\,-7)$

b) $f(x) - g(x) = 0$
$x^4 - x^2 - 5 - (x^2 + 3) = 0$
$x^4 - x^2 - 5 - x^2 - 3 = 0$
$x^4 - 2x^2 - 8 = 0$ | Substitution $x^2 = z$; $x^4 = z^2$
$z^2 - 2z - 8 = 0$
(Anwendung der pq- oder abc-Formel)
$z_1 = -2$, $z_2 = 4$ | Rücksubstitution
$z_1 = -2$: $x^2 = -2$
hat keine Lösung
$z_2 = 4$: $x^2 = 4$
ergibt: $x_{3,4} = \pm\sqrt{4}$
$x_3 = -2$; $x_4 = 2$
Bestimmung der y-Werte der Schnittpunkte:
$g(-2) = (-2)^2 + 3 = 4 + 3 = 7$ $S_1(-2\,|\,7)$
$g(2) = 2^2 + 3 = 4 + 3 = 7$ $S_2(2\,|\,7)$

c) $f(x) - g(x) = 0$
$0{,}5x^5 + 0{,}5x - x^3 = 0$
$0{,}5x(x^4 - 2x^2 + 1) = 0$
1. Fall: $x_1 = 0$
2. Fall: $x^4 - 2x^2 + 1 = 0$ | Substitution $x^2 = z$; $x^4 = z^2$
$z^2 - 2z + 1 = 0$
(Anwendung der pq- oder abc-Formel)
$z_1 = 1$ | Rücksubstitution
$z_1 = 1$: $x^2 = 1$
ergibt: $x_{2,3} = \pm\sqrt{1}$
$x_2 = -1$; $x_3 = 1$
Bestimmung der y-Werte der Schnittpunkte:
$g(0) = 0$ $S_1(0\,|\,0)$
$g(-1) = (-1)^3 = -1$ $S_2(-1\,|\,-1)$
$g(1) = 1^3 = 1$ $S_3(1\,|\,1)$

d) $f(x) - g(x) = 0$
$x^4 + 2x^2 - (-x^4 + 12) = 0$
$x^4 + 2x^2 + x^4 - 12 = 0$
$2x^4 + 2x^2 - 12 = 0$ | : 2
$x^4 + x^2 - 6 = 0$ | Substitution $x^2 = z$; $x^4 = z^2$
$z^2 + z - 6 = 0$
(Anwendung der pq- oder abc-Formel)
$z_1 = -3$, $z_2 = 2$ | Rücksubstitution
$z_1 = -3$: $x^2 = -3$
hat keine Lösung
$z_2 = 2$: $x^2 = 2$
ergibt: $x_{1,2} = \pm\sqrt{2}$
$x_1 = -\sqrt{2}$; $x_2 = \sqrt{2}$
Bestimmung der y-Werte der Schnittpunkte:
$g(-\sqrt{2}) = -(-\sqrt{2})^4 + 12$
$= -4 + 12 = 8$ $S_1(-\sqrt{2}\,|\,8)$
$g(\sqrt{2}) = -(\sqrt{2})^4 + 12$
$= -4 + 12 = 8$ $S_2(\sqrt{2}\,|\,8)$

SCHRITT 8

Das brauchst du wieder
$x^4 - 6x^2 + 8 = 0$ | Substitution $x^2 = z$
$z^2 - 5z + 4 = 0$
(Anwendung der pq- oder abc-Formel)
$z_1 = 4$; $z_2 = 1$
Rücksubstitution:
$z_1 = 4$: $x^2 = 4$
ergibt: $x_{1,2} = \pm\sqrt{4}$
$x_1 = -2$; $x_2 = 2$
$z_2 = 1$: $x^2 = 1$
ergibt: $x_{3,4} = \pm\sqrt{1}$
$x_3 = -1$; $x_4 = 1$
$x^3 - 5x^2 + 4x = 0$ | ausklammern
$x(x^2 - 5x + 4) = 0$
1. Fall: $x_1 = 0$
2. Fall: $x^2 - 5x + 4 = 0$
(Anwendung der pq- oder abc-Formel)
$x_1 = 4$; $x_2 = 1$

1 „Du bist dran" aus dem „So geht's"-Kasten

Bestimme die Nullstellen und ihre Art:
$x^2 \cdot (x + 3)$ | Nullprodukt
1. Fall: $x^2 = 0$
$x_1 = 0$ doppelte Nullstelle
2. Fall: $x + 3 = 0$ | -3
$x_2 = -3$ einfache Nullstelle

Trage die Nullstellen ein und skizziere unter Beachtung des Verhaltens für $x \to \pm\infty$:

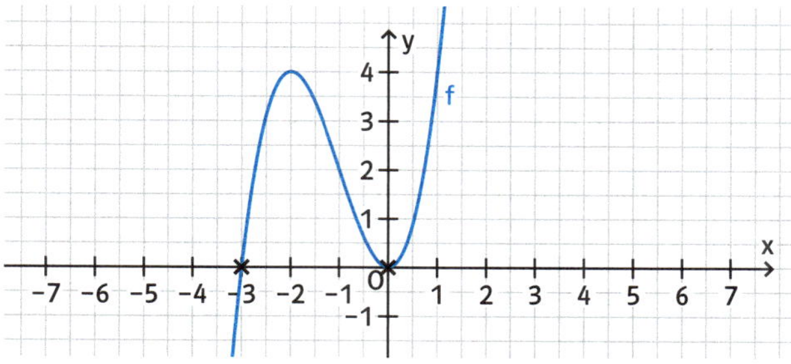

2 Nullstellen und Graphen

a) $-(x+5)\cdot(x+1)=0$ | Nullprodukt
1. Fall: $x+5=0$ | -5
$x_1=-5$ einfache Nullstelle
2. Fall: $x+1=0$ | -1
$x_2=-1$ einfache Nullstelle

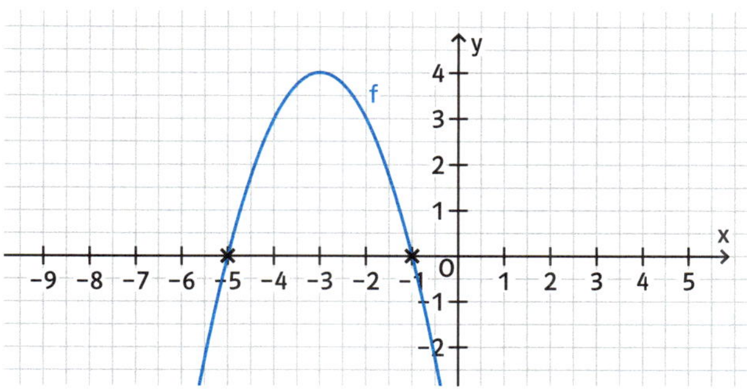

b) $-x\cdot(x+2)\cdot(x-2)=0$ | Nullprodukt
1. Fall: $x=0$
$x_1=0$ einfache Nullstelle
2. Fall: $x+2=0$ | -2
$x_2=-2$ einfache Nullstelle
3. Fall: $x-2=0$ | $+2$
$x_3=2$ einfache Nullstelle

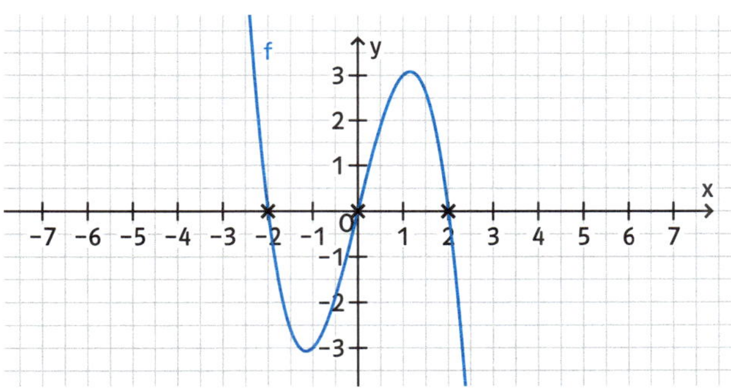

c) $-x^2\cdot(x-3)=0$ | Nullprodukt
1. Fall: $x^2=0$
$x_1=0$ doppelte Nullstelle
2. Fall: $x-3=0$ | $+3$
$x_2=3$ einfache Nullstelle

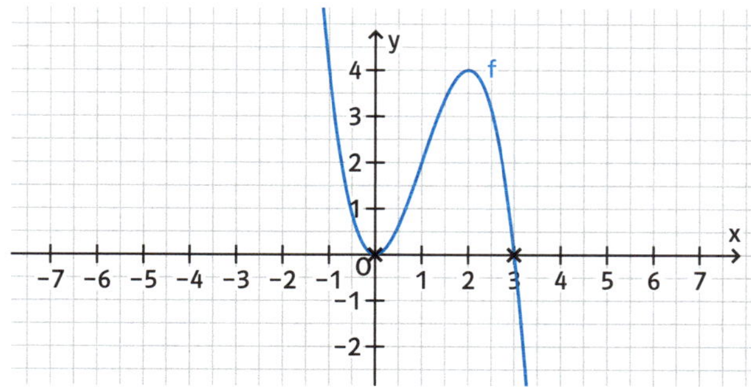

d) $(x+3)^2\cdot(x+1)\cdot(x-2)^2=0$ | Nullprodukt
1. Fall: $(x+3)^2=0$
$x+3=0$ | -3
$x_1=-3$ doppelte Nullstelle
2. Fall: $x+1=0$ | -1
$x_2=-1$ einfache Nullstelle
3. Fall: $(x-2)^2=0$
$x-2=0$ | $+2$
$x_3=2$ doppelte Nullstelle

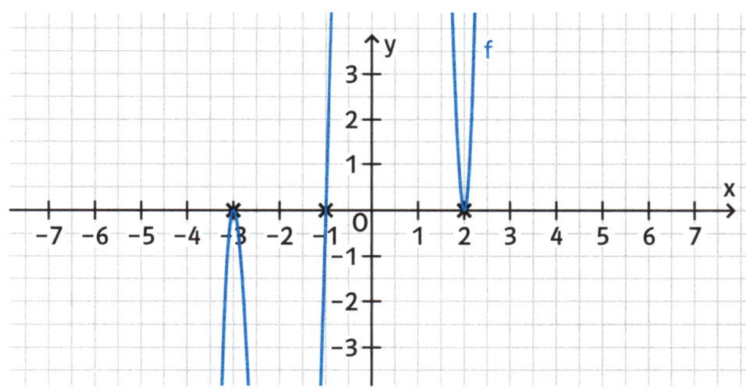

3 Linearfaktoren

a) $f(x)=(x+2)\cdot(x-4)$
b) $f(x)=(x+5)\cdot(x+1)\cdot(x-1)$
c) $f(x)=x^2\cdot(x-4{,}5)\cdot(x-6)$
d) $f(x)=(x+4)^3\cdot(x+2)$

4 Graphen zuordnen

A → III; B → IV; C → II; D → I

5 Nullstellen und Linearfaktoren

a) $x^3-4x^2-12x=0$
$x(x^2-4x-12)=0$
1. Fall: $x_1=0$ einfache Nullstelle
2. Fall: $x^2-4x-12=0$
(Anwendung der pq- oder abc-Formel)
$x_2=-2$ einfache Nullstelle
$x_3=6$ einfache Nullstelle
Linearfaktorzerlegung: $f(x)=x\cdot(x+2)(x-6)$

b) $2x^3 - 16x^2 + 30x = 0$

$x(2x^2 - 16x + 30) = 0$

1\. Fall: $x_1 = 0$ einfache Nullstelle

2\. Fall: $2x^2 - 16x + 30 = 0$

$x^2 - 8x + 15 = 0$

(Anwendung der pq- oder abc-Formel)

$x_2 = 3$ einfache Nullstelle

$x_3 = 5$ einfache Nullstelle

Linearfaktorzerlegung: $f(x) = 2x \cdot (x-3)(x-5)$

c) $-x^4 - x^3 + 6x^2 = 0$

$x^2(-x^2 - x + 6) = 0$

1\. Fall: $x^2 = 0$

$x_1 = 0$ doppelte Nullstelle

2\. Fall: $-x^2 - x + 6 = 0$

(Anwendung der pq- oder abc-Formel)

$x_2 = 2$ einfache Nullstelle

$x_3 = -3$ einfache Nullstelle

Linearfaktorzerlegung: $f(x) = -x^2(x-2)(x+3)$

d) $x^4 - 10x^2 + 9 = 0$ | Substitution $x^2 = z;\ x^4 = z^2$

$z^2 - 10z + 9 = 0$

(Anwendung der pq- oder abc-Formel)

$z_1 = 9$, $z_2 = 1$ | Rücksubstitution

$z_1 = 9;\ x^2 = 9$

ergibt: $x_{1,2} = \pm\sqrt{9}$

$x_1 = -3;\ x_2 = 3$

$z_2 = 1;\ x^2 = 1$ einfache Nullstellen

ergibt: $x_{3,4} = \pm\sqrt{1}$

$x_3 = -1;\ x_4 = 1$ einfache Nullstellen

Linearfaktorzerlegung:

$f(x) = (x+3) \cdot (x-3) \cdot (x+1) \cdot (x-1)$

6 Funktionsgleichungen bestimmen

a) $f(x) = (x-1) \cdot (x-4)$

b) $f(x) = -x(x+2) \cdot (x-1)$

c) $f(x) = x(x+2) \cdot (x-3) \cdot (x-5)$

d) $f(x) = -(x+4) \cdot (x+2) \cdot (x-1)^2$

TRAINING 1

1 Quadratische Funktionen

a) Die abgebildete Parabel hat den Scheitelpunkt $S(2\,|\,-3)$. Das ist bei A und B der Fall.
Der y-Achsenabschnitt ist $y = -1$, das ist bei B der Fall. Daher zeigt die Abbildung den Graphen von B.

b) A: Scheitelpunkt $(2\,|\,-3)$

y-Achsenabschnitt: $f(0) = (-2)^2 - 3 = 1$

C: Scheitelpunkt $(3\,|\,-2)$

y-Achsenabschnitt: $f(0) = 0{,}5 \cdot (-3)^2 - 2 = 2{,}5$

2 Wurzelfunktion

a)

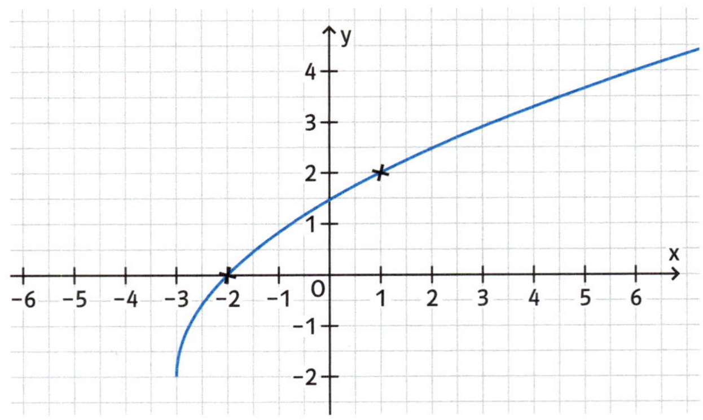

Die Funktion f hat die Nullstelle $x = -2$ und verläuft durch den Punkt $(1\,|\,2)$:

$f(1) = 2 \cdot \sqrt{1+3} - 2 = 2 \cdot 2 - 2 = 2.$

b) $f(0) = 2 \cdot \sqrt{3} - 2$

Da $\sqrt{3} \approx 1{,}7 > 1{,}5$ ist, gilt: $2 \cdot \sqrt{3} - 2 > 2 \cdot 1{,}5 - 2 = 1.$

3 Graph und Asymptote

(1) Wahr. g ist die Spiegelung von f an der y-Achse. Bei dieser Spiegelung bleiben die Punkte auf der y-Achse unverändert.

(2) Wahr. g entsteht aus f durch Spiegelung an der x-Achse und Verschiebung um 2 nach oben. Daher werden die Punkte $(1\,|\,2)$ und $(3\,|\,2)$ zu Nullstellen von g.

(3) Falsch. g entsteht aus f durch Streckung in y-Richtung mit dem Faktor 1,2. Dabei wird auch die waagerechte Asymptote nach oben gestreckt. Die waagerechte Asymptote von g ist $y = 1{,}2 \cdot 4 = 4{,}8$.

4 Funktionen untersuchen

a) f ist achsensymmetrisch zur y-Achse.
Zu zeigen: $f(-x) = f(x)$

$$f(-x) = -\tfrac{1}{3}(-x)^4 + 6 \cdot (-x)^2 + 27$$
$$= -\tfrac{1}{3}x^4 + 6x^2 + 27 = f(x)$$

b) Vor der höchsten Potenz x^4 steht ein Minuszeichen, daher gilt: $f(x) \to -\infty$ für $x \to \pm\infty$.

c) $-\frac{1}{3}x^4 + 6x^2 - 27 = 0$; Substitution: $z = x^2$

$-\frac{1}{3}z^2 + 6z - 27 = 0 \quad \big|:\left(-\frac{1}{3}\right)$

$z^2 - 18z + 81 = 0$

Lösung mit der abc- oder der pq-Formel:

$z_{1,2} = 9$ 2-fach

Rücksubstitution: $x^2 = 9$ 2-fach

$x_{1,2} = \pm\sqrt{9} = \pm 3$ 2-fach

$x_1 = 3$ 2-fach, $x_2 = -3$ 2-fach $\Big\}$ $f(x) = -\frac{1}{3}(x-3)^2 \cdot (x+3)^2$

5 Funktionen und Graphen zuordnen

a) Der y-Achsenabschnitt von f ist
$f(0) = -2^2 \cdot (-1) = 4$.
Daher kommt nur D infrage.

b) Graph A: entsteht aus f durch Spiegelung an der x-Achse und Stauchung mit dem Faktor $\frac{1}{2}$:
$h(-x) = -\frac{1}{2}f(x)$; $b = -\frac{1}{2}$.
Graph B: entsteht aus f durch Spiegelung an der x-Achse und Verschiebung um 2 in y-Richtung:
$k(x) = -f(x) + 2$; $c = 2$.
Graph C: entsteht aus f durch Verschiebung um 2 in x-Richtung nach links:
$g(x) = f(x-2)$; $a = -2$.

6 Aussagen zu Graphen überprüfen

(1) Falsch. $f(2) < 0$ und $f(1) > 0$

(2) Wahr. Die Gerade $y = 2$ schneidet den Graphen von f zweimal.

(3) Wahr. f berührt die x-Achse im Ursprung und hat daher bei $x = 0$ eine 2-fache Nullstelle. Das bedeutet, dass bei der Zerlegung in Linearfaktoren der Faktor $(x-0)^2 = x^2$ auftritt.
Da f vierten Grades ist, ist dann g zweiten Grades.

SCHRITT 9

Das brauchst du wieder

(2) $y = -x - 1$ (3) $m = \frac{5}{2} = 2{,}5$; $y = 2{,}5x + 1{,}5$

1 „Du bist dran" aus dem „So geht's"-Kasten

Bilde die Ableitung mit der Potenzregel:
$f(x) = x^3$
$f'(x) = 3x^2$
Setze den Wert für x in die Funktionsgleichung von f' ein:
$f'(3) = 3 \cdot 3^2 = 3 \cdot 9 = 27$
Die Funktion hat an der Stelle $x = 3$ die Steigung 27.

2 Steigung an der Stelle a berechnen

a) $f'(x) = 3x^2$ $f'(2) = 3 \cdot 2^2 = 3 \cdot 4 = 12$
Die Funktion hat an der Stelle $x = 2$ die Steigung 12.

b) $f'(x) = 5x^4$ $f'(-2) = 5 \cdot (-2)^4 = 5 \cdot 16 = 80$
Die Funktion hat an der Stelle $x = 2$ die Steigung 80.

c) $f'(x) = 1$ $f'(-4) = 1$
Die Funktion hat an der Stelle $x = -4$ die Steigung 1.

d) $f'(x) = 4x^3$

$$f'\left(-\frac{1}{2}\right) = 4 \cdot \left(-\frac{1}{2}\right)^3 = 4 \cdot \left(-\frac{1}{8}\right) = -\frac{4}{8} = -\frac{1}{2}$$

Die Funktion hat an der Stelle $x = 2$ die Steigung $-\frac{1}{2}$.

3 Bestimmung der Stelle, an der die Steigung den Wert m hat

a) $f'(x) = 2x$
$8 = 2x \quad | :2$
$4 = x$

a) $f'(x) = 4x^3$
$-4 = 4x^3 \quad | :4$
$-1 = x^3 \quad | \sqrt[3]{\;}$
$-1 = x$

4 Bestimmung der Stellen, an denen die Funktion parallel zur Geraden verläuft

$f'(x) = 3x^2$ Die Gerade $y = 12x$ hat die Steigung $m = 12$.
$12 = 3x^2 \quad | :3$
$4 = x^2 \quad | \sqrt{\;}$
$x_1 = 2$; $x_2 = -2$

5 Bestimmung der Stellen, an denen die Funktion und ihre Ableitungsfunktion den gleichen Wert besitzen

$f(x) = x^2$ $f'(x) = 2x$
$f(x) = f'(x)$
$x^2 = 2x \quad | :x \Rightarrow x_1 = 0$
$x_2 = 2$

6 Graphen vergleichen

a) $f'(x) = 2x$ $g'(x) = 3x^2$
$f'(x) = g'(x)$
$2x = 3x^2 \quad | :x \Rightarrow x_1 = 0$
$2 = 3x \quad | :3$
$\frac{2}{3} = x_2$

b) $f'(0) = 0$
$f'\left(\frac{2}{3}\right) = \frac{4}{3}$

7 Betrag der Steigung

a) $f'(x) = 2x$
$|f'(x)| < 10$
$|2x| < 10$

1. Fall:
$2x < 10 \quad | :2$
$x < 5$

2. Fall
$-2x < 10 \quad | :(-2)$
$x > -5$

$\Rightarrow -5 < x < 5$
Der Wert von x muss also zwischen −5 und 5 liegen.

b) $f'(x) = 3x^2$
$f'(x) < 12$
$3x^2 < 12 \quad | :3$
$x^2 < 4 \quad | \sqrt{\;}$
$x_1 = 2$; $x_2 = -2$
$\Rightarrow -2 < x < 2$

8 Fragen zum Schaubild der Funktion f

a) $f'(0) = \frac{1{,}5}{0{,}5} = 3$

$f'(2) = \frac{-1}{1} = -1$

$f'(3) = 0$

b) (1) Die Funktion f fällt an der Stelle $x = 1{,}5$. Sie hat hier also eine negative Steigung. Also ist die Aussage $f'(1{,}5) < 0$ wahr.

(2) Die Funktion f steigt an der Stelle $x = 0{,}5$. Sie hat hier also eine positive Steigung. Also ist die Aussage, dass der Graph an der Stelle $x = -0{,}5$ eine negative Steigung hat, falsch.

9 Nachweis mit der Potenzregel

$f(x) = c \cdot x^0$

$f'(x) = c \cdot 0 \cdot x^{-1} = 0$

10 Noch ein Nachweis mit der Potenzregel

$f(x) = x^n$

$f'(x) = n \cdot x^{n-1}$

$f'(1) = n \cdot 1^{n-1} = n \cdot 1 = n$

SCHRITT 10

Das brauchst du wieder

$f(x) = x^3$	$f'(x) = 3x^2$
$f(x) = x$	$f'(x) = 1$
$f(x) = 1$	$f'(x) = 0$

1 „Du bist dran" aus dem „So geht's"-Kasten

Bilde die Ableitung mit der Potenz-, Faktor- und Summenregel:

$f(x) = 0{,}5x^3 + 2x - 2$

$f'(x) = 1{,}5x^2 + 2$

Setze den Wert für x in die Funktionsgleichung von f' ein:

$f'(3) = 1{,}5 \cdot 3^2 + 2 = 13{,}5 + 2 = 15{,}5$

Die Funktion hat an der Stelle $x = 3$ die Steigung 15,5.

2 Ableitungsfunktion berechnen

a) $f(x) = \frac{1}{4}x^4 - 2x^2$ $\quad f'(x) = x^3 - 4x$

b) $f(x) = \frac{1}{4}x^5 - 4x + 3$ $\quad f'(x) = \frac{5}{4}x^4 - 4$

c) $f(x) = \frac{1}{5}x^5 - 2x^2 - 6x$ $\quad f'(x) = x^4 - 4x - 6$

d) $f(x) = x^5 - 4x^2$ $\quad f'(x) = 5x^4 - 8x$

3 Ableitungsfunktionen zuordnen

I → D; II → A; III → C; IV → B

4 Steigung an der Stelle a berechnen

$f'(x) = 3x^2 - 4x + 2$

a) $f'(1) = 3 \cdot 1^2 - 4 \cdot 1 + 2 = 3 - 4 + 2 = 1$

Die Funktion hat bei $x = 1$ die Steigung 1.

b) $f'(3) = 3 \cdot 3^2 - 4 \cdot 3 + 2 = 27 - 12 + 2 = 17$

Die Funktion hat an der Stelle $x = 3$ die Steigung 17.

c) $f'(-0{,}5) = 3 \cdot (-0{,}5)^2 - 4 \cdot (-0{,}5) + 2$

$= \frac{3}{4} + 2 + 2 = 4\frac{3}{4}$

Die Funktion hat an der Stelle $x = -0{,}5$ die Steigung $4\frac{3}{4}$.

5 Steigung an der Stelle a berechnen

a) $f'(x) = 6x - 5 \quad f'(2) = 6 \cdot 2 - 5 = 12 - 5 = 7$

Die Funktion hat an der Stelle $x = 2$ die Steigung 7.

b) $f'(x) = -3x^2 - \frac{1}{2}x + \frac{1}{2}$

$f'(4) = -3 \cdot 4^2 - \frac{1}{2} \cdot 4 + \frac{1}{2} = -48 - 2 + \frac{1}{2} = -49\frac{1}{2}$

Die Funktion hat an der Stelle $x = 4$ die Steigung $-49\frac{1}{2}$.

c) $f'(x) = 2x^3 - 5x$

$f'\left(-\frac{1}{2}\right) = 2 \cdot \left(-\frac{1}{2}\right)^3 - 5 \cdot \left(-\frac{1}{2}\right) = -\frac{1}{4} + \frac{5}{2} = \frac{9}{4}$

Die Funktion hat an der Stelle $x = -\frac{1}{2}$ die Steigung $\frac{9}{4}$.

d) $f'(x) = x^4 - 12x^3 - 30 \qquad f'(0) = -30$

Die Funktion hat an der Stelle $x = 0$ die Steigung -30.

6 Nachweis der Steigung

$f'(x) = 2x^3 - 8x$

a) $f'(-1) = 2 \cdot (-1)^3 - 8 \cdot (-1) = -2 + 8 = 6$

b) $f'(-2) = 2 \cdot (-2)^3 - 8 \cdot (-2) = -16 + 16 = 0$

c) $f'(1) = 2 \cdot 1^3 - 8 \cdot 1 = 2 - 8 = -6$

7 Bestimmung der Stellen, an denen die Steigung den Wert m hat

a) $f'(x) = -2x + 5$

$-2x + 5 = -3 \quad | -5$

$-2x = -8 \quad | :(-2)$

$x = 4$

b) $f'(x) = 10x - 8$

$10x - 8 = 0{,}5 \quad | +8$

$10x = 8{,}5 \quad | :10$

$x = 0{,}85$

c) $f'(x) = 3x^2 - 12$

$3x^2 - 12 = 9 \quad | +12$

$3x^2 = 21 \quad | :3$

$x^2 = 7 \quad | \sqrt{\ }$

$x_1 = \sqrt{7};\ x_2 = -\sqrt{7}$

d) $f'(x) = x^2 + 2x - 15$

$x^2 + 2x - 15 = 0$

(Anwendung der pq- oder der abc-Formel)

$x_1 = 3;\ x_2 = -5$

8 Nachweis, dass f nur positive Steigungen besitzt

$f'(x) = x^2 - 2x + 3$
$f'(x) = 0$
$x^2 - 2x + 3 = 0$
(Anwendung der pq- oder der abc-Formel)
$\Rightarrow$ keine Nullstellen
Da der Graph von $f'(x)$ eine nach oben geöffnete Parabel ist und keine Nullstellen besitzt, hat $f'(x)$ nur positive Werte. Daher besitzt f nur positive Steigungen.

9 Zuordnung

$A \rightarrow V$; $B \rightarrow II$; $C \rightarrow III$

SCHRITT 11

Das brauchst du wieder

$f(x) = 5x^4 + 6x$ $\quad f'(x) = 20x^3 + 6$
$f(x) = 2x^3 + 8x^2 - 7$ $\quad f'(x) = 6x^2 + 16x$
$f(x) = 0{,}4x^5 + 0{,}5x^4 - 1{,}6x^2 - 5{,}4x$
$f'(x) = 2x^4 + 2x^3 - 3{,}2x - 5{,}4$

1 „Du bist dran" aus dem „So geht's"-Kasten

a) Suche von links die x-Stellen, bis zu denen der Graph steigt oder fällt:
$x < 0$: f ist streng monoton fallend.
$0 < x < 3$: f ist streng monoton wachsend.
$x > 3$: f ist streng monoton fallend.

b) Vergleiche die Aussagen mit der in Teil a) beschriebenen Monotonie:
(1) $f'(-1) < 0$ wahr: Bei $x = -1$ fällt der Graph.
(2) $f'(3) = 0$ wahr: Die Steigung der Tangente bei $x = 3$ ist gleich 0.
(3) $f'(2) > f'(4)$ wahr: $f'(2)$ ist positiv und $f'(4)$ ist negativ.

2 Graph einer Parabel

a) $x < 2$: f ist streng monoton wachsend.
$x > 2$: f ist streng monoton fallend.

b) (1) $f'(2) < 0$ falsch: Bei $x = 2$ steigt der Graph an.
(2) $f'(5) = 0$ falsch: Bei $x = 5$ fällt der Graph.
(3) $f'(4) < f'(0)$ wahr: $f'(4)$ ist negativ und $f'(0)$ ist positiv.

3 Graph einer ganzrationalen Funktion

a) $x < -2$: f ist streng monoton fallend.
$-2 < x < 1$: f ist streng monoton wachsend.
$1 < x < 3$: f ist streng monoton fallend.
$x > 3$: f ist streng monoton wachsend.

b) (1) $f'(3) = 0$ wahr: Die Steigung an der Stelle $x = 3$ ist gleich 0.
(2) $f'(-3) > f'(-1)$ falsch: $f'(-3)$ ist negativ und $f'(-1)$ ist positiv.
(3) $f'(x) > 0$ für $0 < x < 4$
falsch: $f'(x) < 0$ für $1 < x < 3$

4 Bestimmung der Intervalle, in denen die Funktion streng monoton wachsend bzw. fallend ist

a) $f'(x) = -x + 3$
$f'(x) = 0$
$-x + 3 = 0 \quad | -3$
$-x = -3 \quad | :(-1)$
$x = 3$
Damit ergeben sich zwei Intervalle:
$(-\infty; 3)$ und $(3; \infty)$.
Testwerte: $x_1 = 2$ und $x_2 = 4$
$f'(2) = -2 + 3 = 1 > 0 \Rightarrow$ f ist in dem Intervall $(-\infty; 3)$ streng monoton wachsend.
$f'(4) = -4 + 3 = -1 < 0 \Rightarrow$ f ist in dem Intervall $(3; \infty)$ streng monoton fallend.

b) $f'(x) = x^2 - x - 2$
$f'(x) = 0$
$x^2 - x - 2 = 0$
(Anwendung der pq- oder der abc-Formel)
$x_1 = -1$; $x_2 = 2$
Damit ergeben sich drei Intervalle: $(-\infty; -1)$, $(-1; 2)$ und $(2; \infty)$.
Testwerte: $x_1 = -2$, $x_2 = 0$ und $x_3 = 3$
$f'(-2) = (-2)^2 - (-2) - 2 = 4 + 2 - 2 = 4 > 0 \Rightarrow$ f ist in dem Intervall $(-\infty; -1)$ streng monoton wachsend.
$f'(0) = -2 < 0 \Rightarrow$ f ist in dem Intervall $(-1; 2)$ streng monoton fallend.
$f'(3) = 3^2 - 3 - 2 = 9 - 3 - 2 = 4 > 0 \Rightarrow$ f ist in dem Intervall $(-\infty; -1)$ streng monoton wachsend.

5 Begründe die Aussagen

(1) Die Nullstelle von f ist offensichtlich bei $x = 0$. Es ist außerdem eine doppelte Nullstelle $(x^2 = 0)$. Also berührt der Graph von f hier die x-Achse und ändert deswegen sein Monotonieverhalten. Im Intervall $(-\infty; 0)$ ist f streng monoton fallend und im Intervall $(0; \infty)$ ist f streng monoton wachsend.

(2) $g(x) = x^2 - 1 = (x + 1)(x - 1)$
$g(x) = 0$
$(x + 1)(x - 1) = 0$
$x_1 = -1$ und $x_2 = 1$
Der Graph von g ist eine Parabel, die um 1 nach unten verschoben ist. Dadurch kennst du das Monotonieverhalten von g. Im Intervall $(-\infty; 0)$ ist g streng monoton fallend, also ändert sich das Monotonieverhalten von $x_1 = -1$ nicht. Im Intervall $(0; \infty)$ ist g streng monoton wachsend, also ändert sich das Monotonieverhalten von $x_2 = 1$ nicht.

SCHRITT 12

Das brauchst du wieder

$1 < x < 3$: $f'(x) > 0$: f ist streng monoton wachsend.
$x > 3$: $f'(x) < 0$: f ist streng monoton fallend.

1 „Du bist dran“ aus dem „So geht's“-Kasten

Bilde die 1. und 2. Ableitung

$f(x) = \frac{1}{3}x^3 - 2x^2$

$f'(x) = x^2 - 4x$

$f''(x) = 2x - 4$

Setze die 1. Ableitung $f'(x) = 0$ und löse die Gleichung.

$x^2 - 4x = 0$ | x ausklammern

$x \cdot (x - 4) = 0$ | Satz vom Nullprodukt

$x_1 = 0;\ x_2 = 4$

Setze die Lösung in die 2. Ableitung $f''(x)$ ein:

$f''(0) = -4 < 0 \Rightarrow$ Hochpunkt bei $x = 0$

$f''(4) = 2 \cdot 4 - 4 = 4 > 0 \Rightarrow$ Tiefpunkt bei $x = 4$

Setze die Lösungen in die Funktionsgleichungen von f zur Bestimmung der y-Werte ein:

$f(0) = 0$ Hochpunkt $H(0\,|\,0)$

$f(4) = \frac{1}{3} \cdot 4^3 - 2 \cdot 4^2 = \frac{64}{3} - 32 = -\frac{32}{3}$

Tiefpunkt $H\left(4\,\middle|\,-\frac{32}{3}\right)$

2 Berechnung der Hoch- und Tiefpunkte

a) $f'(x) = -4x + 12$ $f''(x) = -4$

$f'(x) = 0 \Rightarrow 4x = 12 \Rightarrow x = 3$

$f''(3) = -4 < 0$ Hochpunkt

$f(3) = -2 \cdot 3^2 + 12 \cdot 3 + 14$

$= -18 + 36 + 14 = 32$ $H(3\,|\,32)$

b) $f'(x) = = x^2 - 7x + 10$

$f''(x) = 2x - 7$

$f'(x) = 0 \Rightarrow x^2 - 7x + 10 = 0$

(Anwendung der pq- oder abc-Formel)

$\Rightarrow x_1 = 5;\ x_2 = 2$

$f''(5) = 2 \cdot 5 - 7 = 3 > 0$ Tiefpunkt

$f''(2) = 2 \cdot 2 - 7 = -3 < 0$ Hochpunkt

$f(5) = \frac{1}{3} \cdot 5^3 - 3{,}5 \cdot 5^2 + 10 \cdot 5$

$= \frac{125}{3} - 87{,}5 + 50 = 41\frac{2}{3} - 37\frac{1}{2}$

$= 41\frac{4}{6} - 37\frac{3}{6} = 4\frac{1}{6}$

$T\left(5\,\middle|\,4\frac{1}{6}\right)$

$f(2) = \frac{1}{3} \cdot 2^3 - 3{,}5 \cdot 2^2 + 10 \cdot 2$

$= \frac{8}{3} - 14 + 20 = 8 + \frac{2}{3}$

$H\left(2\,\middle|\,8 + \frac{2}{3}\right)$

3 Aussagen

A, D und E treffen zu.

4 Berechnung der Hoch- und Tiefpunkte

$f'(x) = x^4 - 9x^2$

$f''(x) = 4x^3 - 18x$

$f'(x) = 0 \Rightarrow x^4 - 9x^2 = 0$

$x^2 \cdot (x^2 - 9) = 0$ | Satz vom Nullprodukt

$x_1 = 0;\ x_2 = -3;\ x_3 = 3$

$f''(0) = 0$ Also musst du prüfen, ob ein VZW bei $x = 0$ bei der 1. Ableitung vorliegt.

$$\left.\begin{array}{l} f'(-1) = (-1)^4 - 9 \cdot (-1)^2 = 1 - 9 = -8 < 0 \\ f'(1) = 1^4 - 9 \cdot 1^2 = 1 - 9 = -8 < 0 \end{array}\right\} \Rightarrow \text{Sattelpunkt}$$

$f''(-3) = 4 \cdot (-3)^3 - 18 \cdot (-3) = -108 + 54$

$= -54 < 0$ Hochpunkt

$f''(3) = 4 \cdot 3^3 - 18 \cdot 3 = 108 - 54$

$= 54 > 0$ Tiefpunkt

$f(0) = 0$ $S(0\,|\,0)$

$f(-3) = \frac{1}{5} \cdot (-3)^5 - 3 \cdot (-3)^3 = -\frac{243}{5} + 81$

$= -48\frac{3}{5} + 81 = 32\frac{2}{5}$ $H\left(-3\,\middle|\,32\frac{2}{5}\right)$

$f(3) = \frac{1}{5} \cdot 3^5 - 3 \cdot 3^3 = \frac{243}{5} - 81 = 48\frac{3}{5} - 81 = -32\frac{2}{5}$

$T\left(3\,\middle|\,-32\frac{2}{5}\right)$

5 Beschreibung der Art der Punkte

a) An der Stelle $x = 5$ liegt ein Tiefpunkt vor.

b) An der Stelle $x = 2$ liegt eine Nullstelle und gleichzeitig ein Hochpunkt vor.

6 Aussagen

a) $f'(x) = 2x - 2$

$f''(x) = 2$

$f'(x) = 0 \Rightarrow 2x - 2 = 0 \Rightarrow x = 1$

$f''(1) = 2 > 0$ Tiefpunkt

$f(1) = 1^2 - 2 \cdot 1 = 1 - 2 = -1$ $T(1\,|\,-1)$

b) $f'(x) = x^2 - 2x$

$f''(x) = 2x - 2$

$f'(x) = 0 \Rightarrow x^2 - 2x = 0$

$x \cdot (x - 2) = 0 \Rightarrow x_1 = 0$ und $x_2 = 2$

$f''(0) = -2 < 0$ Hochpunkt

$f(0) = -4$ $H(0\,|\,-4)$

Anmerkung: Die zweite Nullstelle $x_2 = 2$ der 1. Ableitung wird hier nicht weiter untersucht, da sie für die Aufgabenstellung irrelevant ist.

7 Extrempunkt nennen

a) Die Multiplikation mit dem Faktor 2 und auch die Verschiebung um 4 nach unten ändert nichts an der x-Stelle und der Art des Extrempunktes.

$g(4) = 2 \cdot f(4) - 4 = 2 \cdot 3 - 4$

$= 6 - 4 = 2$ Hochpunkt $H(4\,|\,2)$

b) Die Verschiebung um 2 nach oben ändert nichts an der x-Stelle und der Art des Extrempunktes. Durch das negative Vorzeichen wird die Funktion allerdings an der x-Achse gespiegelt und aus dem Hochpunkt wird ein Tiefpunkt.

$g(4) = -f(4) + 2 = -3 + 2$

$= -1$ Tiefpunkt $(4\,|\,-1)$

SCHRITT 13

Das brauchst du wieder

$f'(x) = 8x^3 + 12x^2$ $f''(x) = 24x^2 + 24x$

$f'(x) = 2x^2 + \frac{3}{2}x - 1$ $f''(x) = 4x + \frac{3}{2}$

$f'(x) = 1{,}2x^5 + x^3$ $f''(x) = 6x^4 + 3x^2$

1 „Du bist dran" aus dem „So geht's"-Kasten

a) Beschreibe von links her die Krümmung des Graphen:

$x <$ ca. 0: Der Graph beschreibt eine Rechtskurve.

$x >$ ca. 0: Der Graph beschreibt eine Linkskurve.

b) Vergleiche die Aussagen mit dem in Teil a beschriebenen Krümmungsverhalten:

(1) $f''(-3) > 0$ falsch: An der Stelle $x = -3$ beschreibt der Graph eine Rechtskurve.

(2) $f''(1) < 0$ falsch: An der Stelle $x = 1$ beschreibt der Graph eine Linkskurve.

(3) $f''(3) > 0$ wahr: An der Stelle $x = 3$ beschreibt der Graph eine Linkskurve.

2 Ablesen der Bereiche und Aussagen überprüfen

a) $x <$ ca. -1: Der Graph beschreibt eine Linkskurve.

ca. $-1 < x <$ ca. 2,5: Der Graph beschreibt eine Rechtskurve.

$x >$ ca. 2,5: Der Graph beschreibt eine Linkskurve.

b) (1) $f''(1) > 0$ falsch: An der Stelle $x = 1$ beschreibt der Graph eine Rechtskurve.

(2) $f'(4) < 0$ falsch: An der Stelle $x = 4$ ist die Steigung des Graphen null.

(3) $f''(4) > 0$ wahr: An der Stelle $x = 4$ beschreibt der Graph eine Linkskurve.

3 Krümmungsverhalten rechnerisch bestimmen

a) $f'(x) = 3x^2 - 12x + 3$

$f''(x) = 6x - 12$

$f''(x) = 0$

$6x - 12 = 0 \Rightarrow x = 2$

Damit ergeben sich zwei Intervalle: $(-\infty; 2)$ und $(2; \infty)$.

Testwerte: $x_1 = 1$ und $x_2 = 3$

$f''(1) = 6 \cdot 1 - 12 = -6 < 0 \Rightarrow$ Der Graph beschreibt auf dem Intervall $(-\infty; 2)$ eine Rechtskurve.

$f''(3) = 6 \cdot 3 - 12 = 6 > 0 \Rightarrow$ Der Graph beschreibt auf dem Intervall $(2; \infty)$ eine Linkskurve.

b) $f'(x) = -x^2 - 3x$

$f''(x) = -2x - 3$

$f''(x) = 0$

$-2x - 3 = 0 \Rightarrow x = -1{,}5$

Damit ergeben sich zwei Intervalle: $(-\infty; -1{,}5)$ und $(-1{,}5; \infty)$.

Testwerte: $x_1 = -2$ und $x_2 = -1$

$f''(-2) = -2 \cdot (-2) - 3 = 1 > 0 \Rightarrow$ Der Graph beschreibt auf dem Intervall $(-\infty; -1{,}5)$ eine Linkskurve.

$f''(-1) = -2 \cdot (-1) - 3 = -1 < 0 \Rightarrow$ Der Graph beschreibt auf dem Intervall $(-1{,}5; \infty)$ eine Rechtskurve.

4 Ergänzen der Aussagen

a) Ein Hochpunkt liegt immer auf einer Rechtskurve.

b) Ein Tiefpunkt liegt immer auf einer Linkskurve.

5 Nachweis

a) $f'(x) = 2x + 3 \quad f''(x) = 2$

$f''(x)$ hat für alle x den Wert 2 und ist damit größer als 0. Der Graph ist also für alle x linksgekrümmt.

b) $f'(x) = 3x^2 \quad f''(x) = 6x$

Für $x < 0$ folgt: $f''(x) < 0$ Der Graph ist also für alle $x < 0$ rechtsgekrümmt.

Für $x > 0$ folgt: $f''(x) > 0$ Der Graph ist also für alle $x > 0$ linksgekrümmt.

6 Krümmungsverhalten aus dem Graphen der 1. Ableitung bestimmen

Die 2. Ableitung kannst du auch als Steigung der 1. Ableitung interpretieren.

a) Also gilt Folgendes:

$x < 2$: $f''(x) < 0$ Der Graph von f beschreibt eine Rechtskurve.

$x > 2$: $f''(x) > 0$ Der Graph von f beschreibt eine Linkskurve.

b) Also gilt Folgendes:

$x < 0$: $f''(x) < 0$ Der Graph von f beschreibt eine Rechtskurve.

$0 < x < 2$: $f''(x) > 0$ Der Graph von f beschreibt eine Linkskurve.

$x > 2$: $f''(x) < 0$ Der Graph von f beschreibt eine Rechtskurve.

SCHRITT 14

Das brauchst du wieder

$f''(x) > 0$: f ist linksgekrümmt

1 „Du bist dran" aus dem „So geht's"-Kasten

Bilde die ersten drei Ableitungen:

$f(x) = 0{,}5x^4 - 12x^2$

$f'(x) = 2x^3 - 24x$

$f''(x) = 6x^2 - 24$

$f'''(x) = 12x$

Setze die 2. Ableitung $f''(x) = 0$ und löse die Gleichung:

$6x^2 - 24 = 0 \quad | +24$

$6x^2 = 24 \quad | :6$

$x^2 = 4$

$x_1 = -2;\ x_2 = 2$

Setze die Lösungen in die 3. Ableitung ein:

$f'''(-2) = -24 \neq 0 \Rightarrow$ Wendepunkt bei $x = -2$

$f'''(2) = 24 \neq 0 \Rightarrow$ Wendepunkt bei $x = 2$

Setze die Lösungen in die Funktionsgleichung von f zur Bestimmung der y-Werte:

$f(-2) = 0{,}5 \cdot (-2)^4 - 12 \cdot (-2)^2$

$= 8 - 48 = -40$ Wendepunkt $W_1(-2 \mid -40)$

$f(2) = 0{,}5 \cdot 2^4 - 12 \cdot 2^2$

$= 8 - 48 = -40$ Wendepunkt $W_2(2 \mid -40)$

2 Berechnung der Wendepunkte

a) $f'(x) = 3x^2 - 6x$
$f''(x) = 6x - 6$
$f'''(x) = 6$
$f''(x) = 0$
$6x - 6 = 0 \Rightarrow x = 1$
$f'''(x) = 6 \neq 0 \Rightarrow$ Wendepunkt bei $x = 1$
$f(1) = 1^3 - 3 \cdot 1^2 + 3 = 1$ Wendepunkt $W(1 \mid 1)$

b) $f'(x) = 4x^3 - 12x^2 + 5$
$f''(x) = 12x^2 - 24x$
$f'''(x) = 24x - 24$
$f''(x) = 0$
$12x^2 - 24x = 0$ $\quad \mid : 12$ und gleichzeitig x ausklammern
$x \cdot (x - 2) = 0 \Rightarrow x_1 = 0;\ x_2 = 2$
$f'''(0) = -24 \neq 0 \Rightarrow$ Wendepunkt bei $x = 0$
$f'''(2) = 24 \neq 0 \Rightarrow$ Wendepunkt bei $x = 2$
$f(0) = 0^4 - 4 \cdot 0^3 + 5 \cdot 0$
$= 0$ Wendepunkt $W_1(0 \mid 0)$
$f(2) = 2^4 - 4 \cdot 2^3 + 5 \cdot 2$
$= 16 - 32 + 10 = -6$ Wendepunkt $W_2(2 \mid -6)$

3 Wendepunkt und Steigung im Wendepunkt bestimmen

a) $f'(x) = 6x^2 - 12x - 7$
$f''(x) = 12x - 12$
$f'''(x) = 12$
$f''(x) = 0$
$12x - 12 = 0 \Rightarrow x = 1$
$f'''(1) = 12 \neq 0 \Rightarrow$ Wendepunkt bei $x = 1$
$f(1) = 2 \cdot 1^3 - 6 \cdot 1^2 - 7 \cdot 1$
$= 2 - 6 - 7 = -11 \Rightarrow$ Wendepunkt $W(1 \mid -11)$
$f'(1) = 6 \cdot 1^2 - 12 \cdot 1 - 7$
$= 6 - 12 - 7 = -13$
Die Steigung im Wendepunkt $W(1 \mid -11)$ beträgt -13.

b) $f'(x) = -\frac{1}{2}x^2 - 2x$
$f''(x) = -x - 2$
$f'''(x) = -1$
$f''(x) = 0$
$-x - 2 = 0 \Rightarrow x = -2$
$f'''(-2) = -1 \neq 0 \Rightarrow$ Wendepunkt bei $x = -2$
$f(-2) = -\frac{1}{6} \cdot (-2)^3 - (-2)^2 + 6$
$= \frac{8}{6} - 4 + 6 = \frac{4}{3} + 2 = \frac{10}{3}$
Wendepunkt $W\left(-2 \,\middle|\, \frac{10}{3}\right)$
$f'(-2) = -\frac{1}{2} \cdot (-2)^2 - 2 \cdot (-2) = -2 + 4 = 2$
Die Steigung im Wendepunkt $W\left(2 \,\middle|\, \frac{2}{3}\right)$ beträgt -6.

4 Art des Punktes

a) Ein Wendepunkt $W(2 \mid -6)$ mit der Steigung -1.
b) Ein Sattelpunkt $S(-3 \mid 1)$, da die 1. und die 2. Ableitung null ist.

5 Nachweis Aussage

a) $f'(x) = 3x^2 - 6$
$f''(x) = 6x$
$f'''(x) = 6$
$f''(x) = 0$
$6x = 0 \Rightarrow x = 0$
$f'''(0) = 6 \neq 0 \Rightarrow$ Wendepunkt bei $x = 0$
$f(0) = 0^3 - 6 \cdot 0 + 8 = 8$ Wendepunkt $W(0 \mid 8)$

b) $f'(x) = x^3 + 3x^2 - 4$
$f''(x) = 3x^2 + 6x$
$f'''(x) = 6x + 6$
$f''(x) = 0$
$3x^2 + 6x = 0$
$3x \cdot (x + 2) = 0 \Rightarrow x_1 = 0\ \ x_2 = -2$
$f'''(-2) = -12 + 6 = -6 \neq 0$ und
$f'(-2) = (-2)^3 + 3 \cdot (-2)^2 - 4$
$= -8 + 12 - 4 = 0$
$\Rightarrow$ Sattelpunkt bei $x = -2$

6 Nachweis Wendestelle

a) $f(x) = x^3 - 3x^2 + 4$
$f'(x) = 3x^2 - 6x$
$f''(x) = 6x - 6$
$f'''(x) = 6$
$f'(x) = 0$
$3x^2 - 6x = 0$
$3x \cdot (x - 2) = 0 \Rightarrow x_1 = 0;\ x_2 = 2$
$f''(0) = -6 < 0$ und $f(0) = 4 \Rightarrow$ Hochpunkt $H(0 \mid 4)$
$f''(2) = 6 > 0$ und $f(2) = 8 - 12 + 4 = 0$
$\Rightarrow$ Tiefpunkt $T(2 \mid 0)$
Also muss man zeigen, dass der Wendepunkt $W(1 \mid 2)$ ist.
$f''(x) = 0$
$6x - 6 = 0 \Rightarrow x = 1$
$f'''(1) = 6 \neq 0 \Rightarrow$ Wendepunkt bei $x = 1$
$f(1) = 1^3 - 3 \cdot 1^2 + 4 = 1 - 3 + 4 = 2 \Rightarrow W(1 \mid 2)$

b) Man verschiebt f um 2 nach unten und um 1 nach links.
$g(-x) = (-x)^3 - 3 \cdot (-x) = -x^3 + 3x$
$= -(x^3 - 3x) = -g(x)$

SCHRITT 15

Das brauchst du wieder

Hochpunkt $H(0{,}8 \mid 3)$:
$f(0{,}8) = 3,\ f'(0{,}8) = 0,\ f''(0{,}8) < 0$
Wendepunkt $H(-0{,}2 \mid 2)$:
$f(-0{,}2) = 2,\ f''(-0{,}2) = 0,\ f'''(-0{,}2) \neq 0$

1 „Du bist dran" aus dem „So geht's"-Kasten

a) Setze die x-Werte in die Funktionsgleichung ein:
$f(-2) = 0{,}5 \cdot (-2)^3 - 1{,}5 \cdot (-2) + 1$
$= -4 + 3 + 1 = 0$ wahr
$f(1) = 0{,}5 \cdot 1^3 - 1{,}5 \cdot 1 + 1$
$= 0{,}5 - 1{,}5 + 1 = 0$ wahr

b) Bilde die ersten drei Ableitungen:

$f'(x) = 1{,}5x^2 - 1{,}5$

$f''(x) = 3x$

$f'''(x) = 3$

Setze die 1. Ableitung $f'(x) = 0$ und löse die Gleichung:

$1{,}5x^2 - 1{,}5 = 0 \quad | +1{,}5$

$1{,}5x^2 = 1{,}5 \quad | : 1{,}5$

$x^2 = 1$

$x_1 = -1;\ x_2 = 1$

Entscheide, welche Art von Extrempunkt vorliegt:

$f''(-1) = -3 < 0 \Rightarrow$ Hochpunkt

$f(-1) = 0{,}5 \cdot (-1)^3 - 1{,}5 \cdot (-1) + 1$

$= -0{,}5 + 1{,}5 + 1 = 2 \Rightarrow$ Hochpunkt $H(-1\,|\,2)$

$f''(1) = 3 > 0 \Rightarrow$ Tiefpunkt

$f(1) = 0$ (siehe oben) $\Rightarrow$ Tiefpunkt $T(1\,|\,0)$

Setze die 2. Ableitung $f''(x) = 0$ und löse die Gleichung:

$3x = 0 \Rightarrow x = 0$

Entscheide, ob ein Wendepunkt vorliegt:

$f'''(0) = 3 \neq 0 \Rightarrow$ Wendepunkt

$f(0) = 1 \Rightarrow$ Wendepunkt $W(0\,|\,1)$

c) Trage alle berechneten besonderen Punkte in ein Koordinatensystem ein und verbinde sie:

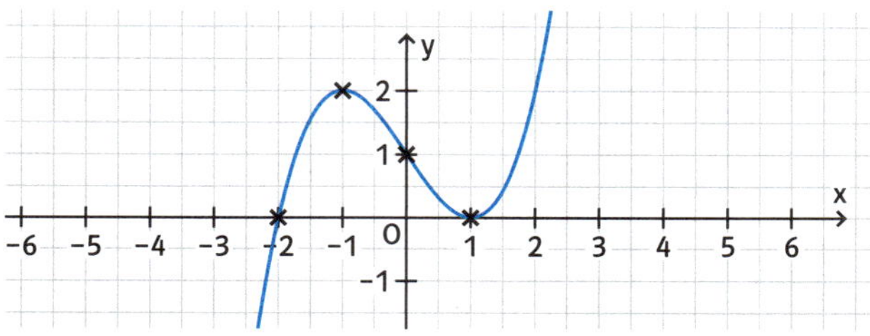

2 $f(x) = -x^3 + 3x^2 - 4$

a) $f'(x) = -3x^2 + 6x$

$f''(x) = -6x + 6$

$f'''(x) = -6$

$f'(x) = 0$

$-3x^2 + 6x = 0$

$-3x \cdot (x - 2) = 0 \Rightarrow x_1 = 0;\ x_2 = 2$

$f''(0) = 6 > 0 \Rightarrow$ Tiefpunkt

$f(0) = -4 \quad T(0\,|\,-4)$

$f''(2) = -6 < 0 \Rightarrow$ Hochpunkt

$f(2) = -2^3 + 3 \cdot 2^2 - 4 = -8 + 12 - 4 = 0 \quad H(2\,|\,0)$

$f''(x) = 0$

$-6x + 6 = 0 \Rightarrow x = 1$

$f'''(1) = -6 \neq 0 \Rightarrow$ Wendepunkt

$f(1) = -1 + 3 - 4 = -2 \Rightarrow W(1\,|\,-2)$

b) $f(x) = -4$

$-x^3 + 3x^2 - 4 = -4 \quad | +4$

$-x^3 + 3x^2 = 0$

$-x^2 \cdot (x - 3) = 0 \Rightarrow x_1 = 0;\ x_2 = 3$

c) $f'(x) = 3$

$-3x^2 + 6x = -3 \quad | -3$

$-3x^2 + 6x - 3 = 0$

(Anwendung der pq- oder der abc-Formel)

$\Rightarrow x = 1$

d)

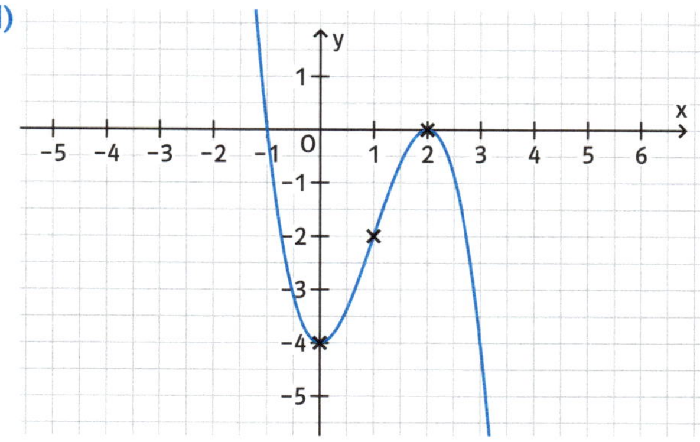

3 $f(x) = -0{,}2x^3 + 2{,}4x + 1{,}2$

a) $f'(x) = -0{,}6x^2 + 2{,}4$

$f''(x) = -1{,}2x$

$f'''(x) = -1{,}2$

$f'(x) = 0$

$-0{,}6x^2 + 2{,}4 = 0 \quad | -2{,}4$

$-0{,}6x^2 = -2{,}4 \quad | : (-0{,}6)$

$x^2 = 4 \Rightarrow x_1 = -2;\ x_2 = 2$

$f''(-2) = 2{,}4 > 0 \Rightarrow$ Tiefpunkt

$f(-2) = 1{,}6 - 4{,}8 + 1{,}2 = -2 \quad T(-2\,|\,-2)$

$f''(2) = -2{,}4 < 0 \Rightarrow$ Hochpunkt

$f(2) = -1{,}6 + 4{,}8 + 1{,}2 = 4{,}4 \quad H(2\,|\,4{,}4)$

$f''(x) = 0$

$-1{,}2x = 0 \Rightarrow x = 0$

$f'''(0) = -1{,}2 \neq 0 \Rightarrow$ Wendepunkt

$f(0) = 1{,}2 \Rightarrow W(0\,|\,1{,}2)$

b) $f'(x) = -3$

$-0{,}6x^2 + 2{,}4 = -3 \quad | -2{,}4$

$-0{,}6x^2 = -5{,}4 \quad | : (-0{,}6)$

$x^2 = 9 \Rightarrow x_1 = 3;\ x_2 = -3$

$\Rightarrow$ An den Stellen $x_1 = 3$ und $x_2 = -3$ verläuft f parallel zur Geraden $y = -3x$.

c)

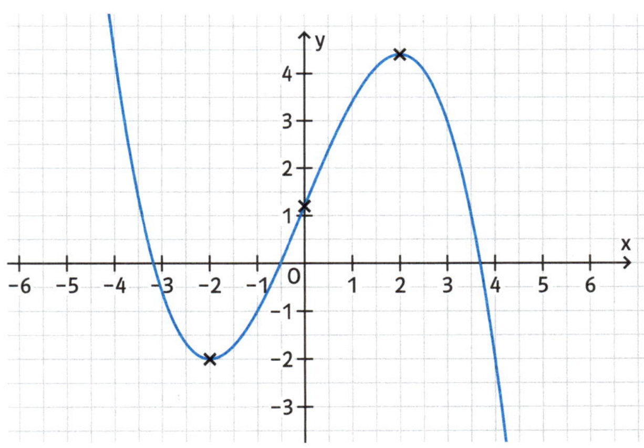

4 $f(x) = -\frac{1}{3}x^3 + 3x$

a) $f(-x) = -\frac{1}{3}(-x)^3 + 3\cdot(-x) = \frac{1}{3}x^3 - 3x = -f(x)$

b) $f(x) = 0$

$-\frac{1}{3}x^3 + 3x = 0$

$-\frac{1}{3}x\cdot(x^2 - 9) = 0 \Rightarrow x_1 = 0;\ x_2 = -3;\ x_3 = 3$

$f'(x) = -x^2 + 3$

$f''(x) = -2x$

$f'''(x) = -2$

$f'(x) = 0$

$-x^2 + 3 = 0 \Rightarrow x_1 = -\sqrt{3};\ x_2 = \sqrt{3}$

$f''(-\sqrt{3}) = 2\sqrt{3} > 0$ Tiefpunkt

$f(-\sqrt{3}) = -\frac{1}{3}(-\sqrt{3})^3 + 3\cdot(-\sqrt{3})$

$= \sqrt{3} - 3\sqrt{3} = -2\sqrt{3} \Rightarrow T(-\sqrt{3}\,|\,-2\sqrt{3})$

$f''(\sqrt{3}) = -2\sqrt{3} > 0$ Hochpunkt

$f(\sqrt{3}) = -\frac{1}{3}(\sqrt{3})^3 + 3\cdot(\sqrt{3})$

$= -\sqrt{3} + 3\sqrt{3} = 2\sqrt{3} \Rightarrow H(\sqrt{3}\,|\,2\sqrt{3})$

$f''(x) = 0$

$-2x = 0 \Rightarrow x = 0$

$f'''(x) = -2 \neq 0 \Rightarrow$ Wendepunkt

$f(0) = 0 \Rightarrow W(0\,|\,0)$

c) $f'(0) = 3$

Da der Term $-x^2$ höchstens 0 ist, kann $f'(x)$ höchstens den Wert 3 annehmen.

d)

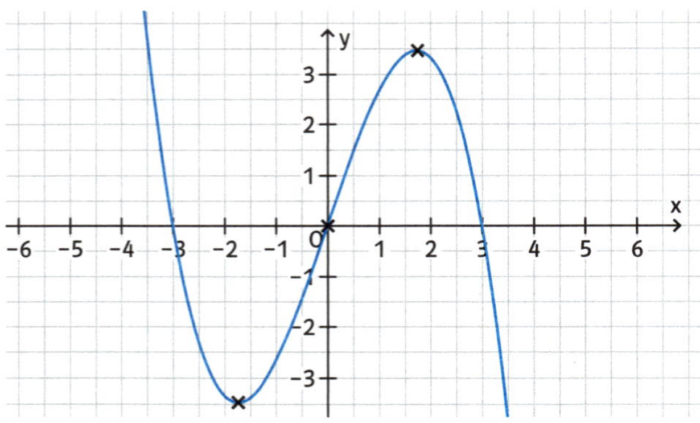

5 $f(x) = -\frac{1}{2}x^4 + \frac{4}{3}x^3$

a) $f(x) = 0$

$-\frac{1}{2}x^4 + \frac{4}{3}x^3 = 0$

$x^3\cdot\left(-\frac{1}{2}x + \frac{4}{3}\right) = 0$

Da man x^3 ausklammern kann, ist an der Stelle $x = 0$ eine dreifache Nullstelle.
Der Graph von f hat also an der Stelle $x = 0$ einen Sattelpunkt.

$-\frac{1}{2}x + \frac{4}{3} = 0 \quad \left|-\frac{4}{3}\right.$

$-\frac{1}{2}x = -\frac{4}{3} \quad \left|:\left(-\frac{1}{2}\right)\right.$

$x = \frac{8}{3}$

b) $f'(x) = -2x^3 + 4x^2$

$f''(x) = -6x^2 + 8x$

$f'''(x) = -12x + 8$

$f'(x) = 0$

$-2x^3 + 4x^2 = 0$

$-2x^2(x-2) \Rightarrow x_1 = 0;\ x_2 = 2$

(Den Sattelpunkt $S(0\,|\,0)$ kennen wir schon aus a))

$f''(2) = -6\cdot 2^2 + 8\cdot 2 = -24 + 16$

$= -8 < 0$ Hochpunkt

$f(2) = -\frac{1}{2}\cdot 2^4 + \frac{4}{3}\cdot 2^3 = -8 + \frac{32}{3} = 2\frac{2}{3}$

$f''(x) = 0$

$-6x^2 + 8x = 0$

$-2x\cdot(3x - 4) = 0 \Rightarrow x_1 = 0;\ x_2 = \frac{4}{3}$

(Den Sattelpunkt $S(0\,|\,0)$ kennen wir schon aus a))

$f'''\left(-\frac{4}{3}\right) = 16 + 8$

$= 24 \neq 0 \Rightarrow$ Wendestelle bei $x = \frac{4}{3}$

c)

$x < 2$: f ist monoton wachsend.

$x > 2$: f ist streng monoton fallend.

$x < 0$: Der Graph von f ist rechtsgekrümmt.

$0 < x < \frac{4}{3}$: Der Graph von f ist linksgekrümmt.

$x > \frac{4}{3}$: Der Graph von f ist rechtsgekrümmt.

d)

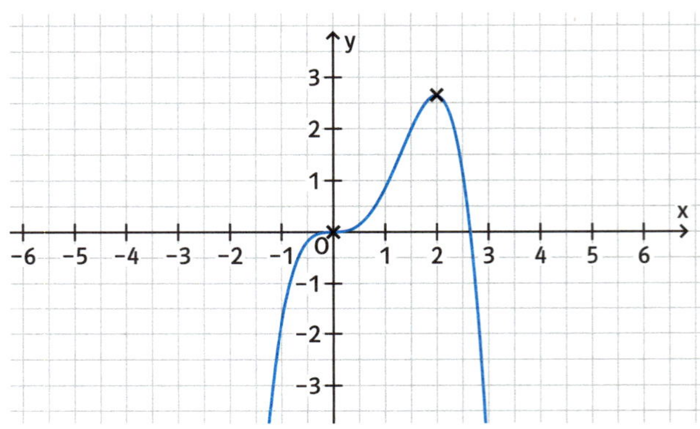

6 $f(x) = \frac{1}{4}x^2\cdot(x-4)^2$

a)

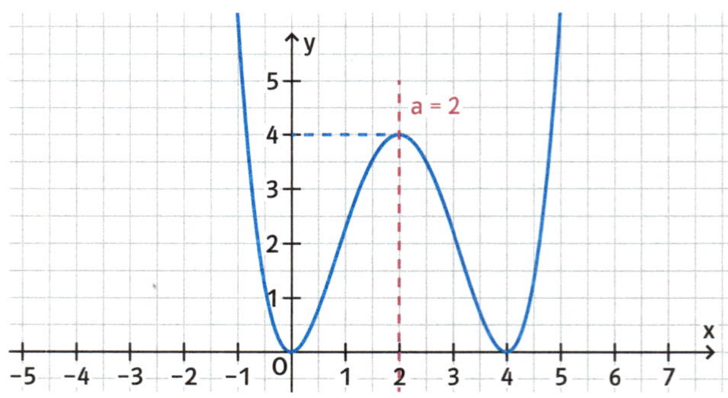

b) $H(0\,|\,4)$

c) Das Kärtchen III, da die Funktion g nur bei $x_1 = -2$ und $x_2 = 2$ jeweils eine Nullstelle hat. Das hat nur die Funktion in dem Kärtchen III.

SCHRITT 16

Das brauchst du wieder

$f'(b) = 0$

$f'(c) \approx \frac{2{,}5}{1} = 2{,}5$

1 „Du bist dran" aus dem „So geht's"-Kasten

Zeichne ein neues Koordinatensystem für den Graphen von f':

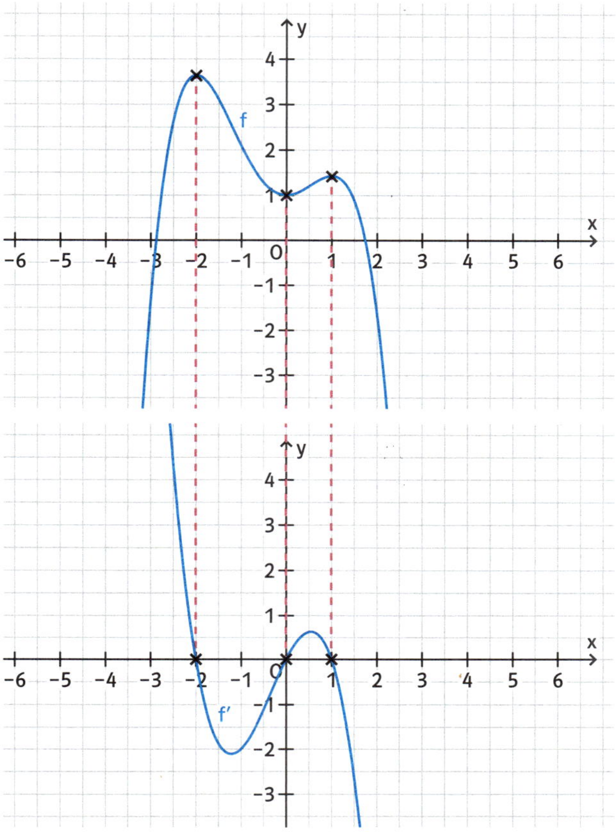

Suche die Extrempunkte von f. Trage deren x-Werte als Nullstellen von f' ein.

Nullstellen von f' (abgelesen):

$x_1 = -2;\ x_2 = 0;\ x_3 = 1$

Notiere das Steigungsverhalten von f:

Für $x < -2$ gilt: f ist streng monoton wachsend, also $f'(x) > 0$;

entsprechend:

für $-2 < x < 0$ gilt: $f'(x) < 0$

für $0 < x < 1$ gilt: $f'(x) > 0$

für $x > 1$ gilt: $f'(x) < 0$

Verbinde in der oberen Skizze die Nullstellen von f' mit dem entsprechenden Steigungsverhalten zum Graphen von f'.

2 Graphen zuordnen

A → II; B → III; C → I

3 Graphen der Ableitungsfunktion f' skizzieren

a) b) c)

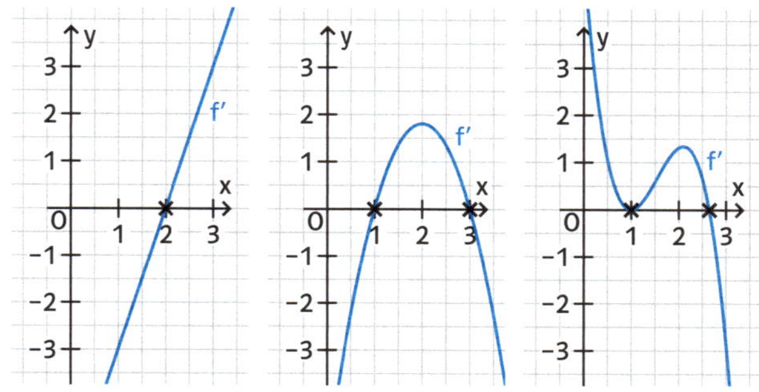

4 Untersuchen, welcher Graph f bzw. f' darstellt

a) b ist f(x) und a ist f'(x)

b) b ist f(x) und a ist f'(x)

c) a ist f(x) und b ist f'(x)

5 Aussagen

a) Falsch. Da f drei Extrempunkte hat, muss f' drei Nullstellen haben.

b) Wahr. Da f zwei Wendepunkte hat, muss f' zwei Extrempunkte haben.

c) Falsch. f ist in dem Intervall [1; 2] bis zum Hochpunkt bei ca. $x \approx 1{,}5$ monoton wachsend und dann monoton fallend, also ist f'(x) bis ca. $x \approx 1{,}5$ größer als Null und danach kleiner als Null.

6 Aussagen

a) Wahr. Da f keine Extremstellen hat, hat f'(x) keine Nullstellen.

b) Wahr. Da f genau einen Wendepunkt hat, hat f' genau einen Hochpunkt.

c) Wahr. Da f für alle $x \in \mathbb{R}$ streng monoton fallend ist, ist $f'(x) < 0$ für alle $x \in \mathbb{R}$.

7 Zuordnen und begründen

A → II

Die drei Parabeln sind jeweils nur in y-Richtung verschoben. Das ändert aber nichts an ihrer Steigung, also an ihren Ableitungsfunktionen.

B → III

Die drei Parabeln sind jeweils nur in x-Richtung verschoben. Damit sind auch ihre jeweiligen Ableitungsfunktionen in x-Richtung verschoben und damit parallel.

C → I

Der Tiefpunkt aller drei Parabeln ist gleich. Damit haben alle Ableitungsfunktionen dieselbe Nullstelle.

TRAINING 2

1 Ableitungen bilden

Du kannst bei a) und b) die Klammer ausmultiplizieren, du kannst den Faktor vor der Klammer auch stehenlassen; bei c) und d) musst du zuerst die Klammern multiplizieren.

a) $f'(x) = -6 \cdot (8x - 2)$
$= -48x + 12$

b) $f'(x) = \frac{1}{3} \cdot (3x^2 - 12x + 2)$
$= x^2 - 4x + \frac{2}{3}$

c) $f(x) = x^2 - 4x - 2x + 8$
$= x^2 - 6x + 8$
$f'(x) = 2x - 6$

d) $f(x) = 0{,}2x^3 + 4x^2 - x - 20$
$f'(x) = 0{,}6x^2 + 8x - 1$

2 Aussagen prüfen

(1) Wahr. Der Graph steigt an.
(2) Falsch. Die Steigung bei $x = 1$ ist kleiner als die bei $x = 0$.
(3) Wahr. Der Graph steigt für alle $x > 0$ an.

3 Steigung und Ableitung

a) $f'(x) = 1{,}5x^2 - 3x + 3$
$f'(3) = 1{,}5 \cdot 9 - 3 \cdot 3 + 3 = 7{,}5$

b) $f'(x) = 3$
$1{,}5x^2 - 3x + 3 = 3 \quad | -3$
$1{,}5x^2 - 3x = 0 \quad |$ Nullprodukt
$x \cdot (1{,}5x - 3) = 0$
1) $x_1 = 0$
2) $1{,}5x - 3 = 0 \quad | +3$
$1{,}5x = 3 \quad | : 1{,}5$
$x_2 = 2$

c) f′ ist eine nach oben geöffnete Parabel. Wir prüfen, ob sie Nullstellen hat; wenn nicht, liegt sie oberhalb der x-Achse, und damit sind alle Funktionswerte von f′ positiv.
$1{,}5x^2 - 3x + 3 = 0 \quad | : 1{,}5$
$x^2 - 2x + 2 = 0$
(Lösung mit der abc- oder pq-Formel)
$x_{1,2} = 1 \pm \sqrt{-1}$ keine Lösung
f′ hat keine Nullstellen. Also sind alle Werte von f′ positiv. Das bedeutet: f′ ist für alle $x \in \mathbb{R}$ streng monoton wachsend.

4 Nachweis führen

Zu zeigen: $f(2) = g(2)$ und $f'(2) = g'(2)$
$f'(x) = x$; $g'(x) = 2$
$f(2) = 0{,}5 \cdot 4 + 3 = 5$; $g(2) = 2 \cdot 2 + 1 = 5$ ✓
$f'(2) = 2$; $g'(2) = 2$ ✓

5 Besondere Punkte

a) Zu zeigen: $f(1{,}5) = -4{,}5$, $f'(1{,}5) = 0$, $f''(1{,}5) > 0$
$f'(x) = 4x - 6$; $f''(x) = 4$
$f(1{,}5) = 2 \cdot 2{,}25 - 6 \cdot 1{,}5 = 4{,}5 - 9 = -4{,}5$ ✓
$f'(1{,}5) = 4 \cdot 1{,}5 - 6 = 6 - 6 = 0$ ✓
$f''(1{,}5) = 4 > 0$ ✓

b) Zu zeigen: $f(0) = 0$, $f'(0) = 0$, $f''(0) < 0$
$f'(x) = x^3 - 6x$; $f''(x) = 3x^2 - 6$
$f(0) = 0$ ✓
$f'(0) = 0$ ✓
$f''(0) = -6 < 0$ ✓

c) Zu zeigen:
$f(1) = 0$, $f''(1) = 0$, $f'''(1) \neq 0$
$f'(x) = -3x^2 + 6x - 3$
$f''(x) = -6x + 6$
$f'''(x) = -6$
$f(1) = -1 + 3 - 3 + 1 = 0$ ✓
$f''(1) = -6 + 6 = 0$ ✓
$f'''(1) = -6 = 0$ ✓

6 Aussagen über Graphen

(1) Wahr. f hat 2 Hoch- und 2 Tiefpunkte.
(2) Falsch. f hat 3 Wendepunkte.
(3) Falsch. Der Graph ist bei $x = -1$ rechtsgekrümmt.

7 Ableitungsfunktionen skizzieren

a)

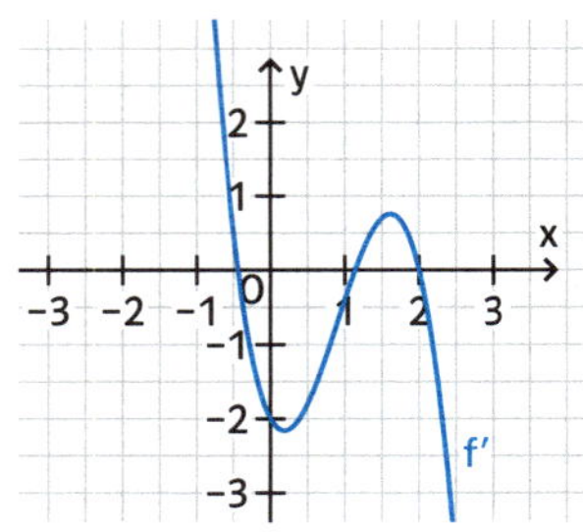

b)

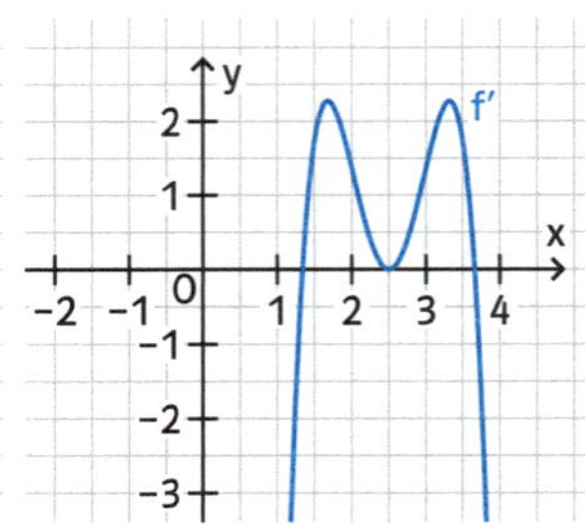

8 Extrem-, Wendepunkt

a) $f'(x) = 3x^2 - 15x + 12$
$f''(x) = 6x - 15$; $f'''(x) = 6$
EP: $f'(x) = 0$
$3x^2 - 15x + 12 = 0 \quad | : 3$
$x^2 - 5x + 4 = 0$
(Lösung mit der abc- oder pq-Formel)
$x_{1,2} = 2{,}5 \pm 1{,}5$

$x_1 = 1$; $f''(1) = 6 - 15 = -9 < 0$
$f(1) = 1 - 7{,}5 + 12 + 2{,}5$
$= 8 \quad \Rightarrow \quad H(1\,|\,8)$

$x_2 = 4$; $f''(4) = 24 - 15 = 9 > 0$
$f(4) = 64 - 7{,}5 \cdot 16 + 12 \cdot 4 + 2{,}5$
$= -5{,}5 \quad \Rightarrow \quad T(4\,|\,-5{,}5)$

WP: $f''(x) = 0$
$6x - 15 = 0 \quad | +15$
$6x = 15 \quad | : 6$
$x = 2{,}5$; $f'''(2{,}5) = 6 \neq 0$
$f(2{,}5) = 2{,}5^3 - 7{,}5 \cdot 2{,}5^2 + 12 \cdot 2{,}5 + 2{,}5$
$= 1{,}25$
$\Rightarrow \quad W(2{,}5\,|\,1{,}25)$

b) Monotonie:
$x < 1$: f streng monoton wachsend
$1 < x < 4$: f streng monoton fallend
$x > 4$: f streng monoton wachsend
Krümmung:
$x < 2{,}5$: f rechtsgekrümmt
$x > 2{,}5$: f linksgekrümmt

9 Prüfen von Aussagen

(1) bedeutet: Nullstelle bei $x = 2$
das gilt für A und C
(2) bedeutet: Steigung = 0 bei $x = 2$
das gilt für A und B

(3) bedeutet: entweder Wendepunkt (bei B und C), oder aber (wie bei A) $f'(x) = 0$, $f''(x) = 0$ und $f'''(x) = 0$

SCHRITT 17

Das brauchst du wieder

$5x - 2a = 4a \quad |+2a$
$5x = 6a \quad |:5$
$x = \frac{6}{5}a$

$a \cdot x = 7 - a \cdot x \quad |+a \cdot x$
$2a \cdot x = 7 \quad |:2a$
$x = \frac{7}{2a}$

1 „Du bist dran" aus dem „So geht's"-Kasten

a) Setze $x = 0$ in die Funktionsgleichung ein und schreibe den Punkt in Abhänigkeit von t auf:

$x = 0$: $f_t(0) = -3t^2$; $y_t(0 \mid -3t^2)$

b) Setze $f_t(x) = 0$ und löse die Gleichung:

$f_t(x) = 0$: $x^2 + 2t \cdot x - 3t^2 = 0$

Lösung mit der pq-Formel:

$x_{1,2} = -t \pm \sqrt{t^2 + 3t^2}$
$= -t \pm \sqrt{4t^2}$
$= -t \pm 2t$

$x_1 = -3t$; $x_2 = t$

Lösung mit der abc-Formel:

$x_{1,2} = \frac{-2t \pm \sqrt{4t^2 - 4 \cdot (-3t^2)}}{2}$
$= \frac{-2t \pm \sqrt{16t^2}}{2}$
$= \frac{-2t \pm 4t}{2}$

$x_1 = -3t$; $x_2 = t$

2 Parabelschar

a) $f_t(1) = 1^2 - 2t \cdot 1 + t^2 = 1 - 2t + t^2$;
$P_t(1 \mid 1 - 2t + t^2)$

b) $f_t(0) = 0 - 2t \cdot 0 + t^2 = t^2$; $y_t(0 \mid t^2)$

c) $x^2 - 2t \cdot x + t^2 = 0$
(Lösung mit pq- oder abc-Formel)
$x = t$

3 Geradenschar

a) $f_t(0) = t \cdot 0 + 2t - 3 = 2t - 3$; $y_t(0 \mid 2t - 3)$

b) $t \cdot x + 2t - 3 = 0 \quad |-2t+3$
$tx = -2t + 3 \quad |:t$
$x = -2 + \frac{3}{t}$

c) $t = 0{,}5$: $f_{0,5}(x) = 0{,}5x + 2 \cdot 0{,}5 - 3 = 0{,}5x - 2$
$t = 1$: $f_1(x) = x + 2 \cdot 1 - 3 = x - 1$
$t = 2$: $f_2(x) = 2x + 2 \cdot 2 - 3 = 2x + 1$

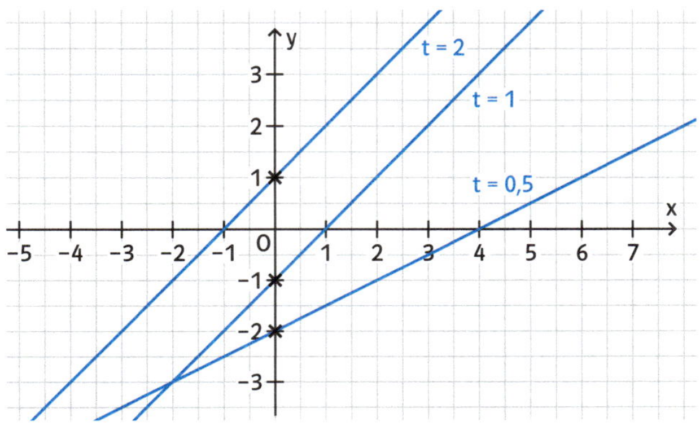

4 Parabelschar und Schnittpunkte

a) $f_t(0) = t \cdot 0^2 + 2 \cdot 0 - 4t = -4t$; $y_t(0 \mid -4t)$

b) $f_t(2) = t \cdot 2^2 + 2 \cdot 2 - 4t = 4t + 4 - 4t = 4$
$f_t(-2) = t \cdot (-2)^2 + 2 \cdot (-2) - 4t = 4t - 4 - 4t = -4$
$P(2 \mid 4)$; $P(-2 \mid -4)$

5 Funktionsschar

a) $f_t(0) = 0^3 - 2t \cdot 0^2 = 0$; $y_t(0 \mid 0)$
Der Schnittpunkt mit der y-Achse ist für alle $t > 0$ $y_t(0 \mid 0)$.

b) $x^3 - 2tx^2 = 0$
$x^2(x - 2t) = 0$
$x_1 = 0$
$x - 2t = 0 \quad |+2t$
$x_2 = 2t$

6 Zuordnung Term zu Graph

A: $f_t(3) = t \cdot 3 - 3 \cdot 3 + 2 = 3t - 7$
B: $f_t(3) = t \cdot 3 - 3t + 2 = 2$
C: $f_t(3) = t \cdot 3 + 2 = 3t + 2$
D: $f_t(3) = t \cdot (3 - 3) + 2 = 2$

Alle Geraden der Schar gehen durch den Punkt $P(3 \mid 2)$. Diese Bedingung erfüllen die Geradenscharen B und D.

SCHRITT 18

Das brauchst du wieder

$f(x) = \frac{1}{3}x^3 - x^2 + 4$
$f'(x) = x^2 - 2x$
$f''(x) = 2x - 2$
$f'''(x) = 2$

Extrempunkte: $f'(x) = 0$
$x^2 - 2x = 0$
$x(x - 2) = 0$
$x_1 = 0$; $x_2 = 2$
$f(0) = 4$
$f(2) = \frac{1}{3} \cdot 2^3 - 2^2 + 4 = \frac{8}{3}$

$f''(0) = -2 < 0$: $H(0 \mid 4)$

$f''(2) = 2 > 0$: $T\left(2 \,\middle|\, \frac{8}{3}\right)$

Wendepunkt: $f''(x) = 0$
$2x - 2 = 0$
$x = 1$; $f'''(1) = 2 \neq 0$

$f(1) = \frac{1}{3} - 1 + 4 = \frac{10}{3}$; $W\left(1 \,\middle|\, \frac{10}{3}\right)$

1 „Du bist dran" aus dem „So geht's"-Kasten

a) Bilde die ersten drei Ableitungen:

$f_t'(x) = 3x^2 - 6tx$
$f_t''(x) = 6x - 6t$
$f_t'''(x) = 6$

Setze die 1. Ableitung $f_t'(x) = 0$ und löse die Gleichung:

$3x^2 - 6tx = 0$ | ausklammern
$3x(x - 2t) = 0$ | Nullprodukt
$x_1 = 0;\ x_2 = 2t$

Setze die Lösungen in die 2. Ableitung $f_t''(x)$ ein:

$f''(0) = -6t < 0,$ da $t > 0$
$\Rightarrow$ Hochpunkt bei $x = 0$
$f''(2t) = 6 \cdot (2t) - 6t = 12t - 6t$
$= 6t > 0,$ da $t > 0$
$\Rightarrow$ Tiefpunkt bei $x = 2t$

Setze die Lösungen in die Funktionsgleichung $f_t(x)$ zur Bestimmung der y-Werte ein:

$f_t(0) = 1$: Hochpunkt $H(0\,|\,1)$
$f_t(2t) = (2t)^3 - 3t \cdot (2t)^2 + 1$
$= 8t^3 - 12t^3 + 1 = -4t^3 + 1$:
Tiefpunkt $T_t(2t\,|\,-4t^3 + 1)$

Setze die 2. Ableitung $f_t''(x) = 0$ und löse die Gleichung:

$6x - 6t = 0$ | $+6t$
$6x = 6t$ | $:6$
$x = t$

Setze die Lösung in die 3. Ableitung ein:

$f'''(t) = 6 \neq 0$
$\Rightarrow$ Wendepunkt bei $x = t$

Setze die Lösung in die Funktionsgleichung von f zur Bestimmung der y-Werte:

$f_t(t) = t^3 - 3t \cdot t^2 + 1$
$= -2t^3 + 1$
Wendepunkt: $W_t(t\,|\,-2t^3 + 1)$

b) Schreibe für die angegebenen t die Extrem- und Wendepunkte auf:

alle t: $H(0\,|\,1)$, da der Hochpunkt unabhängig von t ist.
$t = 0{,}5$: $T_t(1\,|\,0{,}5)$; $W(0{,}5\,|\,0{,}75)$
$t = 1$: $T_t(2\,|\,-3)$; $W(1\,|\,-1)$
$t = 1{,}5$: $T_t(3\,|\,-12{,}5)$; $W(1{,}5\,|\,-5{,}75)$

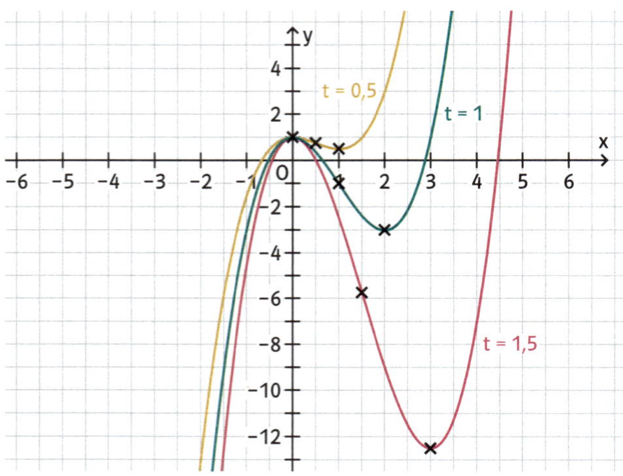

c) Man erkennt: Alle Graphen haben einen Hochpunkt im Punkt $H(0\,|\,1)$. Der Tief- und der Wendepunkt verschieben sich mit zunehmenden t nach rechts unten.

2 Ableitungen bilden

a) $f_t'(x) = 6tx^2 - 10x + 3t$ **b)** $f_t'(x) = 4tx^3 - \frac{2}{t}x - 1$

c) $f_t'(x) = 4(2x - 2) - \frac{t}{4}$
$= 8x - 8 - \frac{t}{4}$

d) $f_t'(x) = \frac{3t}{2}x^2 - 2(1 - t)x$

3 Besondere Punkte berechnen

a) $f_t'(x) = 3x^2 - 2tx$
$f_t''(x) = 6x - 2t$
$f_t'''(x) = 6$

Extremstellen:
$f_t'(x) = 0$
$3x^2 - 2tx = 0$
$x(3x - 2t) = 0$
$x_1 = 0$
$3x - 2t = 0$ | $+2t$
$3x = 2t$ | $:3$
$x_2 = \frac{2}{3}t$

$f_t''(0) = -2t < 0,$ da $t > 0 \Rightarrow$ Hochpunkt bei $x = 0$
$f_t''\left(\frac{2}{3}t\right) = 4t - 2t = 2t > 0,$ da $t > 0 \Rightarrow$ Tiefpunkt bei $x = \frac{2}{3}t$

Wendestellen:
$f_t''(x) = 0$
$6x - 2t = 0$ | $+2t$
$6x = 2t$ | $:6$
$x = \frac{t}{3}$

$f_t'''\left(\frac{t}{3}\right) = 6 \neq 0 \Rightarrow$ Wendestelle bei $x = \frac{t}{3}$

b) $f_t'(x) = 3tx^2 - 6tx$
$f_t''(x) = 6tx - 6t$
$f_t'''(x) = 6t$

Extremstellen:
$f_t'(x) = 0$
$3tx^2 - 6tx = 0$
$x(3tx - 6t) = 0$
$x_1 = 0$
$3tx - 6t = 0$ | $+6t$
$3tx = 6t$ | $:3t$
$x_2 = 2$

$f_t''(0) = -6t < 0,$ da $t > 0 \Rightarrow$ Hochpunkt bei $x = 0$
$f_t''(2) = 12t - 6t = 6t > 0,$ da $t > 0 \Rightarrow$ Tiefpunkt bei $x = 2$

Wendestelle:
$f_t''(x) = 0$
$6tx - 6t = 0$ | $+6t$
$6tx = 6t$ | $:6t$
$x = 1$
$f_t'''(1) = 6t \neq 0,$ da $t > 0 \Rightarrow$ Wendepunkt bei $x = 1$

4 Scheitelpunkt und Steigung

$f_t'(x) = 2tx - 4t$

$f_t''(x) = 2t$

a) $f_t'(x) = 0$

$2tx - 4t = 0 \quad | +4t$

$2tx = 4t \quad | :2t$

$x = 2$

$f_t''(2) = 2t > 0$, da $t > 0 \Rightarrow$ Tiefpunkt

$f_t(2) = t \cdot 2^2 - 4t \cdot 2 + 3$

$= 4t - 8t + 3 = -4t + 3$

Der Scheitelpunkt hat die Koordinaten $T(2 | -4t+3)$.

b) $f_t'(0) = 2t \cdot 0 - 4t = -4t$

5 Besondere Punkte

a) $f_t'(x) = 3x^2 + 2tx$

$f_t''(x) = 6x + 2t$

$f_t'''(x) = 6$

Nullstellen:

$f_t(x) = 0$

$x^3 + tx^2 = 0 \quad |$ ausklammern

$x^2(x+t) = 0$

$x_1 = 0;\ x_2 = -t$

Extrempunkte:

$f_t'(x) = 0$

$3x^2 + 2tx = 0 \quad |$ ausklammern

$x(3x + 2t) = 0$

$x_1 = 0$

$3x + 2t = 0 \quad | -2t$

$3x = -2t \quad | :3$

$x_2 = -\frac{2}{3}t$

$f_t(0) = 0;\ f_t\left(-\frac{2}{3}t\right) = -\frac{8}{27}t^3 + \frac{4}{9}t^3 = \frac{4}{27}t^3$

$f_t''(0) = 2t > 0$, da $t > 0 \Rightarrow T(0|0)$

$f_t''\left(-\frac{2}{3}t\right) = 6 \cdot \left(-\frac{2}{3}t\right) + 2t = -2t \Rightarrow H\left(-\frac{2}{3}t \middle| \frac{4}{27}t^3\right)$

Wendepunkte:

$f_t''(0) = 0$

$6x + 2t = 0 \quad | -2t$

$6x = -2t \quad | :6$

$x = -\frac{1}{3}t$

$f\left(-\frac{1}{3}t\right) = -\frac{t^3}{27} + \frac{1}{9}t^3 = \frac{2}{27}t^3$

$f_t'''\left(-\frac{1}{3}t\right) = 6 \neq 0 \Rightarrow W\left(-\frac{1}{3}t \middle| \frac{2}{27}t^3\right)$

b) $t = 2$: $N_1(0|0)$; $N_2(-2|0)$; $W(-0{,}7|0{,}6)$

$T(0|0)$; $H(-1{,}3|1{,}2)$

$t = 4$: $N_1(0|0)$; $N_2(-4|0)$; $W(-1{,}3|4{,}7)$

$T(0|0)$; $H(-2{,}7|9{,}5)$

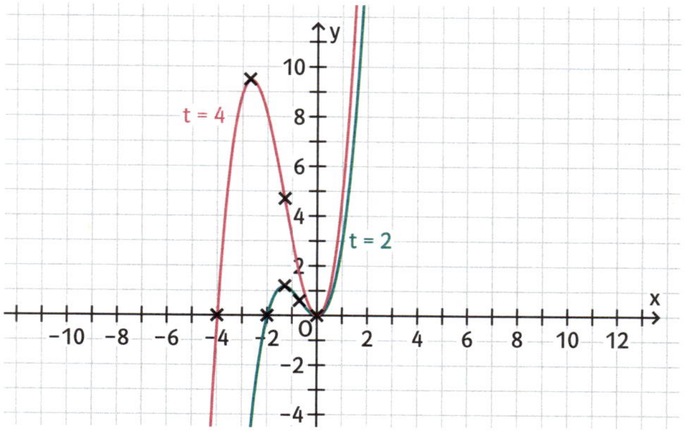

c) Die Nullstelle $N_1(0|0)$ (gleichzeitig der Tiefpunkt) haben alle Graphen gemeinsam. Die zweite Nullstelle wandert nach links, der Hoch- und Wendepunkt wandern mit wachsendem t nach links oben.

6 Zuordnung Term zu Graph

A: Nullstellen:

$f_t(x) = 0$

$x_1 = -2;\ x_2 = 1 \Rightarrow$ Graph II

B: Nullstellen:

$f_t(x) = 0$

$x_1 = -t;\ x_2 = 0;\ x_2 = t \Rightarrow$ Graph III

C: Nullstellen:

$f_t(x) = 0$

$x_1 = -2;\ x_2 = t \Rightarrow$ Graph I

SCHRITT 19

Das brauchst du wieder

b) $f_t'(x) = 1{,}5tx^2 + 2x$

c) $f_t'(x) = tx^3 + tx$

1 „Du bist dran" aus dem „So geht's"-Kasten

a) Bilde die 1. und 2. Ableitung:

$f_t'(x) = x^2 - 2tx$

$f_t''(x) = 2x - 2t$

Setze die 1. Ableitung $f_t'(x) = 0$ und löse die Gleichung:

$x^2 - 2tx = 0$

$x \cdot (x - 2t) = 0$

$x_1 = 0$

$x - 2t = 0 \quad | +2t$

$x_2 = 2t$

Setze die Lösungen in die 2. Ableitung $f_t''(x)$ ein:

$f''(0) = -2t < 0$, da $t > 0$

$\Rightarrow$ Hochpunkt bei $x = 0$

$f_t''(2t) = 2 \cdot (2t) - 2t = 4t - 2t$

$= 2t > 0$, da $t > 0$

$\Rightarrow$ Tiefpunkt bei $x = 2t$

Setze die Lösungen in die Funktionsgleichung $f_t(x)$ zur Bestimmung der y-Werte:

$f_t(0) = 1$: Hochpunkt $H(0 \mid 1)$

$f_t''(2t) = \frac{1}{3}(2t)^3 - t \cdot (2t)^2 + 1$

$= \frac{8}{3}t^3 - 4t^3 + 1$

$= -\frac{4}{3}t^3 + 1$: Tiefpunkt $T\left(2t \middle| -\frac{4}{3}t^3 + 1\right)$

Stelle die x-Koordinate des infrage kommenden Extrempunktes nach t um und setze sie in die zugehörige y-Koordinate ein:

$2t = x \quad |:2$

$t = \frac{1}{2}x$

$y = -\frac{4}{3}\left(\frac{1}{2}x\right)^3 + 1 = -\frac{4}{24}x^3 + 1 = -\frac{1}{6}x^3 + 1$

Damit liegen alle Tiefpunkte auf dem Graphen der Funktion $h(x) = -\frac{1}{6}x^3 + 1$.

b) *Schreibe für die angegebenen Werte von t die zugehörigen Extrempunkte auf:*

$t = 0{,}5$: $T_{0,5}\left(1 \middle| \frac{5}{6}\right)$

$t = 1$: $T_1\left(2 \middle| -\frac{1}{3}\right)$

$t = 1{,}5$: $T_{1,5}\left(3 \middle| -\frac{7}{2}\right)$

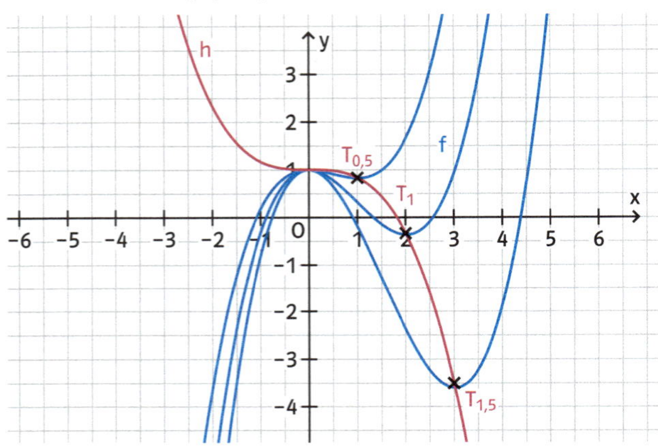

d) $x = t + 4 \quad |-4$

$t = x - 4$

$y = (x-4)^2 + 1$

$= x^2 - 8x + 16 + 1$

$= x^2 - 8x + 17$

$h(x) = x^2 - 8x + 17$

3 Ortskurven für Scheitelpunkte

$f_t(x) = x^2 - 2tx + 1{,}5t^2$

a) $f_t'(x) = 2x - 2t$

$f_t''(x) = 2$

$f_t'(x) = 0$

$2x - 2t = 0 \quad |+2t$

$2x = 2t \quad |:2$

$x = t$

$f_t''(t) = 2 > 0$: Tiefpunkt bei $x = t$ ist Scheitelpunkt der Funktion.

$y = t^2 - 2t^2 + 1{,}5t^2$

$= 0{,}5t^2$

$h(x) = 0{,}5x^2$

b) $t = 1$: $T_1(1 \mid 0{,}5)$

$t = 2$: $T_2(2 \mid 2)$

$t = 3$: $T_3(3 \mid 4{,}5)$

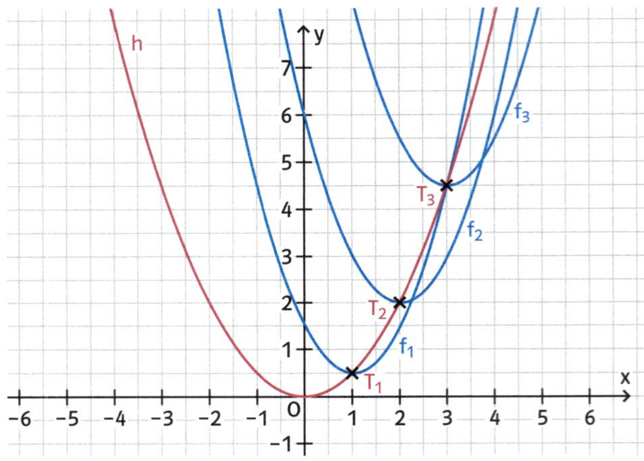

2 Ortskurven für beliebige Punkte

a) $x = t + 1 \quad |-1$

$t = x - 1$

$y = 2(x-1) - 1 = 2x - 2 - 1 = 2x - 3$

$h(x) = 2x - 3$

b) $x = \frac{t}{2} \quad |\cdot 2$

$t = 2x$

$y = (2x)^2 = 4x^2$

$h(x) = 4x^2$

c) $x = 2t \quad |:2$

$t = \frac{x}{2}$

$y = \left(\frac{x}{2}\right)^2 - 5 = \frac{x^2}{4} - 5$

$h(x) = \frac{1}{4}x^2 - 5$

4 Nachweis einer Ortskurve

$f_t(x) = t \cdot x^2 + 2t \cdot x - 2$

a) $f_t'(x) = 2tx + 2t$

$f_t''(x) = 2t$

$f_t'(x) = 0$

$2tx + 2t = 0 \quad |-2t$

$2tx = -2t \quad |:2t$

$x = -1$

$f_t''(-1) = 2t \neq 0$, da $t \neq 0$: Extrempunkt bei $x = -1$ ist Scheitelpunkt der Funktion.

$x = -1$ ist eine Gerade senkrecht zur y-Achse, auf der somit alle Scheitelpunkte der Funktion liegen.

b) $f_t(-1) = t - 2t - 2 = -t - 2$

$t = 1$: $T_1(-1\,|-3)$

$t = 2$: $T_2(-1\,|-4)$

$t = 3$: $T_3(-1\,|-5)$

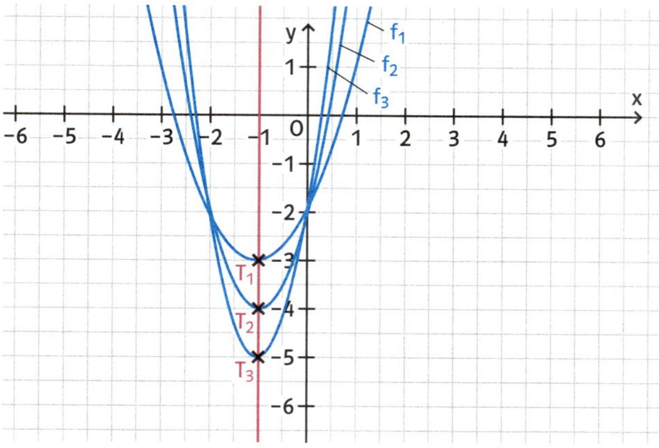

5 Parabelscharen finden

I: $x = 2t + 1 \quad |-1$

$x - 1 = 2t \quad |:2$

$\frac{1}{2}x - \frac{1}{2} = t$

$y = t - 1$

$h(x) = \frac{1}{2}x - \frac{1}{2} - 1 = \frac{1}{2}x - \frac{3}{2}$

$\Rightarrow$ Passt zur Ortskurve im Graphen B.

II: $x = 2t \quad |:2$

$t = \frac{1}{2}x$

$y = t^2$

$h(x) = \left(\frac{1}{2}x\right)^2 = \frac{1}{4}x^2$

$\Rightarrow$ Passt zur Ortskurve im Graphen C.

III: $x = 2t + 1 \quad |-1$

$x - 1 = 2t \quad |:2$

$\frac{1}{2}x - \frac{1}{2} = t$

$y = -2 = h(x)$

$\Rightarrow$ Passt zur Ortskurve im Graphen A.

6 Ortskurve der Wendepunkte

$f_t(x) = \frac{1}{3}x^3 - tx^2 + 3t$

$f_t'(x) = x^2 - 2tx$

$f_t''(x) = 2x - 2t$

$f_t'''(x) = 2$

$f_t''(t) = 0$

$2x - 2t = 0 \quad |+2t$

$2x = 2t \quad |:2$

$x = t$

$f_t'''(x) = 2 \neq 0 \Rightarrow$ In $x = t$ liegen alle Wendepunkte der Funktion $f_t(x)$.

$y = \frac{1}{3}x^3 - x \cdot x^2 + 3x$

$= \frac{1}{3}x^3 - x^3 + 3x = -\frac{2}{3}x^3 + 3x$

$h(x) = -\frac{2}{3}x^3 + 3x$ ist die Ortskurve aller Wendepunkte von $f_t(x)$.

7 Ortskurve der Tiefpunkte

$f_t(x) = \frac{1}{4}x^4 - 0{,}5t^2 \cdot x^2$

a) $f_t'(x) = x^3 - t^2 \cdot x$

$f_t''(x) = 3x^2 - t^2$

$f_t'(x) = 0$

$x^3 - t^2 \cdot x = 0$

$x \cdot (x^2 - t^2) = 0$

$x_1 = 0$

$x^2 - t^2 = 0 \quad |+t^2$

$x^2 = t^2 \quad |\sqrt{\ }$

$x_2 = t$

$x_3 = -t$ (Wird aus Symmetriegründen nicht gesondert betrachtet.)

$f_t''(0) = -t^2 < 0$, da $t > 0 \Rightarrow$ Hochpunkt bei $x = 0$

$f_t''(t) = 3t^2 - t^2 = 2t^2 > 0$, da $t > 0 \Rightarrow$ Tiefpunkt bei $x = t$

$f_t(t) = \frac{1}{4}t^4 - 0{,}5t^4 = -\frac{1}{4}t^4$: $T\left(t\,\middle|\,-\frac{1}{4}t^4\right)$

$y = -\frac{1}{4}t^4 = -\frac{1}{4}x^4$

$h(x) = -\frac{1}{4}x^4$ ist die Ortskurve aller Tiefpunkte der Funktion f_t.

b) $t = 1$: $T_1\left(1\,\middle|\,-\frac{1}{4}\right)$

$t = 2$: $T_2(2\,|-4)$

Beide Graphen haben zudem den Hochpunkt $H(0\,|\,0)$.

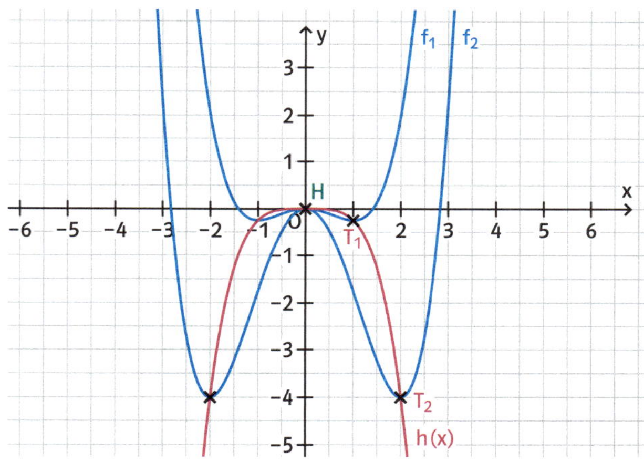

8 Zuordnung Graph zu Term

I $f_t(0) = t \Rightarrow$ Mit $t = 1, 2, 3$ erkennt man, dass der mittlere Graph zur Funktion I gehört.

II $f_t(0) = 0$

$f_t'(x) = 2x^2 - 2tx + t$

$f_t'(x)$ hat keine Nullstelle bei $x = 0$, daher hat $f_t(x)$ dort keinen Extrempunkt.

$\Rightarrow$ Der rechte Graph gehört zur Funktion II.

III $f_t(0) = 0$

$f_t'(x) = 2x^2 - 2tx$

$f_t'(x)$ hat eine Nullstelle bei $x = 0$, daher hat $f_t(x)$ dort die Steigung 0.

$\Rightarrow$ Der linke Graph gehört zur Funktion I.

A: für $t = 1$: $y = -\frac{1}{6} + \frac{1}{2} = -\frac{1}{6} + \frac{3}{6} = \frac{2}{6} = \frac{1}{3}$

für $t = 2$: $y = -\frac{8}{6} + \frac{4}{2} = -\frac{8}{6} + \frac{12}{6} = \frac{4}{6} = \frac{2}{3}$

$\Rightarrow$ Nur die ersten beiden Wendepunkte des rechten Graphen haben diese y-Koordinaten.

B: für $t = 1$: $y = -\frac{1}{6}$

für $t = 2$: $y = -\frac{8}{6}$

$\Rightarrow$ Nur die ersten beiden Wendepunkte des linken Graphen haben diese y-Koordinaten.

C: für $t = 1$: $y = -\frac{1}{6} + 1 = -\frac{1}{6} + \frac{6}{6} = \frac{5}{6}$

für $t = 2$: $y = -\frac{8}{6} + 2 = -\frac{8}{6} = \frac{12}{6} = \frac{4}{6} = \frac{2}{3}$

$\Rightarrow$ Nur die ersten beiden Wendepunkte des mittleren Graphen haben diese y-Koordinaten.

SCHRITT 20

Das brauchst du wieder

$$2a \cdot x - 4a = b \cdot x - 2b$$
$$2a \cdot x - b \cdot x = 4a - 2b$$
$$x(2a - b) = 2(2a - b)$$
$$x = 2 \quad (a \neq 2b)$$

1 „Du bist dran" aus dem „So geht's"-Kasten

Verwende beliebige t_1 und t_2 ($t_1 \neq t_2$) und setze die Funktionen gleich:

$x^2 - t_1x + 2t_1 = x^2 - t_2x + 2t_2 \quad | -x^2$

Forme so um, dass alle Summanden ohne t_1 oder t_2 entfallen:

$-t_1x + 2t_1 = -t_2x + 2t_2 \quad | -2t_1 + t_2x$

Löse die Gleichung nach x auf:

$-t_1x + t_2x = 2t_2 - 2t_1$

$x(-t_1 + t_2) = 2t_2 - 2t_1 \quad | : (t_2 - t_1)$

$x = \frac{2(t_2 - t_1)}{t_2 - t_1}$

$x = 2$ für beliebiges t

Setze die Lösung in die Funktionsgleichung $f_t(x)$ ein:

$f_t(2) = 2^2 - t \cdot 2 + 2t = 4$

Dieses Ergebnis ist unabhängig von t, damit liegt der Punkt P(2 | 4) auf allen Graphen.

2 Geradenschar

a) $t_1x + 3t_1 + 4 = t_2x + 3t_2 + 4 \quad | -4$

$t_1x + 3t_1 = t_2x + 3t_2 \quad | -3t_1 - t_2x$

$t_1x - t_2x = 3t_2 - 3t_1$

$x(t_1 - t_2) = 3(t_2 - t_1) \quad | : (t_1 - t_2)$

$x = 3\frac{(t_2 - t_1)}{(t_1 - t_2)} = 3\frac{(t_2 - t_1)}{-(t_2 - t_1)} = -3$

$f_t(-3) = -3t + 3t + 4 = 4$

Dieses Ergebnis ist unabhängig von t, damit liegt der Punkt P(−3 | 4) auf allen Graphen.

b) $t = -1$: $f_{-1}(x) = -x - 3 + 4 = -x + 1$

$t = 0$: $f_0(x) = 4$

$t = 1$: $f_1(x) = x + 3 + 4 = x + 7$

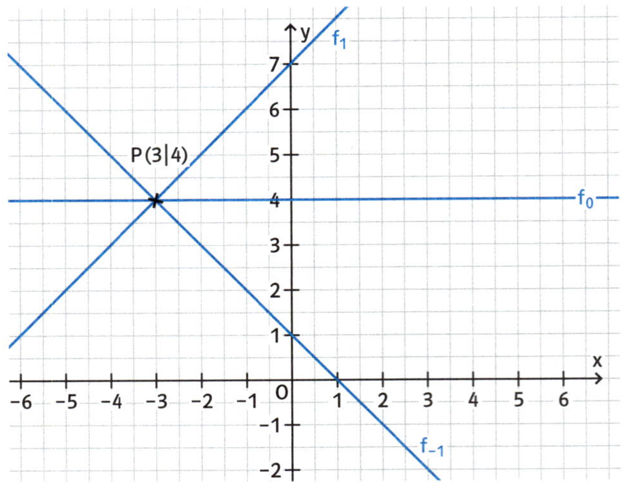

3 Parabelschar

$t_1x^2 + x - 4t_1 = t_2x^2 + x - 4t_2 \quad | -x$

$t_1x^2 - 4t_1 = t_2x^2 - 4t_2 \quad | -t_2x^2 + 4t_1$

$t_1x^2 - t_2x^2 = -4t_2 + 4t_1$

$x^2(t_1 - t_2) = 4(-t_2 + t_1) \quad | : (t_1 - t_2)$

$x^2 = 4\frac{t_1 - t_2}{t_1 - t_2} = 4 \quad | \sqrt{\ }$

$x_1 = 2; \; x_2 = -2$

$f_t(2) = t \cdot 4 + 2 - 4t = 2$

$f_t(-2) = t \cdot 4 + 2 - 4t = -2$

Die beiden Ergebnisse sind unabhängig, damit liegen die Punkte P(2 | 2) und Q(−2 | −2) auf allen Graphen.

4 Schar 4. Grades

$\frac{1}{4}x^4 + x^3 - 2t_1x + 2t_1 = \frac{1}{4}x^4 + x^3 - 2t_2x + 2t_2 \quad | -\frac{1}{4}x^4 - x^3$

$-2t_1x + 2t_1 = -2t_2x + 2t_2 \quad | +2t_2x - 2t_1$

$-2t_1x + 2t_2x = 2t_2 - 2t_1$

$x(-2t_1 + 2t_2) = 2t_2 - 2t_1 \quad | : (-2t_1 + 2t_2)$

$x = \frac{2t_2 - 2t_1}{-2t_1 + 2t_2} - 1$

$f_t(1) = \frac{1}{4} + 1 - 2t + 2t = \frac{5}{4}$

Dieses Ergebnis ist unabhängig von t, damit liegt der Punkt $P\left(1 \,|\, \frac{5}{4}\right)$ auf allen Graphen.

5 Keine gemeinsamen Punkte

$2t_1x - t_1^2 = 2t_2x - 2t_2^2 \quad | -2t_2x + t_1^2$

$2t_1x - 2t_2x = -2t_2^2 + t_1^2$

$x(2t_1 - 2t_2) = -t_2^2 + t_1^2 \quad | : (2t_1 - 2t_2)$

$x = \frac{t_1^2 - t_2^2}{2(t_1 - t_2)} = \frac{1}{2}(t_1 + t_2)$

Die x-Koordinate hängt von der Wahl der Werte für t ab. Es gibt keine gemeinsamen Punkte.

6 Gleiche Wendepunkte

$f_t(x) = -0{,}5tx^3 + 3tx^2 - 4tx$
$f_t'(x) = -1{,}5tx^2 + 6tx - 4t$
$f_t''(x) = -3tx + 6t$
$f_t'''(x) = -3t$
$f_t''(x) = 0$
$-3tx + 6t = 0 \quad | -6$
$-3tx = -6t \quad | :(-3t)$
$x = 2$
$f_t'''(2) = -3t \neq 0$ für $t > 0$
$f_t(2) = -0{,}5t \cdot 8 + 3t \cdot 4 - 8t = -4t + 12t - 8t = 0$
Dieses Ergebnis ist unabhängig von t, damit liegt der Wendepunkt W(2 | 0) auf allen Graphen.

7 Gleiche Steigung

$f_t(0) = 2$
$f_t'(x) = 3x^2 - 2tx + 1$
$f_t'(0) = 1$
Alle Graphen gehen mit der Steigung 1 durch den Punkt (0 | 2).

8 Graph ergänzen

a) f(0) = 0, dies gilt unabhängig von t für alle Graphen.

b) $t_1x^3 - 2t_1x^2 + x = t_2x^3 - 2t_2x^2 + x \quad | -x$
$x^2(t_1x - 2t_1) = x^2(t_2x - 2t_2) \quad | :x^2$
$t_1x - 2t_1 = t_2x - 2t_2 \quad | -t_2x + 2t_1$
$t_1x - t_2x = -2t_2 + 2t_1$
$x(t_1 - t_2) = 2(-t_2 + t_1) \quad | :(t_1 - t_2)$
$x = 2\frac{(t_1 - t_2)}{(t_1 - t_2)} = 2$
$f_t(2) = 8t - 2t \cdot 4 + 2 = 2$
Der zweite gemeinsame Punkt ist P(2 | 2).

c)

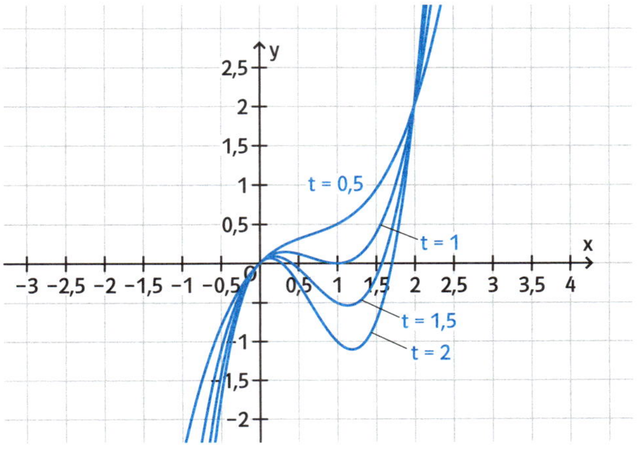

SCHRITT 21

Das brauchst du wieder

$-1 = 0{,}5 \cdot 6 - 4$
$-1 = -1$ richtig
P liegt auf g.

1 „Du bist dran" aus dem „So geht's"-Kasten

a) Setze die Koordinaten des Punktes in die Funktionsgleichung ein und löse nach t auf:
$5 = 3^2 - 2t \cdot 3 + 2t$
$5 = 9 - 4t \quad | -9$
$-4 = -4t \quad | :(-4)$
$t = 1$

b) Bestimme $f_t'(x)$:
$f_t'(x) = 2x - 2t$
Setze $f_t'(x) = 0$ und löse die Gleichung nach x auf:
$2x - 2t = 0 \quad | +2t$
$2x = 2t \quad | :2$
$x = t$
Setze die für den Scheitelpunkt vorgegebene x-Koordinate ein und löse nach t auf:
$t = 6$

2 Bestimmung des Parameters t

a) $7 = t \cdot 2^2 - 2 \cdot 2 + 3$
$7 = 4t - 1 \quad | +1$
$8 = 4t \quad | :4$
$2 = t$

b) $-2 = (-1)^3 - t \cdot (-1)^2 - 2 \cdot (-1)$
$-2 = -1 - t + 2 \quad | -1$
$-3 = -t \quad | :(-1)$
$3 = t$

c) $4 = t \cdot 3^2 - 5t \cdot 3 + 4t$
$4 = -2t \quad | :(-2)$
$t = -2$

d) $-4 = 2^3 - 1{,}5t \cdot 2^2$
$-4 = 8 - 6t \quad | -8$
$-12 = -6t \quad | :(-6)$
$t = 2$

3 Eine weitere Bestimmung des Parameters t

a) $7 = t \cdot 2^2 + 6t \cdot 2 + 2t - 5$
$7 = 18t - 5 \quad | +5$
$12 = 18t \quad | :18$
$\frac{2}{3} = t$

b) $t \cdot (-1)^2 + 6t \cdot (-1) + 2t - 5 = 0$
$-3t - 5 = 0 \quad | +5$
$-3t = 5 \quad | :(-3)$
$t = -\frac{5}{3}$

4 Steigung im Schnittpunkt mit der y-Achse gegeben

$f_t'(x) = 2x + 3t$
$f_t'(0) = 6$
$2 \cdot 0 + 3t = 6 \quad | :3$
$t = 2$

5 **x-Wert des Tiefpunktes gegeben**

$f_t'(x) = 3x^2 - 9tx + 6t^2$

$f_t'(1) = 0$

$3 - 9t + 6t^2 = 0$

(abc- oder pq-Formel)

$t_1 = 1;\ t_2 = \frac{1}{2}$

6 **Abbildung der Funktionsschar**

a) $f_t'(x) = x^2 + 2tx - t$

$f_t''(x) = 2x + 2t$

$f_t''(-1) = 0$

$-2 + 2t = 0 \quad |+2$

$2t = 2 \quad |:2$

$t = 1$

b) $f_t'(-1) = -1$

$(-1)^2 + 2t \cdot (-1) - t = -1$

$1 - 3t = -1 \quad |-1$

$-3t = -2 \quad |:(-3)$

$t = \frac{2}{3}$

7 **Steigung im Wendepunkt ist −6**

$f_t'(x) = 1{,}5x^2 - 6tx$

$f_t''(x) = 3x - 6t$

$f_t''(x) = 0$

$3x - 6t = 0 \quad |+6t$

$3x = 6t \quad |:3$

$x = 2t$

$f_t'(2t) = -6$

$1{,}5 \cdot (2t)^2 - 6t \cdot (2t) = -6$

$-6t^2 = -6 \quad |:(-6)$

$t^2 = 1$

$t = 1,\ \text{da}\ t > 0$

8 **Scheitelpunkt oberhalb der x-Achse**

$f_t'(x) = 2x + 4t$

$f_t'(x) = 0$

$2x + 4t = 0 \quad |-4t$

$2x = -4t \quad |:2$

$x = -2t$

y-Koordinate des Scheitelpunktes:

$f_t(-2t) = (-2t)^2 + 4t \cdot (-2t) + 6t$

$= -4t^2 + 6t$

y-Koordinate des Scheitelpunktes soll oberhalb der x-Achse liegen:

$f_t(-2t) > 0$

$-4t^2 + 6t > 0$

Berechnung der Nullstellen:

$-4t^2 + 6t = 0$

$t \cdot (-4t + 6) = 0 \Rightarrow t_1 = 0$

$-4t + 6 = 0 \quad |-6$

$-4t = -6 \quad |:(-4)$

$t_2 = \frac{3}{2}$

Testwerte:

$t = 1 \Rightarrow -4 \cdot (1)^2 + 6 \cdot 1 = -4 + 6 = 2 > 0$

$t = 2 \Rightarrow -4 \cdot (2)^2 + 6 \cdot 2 = -16 + 12 = -4 < 0$

Für $0 < t < \frac{3}{2}$ liegt der Scheitelpunkt der Funktion oberhalb der x-Achse.

SCHRITT 22

Das brauchst du wieder

IIa $\quad 5y = -10 \quad |:5$

$y = -2$

y in I: $\quad 2x - (-2) = 6 \quad |-2$

$2x = 4 \quad |:2$

$x = 2$

1 **„Du bist dran" aus dem „So geht's"-Kasten**

1. Schritt: Multipliziere die Gleichung I und/oder die Gleichung II mit einer geeigneten Zahl, sodass sich beim Addieren $0x_1$ ergibt:

I $\quad x_1 + 2x_2 + 2x_3 = 8$ (+)

II $\quad x_1 - x_2 - x_3 = -1 \quad |\cdot(-1)$

III $\quad 2x_1 - 2x_2 - x_3 = 2$

I $\quad x_1 + 2x_2 + 2x_3 = 8 \quad |\cdot(-2)$ (+)

IIa $\quad 3x_2 + 3x_3 = 9$

III $\quad 2x_1 - 2x_2 - x_3 = 2$

2. Schritt: Wiederhole den 1. Schritt mit der Gleichung I und III:

I $\quad x_1 + 2x_2 + 2x_3 = 8$

IIa $\quad 3x_2 + 3x_3 = 9 \quad |\cdot 2$ (+)

IIIa $\quad -6x_2 - 5x_3 = -14$

3. Schritt: Multipliziere die Gleichung IIa und/oder die Gleichung IIIa mit einer geeigneten Zahl, sodass sich beim Addieren $0x_2$ ergibt:

I $\quad x_1 + 2x_2 + 2x_3 = 8$

IIa $\quad 3x_2 + 3x_3 = 9$

IIIb $\quad x_3 = 4$

4. Schritt: Löse die Gleichung IIIb nach x_3 auf:

$x_3 = 4$

5. Schritt: Setze den Wert für x_3 in Gleichung IIa ein und löse diese nach x_2 auf:

$3x_2 + 3 \cdot 4 = 9 \quad |-12$

$3x_2 = -3 \quad |:3$

$x_2 = -1$

6. Schritt: Setze die Werte für x_2 und x_3 in Gleichung I ein und löse diese nach x_1 auf:

$x_1 + 2 \cdot (-1) + 2 \cdot 4 = 8$

$x_1 + 6 = 8 \quad |-6$

$x_1 = 2$

Lösung: $(2; -1; 4)$

2 **Ist (5; −2; 4) eine Lösung?**

a) $3 \cdot 5 + 4 \cdot (-2) - 3 \cdot 4 =$

$15 - 8 - 12 = -5 \neq -1$

$\Rightarrow$ (5; −2; 4) ist keine Lösung der Gleichung.

b) $-5 + 2 - 4 = -7 \neq 1$

$\Rightarrow$ (5; −2; 4) ist keine Lösung der Gleichung.

c) $2\cdot5+4\cdot(-2)+3\cdot4=10-8+12=14$

$\Rightarrow$ (5; −2; 4) ist Lösung der Gleichung.

3 Zahlen-Tripel

a) $4\cdot2+3\cdot(-1)-2\cdot1=8-3-2=3\neq4$

Das Zahlen-Tripel erfüllt nicht die Gleichung.

b) $4\cdot4+3\cdot(-2)-2\cdot3=16-6-6=4$

Das Zahlen-Tripel erfüllt die Gleichung.

c) $4\cdot7+3\cdot(-8)-2\cdot0=28-24=4$

Das Zahlen-Tripel erfüllt die Gleichung.

4 Gleichungssysteme lösen

a)

$$\begin{array}{lrl}
\text{I} & x_1+x_2+x_3=2 & |\cdot2 \quad (+\ \text{zu II})\\
\text{II} & -2x_1-x_2+2x_3=-2 & \\
\text{III} & x_1+3x_2+3x_3=0 &
\end{array}$$

$$\begin{array}{lrl}
\text{I} & x_1+x_2+x_3=2 & |\cdot(-1) \quad (+\ \text{zu III})\\
\text{IIa} & x_2+4x_3=2 & \\
\text{III} & x_1+3x_2-3x_3=0 &
\end{array}$$

$$\begin{array}{lrl}
\text{I} & x_1+x_2+x_3=2 & \\
\text{IIa} & x_2+4x_3=2 & |\cdot(-2) \quad (+\ \text{zu IIIa})\\
\text{IIIa} & 2x_2+2x_3=-2 &
\end{array}$$

$$\begin{array}{lrl}
\text{I} & x_1+x_2+x_3=2 & \\
\text{IIa} & x_2+4x_3=2 & \\
\text{IIIb} & -6x_3=-6 & |:(-6)\\
 & x_3=1 &
\end{array}$$

$$\begin{array}{lrl}
x_3 \text{ in IIa:} & x_2+4\cdot1=2 & \\
 & x_2+4=2 & |-4\\
 & x_2=-2 &
\end{array}$$

$$\begin{array}{lrl}
x_2, x_3 \text{ in I:} & x_1-2+1=2 & \\
 & x_1-1=2 & |+1\\
 & x_1=3 &
\end{array}$$

Lösung: (3; −2; 1)

b)

$$\begin{array}{lrl}
\text{I} & x_1+4x_2+x_3=1 & (+\ \text{zu II}) \quad |\cdot(-1) \quad (+\ \text{zu III})\\
\text{II} & -x_1-x_2-2x_3=5 & \\
\text{III} & x_1+2x_2-3x_3=3 &
\end{array}$$

$$\begin{array}{lrl}
\text{I} & x_1+4x_2+x_3=1 & \\
\text{IIa} & 5x_2-x_3=6 & |\cdot2 \quad (+\ \text{zu IIIa})\\
\text{IIIa} & -2x_2-4x_3=2 & |\cdot5
\end{array}$$

$$\begin{array}{lrl}
\text{I} & x_1+4x_2+x_3=1 & |\cdot(-2)\\
\text{IIa} & 5x_2-x_3=6 & \\
\text{IIIb} & -22x_3=22 & |:(-22)\\
 & x_3=-1 &
\end{array}$$

$$\begin{array}{lrl}
x_3 \text{ in IIa:} & 5x_2-(-1)=6 & \\
 & 5x_2+1=6 & |-1\\
 & 5x_2=5 & |:5\\
 & x_2=1 &
\end{array}$$

$$\begin{array}{lrl}
x_2, x_3 \text{ in I:} & x_1+4\cdot1+(-1)=1 & \\
 & x_1+3=1 & |-3\\
 & x_1=-2 &
\end{array}$$

Lösung: (−2; 1; −1)

c)

$$\begin{array}{lrl}
\text{I} & 2x_1+3x_2+x_3=4 & |\cdot(-1) \quad (+\ \text{zu III})\\
\text{II} & x_1+2x_2-2x_3=7 & |\cdot(-2) \quad (+\ \text{zu I})\\
\text{III} & 2x_1-5x_2+3x_3=0 &
\end{array}$$

$$\begin{array}{lrl}
\text{I} & 2x_1+3x_2+x_3=4 & \\
\text{IIa} & -x_2+5x_3=-10 & |\cdot(-8) \quad (+\ \text{zu IIIa})\\
\text{IIIa} & -8x_2+2x_3=-4 &
\end{array}$$

$$\begin{array}{lrl}
\text{I} & 2x_1+3x_2+x_3=4 & \\
\text{IIa} & -x_2+5x_3=-10 & \\
\text{IIIb} & -38x_3=76 & |:(-38)\\
 & x_3=-2 &
\end{array}$$

$$\begin{array}{lrl}
x_3 \text{ in IIa:} & -x_2+5\cdot(-2)=-10 & \\
x_3 \text{ in IIa:} & -x_2-10=-10 & |+10\\
 & -x_2=0 &
\end{array}$$

$$\begin{array}{lrl}
x_2, x_3 \text{ in I:} & 2x_1-2=4 & \\
 & 2x_1=6 & |:2\\
 & x_1=3 &
\end{array}$$

Lösung: (3; 0; −2)

d)

$$\begin{array}{lrl}
\text{I} & 3x_1+x_3=2 & (+\ \text{zu II}) \quad (+\ \text{zu III})\\
\text{II} & x_1+2x_3=9 & |\cdot(-3)\\
\text{III} & x_1+2x_2=1 & |\cdot(-3)
\end{array}$$

$$\begin{array}{lrl}
\text{I} & 3x_1+x_3=2 & \\
\text{IIa} & -5x_3=-25 & \\
\text{IIIa} & -6x_2+x_3=-1 &
\end{array}$$

$$\begin{array}{lrl}
\text{IIa} & -5x_3=-25 & |:(-5)\\
 & x_3=5 &
\end{array}$$

$$\begin{array}{lrl}
x_3 \text{ in IIIa:} & -6x_2+5=-1 & |-5\\
 & -6x_2=-6 & |:(-6)\\
 & x_2=1 &
\end{array}$$

$$\begin{array}{lrl}
x_2, x_3 \text{ in I:} & 3x_1+5=2 & |-5\\
 & 3x_1=-3 & |:3\\
 & x_1=-1 &
\end{array}$$

Lösung: (−1; 1; 5)

5 Gleichungssysteme lösen

a)

$$\begin{array}{lrl}
\text{I} & x_1+x_3=2 & |\cdot(-1) \quad (+\ \text{zu II})\\
\text{II} & x_1-x_2=0 & \\
\text{III} & 2x_2+3x_3=4 &
\end{array}$$

$$\begin{array}{lrl}
\text{I} & x_1+x_3=2 & \\
\text{IIa} & -x_2-x_3=-2 & |\cdot2 \quad (+\ \text{zu III})\\
\text{III} & 2x_2+3x_3=4 &
\end{array}$$

$$\begin{array}{lrl}
\text{I} & x_1+x_3=2 & \\
\text{IIa} & -x_2-x_3=-2 & \\
\text{IIIa} & x_3=0 &
\end{array}$$

$$\begin{array}{lrl}
x_3 \text{ in IIa:} & -x_2=-2 & |\cdot(-1)\\
 & x_2=2 &
\end{array}$$

$$\begin{array}{lr}
x_2, x_3 \text{ in I:} & x_1=2
\end{array}$$

Lösung: (2; 2; 0)

b) I $\quad 2x_1 + 3x_2 + x_3 = 4 \quad |\cdot(-3)$
II $\quad 3x_1 + x_2 + 5x_3 = 8 \quad |\cdot 2$
III $\quad -x_1 - 5x_2 + 3x_3 = 1 \quad |\cdot 2$

I $\quad 2x_1 + 3x_2 + x_3 = 4$
IIa $\quad -7x_2 + 7x_3 = 4 \quad |\cdot(-1)$
IIIa $\quad -7x_2 + 7x_3 = 6$

I $\quad 2x_1 + 3x_2 + x_3 = 4$
IIa $\quad -7x_2 + 7x_3 = 4$
IIIb $\quad 0 = 2$

Das Gleichungssystem hat keine Lösung.

c) I $\quad 4x_2 + x_3 = 0$
II $\quad x_1 + x_2 + x_3 = 0$
III $\quad 2x_1 + 4x_2 + 3x_3 = 0$

I $\quad x_1 + x_2 + x_3 = 0 \quad |\cdot(-2)$
II $\quad 4x_2 + x_3 = 0$
III $\quad 2x_1 + 4x_2 + 3x_3 = 0$

I $\quad x_1 + x_2 + x_3 = 0$
II $\quad 4x_2 + x_3 = 0$
IIIa $\quad 2x_2 + x_3 = 0 \quad |\cdot(-2)$

I $\quad x_1 + x_2 + x_3 = 0$
II $\quad 4x_2 + x_3 = 0$
IIIb $\quad -x_3 = 0 \quad |\cdot(-1)$
$x_3 = 0$

x_3 in II: $\quad 4x_2 + 0 = 0 \quad |:4$
$x_2 = 0$

x_2, x_3 in I: $\quad x_1 + 0 + 0 = 0$
$x_1 = 0$

Lösung: $(0;\,0;\,0)$

d) I $\quad x_1 + x_2 = 9 \quad |\cdot(-1)$
II $\quad x_1 + x_3 = -2$
III $\quad x_2 + x_3 = -1$

I $\quad x_1 + x_2 = 9$
IIa $\quad -x_2 + x_3 = -11$
III $\quad x_2 + x_3 = -1$

I $\quad x_1 + x_2 = 9$
IIa $\quad -x_2 + x_3 = -11$
IIIa $\quad 2x_3 = -12 \quad |:2$
$x_3 = -6$

x_3 in II: $\quad -x_2 - 6 = -11 \quad |+6$
$-x_2 = -5 \quad |\cdot(-1)$
$x_2 = 5$

x_2 in I: $\quad x_1 + 5 = 9 \quad |-5$
$x_1 = 4$

Lösung: $(4;\,5;\,-6)$

6 „Du bist dran" aus dem „So geht's"-Kasten

Führe die ersten Schritte so wie bisher aus. Versuche, die Addition direkt auszurechnen:

I $\quad x_1 + 2x_2 + 3x_3 = 1 \quad |\cdot(-2)$
II $\quad 2x_1 + x_2 = 2$
III $\quad -x_1 + x_2 + 3x_3 = -1$

I $\quad x_1 + 2x_2 + 3x_3 = 1$
IIa $\quad -3x_2 - 6x_3 = 0$
IIIa $\quad 3x_2 + 6x_3 = 0$

I $\quad x_1 + 2x_2 + 3x_3 = 1$
IIa $\quad -3x_2 - 6x_3 = 0$
IIIb $\quad 0 = 0$

Setze für x_3 eine beliebige reelle Zahl t ein:
$x_3 = t$

Setze den Wert für x_3 in Gleichung IIa ein und löse nach x_2 auf:
$-3x_2 - 6t = 0 \quad |+6t$
$-3x_2 = 6t \quad |:(-3)$
$x_2 = -2t$

Setze den Wert für x_2 und x_3 in Gleichung I ein und löse nach x_1 auf:
$x_1 + 2\cdot(-2t) + 3t = 1$
$x_1 - t = 1 \quad |+t$
$x_1 = 1 + t$

Lösung: $(1+t;\,-2t;\,t)$

7 Lösungen mit Parametern

a) I $\quad x_1 + 3x_2 - 2x_3 = 0 \quad |\cdot 2 \quad |\cdot 3$
II $\quad -2x_1 - x_2 - x_3 = 4$
III $\quad -3x_1 + x_2 - 4x_3 = 8$

I $\quad x_1 + 3x_2 - 2x_3 = 0$
IIa $\quad 5x_2 - 5x_3 = 4 \quad |\cdot(-2)$
IIIa $\quad 10x_2 - 10x_3 = 8$

I $\quad x_1 + 3x_2 - 2x_3 = 0$
IIa $\quad 5x_2 - 5x_3 = 4$
IIIb $\quad 0 = 0$
$x_3 = t$

x_3 in IIa: $\quad 5x_2 - 5t = 4 \quad |+5t$
$5x_2 = 4 + 5t$
$x_2 = \frac{4}{5} + t$

x_2, x_3 in I: $\quad x_1 + 3\cdot\left(\frac{4}{5} + t\right) - 2t = 0$
$x_1 + \frac{12}{5} + t = 0 \quad \left|-\frac{12}{5} - t\right.$
$x_1 = -\frac{12}{5} - t$

Lösung: $\left(-\frac{12}{5} - t;\,\frac{4}{5} + t;\,t\right)$

$t = 0 \Rightarrow$ Lösung: $\left(-\frac{12}{5};\,\frac{4}{5};\,0\right)$

$t = 1 \Rightarrow$ Lösung: $\left(-\frac{17}{5};\,\frac{9}{5};\,1\right)$

b)
$$\begin{array}{ll} \text{I} & x_1 + x_2 + 2x_3 = 0 \quad |\cdot(-3) \\ \text{II} & -x_1 - x_2 - 2x_3 = 0 \\ \text{III} & 3x_1 + x_2 - 2x_3 = 0 \end{array}$$

$$\begin{array}{ll} \text{I} & x_1 + x_2 + 2x_3 = 0 \\ \text{IIa} & 0 = 0 \Rightarrow x_3 = t \\ \text{IIIa} & -2x_2 - 8x_3 = 0 \end{array}$$

x_3 in IIIa: $-2x_2 - 8t = 0 \quad |+8t$
$-2x_2 = 8t \quad |:(-2)$
$x_2 = -4t$

x_2, x_3 in I: $x_1 - 4t + 2t = 0$
$x_1 - 2t = 0 \quad |+2t$
$x_1 = 2t$

Lösung: $(2t; -4t; t)$
$t = 0 \Rightarrow$ Lösung: $(0; 0; 0)$
$t = 1 \Rightarrow$ Lösung: $(2; -4; 1)$

c)
$$\begin{array}{ll} \text{I} & 2x_1 + 6x_2 - 4x_3 = 1 \\ \text{II} & x_1 - 2x_2 - x_3 = 3 \quad |\cdot(-2) \quad |\cdot(-2) \\ \text{III} & 4x_1 + 2x_2 - 6x_3 = 7 \end{array}$$

$$\begin{array}{ll} \text{I} & 2x_1 + 6x_2 - 4x_3 = 1 \\ \text{IIa} & 10x_2 - 2x_3 = -5 \\ \text{IIIa} & -10x_2 + 2x_3 = 5 \end{array}$$

$$\begin{array}{ll} \text{I} & 2x_1 + 6x_2 - 4x_3 = 1 \\ \text{IIa} & 10x_2 - 2x_3 = -5 \\ \text{IIIb} & 0 = 0 \Rightarrow x_3 = t \end{array}$$

x_3 in IIa: $10x_2 - 2t = -5 \quad |+2t$
$10x_2 = -5 + 2t \quad |:10$
$x_2 = -\frac{1}{2} + \frac{1}{5}t$

x_2, x_3 in I: $2x_1 + 6\cdot\left(-\frac{1}{2} + \frac{1}{5}t\right) - 4t = 1$
$2x_1 - 3 + \frac{6}{5}t - \frac{20}{5}t = 1$
$2x_1 - 3 - \frac{14}{5}t = 1 \quad |+3 + \frac{14}{5}t$
$2x_1 = 4 + \frac{14}{5}t \quad |:2$
$x_1 = 2 + \frac{7}{5}t$

Lösung: $\left(2 + \frac{7}{5}t; -\frac{1}{2} + \frac{1}{5}t; t\right)$
$t = 0 \Rightarrow$ Lösung: $\left(2; -\frac{1}{2}; 0\right)$
$t = 1 \Rightarrow$ Lösung: $(3{,}4; -0{,}3; 1)$

d)
$$\begin{array}{ll} \text{I} & -2x_1 - x_2 + x_3 = 3 \quad |\cdot 2 \\ \text{II} & 2x_1 + x_2 + x_3 = -4 \\ \text{III} & 4x_1 + 2x_2 - 2x_3 = -6 \end{array}$$

$$\begin{array}{ll} \text{I} & -2x_1 - x_2 + x_3 = 3 \\ \text{IIa} & 2x_3 = -1 \Rightarrow x_3 = -\frac{1}{2} \\ \text{IIIa} & 0 = 0 \qquad x_2 = t \end{array}$$

x_2, x_3 in I: $-2x_1 - t - \frac{1}{2} = 3 \quad |+t + \frac{1}{2}$
$-2x_1 = 3{,}5 + t \quad |:(-2)$
$x_1 = -1{,}75 - 0{,}5t$

Lösung: $(-1{,}75 - 0{,}5t; t; -0{,}5)$
$t = 0 \Rightarrow$ Lösung: $(-1{,}75; 0; -0{,}5)$
$t = 1 \Rightarrow$ Lösung: $(-2{,}25; 1; -0{,}5)$

8 Lösungen mit Parametern

a)
$$\begin{array}{ll} \text{I} & -x_1 + 2x_2 = 2 \quad |\cdot 2 \quad |\cdot 3 \\ \text{II} & 2x_1 + 2x_3 = 4 \\ \text{III} & 3x_1 - 4x_2 + x_3 = -2 \end{array}$$

$$\begin{array}{ll} \text{I} & -x_1 + 2x_2 = 2 \\ \text{IIa} & 4x_2 - 2x_3 = 8 \\ \text{IIIa} & 2x_2 + x_3 = 4 \quad |\cdot(-2) \end{array}$$

$$\begin{array}{ll} \text{I} & -x_1 + 2x_2 = 2 \\ \text{IIa} & 4x_2 - 2x_3 = 8 \\ \text{IIIb} & 0 = 0 \Rightarrow x_3 = t \end{array}$$

x_3 in IIa: $4x_2 + 2t = 8 \quad |-2t$
$4x_2 = 8 - 2t \quad |:4$
$x_2 = 2 - 0{,}5t$

x_2, x_3 in I: $-x_1 + 2\cdot(2 - 0{,}5t) = 2$
$-x_1 + 4 - t = 2 \quad |-4 + t$
$-x_1 = -2 + t \quad |\cdot(-1)$
$x_1 = 2 - t$

Lösung: $(2 - t; 2 - 0{,}5t; t)$
$t = 0 \Rightarrow$ Lösung: $(2; 2; 0)$
$t = 1 \Rightarrow$ Lösung: $(1; 1{,}5; 1)$

b)
$$\begin{array}{ll} \text{I} & 2x_1 - x_2 + 2x_3 = 0 \quad |\cdot(-2) \\ \text{II} & x_1 + x_2 + x_3 = 3 \quad |\cdot(-2) \\ \text{III} & 4x_1 + 4x_3 = 4 \end{array}$$

$$\begin{array}{ll} \text{I} & 2x_1 - x_2 + 2x_3 = 0 \\ \text{IIa} & -3x_2 = -6 \Rightarrow x_2 = 2 \\ \text{IIIa} & 2x_2 = 4 \Rightarrow x_2 = 2 \\ & x_3 = t \end{array}$$

x_2, x_3 in I: $2x_1 - 2 + 2t = 0 \quad |+2 - 2t$
$2x_1 = 2 - 2t \quad |:2$
$x_1 = 1 - t$

Lösung: $(1 - t; 2; t)$
$t = 0 \Rightarrow$ Lösung: $(1; 2; 0)$
$t = 1 \Rightarrow$ Lösung: $(0; 2; 1)$

SCHRITT 23

Das brauchst du wieder

I $\quad x_1 - x_2 + x_3 = -2 \quad |\cdot 2 \quad |\cdot(-1)$
II $\quad -2x_1 - x_2 + 2x_3 = 2$
III $\quad x_1 + 2x_2 - 2x_3 = 1$

I $\quad x_1 - x_2 + x_3 = -2$
IIa $\quad -3x_2 + 4x_3 = -2$
IIIa $\quad 3x_2 - 3x_3 = 3$

I $\quad x_1 - x_2 + x_3 = -2$
IIa $\quad -3x_2 + 4x_3 = -2$
IIIb $\quad x_3 = 1$

x_3 in IIa: $-3x_2 + 4 = -2 \quad |-4$
$-3x_2 = -6 \quad |:(-3)$
$x_2 = 2$

x_2, x_3 in I: $x_1 - 2 + 1 = -2$
$x_1 - 1 = -2 \quad |+1$
$x_1 = -1$

Lösung: $(-1; 2; 1)$

1 „Du bist dran“ aus dem „So geht's“-Kasten

Schreibe die allgemeine Funktionsgleichung und die Ableitungen auf, soweit sie benötigt werden:

$f(x) = a_3 \cdot x^3 + a_2 \cdot x^2 + a_1 \cdot x + a_0$
$f'(x) = 3a_3 \cdot x^2 + 2a_2 \cdot x + a_1$
$f''(x) = 6a_3 \cdot x + 2a_2$

Schreibe die Bedingungen auf und setze sie in die entsprechenden Gleichungen ein:

1. $f(0) = 3$: $a_0 = 3$
2. $f'(0) = 4$: $a_1 = 4$
3. $f(2) = 3$: $8a_3 + 4a_2 + 2a_1 + a_0 = 3$
4. $f'(2) = 0$: $12a_3 + 4a_2 + a_1 = 0$

Schreibe die Gleichungen von rechts nach links und löse sie:

I $\quad 3 + 8 + 4a_2 + 8a_3 = 3 \quad |-11$
II $\quad 4 + 4a_2 + 12a_3 = 0 \quad |-4$

I $\quad 4a_2 + 8a_3 = -8 \quad |\cdot(-1)$
II $\quad 4a_2 + 12a_3 = -4$

I $\quad 4a_2 + 8a_3 = -8$
IIa $\quad 4a_3 = 4 \Rightarrow a_3 = 1$

a_3 in I: $4a_2 + 8 = -8 \quad |-8$
$4a_2 = -16 \quad |:4$
$a_2 = -4$

$f(x) = x^3 - 4x^2 + 4x + 3$

2 Parabel

$A(-2|2) \quad B(2|-2) \quad C(3|-0{,}5)$

$f(x) = a_2 \cdot x^2 + a_1 \cdot x + a_0$

1. $f(-2) = 2$: $4a_2 - 2a_1 + a_0 = 2$
2. $f(2) = -2$: $4a_2 + 2a_1 + a_0 = -2$
3. $f(3) = -0{,}5$: $9a_2 + 3a_1 + a_0 = -0{,}5$

I $\quad a_0 - 2a_1 + 4a_2 = 2 \quad |\cdot(-1)$
II $\quad a_0 + 2a_1 + 4a_2 = -2$
III $\quad a_0 + 3a_1 + 9a_2 = -0{,}5$

I $\quad a_0 - 2a_1 + 4a_2 = 2$
II $\quad 4a_1 = -4 \Rightarrow a_1 = -1$
III $\quad 5a_1 + 5a_2 = -2{,}5$

a_1 in IIIa: $-5 + 5a_2 = -2{,}5 \quad |+5$
$5a_2 = 2{,}5 \quad |:5$
$a_2 = 0{,}5$

a_1, a_2 in I: $a_0 + 2 + 2 = 2$
$a_0 + 4 = 2 \quad |-4$
$a_0 = -2$

$f(x) = 0{,}5x^2 - x - 2$

3 Aussagen formalisieren

a) 1. $f'(5) = 4$
2. $f(5) = -3$

b) 1. $f(6) = 0$
2. $f'(6) = -1$

c) 1. $f(-3) = 0$
2. $f'(-3) = 0$
3. $f''(-3) \neq 0$

d) 1. $f(4) = -1$
2. $f'(4) = 0$
3. $f''(4) > 0$

e) 1. $f(-2) = 6$
2. $f''(-2) = 0$
3. $f'''(-2) \neq 0$

4 Parabel

$f(x) = a_2x^2 + a_1x + a_0$
$f'(x) = 2a_2x + a_1$
$g(x) = 2x + 2{,}5$
$g(-2) = -1{,}5$
$g'(-2) = 2$

1. $f(1) = 2{,}7$: $a_2 + a_1 + a_0 = 2{,}7$
2. $f(-2) = -1{,}5$: $4a_2 - 2a_1 + a_0 = -1{,}5$
3. $f'(-2) = 2$: $-4a_2 + a_1 = 2$

I $\quad a_0 + a_1 + a_2 = 2{,}7 \quad |\cdot(-1)$
II $\quad a_0 - 2a_1 + 4a_2 = -1{,}5$
III $\quad a_1 - 4a_2 = 2$

I $\quad a_0 + a_1 + a_2 = 2{,}7$
IIa $\quad -3a_1 + 3a_2 = -4{,}2$
III $\quad a_1 - 4a_2 = 2 \quad |\cdot 3$

I $\quad a_0 + a_1 + a_2 = 2{,}7$
IIa $\quad -3a_1 - 3a_2 = -4{,}2$
IIIa $\quad -9a_2 = 1{,}8 \quad |:(-9)$
$a_2 = -0{,}2$

a_2 in IIa: $-3a_1 - 0{,}6 = -4{,}2 \quad |+0{,}6$
$-3a_1 = -3{,}6 \quad |:(-3)$
$a_1 = 1{,}2$

a_1, a_2 in I: $a_0 + 1{,}2 - 0{,}2 = 2{,}7$
$a_0 + 1 = 2{,}7 \quad |-1$
$a_0 = 1{,}7$

$f(x) = -0{,}2x^2 + 1{,}7x + 1{,}7$

5 Funktion 3. Grades

$f(x) = a_3x^3 + a_2x^2 + a_1x + a_0$

1. $f(0) = 0$: $a_0 = 0$
2. $f(1) = 1{,}25$: $a_3 + a_2 + a_1 = 1{,}25$
3. $f(2) = 2$: $8a_3 + 4a_2 + 2a_1 = 2$
4. $f(4) = 26$: $64a_3 + 16a_2 + 4a_1 = 26$

I $a_1 + a_2 + a_3 = 1{,}25$ $\quad| \cdot (-2)$ $\quad| \cdot (-4)$
II $2a_1 + 4a_2 + 8a_3 = 2$
III $4a_1 + 16a_2 + 64a_3 = 26$

I $a_1 + a_2 + a_3 = 1{,}25$
IIa $2a_2 + 6a_3 = -0{,}5$ $\quad| \cdot (-6)$
IIIa $12a_2 + 60a_3 = 21$

I $a_1 - a_2 + a_3 = 1{,}25$
IIa $2a_2 + 6a_3 = -0{,}5$
IIIb $24a_3 = 24$ $\quad| : 24$
$a_3 = 1$

a_3 in IIa: $2a_2 + 6 = -0{,}5$ $\quad| -6$
$2a_2 = -6{,}5$ $\quad| : 2$
$a_2 = -3{,}25$

a_2, a_3 in I: $a_1 - 3{,}25 + 1 = 1{,}25$
$a_1 - 2{,}25 = 1{,}25$ $\quad| +2{,}25$
$a_1 = 3{,}5$

$f(x) = x^3 - 3{,}25x^2 + 3{,}5x$

6 Funktion 3. Grades

$f(x) = a_3x^3 + \cancel{a_2x^2} + a_1x + \cancel{a_0}$
$f'(x) = 3a_3x^3 + a_1$

1. $f(2) = -0{,}8$: $8a_3 + 2a_1 = -0{,}8$
2. $f'(2) = 1{,}2$: $12a_3 + a_1 = 1{,}2$

I $2a_1 + 8a_3 = -0{,}8$
II $a_1 + 12a_3 = 1{,}2$ $\quad| \cdot (-2)$

I $2a_1 + 8a_3 = -0{,}8$
IIa $-16a_3 = -3{,}2$ $\quad| : (-16)$
$a_3 = 0{,}2$

a_3 in I: $2a_1 + 1{,}6 = -0{,}8$ $\quad| -1{,}6$
$2a_1 = -2{,}4$ $\quad| : 2$
$a_1 = -1{,}2$

$f(x) = 0{,}2x^3 - 1{,}2x$

7 Funktion 3. Grades

1. $f(x) = a_3x^3 + a_2x^2 + a_1x + a_0$
2. $f'(x) = 3a_3x^2 + 2a_2x + a_1$
3. $f''(x) = 6a_3x + 2a_2$

$f(0) = 3$: $a_0 = 3$
$f'(0) = 0$: $a_1 = 0$
$f(2) = -5$: $8a_3 + 4a_2 + 3 = -5$
$f''(2) = 0$: $12a_3 + 2a_2 = 0$

I $4a_2 + 8a_3 = -8$
II $2a_2 + 12a_3 = 0$ $\quad| \cdot (-2)$

I $4a_2 + 8a_3 = -8$
IIa $-16a_3 = -8$ $\quad| : (-16)$
$a_3 = 0{,}5$

a_3 in I: $4a_2 + 4 = -8$ $\quad| -4$
$4a_2 = -12$ $\quad| : 4$
$a_2 = -3$

$f(x) = 0{,}5x^3 - 3x^2 + 3$

8 Funktion 4. Grades

$f(x) = a_4x^4 + \cancel{a_3x^3} + a_2x^2 + \cancel{a_1x} + a_0$
$f'(x) = 4a_4x^3 + 2a_2x$

1. $f(2) = 4$: $16a_4 + 4a_2 + a_0 = 4$
2. $f'(2) = 0$: $32a_4 + 4a_2 = 0$
3. $f(-3) = 1{,}5$: $81a_4 + 9a_2 + a_0 = 1{,}5$

I $a_0 + 4a_2 + 16a_4 = 4$ $\quad| \cdot (-1)$
II $4a_2 + 32a_4 = 0$
III $a_0 + 9a_2 + 81a_4 = 1{,}5$

I $a_0 + 4a_2 + 16a_4 = 4$
II $4a_2 + 32a_4 = 0$ $\quad| : 4$
IIIa $5a_2 + 65a_4 = -2{,}5$

I $a_0 + 4a_2 + 16a_4 = 4$
IIa $a_2 + 8a_4 = 0$ $\quad \cdot (-5)$
IIIa $5a_2 + 65a_4 = -2{,}5$

I $a_0 + 4a_2 + 16a_4 = 4$
IIa $a_2 + 8a_4 = 0$
IIIb $25a_4 = -2{,}5$ $\quad| : 25$
$a_4 = -0{,}1$

a_4 in IIa: $a_2 - 0{,}8 = 0$ $\quad| +0{,}8$
$a_2 = 0{,}8$

a_2, a_4 in I: $a_0 + 3{,}2 - 1{,}6 = 4$
$a_0 + 1{,}6 = 4$ $\quad| -1{,}6$
$a_0 = 2{,}4$

$f(x) = -0{,}1x^4 + 0{,}8x^2 + 2{,}4$

9 Funktion 4. Grades

$f(x) = a_4x^4 + a_3x^3 + a_2x^2 + a_1x + a_0$
$f'(x) = 4a_4x^3 + 3a_3x^2 + 2a_2x + a_1$
$f''(x) = 12a_4x^2 + 6a_3x + 2a_2$

1. $f(0) = 3$: $a_0 = 3$
2. $f'(0) = 0$: $a_1 = 0$
3. $f''(0) = 0$: $2a_2 = 0 \Rightarrow a_2 = 0$
4. $f(3) = 0$: $81a_4 + 27a_3 + 3 = 0$
5. $f'(3) = 0$: $108a_4 + 27a_3 = 0$

$$\begin{array}{lrl}
\text{I} & 27a_3 + 81a_4 = -3 & |\cdot(-1) \;\; (+) \\
\text{II} & 27a_3 + 108a_4 = 0 &
\end{array}$$

$$\begin{array}{lrl}
\text{I} & 27a_3 + 81a_4 = -3 & \\
\text{IIa} & 27a_4 = 3 & |:27 \\
 & a_4 = \frac{1}{9} &
\end{array}$$

$$\begin{array}{lrl}
a_4 \text{ in I:} & 27a_3 + 9 = -3 & |-9 \\
 & 27a_3 = -12 & |:27 \\
 & a_3 = -\frac{12}{27} &
\end{array}$$

$f(x) = \frac{1}{9}x^4 - \frac{12}{27}x^3 + 3$

10 Halbgeraden verbinden

$f(x) = a_3x^3 + a_2x^2 + a_1x + a_0$
$f'(x) = 3a_3x^2 + 2a_2x + a_1$

$$\begin{array}{ll}
f(-1) = \frac{8}{3}: & -a_3 + a_2 - a_1 + a_0 = \frac{8}{3} \\
f'(-1) = 2: & 3a_3 - 2a_2 + a_1 = 2 \\
f(3) = 0: & 27a_3 + 9a_2 + 3a_1 + a_0 = 0 \\
f'(3) = 2: & 27a_3 + 6a_2 + a_1 = 2
\end{array}$$

$$\begin{array}{lrl}
\text{I} & a_0 - a_1 + a_2 - a_3 = \frac{8}{3} & |\cdot(-1) \;\; (+ \text{ zu III}) \\
\text{II} & a_1 - 2a_2 + 3a_3 = 2 & |\cdot(-1) \;\; (+ \text{ zu IV}) \\
\text{III} & a_0 + 3a_1 + 9a_2 + 27a_3 = 0 & \\
\text{IV} & a_1 + 6a_2 + 27a_3 = 2 &
\end{array}$$

$$\begin{array}{lrl}
\text{I} & a_0 - a_1 + a_2 - a_3 = \frac{8}{3} & \\
\text{II} & a_1 - 2a_2 + 3a_3 = 2 & |\cdot(-4) \;\; (+) \\
\text{IIIa} & 4a_1 + 8a_2 + 28a_3 = -\frac{8}{3} & \\
\text{IVa} & 8a_2 + 24a_3 = 0 &
\end{array}$$

$$\begin{array}{lrl}
\text{I} & a_0 - a_1 + a_2 - a_3 = \frac{8}{3} & \\
\text{II} & a_1 - 2a_2 + 3a_3 = 2 & \\
\text{IIIb} & 16a_2 + 16a_3 = -\frac{32}{3} & \\
\text{IVa} & 8a_2 + 24a_3 = 0 & |\cdot(-2) \;\; (+)
\end{array}$$

$$\begin{array}{lrl}
\text{I} & a_0 - a_1 + a_2 - a_3 = \frac{8}{3} & \\
\text{II} & a_1 - 2a_2 + 3a_3 = 2 & \\
\text{IIIb} & 16a_2 + 16a_3 = -\frac{32}{3} & \\
\text{IVb} & -32a_3 = -\frac{32}{3} & |:(-32) \\
 & a_3 = \frac{1}{3} &
\end{array}$$

$$\begin{array}{lrl}
a_3 \text{ in IIIb:} & 16a_2 + \frac{16}{3} = -\frac{32}{3} & |-\frac{16}{3} \\
 & 16a_2 = -\frac{48}{3} & |:16 \\
 & a_2 = -1 &
\end{array}$$

$$\begin{array}{lrl}
a_2, a_3 \text{ in II:} & a_1 + 2 + 1 = 2 & |-3 \\
 & a_1 = -1 &
\end{array}$$

$$\begin{array}{lrl}
a_1, a_2, a_3 \text{ in I:} & a_0 + 1 - 1 - \frac{1}{3} = \frac{8}{3} & |+\frac{1}{3} \\
 & a_0 = 3 &
\end{array}$$

$f(x) = \frac{1}{3}x^3 - x^2 - x + 3$

11 4 Punkte verbinden

Wir nehmen an, es gäbe eine ganzrationale Funktion 3. Grades, die durch die vier Punkte verläuft und zeigen, dass $a_3 = 0$ ist.

$f(x) = a_3x^3 + a_2x^2 + a_1x + a_0$

$$\begin{array}{ll}
f(-3) = 0{,}5: & -27a_3 + 9a_2 - 3a_1 + a_0 = 0{,}5 \\
f(-1) = 3{,}5: & -a_3 + a_2 - a_1 + a_0 = 3{,}5 \\
f(0) = 4{,}25: & a_0 = 4{,}25 \\
f(4) = 2{,}25: & 64a_3 + 16a_2 + 4a_1 + a_0 = 2{,}25
\end{array}$$

$$\begin{array}{lrl}
\text{I} & -3a_1 + 9a_2 - 27a_3 = -3{,}75 & \\
\text{II} & -a_1 + a_2 - a_3 = -0{,}75 & |\cdot(-3) \;\; (+) \\
\text{III} & 4a_1 + 16a_2 + 64a_3 = -2 & |:2
\end{array}$$

$$\begin{array}{lrl}
\text{I} & -3a_1 + 9a_2 - 27a_3 = -3{,}75 & |\cdot 2 \;\; (+) \\
\text{IIa} & 6a_2 - 24a_3 = -1{,}5 & \\
\text{IIIa} & 2a_1 + 8a_2 + 32a_3 = -1 & |\cdot 3
\end{array}$$

$$\begin{array}{lrl}
\text{I} & -3a_1 + 9a_2 - 27a_3 = -3{,}75 & \\
\text{IIa} & 6a_2 - 24a_3 = -1{,}5 & \\
\text{IIIb} & 42a_2 + 42a_3 = -10{,}5 & |:10{,}5
\end{array}$$

$$\begin{array}{lrl}
\text{I} & -3a_1 + 9a_2 - 27a_3 = -3{,}75 & \\
\text{IIb} & 6a_2 - 24a_3 = -1{,}5 & |\cdot 2 \;\; (+) \\
\text{IIIc} & 4a_2 + 4a_3 = -1 & |\cdot(-3)
\end{array}$$

$$\begin{array}{lrl}
\text{I} & -3a_1 + 9a_2 - 27a_3 = -3{,}75 & \\
\text{IIb} & 6a_2 - 24a_3 = -1{,}5 & \\
\text{IIId} & -60a_3 = 0 & |:(-60) \\
 & a_3 = 0 &
\end{array}$$

$$\begin{array}{lrl}
a_3 \text{ in IIb:} & 6a_2 = -1{,}5 & |:6 \\
 & a_2 = -\frac{1}{4} &
\end{array}$$

$$\begin{array}{lrl}
a_2, a_3 \text{ in I:} & -3a_1 - \frac{9}{4} = -\frac{15}{4} & |+\frac{9}{4} \\
 & -3a_1 = -\frac{6}{4} & |:(-3) \\
 & a_1 = \frac{1}{2} &
\end{array}$$

$f(x) = -\frac{1}{4}x^2 + \frac{1}{2}x + 4{,}25$

TRAINING 3

1 $f_t(x) = t \cdot x - t^2$

a) $t \cdot x - t^2 = 0 \quad | +t^2$

$t \cdot x = t^2 \quad | :t \ (t \neq 0)$

$x = t$

b) Punktprobe:

$-3 = t \cdot 2 - t^2 \quad | +t^2 - 2t)$

$t^2 - 2t - 3 = 0$

(Lösung mit der abc- oder pq-Formel)

$t_1 = -1; \ t_2 = 3$

c) $t_1 \cdot x - t_1{}^2 = t_2 \cdot x - t_2{}^2 \quad | -t_2 \cdot x + t_1{}^2$

$t_1 \cdot x - t_2 \cdot x = -t_2{}^2 + t_1{}^2$

$x(t_1 - t_2) = (t_1 + t_2) \cdot (t_1 - t_2) \quad | :(t_1 - t_2)$

$x = t_1 + t_2 \ \Rightarrow$ keine gemeinsamen Punkte

2 $f_t(x) = \frac{1}{3}x^3 - \frac{1}{2}tx^2 + 4x - 2t$

a) $f_t'(x) = x^2 - t \cdot x + 4$

$f_t''(x) = 2x - t$

$f_t'''(x) = 2$

$f_t'(x) = 0$

$x^2 - tx + 4 = 0$

(mit der abc- oder pq-Formel ergibt sich)

Es gibt Extrempunkte, wenn in dem Ausdruck

$\sqrt{t^2 - 16}$ gilt:

$t^2 - 16 \geq 0$

$\Leftrightarrow \quad t^2 \geq 16$

$\Leftrightarrow \quad t \leq -4$ oder $t \geq 4$

b) Wendepunkt: $f_t''(x) = 0$

$2x - t = 0 \quad | +t$

$2x = t \quad | :2$

$x = \frac{t}{2}$

$f_t'''\left(\frac{t}{2}\right) = 2 \neq 0$

$f_t\left(\frac{t}{2}\right) = \frac{1}{3} \cdot \frac{t^3}{8} - \frac{1}{2}t \cdot \frac{t^2}{4} + 2t - 2t$

$= \frac{t^3}{24} - \frac{t^3}{8} = -\frac{2}{24}t^3 = -\frac{1}{12}t^3 \ \Rightarrow \ W_t\left(\frac{t}{2} \middle| -\frac{t^3}{12}\right)$

c) $x = \frac{t}{2} \quad | \cdot 2$

$t = 2x$

in y_0 eingesetzt:

$y = -\frac{1}{12} \cdot (2x)^3 = -\frac{1}{12} \cdot 8x^3 = -\frac{2}{3}x^3$

Ortskurve der Wendepunkte: $y = -\frac{2}{3}x^3$

3 $f_t(x) = x^2 + 2t \cdot x - 4t$

a) $f_t'(x) = 2x + 2t$

$f_t'(x) = 0\text{:} \ 2x + 2t = 0 \quad | -2t$

$2x = -2t \quad | :2$

$x = -t$

$f(-t) = t^2 - 2t^2 - 4t = -t^2 - 4t$

$\Rightarrow \quad S(-t \,|\, -t^2 - 4t)$

b) Die y-Koordinate $y_S(t)$ des Scheitels hat die Gleichung einer nach unten geöffneten Parabel. Daher liegen die Punkte zwischen den Nullstellen der Parabel im positiven Bereich.

Nullstellen von $y_S(t)$:

$-t^2 - 4t = 0$

$-t(t + 4) = 0$

$t_1 = 0; \ t_2 = -4 \ \Rightarrow \ y_S(t) > 0$ für $-4 < t < 0$

c) $x = -t \ \Rightarrow \ t = -x$

in y eingesetzt: $y = -(-x)^2 - 4 \cdot (-x)$

$y = -x^2 + 4x$ Ortskurve der Scheitelpunkte

d) $x^2 + 2t_1x - 4t_1 = x^2 + 2t_2x - 4t_2 \quad | -x^2 - 2t_2x - 4t_1$

$2t_1 \cdot x - 2t_2 \cdot x = 4t_1 - 4t_2$

$2x \cdot (t_1 - t_2) = 4(t_1 - t_2) \quad | :2(t_1 - t_2)$

$x = 2$

$f_t(2) = 4 + 4t - 4t = 4 \ \Rightarrow \ (2 \,|\, 4)$

4 $f_t(x) = 0{,}5t \cdot x^3 - 1{,}5tx^2 + t - 2$

a) $f_t'(0) = t - 2 \ \Rightarrow \ y(0 \,|\, t - 2)$

b) Zu zeigen: Der Wendepunkt ist unabhängig von t.

$f_t'(x) = 1{,}5t \cdot x^2 - 3t \cdot x$

$f_t''(x) = 3t \cdot x - 3t$

Wendepunkt: $f_t''(x) = 0$

$3t \cdot x - 3t = 0 \quad | +3t$

$3t \cdot x = 36 \quad | :3t \ (t > 0)$

$x = 1$

$f_t(1) = 0{,}5t - 1{,}5t + t - 2 = -2$

$\Rightarrow \quad W(1 \,|\, -2)$ für alle t

c) Extrempunkt: $f_t'(x) = 0$

$1{,}5t \cdot x^2 - 3t \cdot x = 0$

$x \cdot (1{,}5t \cdot x - 3t) = 0$

1. $x_1 = 0; \ f_t''(0) = -3t < 0 \ \Rightarrow$ Hochpunkt
2. $1{,}5t \cdot x - 3t = 0 \quad | +3t$

$1{,}5t \cdot x = 3t \quad | :1{,}5t$

$x = 2; \ f_t''(2) = 3t \cdot 2 - 3t$

$= 3t > 0 \ (t > 0) \ \Rightarrow$ Tiefpunkt

$f_t(2) = 0{,}5 \cdot 8t - 1{,}5t \cdot 4 + t - 2$

$= 4t - 6t + t - 2$

$f_t(2) = -t - 2 \ \Rightarrow \ T_t(2 \,|\, -t - 2)$

Punktprobe: $-t - 2 = -10 \quad | +2$

$-t = -8 \quad | :(-1)$

$t = 8$

5 **Gleichungssystem**

a)

I	$x_1 - 2x_2 + 4x_3 = -4$	$\| \cdot (-2)$ (+ zu II; + zu III)
II	$2x_1 + x_2 - x_3 = 6$	
III	$-x_1 + 3x_2 + 2x_3 = -1$	
I	$x_1 - 2x_2 + 4x_3 = -4$	
IIa	$5x_2 - 9x_3 = 14$	
IIIa	$x_2 + 6x_3 = -5$	$\| \cdot (-5)$ (+ mit IIa)
I	$x_1 - 2x_2 + 4x_3 = -4$	
IIa	$5x_2 - 9x_3 = 14$	
IIIb	$-39x_3 = 39$	$\| :(-39)$
	$x_3 = -1$	

x_3 in IIIa: $x_2 - 6 = -5 \quad | +6$

$x_2 = 1$

x_2, x_3 in I: $x_1 - 2 - 4 = -4 \quad | +6$

$x_1 = 2$

Lösung: $(2; 1; -1)$

b)

$$\begin{array}{lrl} \text{I} & 2x_1 - x_2 + x_3 = 2 & |\cdot(-1)\ \ |\cdot 2 \\ \text{II} & -x_1 - 2x_2 = 3 & |\cdot 2 \\ \text{III} & -4x_1 - 3x_2 - x_3 = 4 & \end{array}$$

$$\begin{array}{lrl} \text{I} & 2x_1 - x_2 + x_3 = 2 & \\ \text{IIa} & -5x_2 + x_3 = 8 & |\cdot(-1) \\ \text{IIIa} & -5x_2 + x_3 = 8 & \end{array}$$

$$\begin{array}{lr} \text{I} & 2x_1 - x_2 + x_3 = 2 \\ \text{IIa} & -5x_2 + x_3 = 8 \\ \text{IIIb} & 0x_3 = 0 \\ & x_3 = t \end{array}$$

x_3 in IIa: $-5x_2 + t = 8 \quad |-t$

$-5x_2 = 8 - t \quad |:(-5)$

$x_2 = \frac{t-8}{5}$

x_2, x_3 in I: $2x_1 - \frac{t-8}{5} + t = 2$

$2x_1 - \frac{t}{5} + \frac{8}{5} + t = 2 \quad |-\frac{8}{5} - \frac{4}{5}t$

$2x_1 = \frac{2}{5} - \frac{4}{5}t$

$x_1 = \frac{1}{5} - \frac{2}{5}t$

Lösung: $\left(\frac{1}{5} - \frac{2}{5}t; \frac{t-8}{5}; t\right)$

6 Funktion 2. Grades

$f(x) = a \cdot x^2 + b \cdot x + c$

$f'(x) = 2a \cdot x + b$

A: $a \cdot (-1)^2 + b \cdot (-1) + c = 6$

$a - b + c = 6$

B: $a \cdot 2^2 + b \cdot 2 + c = -1{,}5$

$4a + 2b + c = -1{,}5$

C: $a \cdot 3^2 + b \cdot 3 + c = -2$

$9a + 3b + c = -2$

$$\begin{array}{lrl} \text{I} & c - b + a = 6 & |\cdot(-1) \\ \text{II} & c + 2b + 4a = -1{,}5 & \\ \text{III} & c + 3b + 9a = -2 & \end{array}$$

$$\begin{array}{lrl} \text{I} & c - b + a = 6 & \\ \text{IIa} & 3b + 3a = -7{,}5 & |\cdot(-4) \\ \text{IIIa} & 4b + 8a = -8 & |\cdot 3 \end{array}$$

$$\begin{array}{lrl} \text{I} & c - b + a = 6 & \\ \text{IIa} & 3b + 3a = -7{,}5 & \\ \text{IIIb} & 12a = 6 & |:12 \\ & a = 0{,}5 & \end{array}$$

a in IIa: $3b + 1{,}5 = -7{,}5 \quad |-1{,}5$

$3b = -9 \quad |:3$

$b = -3$

a, b in I: $c + 3 + 0{,}5 = 6 \quad |-3{,}5$

$c = 2{,}5$

$f(x) = 0{,}5x^2 - 3x + 2{,}5$

7 Funktion 3. Grades

$f(x) = ax^3 + bx^2 + cx + d$

$f'(x) = 3ax^2 + 2bx + c$

1. $f(0) = -2$: $\quad d = -2$
2. $f(2) = 0$: $\quad a \cdot 2^3 + b \cdot 2^2 + c \cdot 2 - 2 = 0$

   $8a + 4b + 2c = 2$
3. $f(1) = 2$: $\quad a + b + c - 2 = 2$

   $a + b + c = 4$
4. $f'(1) = 0$: $\quad 3a + 2b + c = 0$

$$\begin{array}{lrl} \text{I} & c + b + a = 4 & |\cdot(-2)\ \ |\cdot(-1) \\ \text{II} & 2c + 4b + 8a = 2 & \\ \text{III} & c + 2b + 3a = 0 & \end{array}$$

$$\begin{array}{lrl} \text{I} & c + b + a = 4 & \\ \text{IIa} & 2b + 6a = -6 & |\cdot(-2) \\ \text{IIIa} & b + 2a = -4 & \end{array}$$

$$\begin{array}{lrl} \text{I} & c + b + a = 4 & \\ \text{IIa} & 2b + 6a = -6 & \\ \text{IIIb} & 2a = 2 & |:2 \\ & a = 1 & \end{array}$$

a in IIIa: $b + 2 = -4 \quad |-2$

$b = -6$

a, b in I: $c - 6 + 1 = 4 \quad |+5$

$c = 9$

$f(x) = x^3 - 6x^2 + 9x - 2$

8 Knickfrei verbinden

a) Aus der Abbildung kannst du ablesen:

Die Steigung der linken Geraden ist $m = 1{,}5$.

$\Rightarrow$ linke Gerade g: $y = 1{,}5x + c$

Punktprobe: $1{,}5 = 1{,}5 \cdot (-1) + c$

$1{,}5 = -1{,}5 + c \quad |+1{,}5$

$3 = c$

linke Gerade g: $y = 1{,}5x + 3$

Aufgrund der Symmetrie gilt für die rechte Gerade:

$y = -1{,}5x + 3$

b) Die Parabel ist achsensymmetrisch:

$p(x) = a \cdot x^2 + b$; $p'(x) = 2ax$

Knickfrei bedeutet:

$p(-1) = g(-1)$; $p'(-1) = m_g$

1. $p(-1) = 1{,}5$: $\quad a \cdot (-1)^2 + b = 1{,}9$

   $a + b = 1{,}5$
2. $p'(-1) = 1{,}5$: $\quad 2a \cdot (-1) = 1{,}5 \quad |:(-2)$

   $a = -0{,}75$

   in 1: $-0{,}75 + b = 1{,}5 \quad |+0{,}75$

   $b = 2{,}25$

   $p(x) = -0{,}75x^2 + 2{,}25$

SCHRITT 24

Das brauchst du wieder

$\frac{1}{x^2} = x^{-2}$ $\frac{2}{x^3} = 2x^{-3}$ $\frac{-4}{3x} = -4 \cdot (3x)^{-1}$

$\sqrt[3]{x} = x^{\frac{1}{3}}$ $\sqrt{x^3} = (x^3)^{\frac{1}{2}} = x^{\frac{3}{2}}$ $\sqrt[3]{x^2} = (x^2)^{\frac{1}{3}} = x^{\frac{2}{3}}$

1 „Du bist dran" aus dem „So geht's"-Kasten

a) Schreibe f als Potenz mit negativer Hochzahl, bilde die Ableitung nach der Potenzregel und setze den x-Wert ein:

$f(x) = \frac{3}{x} = 3 \cdot x^{-1}$

$f'(x) = 3 \cdot (-1) \cdot x^{-2} = -3 \cdot x^{-2} = \frac{-3}{x^2}$

$f'(-2) = \frac{-3}{(-2)^2} = \frac{-3}{4}$

Bei $x = -2$ ist $m = -\frac{3}{4}$.

b) Schreibe f als Potenz mit gebrochener Hochzahl, bilde die Ableitung nach der Potenzregel und setze den x-Wert ein:

$f(x) = 2 \cdot \sqrt{x} = 2 \cdot x^{\frac{1}{2}}$

$f'(x) = 2 \cdot \frac{1}{2} \cdot x^{-\frac{1}{2}} = x^{-\frac{1}{2}} = \frac{1}{x^{\frac{1}{2}}} = \frac{1}{\sqrt{x}}$

$f'(3) = \frac{1}{\sqrt{3}}$

Bei $x = 3$ ist $m = \frac{1}{\sqrt{3}}$.

2 Bildung der 1. Ableitung

a) $f(x) = \frac{5}{x^2} = 5 \cdot x^{-2}$

$f'(x) = 5 \cdot (-2) \cdot x^{-3} = -10 \cdot x^{-3} = -\frac{10}{x^3}$

b) $f(x) = \frac{2}{3x^3} = \frac{2}{3} \cdot x^{-3}$

$f'(x) = \frac{2}{3} \cdot (-3) \cdot x^{-4} = -2x^{-4} = -\frac{2}{x^4}$

c) $f(x) = \frac{3}{5x^4} = \frac{3}{5} \cdot x^{-4}$

$f'(x) = \frac{3}{5} \cdot (-4) \cdot x^{-5} = -\frac{12}{5} \cdot x^{-5}$

d) $f(x) = 2 \cdot \sqrt[3]{x} = 2 \cdot x^{\frac{1}{3}}$

$f'(x) = 2 \cdot \frac{1}{3} \cdot x^{-\frac{2}{3}} = \frac{2}{3} \cdot x^{-\frac{2}{3}}$

e) $f(x) = \frac{1}{2} \cdot \sqrt{x^3} = \frac{1}{2} \cdot x^{\frac{3}{2}}$

$f'(x) = \frac{1}{2} \cdot \frac{3}{2} \cdot x^{\frac{1}{2}} = \frac{3}{4} \cdot x^{\frac{1}{2}}$

f) $f(x) = \frac{4}{\sqrt{x}} = 4 \cdot x^{-\frac{1}{2}}$

$f'(x) = 4 \cdot \left(-\frac{1}{2}\right) \cdot x^{-\frac{3}{2}} = -2 \cdot x^{-\frac{3}{2}}$

3 Funktionen den Ableitungen zuordnen

A → III; B → I; C → IV; D → II

4 Felix ist sinnlos durcheinander

B: $f(x) = 2\sqrt{x}$ → D: $f'(x) = \frac{1}{\sqrt{x}}$

C: $f(x) = 4\sqrt{x}$ → A: $f'(x) = \frac{2}{\sqrt{x}}$

5 Funktion und Ableitung zuordnen

A → III; B → II; C → IV; D → I

SCHRITT 25

Das brauchst du wieder

$f\left(\frac{2}{5}\right) = 5 \cdot \frac{2}{5} + 1 = 2 + 1 = 3$

$f(-1) = (-1)^2 - 2 \cdot (-1) = 1 + 2 = 3$

1 „Du bist dran" aus dem „So geht's"-Kasten

a) Setze den Funktionsterm von v(x) für x in u(x) ein:

$u(x) = x^2$ $v(x) = x - 3$

$u(v(x)) = u(x-3) = (x-3)^2$

b) Setze den Funktionsterm von u(x) für x in v(x) ein:

$v(x) = x - 3$ $u(x) = x^2$

$v(u(x)) = v(x^2) = x^2 - 3$

c) (1) Lies den Funktionswert von g ab. Lies dann den Funktionswert von f an dieser Stelle ab:

$g(2) = 1$

$f(1) = 3$, also $f(g(2)) = 3$

(2) Lies die x-Stellen mit dem gegebenen Wert von f ab. Lies dann die x-Stellen ab, an denen g diesen Funktionswert hat:

$f(x) = 2$ bei $x_1 = 0$ und $x_2 = 2$

A $g(x) = 0$ bei $x = 4$

B $g(x) = 2$ bei $x = 0$

daher $f(g(4)) = 2$ und $f(g(0)) = 2$

2 Bildung der Verkettung u(v(x))

a) $u(x) = -2x$ $v(x) = \frac{1}{x}$

$u(v(x)) = u\left(\frac{1}{x}\right) = -2 \cdot \left(\frac{1}{x}\right) = -\frac{2}{x}$

$u(v(3)) = -\frac{2}{3}$

b) $u(x) = x^3$ $v(x) = x - 3$

$v(u(x)) = u(x-3) = (x-3)^3$

$u(v(2)) = (2-3)^3 = (-1)^3 = -1$

c) $u(x) = \sqrt{x}$ $v(x) = x^2 + 2$

$u(v(x)) = u(x^2+2) = \sqrt{x^2+2}$

$u(v(4)) = \sqrt{4^2+2} = \sqrt{18}$

d) $u(x) = -3x + 1$ $v(x) = \frac{1}{x^2}$

$u(v(x)) = u\left(\frac{1}{x^2}\right) = -3 \cdot \frac{1}{x^2} + 1 = -\frac{3}{x^2} + 1$

$u(v(-1)) = -\frac{3}{(-1)^2} + 1 = -3 + 1 = -2$

3 Bildung der Verkettung v(u(x))

a) $v(x) = \frac{1}{x}$ $u(x) = -2x$

$v(u(x)) = v(-2x) = \frac{1}{-2x} = -\frac{1}{2x}$

$v(u(3)) = -\frac{1}{2 \cdot 3} = -\frac{1}{6}$

b) $v(x) = x - 3$ $u(x) = x^3$

$v(u(x)) = v(x^3) = x^3 - 3$

$v(u(2)) = 2^3 - 3 = 8 - 3 = 5$

c) $v(x) = x^2 + 2 \quad u(x) = \sqrt{x}$

$v(u(x)) = v(\sqrt{x}) = \sqrt{x}^2 + 2 = x + 2$

$v(u(4)) = 4 + 2 = 6$

d) $v(x) = \frac{1}{x^2} \qquad u(x) = -3x + 1$

$v(u(x)) = v(-3x+1) = \frac{1}{(-3x+1)^2}$

$v(u(-1)) = \frac{1}{(-3\cdot(-1)+1)^2} = \frac{1}{4^2} = \frac{1}{16}$

4 Schreibe die andere Funktion auf.

a) $v(x) = 3x - 2$ **b)** $v(x) = x^2 - 2$

c) $u(x) = \left(\frac{2}{x}\right)^2$ **d)** $u(x) = \sqrt{3x}$

5 f als Verkettung zweier Funktionen u und v

Anmerkung: Dies ist immer nur eine mögliche Lösung.

a) $u(x) = -3x^3 \quad v(x) = 6 - 2x$

b) $u(x) = \sqrt{x} \quad v(x) = 5x^2 - 6x$

c) $u(x) = x^2 \quad v(x) = \frac{1}{x+4}$

d) $u(x) = \frac{8}{x^2} \quad v(x) = x + 4$

6 Abbildung

A: $f(g(x))$, da z.B. $g(0) = 1$ und $f(g(0)) = f(1) = 0{,}5$

B: $g(f(x))$, da z.B. $f(0) = 1$ und $g(f(0)) = g(1) = 2$

7 4 Fragen zu der Abbildung

a) $g(2) = -2 \quad f(g(2)) = -1$

b) $f(2) = 1 \quad g(f(2)) = -1{,}5$

c) $f(g(x)) = 2$ gilt für $g(x) = 1$
$g(x) = 1$ gilt für $x = -4$

d) $g(f(x)) = 0$ gilt für $f(x) = -2$
$g(x) = -2$ gilt für $x = -1$

SCHRITT 26

Das brauchst du wieder

$f(x) = 2x^{\frac{3}{2}}$

$f'(x) = 2\cdot\frac{3}{2}\cdot x^{\frac{1}{2}} = 3x^{\frac{1}{2}}$

$v(x) = x^2 + 2x; \quad u(x) = 6\cdot\sqrt{x}$

1 „Du bist dran“ aus dem „So geht's“-Kasten

a) Bilde zuerst die äußere Ableitung und multipliziere diese mit der inneren Ableitung:

$f(x) = (2x-4)^3$

$f'(x) = 3\cdot(2x-4)^2\cdot 2 = 6\cdot(2x-4)^2$

b) Setze den Wert für x in die Ableitung ein:

$f'(1) = 6\cdot(2\cdot 1 - 4)^2 = 6\cdot(-2)^2 = 6\cdot 4 = 24$

Die Ableitung an der Stelle $x = 1$ beträgt $m = 24$.

2 Berechnung der Ableitung

a) $f(x) = (3x-2)^3$

$f'(x) = 3\cdot(3x-2)^2\cdot 3 = 9\cdot(3x-2)^2$

b) $f(x) = \sqrt{24-x} = (24-x)^{\frac{1}{2}}$

$f'(x) = \frac{1}{2}\cdot(24-x)^{-\frac{1}{2}}\cdot(-1)$

$= -\frac{1}{2}\cdot(24-x)^{-\frac{1}{2}} = -\frac{1}{2\sqrt{24-x}}$

c) $f(x) = (0{,}5x^2 - 5x)^4$

$f'(x) = 4\cdot(0{,}5x^2-5x)^3\cdot(0{,}5\cdot 2\cdot x - 5)$

$= 4\cdot(x-5)\cdot(0{,}5x^2-5x)^3$

d) $f(x) = \sqrt{x^2-2x} = (x^2-2x)^{\frac{1}{2}}$

$f'(x) = \frac{1}{2}(x^2-2x)^{-\frac{1}{2}}\cdot(2x-2) = \frac{(2x-2)}{2\sqrt{x^2-2x}}$

e) $f(x) = (x^3-2)^{-1}$

$f'(x) = (-1)\cdot(x^3-2)^{-2}\cdot(3x^2) = -3x^2\cdot(x^3-2)^{-2}$

f) $f(x) = \frac{36}{2x^2-1} = 36\cdot(2x^2-1)^{-1}$

$f'(x) = 36\cdot(-1)\cdot(2x^2-1)^{-2}\cdot 4x$

$= -144x\cdot(2x^2-1)^{-2} = -\frac{144x}{(2x^2-1)^2}$

3 Steigung an der Stelle a berechnen

a) $f'(x) = 3\cdot(6-2x)^2\cdot(-2) = -6\cdot(6-2x)^2$

$f'(5) = -6\cdot(6-2\cdot 5)^2 = -6\cdot(-4)^2 = -6\cdot 16 = -96$

b) $f'(x) = 3\cdot 5\cdot(0{,}5x^2-1)^4\cdot x$

$= 15x\cdot(0{,}5x^2-1)^4$

$f'(-2) = 15\cdot(-2)\cdot(0{,}5\cdot(-2)^2-1)^4$

$= -30\cdot(2-1)^4 = -30\cdot 1^4 = -30$

c) $f(x) = 5\cdot(x^2+3x)^{-1}$

$f'(x) = 5\cdot(-1)\cdot(x^2+3x)^{-2}\cdot(2x+3)$

$= (-10x-15)\cdot(x^2+3x)^{-2} = \frac{-10x-15}{(x^2+3x)^2}$

$f'(-1) = \frac{-10\cdot(-1)-15}{((-1)^2+3\cdot(-1))^2} = \frac{-5}{(-2)^2} = -\frac{5}{4}$

d) $f(x) = (\sqrt{x}+2)^3 = \left(x^{\frac{1}{2}}+2\right)^3$

$f'(x) = 3\cdot\left(x^{\frac{1}{2}}+2\right)^2\cdot\frac{1}{2}\cdot x^{-\frac{1}{2}} = \frac{3\cdot(\sqrt{x}+2)^2}{2\sqrt{x}}$

$f'(4) = \frac{3\cdot(\sqrt{4}+2)^2}{2\sqrt{4}} = \frac{3\cdot 4^2}{4} = 12$

4 Zuordnen

I → C; II → D; III → B; IV → A

5 Die Funktion $f(x) = \frac{1}{(1-x)^2}$

$f(x) = \frac{1}{(1-x)^2} = (1-x)^{-2}$

$f'(x) = -2\cdot(1-x)^{-3}(-1) = \frac{2}{(1-x)^3}$

a) $f'(0) = \frac{2}{1} = 2$

Der Graph schneidet die y-Achse mit der Steigung $m = 2$.

b) $f'(x) = -4$

$$\frac{2}{(1-x)^3} = -4$$

$$2 = -4 \cdot (1-x)^3$$

$$(1-x)^3 = -\frac{1}{2}$$

$$(1-x) = \sqrt[3]{-\frac{1}{2}}$$

$$x = 1 + \sqrt[3]{\frac{1}{2}}$$

Der Graph von f hat an der Stelle $x = 1 + \sqrt[3]{\frac{1}{2}}$ die Steigung $m = -4$.

6 Finde den Fehler

a) $f(x) = (2x^2+4)^3 \quad f'(x) = 3 \cdot (2x^2+4)^2 \cdot (4x + 4)$

Richtige Lösung: $f'(x) = 3 \cdot (2x^2+4)^2 \cdot 4x$
$= 12x \cdot (2x^2+4)^2$

b) $f(x) = (8x^3+a)^4 \quad f'(x) = 4 \cdot (8x^3+a)^3 \cdot (24x^2 + 1)$

Richtige Lösung: $f'(x) = 4 \cdot (8x^3+a)^3 \cdot 24x^2$
$= 96x^2 \cdot (8x^3+a)^3$

c) $f(x) = \frac{1}{2+x^2} \quad f'(x) = -\frac{2x}{2+x^2}$

Fehler: Im Nenner fehlt ein Quadrat.

Richtige Lösung: $f(x) = \frac{1}{2+x^2} = (2+x^2)^{-1}$

$f'(x) = -(2+x^2)^{-2} \cdot (2x) = -\frac{2x}{(2+x^2)^2}$

d) $f(x) = 2 \cdot \sqrt{6-x} \qquad f'(x) = \frac{1}{\sqrt{6-x}}$

Fehler: Die innere Ableitung wurde vergessen. Damit ist das Vorzeichen des Ergebnisses falsch.

Richtige Lösung: $f(x) = 2 \cdot \sqrt{6-x} = 2 \cdot (6-x)^{\frac{1}{2}}$

$f'(x) = 2 \cdot \frac{1}{2} \cdot (6-x)^{-\frac{1}{2}} \cdot (-1) = -\frac{1}{\sqrt{6-x}}$

7 Abbildungen

$f'(x) = 3 \cdot (1-x)^2 \cdot (-1) = -3(1-x)^2$

Der Graph von Zeichnung C gehört zu $f'(x)$, denn $f'(1) = 0$.

$g'(x) = 0{,}25 \cdot 3 \cdot (1-2x)^2 \cdot (-2) = -1{,}5 \cdot (1-2x)^2$

Der Graph von Zeichnung A gehört zu $g'(x)$, denn $g'(0{,}5) = 0$.

$h'(x) = 4 \cdot 3 \cdot (1-0{,}5x)^2 \cdot (-0{,}5) = -6(1-0{,}5x)^2$

Der Graph von Zeichnung B gehört zu $h'(x)$, denn $h'(2) = 0$.

SCHRITT 27

Das brauchst du wieder

$f(x) = 7 \cdot (5x-3)^3 \quad f'(x) = 7 \cdot 3 \cdot (5x-3)^2 \cdot 5$
$= 105 \cdot (5x-3)^2$

$f(x) = 3 \cdot \sqrt{x^2+x} \quad f'(x) = 3 \cdot \frac{1}{2} \cdot (x^2+x)^{-\frac{1}{2}}(2x+1)$
$= \frac{6x+3}{2\sqrt{x^2+x}}$

1 „Du bist dran" aus dem „So geht's"-Kasten

a) Bilde die Ableitung der einzelnen Funktionen u und v:

1. $u(x) = x^2$
   $u'(x) = 2x$
2. $v(x) = \sqrt{x+2} = (x+2)^{\frac{1}{2}}$
   $v'(x) = \frac{1}{2}(x+2)^{-\frac{1}{2}}$

Setze alles in die Produktregel $f' = u' \cdot v + u \cdot v'$ ein:

$f'(x) = 2x \cdot \sqrt{x+2} + x^2 \cdot \frac{1}{2}(x+2)^{-\frac{1}{2}}$
$= 2x \cdot \sqrt{x+2} + \frac{x^2}{2}(x+2)^{-\frac{1}{2}}$

b) Berechne f(0) und f′(0):

$f(0) = 0$

$f'(0) = 2 \cdot 0 \cdot \sqrt{0+2} + \frac{0^2}{2}(0+2)^{-\frac{1}{2}} = 0$

Die Steigung im Punkt $P(0\,|\,0)$ beträgt $m = 0$.

2 Berechnung der Ableitung

a) $f(x) = 2{,}5x \cdot (x+1)^3$

$u(x) = 2{,}5x \qquad u'(x) = 2{,}5$

$v(x) = (x+1)^3 \qquad v'(x) = 3 \cdot (x+1)^2$

$f(x) = 2{,}5 \cdot (x+1)^3 + 2{,}5x \cdot 3 \cdot (x+1)^2$
$= 2{,}5(x+1)^3 + 7{,}5x(x+1)^2$

b) $f(x) = 3x^2 \cdot (x-3)^2$

$u(x) = 3x^2 \qquad u'(x) = 6x$

$v(x) = (x-3)^2 \qquad v'(x) = 2 \cdot (x-3) = 2x-6$

$f'(x) = 6x \cdot (x-3)^2 + 3x^2 \cdot (2x-6)$

c) $f(x) = x^3 \cdot \sqrt{x^2-1{,}5}$

$u(x) = x^3 \qquad u'(x) = 3x^2$

$v(x) = \sqrt{x^2-1{,}5} = (x^2-1{,}5)^{\frac{1}{2}}$

$v'(x) = \frac{1}{2} \cdot (x^2-1{,}5)^{-\frac{1}{2}} \cdot 2x = x(x^2-1{,}5)^{-\frac{1}{2}}$

$f'(x) = 3x^2 \cdot (x^2-1{,}5)^{\frac{1}{2}} + x^3 \cdot x(x^2-1{,}5)^{-\frac{1}{2}}$
$= 3x^2(x^2-1{,}5)^{\frac{1}{2}} + x^4(x^2-1{,}5)^{-\frac{1}{2}}$

d) $f(x) = (x-5{,}2)^3 \cdot \sqrt{x}$

$u(x) = (x-5{,}2)^3 \qquad u'(x) = 3 \cdot (x-5{,}2)^2$

$v(x) = \sqrt{x} = x^{\frac{1}{2}} \qquad v'(x) = \frac{1}{2}x^{-\frac{1}{2}} = \frac{1}{2\sqrt{x}}$

$f'(x) = 3 \cdot (x-5{,}2)^2 \cdot \sqrt{x} + (x-5{,}2)^3 \cdot \frac{1}{2\sqrt{x}}$
$= 3\sqrt{x}(x-5{,}2)^2 + \frac{(x-5{,}2)^3}{2\sqrt{x}}$

e) $f(x) = (a \cdot x^2 + 44) \cdot \frac{1}{x}$

$u(x) = a \cdot x^2 + 44 \qquad u'(x) = 2ax$

$v(x) = \frac{1}{x} = x^{-1} \qquad v'(x) = -x^{-2}$

$f'(x) = 2ax \cdot x^{-1} + (a \cdot x^2 + 44) \cdot (-x^{-2})$
$= 2a - \frac{a \cdot x^2 + 44}{x^2}$

f) $f(x) = (-x-a) \cdot \frac{10}{x^2}$

$u(x) = (-x-a) \qquad u'(x) = -1$
$v(x) = \frac{10}{x^2} = 10 \cdot x^{-2} \qquad v'(x) = -20x^{-3}$
$f'(x) = -1 \cdot 10 \cdot x^{-2} + (-x-a) \cdot (-20x^{-3})$
$= -10x^{-2} - 20x^{-3}(-x-a) = -\frac{10}{x^2} + \frac{20x+20a}{x^3}$

3 Steigung an der Stelle a berechnen

a) $f(x) = (1-3x^2) \cdot (2-x)$
$u(x) = (1-3x^2) \qquad u'(x) = -6x$
$v(x) = (2-x) \qquad v'(x) = -1$
$f'(x) = -6x \cdot (2-x) + (1-3x^2) \cdot (-1)$
$= -6x \cdot (2-x) - (1-3x^2)$
$f'(-3) = -6 \cdot (-3) \cdot (2-(-3)) - (1-3 \cdot (-3)^2)$
$= 18 \cdot 5 - (1-27) = 90 - (-26) = 116$

b) $f(x) = x^3 \cdot (0{,}5x^2 - 5x)$
$u(x) = x^3 \qquad u'(x) = 3x^2$
$v(x) = (0{,}5x^2 - 5x) \qquad v'(x) = x - 5$
$f'(x) = 3x^2 \cdot (0{,}5x^2 - 5x) + x^3 \cdot (x-5)$
$f'(2) = 3 \cdot 2^2 \cdot (0{,}5 \cdot 2^2 - 5 \cdot 2) + 2^3 \cdot (2-5)$
$= 12 \cdot (2-10) + 8 \cdot (-3) = -96 - 24 = -120$

c) $f(x) = (x+2) \cdot \frac{6}{x-3}$

$u(x) = (x+2) \qquad u'(x) = 1$
$v(x) = \frac{6}{x-3} = 6 \cdot (x-3)^{-1} \qquad v'(x) = -6 \cdot (x-3)^{-2}$
$f'(x) = 1 \cdot 6 \cdot (x-3)^{-1} + (x+2) \cdot (-6 \cdot (x-3)^{-2})$
$= \frac{6}{x-3} - \frac{6 \cdot (x+2)}{(x-3)^2}$
$f'(5) = \frac{6}{5-3} - \frac{6 \cdot (5+2)}{(5-3)^2} = \frac{6}{2} - \frac{42}{4} = 3 - 10{,}5 = -7{,}5$

d) $f(x) = 2x^4 \cdot \sqrt{x+2}$
$u(x) = 2x^4 \qquad u'(x) = 8x^3$
$v(x) = \sqrt{x+2} = (x+2)^{\frac{1}{2}} \qquad v'(x) = \frac{1}{2}(x+2)^{-\frac{1}{2}} = \frac{1}{2\sqrt{x+2}}$
$f'(x) = 8x^3 \cdot \sqrt{x+2} + 2x^4 \cdot \frac{1}{2\sqrt{x+2}}$
$= 8x^3\sqrt{x+2} + \frac{x^4}{\sqrt{x+2}}$

$f'(-1) = 8(-1)^3\sqrt{-1+2} + \frac{(-1)^4}{\sqrt{-1+2}}$
$= -8\sqrt{1} + \frac{1}{\sqrt{1}} = -8 + 1 = -7$

4 In welcher Reihenfolge

a) Produktregel und dabei Kettenregel
$f(x) = x^2 \cdot (5x-2)^3$
$u(x) = x^2 \qquad u'(x) = 2x$
$v(x) = (5x-2)^3 \qquad v'(x) = 3\ (5x-2)^2 \cdot 5$
$= 15(5x-2)^2$
$f'(x) = 2x \cdot (5x-2)^3 + x^2 \cdot 15(5x-2)^2$
$= 2x(5x-2)^3 + 15x^2(5x-2)^2$

b) Produktregel und dabei Kettenregel
$f(x) = -6x \cdot \sqrt{3x+2}$
$u(x) = -6x \qquad u'(x) = -6$
$v(x) = \sqrt{3x+2} \qquad v'(x) = \frac{1}{2}(3x+2)^{-\frac{1}{2}} \cdot 3$
$= (3x+2)^{\frac{1}{2}} \qquad = 1{,}5(3x+2)^{-\frac{1}{2}}$
$f'(x) = -6(3x+2)^{\frac{1}{2}} - 6x \cdot 1{,}5(3x+2)^{-\frac{1}{2}}$
$= -6(3x+2)^{\frac{1}{2}} - 9x(3x+2)^{-\frac{1}{2}}$

c) Hier muss keine Produktregel angewandt werden, da der 1. Faktor eine konstante Zahl ist. Hier wird die Faktorregel benutzt. Für die Ableitung des 2. Faktors braucht man dann die Kettenregel.
$f(x) = \frac{1}{2} \cdot 3 \cdot (3x^2+6)^{-1} = \frac{3}{2}(3x^2+6)^{-1}$
$f'(x) = \frac{3}{2} \cdot (-1) \cdot (3x^2+6)^{-2} \cdot 6x = -9x(3x^2+6)^{-2}$

d) Da man hier das Produkt unter der Wurzel vereinfachen kann, braucht man keine Produktregel. Die Kettenregel braucht man aber ☺.
$f(x) = \sqrt{x \cdot (x^2+12)} = \sqrt{x^3+12x} = (x^3+12x)^{\frac{1}{2}}$
$f'(x) = \frac{1}{2}(x^3+12x)^{-\frac{1}{2}} \cdot (3x^2+12) = \frac{1{,}5x^2+6}{\sqrt{x^3+12x}}$

5 Finde den Fehler

a) $f(x) = 2x \cdot (1-x)^5$
$f'(x) = 2 \cdot (1-x)^5 + 10x \cdot (1-x)^4 \cdot (-1)$
Der Faktor (-1) der inneren Ableitung fehlte.
$u(x) = 2x \qquad u'(x) = 2$
$v(x) = (1-x)^5 \qquad v'(x) = 5(1-x)^4 \cdot (-1)$
$f'(x) = 2 \cdot (1-x)^5 + 10x \cdot (1-x)^4 \cdot (-1)$
$= 2(1-x)^5 - 10x(1-x)^4$

b) $f(x) = \frac{1}{3ax-1} \qquad f'(x) = -1 \cdot (3ax-1)^{-2} \cdot (3a + \cancel{3x})$
$f(x) = \frac{1}{3ax-1} = (3ax-1)^{-1}$
$f'(x) = -1 \cdot (3ax-1)^{-2} \cdot 3a = \frac{-3a}{(3ax-1)^2}$

c) $f(x) = 6x \cdot \sqrt{x+2}$
$f'(x) = 6 \cdot \sqrt{x+2} + 6x \cdot \frac{1}{2} \cdot (x+2)^{-\frac{1}{2}}$
$f'(x) = 6 \cdot \sqrt{x+2} + 6x \cdot \frac{1}{2} \cdot (x+2)^{-\frac{1}{2}}$
$= 6\sqrt{x+2} + \frac{3x}{\sqrt{x+2}}$

6 Die Funktion $g(x) = (x^2-1) \cdot f(x)$

$f(2) = 1 \qquad f'(2) = -1$
$g(x) = (x^2-1) \cdot f(x)$
$u(x) = x^2 - 1 \qquad u'(x) = 2x$
$v(x) = f(x) \qquad v'(x) = f'(x)$
$g'(x) = 2x \cdot f(x) + (x^2-1) \cdot f'(x)$

$g(2) = (2^2-1) \cdot f(2) = 3 \cdot 1 = 3$
$g'(2) = 2 \cdot 2 \cdot f(2) + (2^2-1) \cdot f'(2)$
$= 4 \cdot 1 + 3 \cdot (-1) = 4 - 3 = 1$
Die Funktion g hat an der Stelle $x = 2$ den Funktionswert $y = 3$ und die Steigung $m = 1$.

7 Aussagen zuordnen

A → III; B → IV; C → I; D → II

SCHRITT 28

Das brauchst du wieder

$\frac{-1}{2x+4} = 0{,}5 \quad | \cdot (2x+4)$

$-1 = 0{,}5 \cdot (2x+4)$

$-1 = x + 2 \quad | -2$

$-3 = x$

A → III

B → II

C → I

1 „Du bist dran" aus dem „So geht's"-Kasten

a) Setze den Zähler $u(x) = 0$ und löse die Gleichung:

$2x - 4 = 0 \quad | +4$

$2x = 4 \quad | :2$

$x = 2$

Nullstelle bei $x = 2$

b) Setze den Nenner $v(x) = 0$ und löse die Gleichung:

$x - 1 = 0 \quad | +1$

$x = 1$

Definitionslücke bei $x = 1$

c) Setze für $f(x)$ den Wert ein und löse die Gleichung:

$\frac{2x-4}{x-1} = 1{,}5 \quad | \cdot (x-1)$

$2x - 4 = 1{,}5x - 1{,}5 \quad | -1{,}5x + 4$

$5 = x$

f hat an der Stelle $x = 5$ den Wert 1,5: $f(5) = 1{,}5$.

2 Bestimmung der Nullstellen und Definitionslücken

a) $f(x) = \frac{3x^2}{2x+6}$

$3x^2 = 0 \quad | :3$

$x^2 = 0 \quad | \sqrt{}$

$x = 0$

Nullstelle bei $x = 0$

$2x + 6 = 0 \quad | -6$

$2x = -6 \quad | :2$

$x = -3$

Definitionslücke bei $x = -3$

b) $f(x) = \frac{11x}{4x+8}$

$11x = 0 \quad | :11$

$x = 0$

Nullstelle bei $x = 0$

$4x + 8 = 0 \quad | -8$

$4x = -8 \quad | :4$

$x = -2$

Definitionslücke bei $x = -2$

c) $f(x) = \frac{3-2x}{5-x}$

$3 - 2x = 0 \quad | -3$

$-2x = -3 \quad | :(-2)$

$x = 1{,}5$

Nullstelle bei $x = 1{,}5$

$5 - x = 0 \quad | -5$

$-x = -5 \quad | :(-1)$

$x = 5$

Definitionslücke bei $x = 5$

d) $f(x) = \frac{x+2}{x^2-5x}$

$x + 2 = 0 \quad | -2$

$x = -2$

Nullstelle bei $x = -2$

$x^2 - 5x = 0$

$x \cdot (x - 5) = 0$

$x_1 = 0$

$x_2 = 5$

Definitionslücken bei $x_1 = 0$ und $x_2 = 5$

e) $f(x) = \frac{2x^2-6x+5}{3x^2+2x}$

$2x^2 - 6x + 5 = 0$

(Anwendung der pq- oder abc-Formel)

keine Lösung ⇒ keine Nullstelle

$3x^2 + 2x = 0$

$x \cdot (3x + 2) = 0$

$x_1 = 0$

$3x + 2 = 0 \quad | -2$

$3x = -2 \quad | :3$

$x_2 = -\frac{2}{3}$

Definitionslücken bei $x_1 = 0$ und $x_2 = -\frac{2}{3}$

f) $f(x) = \frac{8x^2}{2x^2-2}$

$8x^2 = 0 \quad | :8$

$x^2 = 0 \quad | \sqrt{}$

$x = 0$

Nullstelle bei $x = 0$

$2x^2 - 2 = 0 \quad | :2$

$x^2 - 1 = 0 \quad | +1$

$x^2 = 1$

$x_1 = -1$

$x_2 = 1$

Definitionslücken bei $x_1 = -1$ und $x_2 = 1$

3 Bestimmung der x-Werte, an denen der Funktionswert 2 ist

a) $f(x) = 2$

$\frac{3x+9}{1-2x} = 2 \quad | \cdot (1-2x)$

$3x + 9 = 2 - 4x \quad | +4x - 9$

$7x = -7 \quad | :7$

$x = -1$

b) $f(x) = 2$

$\frac{6x}{x+6} = 2 \quad | \cdot (x+6)$

$6x = 2x + 12 \quad | -2x$

$4x = 12 \quad | :4$

$x = 3$

c) $f(x) = 2$

$\frac{6x-4}{x^2} = 2 \quad | \cdot x^2$

$6x - 4 = 2x^2 \quad | -6x + 4$

$0 = 2x^2 - 6x + 4$

(Anwendung der pq- oder abc-Formel)

$x_1 = 2$

$x_2 = 1$

4 Bestimmung der x-Werte, an denen die Funktion die Gerade $y = b$ schneidet

a) $f(x) = -4$

$\frac{6x-6}{1-2x} = -4 \quad | \cdot (1-2x)$

$6x - 6 = -4 + 8x \quad | -8x + 6$

$-2x = 2 \quad | :(-2)$

$x = -1$

b) $f(x) = 4$

$\frac{2x+8}{x^2+1} = 4 \quad | \cdot (x^2+1)$

$2x + 8 = 4x^2 + 4 \quad | -2x - 8$

$0 = 4x^2 - 2x - 4$

(Anwendung der pq- oder abc-Formel)

$x_1 \approx 1{,}28$

$x_2 \approx -0{,}78$

d) $f(x) = 2$

$\frac{x^2}{2x+6} = 2 \quad | \cdot (2x+6)$

$x^2 = 4x + 12 \quad | -4x - 12$

$x^2 - 4x - 12 = 0$

(Anwendung der pq- oder abc-Formel)

$x_1 = 6$

$x_2 = -2$

5 Genauere Betrachtung einer Funktion

a) $x + 5 = 0 \quad | -5$

$x = -5$

Nullstelle bei $x = -5$

b) $f(0) = \frac{0+5}{0+1} = 5$

Der Schnittpunkt mit der y-Achse liegt bei $y = 5$.

c) $f(x) = g(x)$

$\frac{x+5}{x+1} = x \quad | \cdot (x+1)$

$x + 5 = x^2 + x \quad | -x$

$5 = x^2 \quad | \sqrt{\ }$

$x_1 = -\sqrt{5}$

$x_2 = \sqrt{5}$

Die Schnittpunkte der Funktion f mit der Geraden g sind bei $x_1 = -\sqrt{5}$ und $x_2 = \sqrt{5}$.

6 Mariela und Samson

Samson hat recht. Es ist richtig, dass die Gleichung $x^2 - 4 = 0$ die beiden Lösungen +2 und −2 hat. Deswegen muss die Funktion an diesen zwei x-Stellen Definitionslücken haben.

Die Idee mit der Verschiebung von Mariela ist leider falsch. Würde man die Funktion $\frac{1}{x^2}$ um 4 nach rechts verschieben, ergäbe sich die neue Funktion $\frac{1}{(x-4)^2}$, die dann auch die Definitionslücke bei $x = 4$ hätte.

SCHRITT 29

Das brauchst du wieder

$f(x) = x^2 - 3x$

$x^2 - 3x = 0$

$x(x-3) = 0$

$x_1 = 0$ 1-fache Nullstelle, der Graph hat einen VZW.

$x_2 = 3$ 1-fache Nullstelle, der Graph hat einen VZW.

$f(x) = \frac{2}{x-5}$

$x - 5 = 0 \quad | +5$

$x = 5$

1 „Du bist dran" aus dem „So geht's"-Kasten

Setze den Nenner $v(x) = 0$ und löse die Gleichung:

$x + 2 = 0 \quad | -2$

$x = -2$ (1-fach)

senkrechte Asymptote: $x = -2$

Untersuche das Verhalten von f bei Annäherung an die Definitionslücke:

1. Annäherung von links an $x = -2$:
   Zähler $u(x) < 0$ (da $x - 1$ für z. B. $x = -2{,}1$ kleiner als null ist)
   Nenner $v(x) < 0$ (da $x + 2$ für z. B. $x = -2{,}1$ kleiner als null ist)
   $\Rightarrow \frac{u(x)}{v(x)} > 0$
   Es gilt: Für $x \to -2$ und $x < -2$: $f(x) \to +\infty$
2. Annäherung von rechts an $x = -2$:
   Zähler $u(x) < 0$ (da $x - 1$ für z. B. $x = -1{,}9$ kleiner als null ist)
   Nenner $v(x) > 0$ (da $x + 2$ für z. B. $x = -1{,}9$ größer als null ist)
   $\Rightarrow \frac{u(x)}{v(x)} < 0$
   Es gilt: Für $x \to -2$ und $x > -2$: $f(x) \to -\infty$

2 Asymptote

a) $2(x+3)=0 \quad |:2$
$x+3=0 \quad |-3$
$x=-3$

Senkrechte Asymptote: $x=-3$

1. Annäherung von links an $x=-3$:
   Zähler $u(x)=3>0$
   Nenner $v(x)<0$ (da $x+3$ für z.B. $x=-3{,}1$ kleiner als null ist)
   $\Rightarrow \frac{u(x)}{v(x)}<0$

   Es gilt: Für $x \to -3$ und $x<-3$: $f(x) \to -\infty$
2. Annäherung von rechts an $x=-3$:
   Zähler $u(x)=3<0$
   Nenner $v(x)>0$ (da $x+3$ für z.B. $x=-2{,}9$ größer als null ist)
   $\Rightarrow \frac{u(x)}{v(x)}>0$

   Es gilt: Für $x \to -3$ und $x>-3$: $f(x) \to +\infty$

b) $2x+8=0 \quad |-8$
$2x=-8 \quad |:2$
$x=-4$

Senkrechte Asymptote: $x=-4$

1. Annäherung von links an $x=-4$:
   Zähler $u(x)<0$ (da z.B. $x=-4{,}1$ kleiner als null ist)
   Nenner $v(x)<0$ (da $2x+8$ für z.B. $x=-4{,}1$ kleiner als null ist)
   $\Rightarrow \frac{u(x)}{v(x)}>0$

   Es gilt: Für $x \to -4$ und $x<-4$: $f(x) \to +\infty$
2. Annäherung von rechts an $x=-4$:
   Zähler $u(x)<0$ (da z.B. $x=-3{,}9$ kleiner als null ist)
   Nenner $v(x)>0$ (da $2x+8$ für z.B. $x=-3{,}9$ größer als null ist)
   $\Rightarrow \frac{u(x)}{v(x)}<0$

   Es gilt: Für $x \to -4$ und $x>-4$: $f(x) \to -\infty$

Die Lösungen der Aufgabenteile c) und d) verwenden eine verkürzte Darstellung des Lösungsverfahrens aus dem Erklärfilm.

c) $x^2=0$
$x=0$ ist senkrechte Asymptote

1. $x \to 0,\ x<0$: $\dfrac{\overbrace{2x+5}^{>0}}{\underbrace{x^2}_{>0}}$

   Für $x \to 0$ und $x<0$: $f(x) \to +\infty$
2. $x \to 0,\ x>0$: $\dfrac{\overbrace{2x+5}^{>0}}{\underbrace{x^2}_{>0}}$

   Für $x \to 0$ und $x>0$: $f(x) \to +\infty$

d) $(x-4)^2=0 \quad |\sqrt{\ }$
$x-4=0 \quad |+4$
$x=4$ ist senkrechte Asymptote

1. $x \to 4,\ x<4$: $\left.-\dfrac{\overbrace{x+1}^{>0}}{\underbrace{(x-4)^2}_{>0}}\right\}<0$

   Für $x \to 4$ und $x<4$: $f(x) \to -\infty$
2. $x \to 4,\ x>4$: $\left.-\dfrac{\overbrace{x+1}^{>0}}{\underbrace{(x-4)^2}_{>0}}\right\}<0$

   Für $x \to 4$ und $x>4$: $f(x) \to -\infty$

3 Funktion suchen

a) $f(x)=\frac{1}{x-5}$ b) $f(x)=\frac{1}{x+3}$
c) $f(x)=\frac{1}{x-2{,}5}$ d) $f(x)=\frac{1}{x+5}$

4 Funktion zu Polstelle finden

a) $f(x)=\frac{1}{(x-3)^2}$ b) $f(x)=\frac{1}{x+5}$

SCHRITT 30

Das brauchst du wieder

$\frac{x^3}{x^2}=x^{3-2}=x^1=x$

$\frac{x^2}{x^3}=x^{2-3}=x^{-1}=\frac{1}{x}$

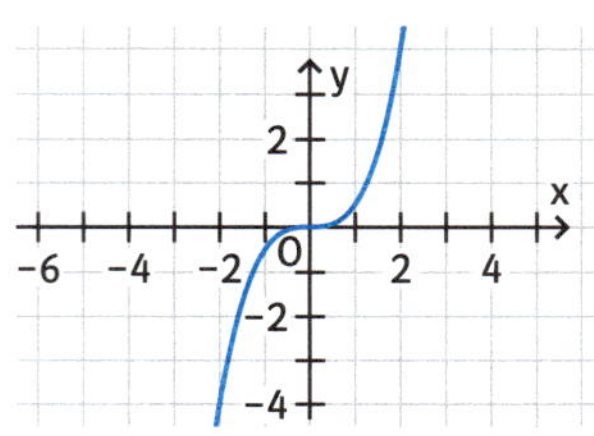

Für $x \to +\infty$ gilt: $f(x) \to +\infty$
Für $x \to -\infty$ gilt: $f(x) \to -\infty$

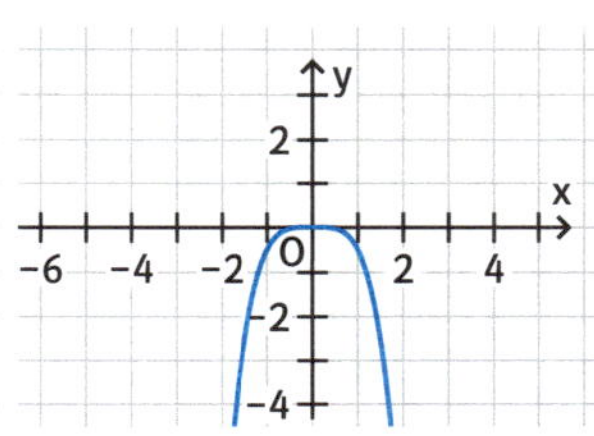

Für $x \to \pm\infty$ gilt: $f(x) \to -\infty$

1 „Du bist dran" aus dem „So geht's"-Kasten

Vergleiche Zähler- und Nennergrad, gib das Verhalten für $x \to \pm\infty$ an und nenne die waagerechte Asymptote:

a) Zählergrad = Nennergrad
Für $x \to \pm\infty$ gilt: $f(x) \to \frac{2}{1}=2$
Waagerechte Asymptote: $y=2$

b) Zählergrad < Nennergrad
Für $x \to \pm\infty$ gilt: $f(x) \to 0$
Waagerechte Asymptote: $y=0$

2 Verhalten gegen ±∞ und Asymptoten

Im Folgenden werden die Abkürzungen Z (für Zählergrad) und N (für Nennergrad) verwendet.

a) Z = N
Für $x \to \pm\infty$ gilt: $f(x) \to \frac{4}{2} = 2$
Waagerechte Asymptote: $y = 2$

b) Z < N
Für $x \to \pm\infty$ gilt: $f(x) \to 0$
Waagerechte Asymptote: $y = 0$

c) Z = N
Für $x \to \pm\infty$ gilt: $f(x) \to \frac{2}{3}$
Waagerechte Asymptote: $y = \frac{2}{3}$

d) Z = N
Für $x \to \pm\infty$ gilt: $f(x) \to \frac{5}{1} = 5$
Waagerechte Asymptote: $y = 5$

e) Z = N
Für $x \to \pm\infty$ gilt: $f(x) \to \frac{2}{1} = 2$
Waagerechte Asymptote: $y = 2$

f) Z < N
Für $x \to \pm\infty$ gilt: $f(x) \to 0$
Waagerechte Asymptote: $y = 0$

3 Funktion zu Asymptote finden

a) z. B. $f(x) = \frac{x+4}{x-2}$ oder $f(x) = \frac{2x-2}{2x-1}$

(Jede Lösung ist richtig, bei der der Quotient der beiden größten und gleichen x-Potenzen 1 ergibt.)

b) z. B. $f(x) = \frac{3x-2}{-x+1}$ oder $f(x) = \frac{-3x^2-x+1}{x^2}$

(Jede Lösung ist richtig, bei der der Quotient der beiden größten und gleichen x-Potenzen −3 ergibt.)

c) z. B. $f(x) = \frac{2x}{4x^2+2x+1}$ oder $f(x) = \frac{-3x}{2x^3+1}$

(Jede Lösung ist richtig, bei der die größte x-Potenz im Nenner eine größere Hochzahl hat als die größte x-Potenz im Zähler.)

d) z. B. $f(x) = \frac{5x}{-2x-2}$ oder $f(x) = \frac{-10x^3-1}{4x^3+x^2}$

(Jede Lösung ist richtig, bei der der Quotient der beiden größten und gleichen x-Potenzen −2,5 ergibt.)

4 Verhalten gegen ±∞

a) $\frac{x^3}{x^2} = x$

Für $x \to +\infty$ gilt: $f(x) \to +\infty$
Für $x \to -\infty$ gilt: $f(x) \to -\infty$

b) $\frac{-x^3}{x^2} = -x$

Für $x \to +\infty$ gilt: $f(x) \to -\infty$
Für $x \to -\infty$ gilt: $f(x) \to +\infty$

c) $\frac{x^4}{-x^2} = -x^2$

Für $x \to \pm\infty$ gilt: $f(x) \to -\infty$

d) $\frac{-x^4}{-x^2} = x^2$

Für $x \to \pm\infty$ gilt: $f(x) \to +\infty$

5 Funktionsterm richtig zuordnen

$f(x) = \frac{x^2+1}{2x^2+1}$

Zählergrad = Nennergrad
Für $x \to \pm\infty$ gilt: $f(x) \to \frac{1}{2}$

Waagerechte Asymptote: $y = \frac{1}{2}$ ⇒ passt zum Graphen von A

$g(x) = \frac{2x^2+1}{x^2+1}$

Zählergrad = Nennergrad
Für $x \to \pm\infty$ gilt: $f(x) \to \frac{2}{1} = 2$

Waagerechte Asymptote: $y = 2$ ⇒ passt zum Graphen von B

SCHRITT 31

Das brauchst du wieder

$(x^2 - 2x) \cdot (x - 1) = x^3 - x^2 - 2x^2 + 2x$
$= x^3 - 3x^2 + 2x$

$(x^3 + 3x^2) \cdot (2x - 4) = 2x^4 + 6x^3 - 4x^3 - 12x^2$
$= 2x^4 + 2x^3 - 12x^2$

$-5x \cdot (x^2 - 4x + 4) = -5x^3 + 20x^2 - 20x$

1 „Du bist dran" aus dem „So geht's"-Kasten

a) Bilde die Ableitungen der einzelnen Funktionen u und v:

$u(x) = 2x + 3$
$u'(x) = 2$
$v(x) = x + 1$
$v'(x) = 1$

Setze alles in die Quotientenregel $f' = \frac{u' \cdot v - u \cdot v'}{v^2}$ *ein und fasse die Zähler so weit wie möglich zusammen:*

$f'(x) = \frac{2 \cdot (x+1) - (2x+3) \cdot 1}{(x+1)^2} = \frac{2x + 2 - 2x - 3}{(x+1)^2} = \frac{-1}{(x+1)^2}$

b) Berechne den Schnittpunkt mit der y-Achse durch Einsetzen von $x = 0$ *in* $f(x)$:

$f(0) = \frac{3}{1} = 3 \Rightarrow S_4(0|3)$

Berechne die Steigung in S_4 *durch Einsetzen von* $x = 0$ *in* $f'(x)$:

$f'(0) = \frac{-1}{1^2} = -1$

Die Steigung im Punkt $S_4(0|3)$ beträgt $m = -1$.

2 Berechnung der Ableitung

a) $u(x) = 5x \qquad u'(x) = 5$

$v(x) = x - 6 \qquad v'(x) = 1$

$$f'(x) = \frac{5(x-6) - 5x \cdot 1}{(x-6)^2} = \frac{5x - 30 - 5x}{(x-6)^2} = \frac{-30}{(x-6)^2}$$

b) $u(x) = 4 \qquad u'(x) = 0$

$v(x) = x^2 + 2 \qquad v'(x) = 2x$

$$f'(x) = \frac{0 \cdot (x^2+2) - 4 \cdot 2x}{(x^2+2)^2} = \frac{-8x}{(x^2+2)^2}$$

c) $u(x) = x^2 \qquad u'(x) = 2x$

$v(x) = 2x + 4 \qquad v'(x) = 2$

$$f'(x) = \frac{2x(2x+4) - x^2 \cdot 2}{(2x^2+4)^2} = \frac{4x^2 + 8x - 2x^2}{(2x^2+4)^2} = \frac{2x^2 + 8x}{(2x^2+4)^2}$$

d) $u(x) = 2 - 3x \qquad u'(x) = -3$

$v(x) = x - 4 \qquad v'(x) = 1$

$$f'(x) = \frac{-3 \cdot (x-4) - (2-3x) \cdot 1}{(x-4)^2} = \frac{-3x + 12 - 2 + 3x}{(x-4)^2}$$

$$= \frac{10}{(x-4)^2}$$

e) $u(x) = x^2 \qquad u'(x) = 2x$

$v(x) = 4x + 2 \qquad v'(x) = 4$

$$f'(x) = \frac{2x(4x+2) - x^2 \cdot 4}{(4x+2)^2} = \frac{8x^2 + 4x - 4x^2}{(4x+2)^2} = \frac{4x^2 + 4x}{(4x+2)^2}$$

f) $u(x) = 2x \qquad u'(x) = 2$

$v(x) = (x-1)^2 \qquad v'(x) = 2(x-1)$

$$f'(x) = \frac{2 \cdot (x-1)^2 - 2x \cdot 2(x-1)}{((x-1)^2)^2} = \frac{2(x^2 - 2x + 1) - 4x(x-1)}{(x-1)^4}$$

$$= \frac{2x^2 - 4x + 2 - 4x^2 + 4x}{(x-1)^4} = \frac{-2x^2 + 2}{(x-1)^4}$$

3 Steigungen bestimmen

a) $u(x) = 6 \qquad u'(x) = 0$

$v(x) = 2x - 1 \qquad v'(x) = 2$

$$f'(x) = \frac{-6 \cdot 2}{(2x-1)^2} = \frac{-12}{(2x-1)^2}$$

$f'(x) = -12$

b) $u(x) = x \qquad u'(x) = 1$

$v(x) = x^2 + 2 \qquad v'(x) = 2x$

$$f'(-1) = \frac{x^2 + 2 - x \cdot 2x}{(x^2+2)^2} = \frac{-x^2 + 2}{(x^2+2)^2}$$

$$f'(-1) = \frac{-1 + 2}{(1+2)^2} = \frac{1}{9}$$

c) $u(x) = x^2 \qquad u'(x) = 2x$

$v(x) = x + 3 \qquad v'(x) = 1$

$$f'(x) = \frac{2x \cdot (x+3) - x^2}{(x+3)^2} = \frac{2x^2 + 6x - x^2}{(x+3)^2} = \frac{x^2 + 6x}{(x+3)^2}$$

$$f'(2) = \frac{4 + 12}{5^2} = \frac{16}{25}$$

4 Steigungen zuordnen

A $u(x) = x \qquad u'(x) = 1$

$v(x) = x - 2 \qquad v'(x) = 1$

$$f'(x) = \frac{x - 2 - x}{(x-2)^2} = \frac{-2}{(x-2)^2}$$

$f'(0) = \frac{-2}{4} = -\frac{1}{2} \rightarrow$ Kärtchen III

B $u(x) = x + 2 \qquad u'(x) = 1$

$v(x) = x - 2 \qquad v'(x) = 1$

$$f'(x) = \frac{1 \cdot (x-2) - (x+2) \cdot 1}{(x-2)^2}$$

$$= \frac{x - 2 - x - 2}{(x-2)^2} = \frac{-4}{(x-2)^2}$$

$f'(0) = \frac{-4}{4} = -1 \rightarrow$ Kärtchen I

C $u(x) = x - 4 \qquad u'(x) = 1$

$v(x) = x - 2 \qquad v'(x) = 1$

$$f'(x) = \frac{x - 2 - (x-4)}{(x-2)^2} = \frac{x - 2 - x + 4}{(x-2)^2} = \frac{2}{(x-2)^2}$$

$f'(0) = \frac{2}{4} = \frac{1}{2} \rightarrow$ Kärtchen II

5 Fehler finden

a) Im Zähler müsste ein positiver Wert stehen:

$$f'(x) = \frac{2}{(1-x)^2}$$

b) Der ganze Term im Nenner müsste quadriert werden:

$$f'(x) = \frac{-15}{25x^2} = \frac{-3}{5x^2}$$

c) Die Ableitung des Nenners ist „−1“, somit muss beim Zusammensetzen von $f'(x)$ das Minus im Zähler verschwinden:

$$f'(x) = \frac{4(5-x) + 4x}{(5-x)^2} = \frac{20 - 4x + 4x}{(5-x)^2} = \frac{20}{(5-x)^2}$$

d) Der Nenner muss beim Ableiten quadriert werden:

$$f'(x) = \frac{(x-1)^2 - 2x(x-1)}{(x-1)^4} = \frac{(x-1) - 2x}{(x-1)^3} = \frac{-x-1}{(x-1)^3}$$

6 Zusammengesetzte Funktionen

a) $f'(x) = 3 + \frac{-5}{(x-6)^2} = 3 - \frac{5}{(x-6)^2}$

b) $f'(x) = -5 - \frac{4(x+2) - 4x}{(x+2)^2} = -5 - \frac{8}{(x+2)^2}$

c) $f'(x) = 2 + \frac{-2 \cdot 2x}{(x^2+4)^2} = 2 - \frac{4x}{(x^2+4)^2}$

7 Aussagen nachweisen

$$f'(x) = \frac{(x+1) - x}{(x+1)^2} = \frac{1}{(x+1)^2}$$

a) $f'(0) = 1 = m$

b) $f'(x)$ ist für alle $x \in \mathbb{R}$ (ausgenommen $x = -1$, da f hier eine Definitionslücke hat) größer als null, da sowohl Zähler als auch Nenner immer positiv sind.

c) $f''(x) = \frac{-2(x+1)}{(x+1)^4} = \frac{-2}{(x+1)^3}$

$f''(x) \neq 0$ für alle $x \in \mathbb{R} \setminus \{-1\}$, d.h., das Kurvenverhalten ändert sich nicht innerhalb des Definitionsbereichs.

$f''(-2) = \frac{-2}{-1} = 2;\ f''(2) = \frac{-2}{27}$

$\Rightarrow$ Für $x < -1$ ist $f''(x) > 0$ und f eine Linkskurve. Für $x > -1$ ist $f''(x) < 0$ und f eine Rechtskurve.

TRAINING 4

1 Kettenregel

a) $f'(x) = 3 \cdot (5x - 10)^2 \cdot 5$
$= 15 \cdot (5x - 10)^2$

b) $f'(x) = 4 \cdot (2 - 4x^2)^3 \cdot -8x$
$= -32x \cdot (2 - 4x^2)^3$

c) $f'(x) = \frac{1}{2}(5 - 2x)^{-\frac{1}{2}} \cdot (-2) = -(5 - 2x)^{-\frac{1}{2}}$

d) $f'(x) = \frac{1}{-2}(9 - x^2)^{-\frac{1}{2}} \cdot (-2x)$
$= -x(9 - x^2)^{-\frac{1}{2}} = \frac{x}{\sqrt{9 - x^2}}$
$= -\frac{x}{(9 - x^2)^{\frac{1}{2}}}$

e) $f'(x) = -5 \cdot (x^2 - 1)^{-2} \cdot 2x$
$= -\frac{10x}{(x^2 - 1)^2}$

f) $f'(x) = -6(2x^2 + 7)^{-2} \cdot 4x$
$= \frac{-24x}{(2x^2 + 7)^2}$

2 Produkt- und Kettenregel

a) $u(x) = 8x^2; \quad u'(x) = 16x$
$v(x) = (2x - 2)^3; \; v'(x) = 3(2x - 2)^2 \cdot 2 = 6 \cdot (2x - 2)^2$
$f'(x) = 16x \cdot (2x - 2)^3 + 8x^2 \cdot 6 \cdot (2x - 2)^2$
$= 16x \cdot (2x - 2)^3 + 48x^2 \cdot (2x - 2)^2$

b) $u(x) = -x^6; \quad u'(x) = -5x^4$
$v(x) = (x^2 - 2x + 3)^2; \; v'(x) = 2 \cdot (x^2 - 2x + 3) \cdot (2x - 2)$
$= (4x - 4) \cdot (x^2 - 2x + 3)$
$f'(x) = -5x^4 \cdot (x^2 - 2x + 3)^2$
$- x^6 \cdot (4x - 4) \cdot (x^2 - 2x + 3)$

c) $u(x) = 3x^3; \quad u'(x) = 9x^2$
$v(x) = \sqrt{4x^2 - 4x + 1} = (4x^2 - 4x + 1)^{\frac{1}{2}};$
$v'(x) = \frac{1}{2}(4x^2 - 4x + 1)^{-\frac{1}{2}} \cdot (8x - 4)$
$f'(x) = 9x^2 \cdot (4x^2 - 4x + 1)^{\frac{1}{2}} + 3x^3 \cdot \frac{(8x - 4)}{2(4x^2 - 4x + 1)^{\frac{1}{2}}}$

d) $u(x) = (x - 2{,}5)^3; \; u'(x) = 3(x - 2{,}5)^2$
$v(x) = (1 - x)^{\frac{1}{2}}; \; v'(x) = \frac{1}{2}(1 - x)^{-\frac{1}{2}} \cdot (-1) = -\frac{1}{2(1 - x)^{\frac{1}{2}}}$
$f'(x) = 3(x - 2{,}5)^2 \cdot (1 - x)^{\frac{1}{2}} - (x - 2{,}5)^3 \cdot \frac{1}{2(1 - x)^{\frac{1}{2}}}$

e) $u(x) = 12 - x^2; \; u'(x) = -2x$
$v(x) = (3x + 3)^{-1}; \; v'(x) = -(3x + 3)^{-2} \cdot 3$
$= -3(3x + 3)^{-2}$
$f'(x) = -2x \cdot (3x + 3)^{-1} - (12 - x^2) \cdot 3(3x + 3)^{-2}$
$= -2x \cdot \frac{1}{3x + 3} - (12 - x^2) \cdot \frac{3}{(3x + 3)^2}$

f) $u(x) = (4 - 2x)^2; \; u'(x) = 2 \cdot (4 - 2x) \cdot (-2)$
$= -4 \cdot (4 - 2x)$
$v(x) = \frac{6}{x^3} = 6 \cdot x^{-3}; \; v'(x) = -18 \cdot x^{-4} = -\frac{18}{x^4}$
$f'(x) = -4(4 - 2x) \cdot \frac{6}{x^3} - (4 - 2x)^2 \cdot \frac{18}{x^4}$

3 Funktionenschar

a) $f'(x) = 3 \cdot (ax - 2x + a)^2 \cdot (2ax - 2)$

b) $u(x) = 6 \cdot (3x + a)^{-1}; \; u'(x) = -6 \cdot (3x + a)^{-2} \cdot 3$
$= -18 \cdot (3x + a)^{-2}$
$v(x) = a^2 - x^2; \; v'(x) = -2x$
$f'(x) = -18(3x + a)^{-2} \cdot (a^2 - x^2) + 6 \cdot (3x + a)^{-1} \cdot (-2x)$
$= -\frac{18}{(3x + a)^2} \cdot (a^2 - x^2) - \frac{12x}{3x + a}$

c) $u(x) = 3x + 15; \; u'(x) = 3$
$v(x) = (x^2 + 2ax)^{\frac{1}{2}}; \; v'(x) = \frac{1}{2}(x^2 + 2ax)^{-\frac{1}{2}} \cdot (2x + 2a)$
$= (x + a) \cdot (x^2 + 2ax)^{-\frac{1}{2}}$
$f'(x) = 3 \cdot (x^2 + 2ax)^{\frac{1}{2}} + (3x + 15) \cdot (x + a) \cdot (x^2 + 2ax)^{-\frac{1}{2}}$
$= 3 \cdot \sqrt{x^2 + 2ax} + \frac{(3x + 15)(x + a)}{\sqrt{x^2 + 2ax}}$

d) $u(x) = \frac{a^2}{3} \cdot x^{-2}; \; u'(x) = -\frac{2a^2}{3} \cdot x^{-3}$
$v(x) = (a - x)^{\frac{1}{2}}; \; v'(x) = \frac{1}{2}(a - x)^{-\frac{1}{2}}$
$f'(x) = -\frac{2a^2}{3} \cdot x^{-3} \cdot (a - x)^{\frac{1}{2}} + \frac{a^2}{3} \cdot x^{-2} \cdot \frac{1}{2}(a - x)^{-\frac{1}{2}}$
$= -\frac{2a^2}{3x^3} \cdot \sqrt{a - x} + \frac{a^2}{3x^2} \cdot \frac{1}{2\sqrt{a - x}}$
$= -\frac{2a^2 \cdot \sqrt{a - x}}{3x^3} + \frac{a^2}{6x^2 \cdot \sqrt{a - x}}$

4 Verkettung

a) $u(v(x)) = 2 \cdot \frac{1}{x^2 + 1} + 3 = \frac{2}{x^2 + 1} + 3$
$u(v(1)) = 2 \cdot \frac{1}{1^2 + 1} + 3 = 1 + 3 = 4$

b) $v(u(x)) = \frac{1}{(2x + 3)^2 + 1}$
$v(u(1)) = \frac{1}{(2 \cdot 1 + 3)^2 + 1} = \frac{1}{5^2 + 1} = \frac{1}{26}$

5 Aussagen prüfen

i) Falsch: $f(g(1)) = f(0) = -1$
ii) Wahr: $f(g(0)) = f(1) = 0$

6 Werte ablesen

a) (i) $f(g(2)) = f(0) = 0$
(ii) $g(f(2)) = g(0) = 2$

b) (i) $f(g(x)) = -1$ für $g(x) = 1 \Rightarrow x = 1$
(ii) $g(f(x)) = -1$ für $f(x) = 3 \Rightarrow x_1 = -1, \; x_2 = 3$

7 Werte bei verketteten Funktionen

a) $f(g(4)) = f(\sqrt{9}) = f(3) = 3^3 = 27$

b) $g(f(-1)) = g((-1)^3) = g(-1) = \sqrt{-1 + 5} = \sqrt{4} = 2$

c) $f(g(x)) = 8$
$x^3 = 8$
$x = \sqrt[3]{8} = 2$
daher: $g(x) = \sqrt{x + 5} = 2$ | quadrieren
$x + 5 = 4$ | -5
$x = -1$

8 Produkt von Funktionen

a) Für $1 < x < 4$ gilt:
$f(x) < 0$ und $g(x) < 0$
daraus folgt: $f(x) \circ g(x) > 0 \rightarrow$ B

b) $(f \cdot g)' = f' \cdot g + f \cdot g'$
$x < 1$: $f(x) < 0$, $f'(x) > 0$, $g(x) > 0$, $g'(x) < 0$
daraus folgt: $f'(x) \cdot g(x) > 0$; $f(x) \cdot g'(x) > 0$
also auch: $(f(x) \cdot g(x))' > 0$
$x > 4$: $f(x) > 0$, $f'(x) > 0$, $g(x) < 0$, $g'(x) < 0$
daraus folgt: $f'(x) \cdot g(x) < 0$; $f(x) \cdot g'(x) < 0$
also auch: $(f(x) \cdot g(x))' < 0$

SCHRITT 32

Das brauchst du wieder

$f(x) = \frac{3x}{x-6}$

$x - 6 = 0 \quad | +6$
$x = 6$

1 „Du bist dran" aus dem „So geht's"-Kasten

a) Setze $x = 0$ in $f(x)$ ein:

$f(0) = 0 + 1 + \frac{1}{0+2} = 1 + \frac{1}{2} = 1{,}5$

$\Rightarrow \quad S_y(0\,|\,1{,}5)$

b) Setze $f(x) = 0$ und löse die Bruchgleichung durch Multiplizieren mit dem Nenner:

$2x + 1 + \frac{1}{x+2} = 0 \quad | \cdot (x+2)$
$(2x + 1) \cdot (x + 2) + 1 = 0$
$2x^2 + 4x + x + 2 + 1 = 0$
$2x^2 + 5x + 3 = 0$
(Anwendung der pq-Formel oder abc-Formel)
$x_1 = -1$ und $x_2 = -1{,}5$
$N_1(-1\,|\,0)$ und $N_2(-1{,}5\,|\,0)$

c) Skizziere die Graphen von g und h. Skizziere dann den Graphen von f als Summe von g und h.

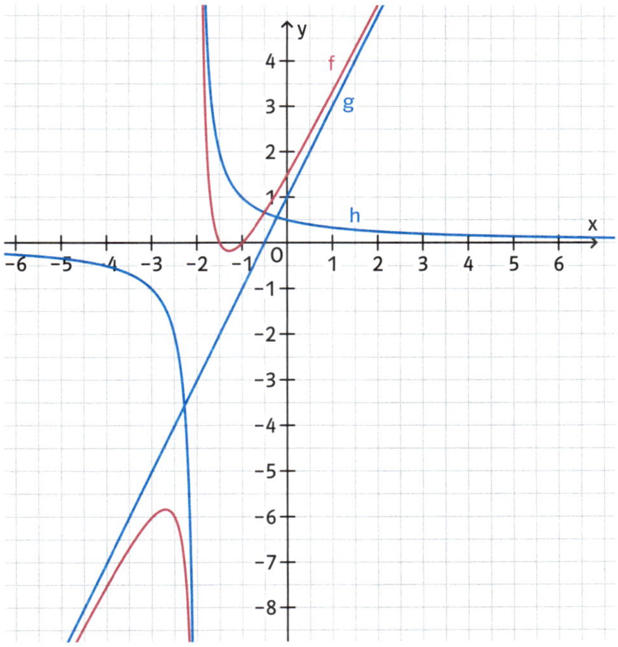

2 Graphen skizzieren

a)

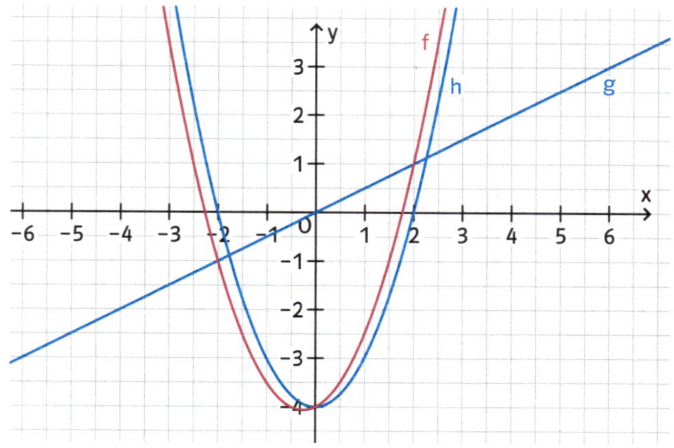

b)

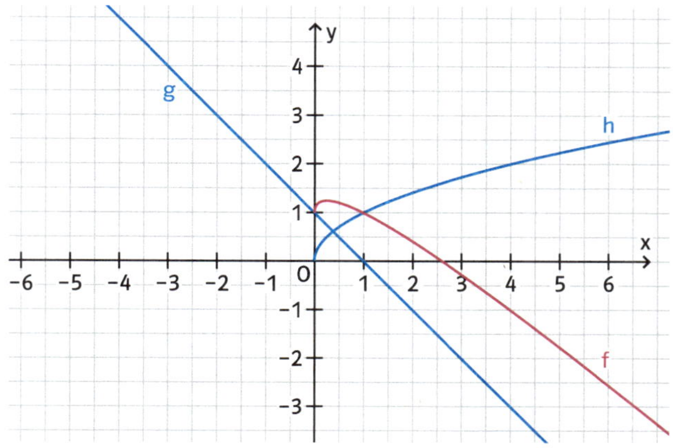

c)

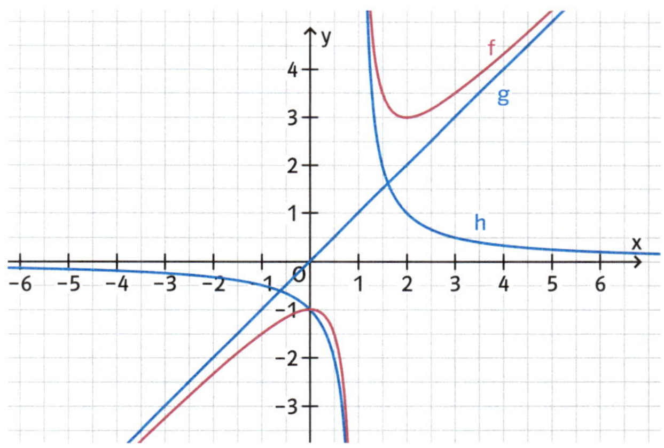

d)

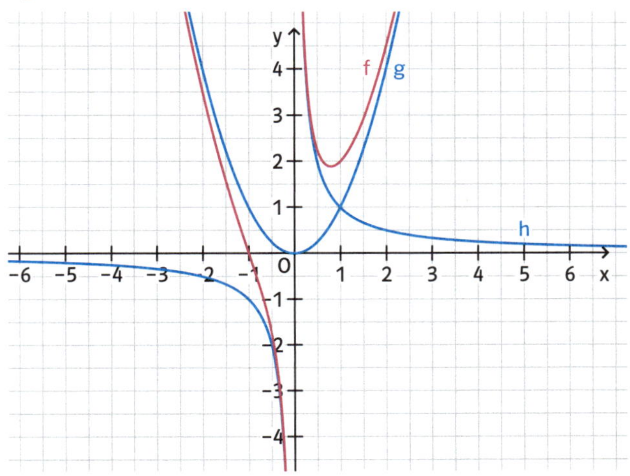

3 Terme zuordnen

A → II; B → III; C → I

4 Schnittpunkte mit den Koordinatenachsen

a) Schnittpunkt mit der y-Achse:

$f(0) = 0 - 4 + \frac{5}{0+2} = -1{,}5 \quad \Rightarrow \quad S_y(0\,|\,-1{,}5)$

Schnittpunkt mit der x-Achse (Nullstelle):

$x - 4 + \frac{5}{x+2} = 0 \qquad |\cdot(x+2)$

$(x-4)\cdot(x+2) + 5 = 0$

$x^2 + 2x - 4x - 8 + 5 = 0$

$x^2 - 2x - 3 = 0$

(Anwendung der pq-Formel oder abc-Formel)

$x_1 = -1$ und $x_2 = 3$

$N_1(-1\,|\,0)$ und $N_2(3\,|\,0)$

b) Schnittpunkt mit der y-Achse:

$f(0) = 0 - 4 - \frac{10}{0-1} = -4 + 10 = 6 \quad \Rightarrow \quad S_y(0\,|\,6)$

Schnittpunkt mit der x-Achse (Nullstelle):

$x - 4 - \frac{10}{x-1} = 0 \qquad |\cdot(x-1)$

$(x-4)\cdot(x-1) - 10 = 0$

$x^2 - x - 4x + 4 - 10 = 0$

$x^2 - 5x - 6 = 0$

(Anwendung der pq-Formel oder abc-Formel)

$x_1 = 6$ und $x_2 = -1$

$N_1(6\,|\,0)$ und $N_2(-1\,|\,0)$

5 Graphen zuordnen

A → III; B → I; C → II

6 Hoch- und Tiefpunkt

$f(x) = x + 1 + (x-2)^{-1}$

$f'(x) = 1 - (x-2)^{-2}\cdot 1 = 1 - \frac{1}{(x-2)^2}$

$f''(x) = 2\cdot(x-2)^{-3}\cdot 1 = \frac{2}{(x-2)^3}$

$f'(x) = 0$

$1 - \frac{1}{(x-2)^2} = 0 \qquad |\cdot(x-2)^2$

$(x-2)^2 - 1 = 0$

$(x-2)^2 = 1 \qquad |\sqrt{\ }$

Fall 1: $x - 2 = 1 \qquad |+2$

$x_1 = 3$

Fall 2: $x - 2 = -1 \qquad |+2$

$x_2 = 1$

$f''(3) = \frac{2}{(3-2)^3} = 2 > 0 \quad \Rightarrow \quad$ Tiefpunkt

$f''(1) = \frac{2}{(1-2)^3} = -2 < 0 \quad \Rightarrow \quad$ Hochpunkt

$f(3) = 3 + 1 + \frac{1}{3-2} = 5 \quad \Rightarrow \quad T(3\,|\,5)$

$f(1) = 1 + 1 + \frac{1}{1-2} = 1 \quad \Rightarrow \quad H(1\,|\,1)$

SCHRITT 33

Das brauchst du wieder

$P(-3\,|\,2)$; $m = -2$

$y = -2x + c$

Setze $P(-3\,|\,2)$ ein:

$2 = -2\cdot(-3) + c$

$2 = 6 + c \quad |-6$

$c = -4$

$y = -2x - 4$

$f(x) = x^2 - 2x$; $a = 3$

$f'(x) = 2x - 2$

$f'(3) = 6 - 2 = 4$

1 „Du bist dran" aus dem „So geht's"-Kasten

Bilde die Ableitung:

$f'(x) = 2x$

Setze den Wert in f(x) und f′(x) ein:

$f(2) = 2^2 - 1 = 3$

$f'(2) = 4$

Setze alle Werte in die Geradengleichung $y = m\cdot x + c$ *ein und löse die Gleichung nach c auf:*

$3 = 4\cdot 2 + c \qquad |-8$

$c = -5$

Tangente $y = 4x - 5$

Zeichne den Graph der Funktion und die Tangente:

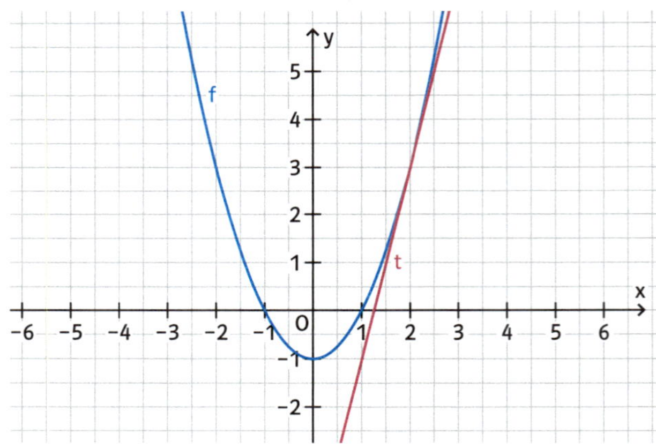

2 Tangentengleichung aufstellen

a) $f'(x) = 1{,}5x^2$

$f(-1) = -0{,}5 + 1 = 0{,}5$

$f'(-1) = 1{,}5$

$0{,}5 = 1{,}5\cdot(-1) + c \quad |+1{,}5$

$c = 2$

$t:\ y = 1{,}5x + 2$

b) $f'(x) = 4x + 3$

$f(-2) = 2\cdot 4 + 3\cdot(-2) - 4 = 8 - 6 - 4 = -2$

$f'(-2) = -8 + 3 = -5$

$-2 = -5\cdot(-2) + c \quad |-10$

$c = -12$

$t:\ y = -5x - 12$

c) $f(x) = 4 \cdot x^{-2}$
$f'(x) = 4 \cdot (-2) \cdot x^{-3} = -\frac{8}{x^3}$
$f(2) = 1$
$f'(2) = -1$
$1 = (-1) \cdot 2 + c \quad | +2$
$c = 3$
$t:\ y = -x + 3$

d) $f(x) = (x+1)^{\frac{1}{2}}$
$f'(x) = \frac{1}{2} \cdot (x+1)^{-\frac{1}{2}}$
$f(0) = 1$
$f'(0) = \frac{1}{2}$
$1 = \frac{1}{2} \cdot 0 + c$
$c = 1$
$t:\ y = \frac{1}{2}x + 1$

3 Tangente und Normale

$f(x) = 0{,}25x^2 + 2x - 4$

a) $f'(x) = 0{,}5x + 2$
$f'(x) = 3$, da $g'(x) = 3$
$0{,}5x + 2 = 3 \quad | -2$
$0{,}5x = 1 \quad | \cdot 2$
$x = 2$
$f(2) = 0{,}25 \cdot 4 + 2 \cdot 2 - 4 = 1$
$\Rightarrow B(2|1)$

b) $y = 3x + c$
$1 = 3 \cdot 2 + c$
$1 = 6 + c \quad | -6$
$c = -5$
$t:\ y = 3x - 5$

c) $y = -\frac{1}{3}x + c$
$1 = -\frac{1}{3} \cdot 2 + c$
$1 = -\frac{2}{3} + c \quad | +\frac{2}{3}$
$\frac{5}{3} = c$
$n:\ y = -\frac{1}{3}x + \frac{5}{3}$

4 Tangente im Wendepunkt

$f(x) = -0{,}5x^3 + 1{,}5x^2 + 2x - 5$
$f'(x) = -1{,}5x^2 + 3x + 2$
$f''(x) = -3x + 3$
$f''(x) = 0$
$-3x + 3 = 0 \quad | -3$
$-3x = -3 \quad | :(-3)$
$x = 1$
$f(1) = -0{,}5 + 1{,}5 + 2 - 5 = -2$
$\Rightarrow B(1|-2)$
$f'(1) = -1{,}5 + 3 + 2 = 3{,}5$
$y = 3{,}5x + c$
$-2 = 3{,}5 \cdot 1 + c \quad | -3{,}5$
$c = -5{,}5$
$t:\ y = 3{,}5x - 5{,}5$

5 Lineare Fortsetzung

$f(x) = x^{-1} + 1$

a) $f'(x) = -x^{-2}$
$f'(10) = -\frac{1}{10^2} = -\frac{1}{100}$
$f(10) = \frac{1}{10} + 1 = \frac{11}{10}$
$y = -\frac{1}{100} \cdot x + c$
$\frac{11}{10} = -\frac{1}{100} \cdot 10 + c$
$\frac{11}{10} = -\frac{1}{10} + c \quad | +\frac{1}{10}$
$c = \frac{12}{10}$
$t:\ y = -\frac{1}{100} \cdot x + \frac{12}{10}$

b) $0 = -\frac{1}{100} \cdot x + \frac{12}{10} \quad | -\frac{12}{10}$
$-\frac{12}{10} = -\frac{1}{100} \cdot x \quad | \cdot(-100)$
$120 = x$
$N(120|0)$

6 Strecke auf y-Achse

$f(x) = 0{,}5x^2 - 2x + 5$
$f'(x) = x - 2$

$b = 3$
$f(3) = 0{,}5 \cdot 9 - 2 \cdot 3 + 5 = 4{,}5 - 6 + 5 = 3{,}5$
$f'(3) = 3 - 2 = 1$
$3{,}5 = 1 \cdot 3 + c \quad | -3$
$c = 0{,}5$
$t_1:\ y = x + 0{,}5$
$x = 0 \Rightarrow y = 0{,}5$

$b = 4$
$f(4) = 0{,}5 \cdot 16 - 2 \cdot 4 + 5 = 8 - 8 + 5 = 5$
$f'(4) = 4 - 2 = 2$
$5 = 2 \cdot 4 + c \quad | -8$
$c = -3$
$t_2:\ y = 2x - 3$
$x = 0 \Rightarrow y = -3$
$d = |-3 - 0{,}5| = |-3{,}5| = 3{,}5$

7 Nachweis Tangente

$f(x) = x^3 - x + 1$
$f'(x) = 3x^2 - 1$

$11 = 3x^2 - 1 \quad | +1$
$3x^2 = 12 \quad | :3$
$x^2 = 4 \quad | \sqrt{\ }$
$x_{1,2} = \pm 2$

$f(-2) = -8 + 2 + 1 = -5$
$f(2) = 8 - 2 + 1 = 7$

$-5 = 11 \cdot (-2) + c$
$-5 = -22 + c \quad | +22$
$c = 17 \Rightarrow y = 11x + 17$

$7 = 11 \cdot 2 + c \quad | -22$
$c = -15 \Rightarrow y = 11x - 15$

SCHRITT 34

Das brauchst du wieder

$f(x) = 3x^5 \Rightarrow f'(x) = 15x^4$

$f(x) = 2x^4 + 3x \Rightarrow f'(x) = 8x^3 + 3$

$f(x) = 6x^3 - 2x^{-3} \Rightarrow f'(x) = 18x^2 + 6x^{-4}$

1 „Du bist dran“ aus dem „So geht's“-Kasten

Bilde die Ableitung:

$f'(x) = 2x$

Notiere f(u) und f'(u):

$f(u) = u^2 - 1;\ f'(u) = 2u$

Setze f(u), f'(u) und die Koordinaten des Punktes P in die Tangentengleichung ein:

$4 = f'(u) \cdot (3 - u) + f(u)$

$4 = 2u(3 - u) + u^2 - 1$

$4 = 6u - 2u^2 + u^2 - 1 \quad |-4$

$-u^2 + 6u - 5 = 0$

Löse die quadratische Gleichung nach u auf:

Lösung mit der abc- oder pq-Formel

$u_1 = 1;\ u_2 = 5$

Setze die Lösungen von b in die Funktionsgleichung f(x) und die Ableitung f'(x) ein; schreibe die Berührpunkte auf:

1. $f(1) = 0 \quad B_1(1|0)$
   $f'(1) = 2$
2. $f(5) = 24 \quad B_2(5|24)$
   $f'(5) = 10$

Stelle die Tangentengleichungen in B_1 und B_2 auf:

$t_1:\ y = f'(1) \cdot (x - 1) + f(1)$
$= 2 \cdot (x - 1) + 0$
$y = 2x - 2$

$t_2:\ y = f'(5) \cdot (x - 5) + f(5)$
$= 10 \cdot (x - 5) + 24$
$y = 10x - 26$

2 Tangente an Graph

a) $f(u) = -u^2 + 5 \quad P(0|9)$

$f'(u) = -2u$

$y = f'(u) \cdot (x - u) + f(u)$

$9 = -2u \cdot (0 - u) - u^2 + 5$

$9 = 2u^2 - u^2 + 5 \quad |-5$

$4 = u^2 \quad |\sqrt{\ }$

$u_1 = -2;\ u_2 = 2$

1. $f(-2) = 1 \quad B_1(-2|1)$
   $f'(-2) = 4$
   $t_1:\ y = 4 \cdot (x + 2) + 1$
   $= 4x + 9$
2. $f(2) = 1 \quad B_2(2|1)$
   $f'(2) = -4$
   $t_2:\ y = -4 \cdot (x - 2) + 1$
   $= -4x + 9$

b) $f(u) = u^3 \quad P(2|0)$

$f'(u) = 3u^2$

$y = f'(u) \cdot (x - u) + f(u)$

$0 = 3u^2 \cdot (2 - u) + u^3$

$0 = 6u^2 - 3u^2 + u^3$

$-2u^3 + 6u^2 = 0$

$-2u^2 \cdot (u - 3) = 0$

$u_1 = 0;\ u_2 = 3$

1. $f(0) = 0 \quad B_1(0|0)$
   $f'(0) = 0$
   $t_1:\ y = 0$
2. $f(3) = 27 \quad B_2(3|27)$
   $f'(3) = 27$
   $t_2:\ y = 27 \cdot (x - 3) + 27$
   $= 27x - 54$

c) $f(u) = u^2 - 2u \quad P(3|2)$

$f'(u) = 2u - 2$

$y = f'(u) \cdot (x - u) + f(u)$

$2 = (2u - 2) \cdot (3 - u) + u^2 - 2u$

$2 = 6u - 6 - 2u^2 + 2u + u^2 - 2u$

$2 = 6u - u^2 - 6$

$-u^2 + 6u - 8 = 0$

(Lösung mit der abc- oder pq-Formel)

$u_1 = 2;\ u_2 = 4$

1. $f(2) = 4 - 4 = 0 \quad B_1(2|0)$
   $f'(2) = 2$
   $t_1:\ y = 2 \cdot (x - 2) + 0$
   $= 2x - 4$
2. $f(4) = 8 \quad B_2(4|8)$
   $f'(4) = 6$
   $t_2:\ y = 6 \cdot (x - 4) + 8$
   $= 6x - 16$

d) $f(u) = u^2 + 3 \quad P(-1|-5)$

$f'(u) = 2u$

$y = f'(u) \cdot (x - u) + f(u)$

$-5 = 2u \cdot (-1 - u) + u^2 + 3$

$-5 = -2u - 2u^2 + u^2 + 3$

$-5 = -2u - u^2 + 3 \quad |+5$

$-u^2 - 2u + 8 = 0$

(Lösung mit der abc- oder pq-Formel)

$u_1 = -4;\ u_2 = 2$

1. $f(-4) = 19 \quad B_1(-4|19)$
   $f'(4) = -8$
   $t_1:\ y = -8 \cdot (x + 4) + 19$
   $= -8x - 32 + 19$
   $= -8x - 13$
2. $f(2) = 7 \quad B_2(2|7)$
   $f'(2) = 4$
   $t_2:\ y = 4 \cdot (x - 2) + 7$
   $= 4x - 1$

3 Tangente durch Ursprung

$f(u) = \frac{1}{4}u^2 + 4 \quad P(0|0)$

$f'(u) = \frac{1}{2}u$

$0 = f'(u) \cdot (0 - u) + f(u)$

$0 = \frac{1}{2}u \cdot (-u) + \frac{1}{4}u^2 + 4$

$0 = -\frac{1}{2}u^2 + \frac{1}{4}u^2 + 4$

$0 = -\frac{1}{4}u^2 + 4 \quad | -4$

$-4 = -\frac{1}{4}u^2 \quad | \cdot (-4)$

$u^2 = 16 \quad | \sqrt{}$

$u_1 = -4; \; u_2 = 4$

1. $f(-4) = 8 \quad B_1(-4|8)$
   $f'(-4) = -2 \Rightarrow y = -2x$
2. $f(4) = 8 \quad B_2(4|8)$
   $f'(4) = 2 \Rightarrow y = 2x$

4 Nachweis Tangente

$f(x) = 0{,}5x^3 - 4{,}5x^2 + 7{,}5x + 2{,}5$

$f'(x) = 1{,}5x^2 - 9x + 7{,}5$

$P(-6|6)$

Eine waagerechte Tangente hat die Steigung $m = 0$.

$f'(x) = 0$

$1{,}5x^2 - 9x + 7{,}5 = 0$

(Lösung mit der abc- oder pq-Formel)

$x_1 = 5; \; x_2 = 1$

1. $f(5) = 0{,}5 \cdot 125 - 4{,}5 \cdot 25 + 7{,}5 \cdot 5 + 2{,}5$
   $= 62{,}5 - 112{,}5 + 37{,}5 + 2{,}5$
   $= 102{,}5 - 112{,}5$
   $= -10$
   $y = m \cdot x + c$
   $t_1: \; y = -10$
2. $f(1) = 0{,}5 - 4{,}5 + 7{,}5 + 2{,}5$
   $= 6$
   $y = m \cdot x + c$
   $t_2: \; y = 6$
   Der Punkt $P(-6|6)$ liegt auf dem Graphen der Tangente t_2.

5 Nur eine Tangente möglich

$f(u) = 6 \cdot (u-2)^{-1} + 1 \quad P(6|1)$

a) $f'(u) = -6 \cdot (u-2)^{-2}$

$y = f'(u) \cdot (x - u) + f(u)$

$1 = -6 \cdot (u-2)^{-2} \cdot (6-u) + 6 \cdot (u-2)^{-1} + 1$

$1 = \frac{-6 \cdot (6-u)}{(u-2)^2} + \frac{6}{(u-2)} + 1 \quad | -1$

$0 = \frac{-6 \cdot (6-u) + 6 \cdot (u-2)}{(u-2)^2} \quad | (u-2)^2$

$0 = -36u + 6u + 6u - 12$

$0 = -48 + 12u \quad | +48$

$48 = 12u \quad | :12$

$u = 4$

$\Rightarrow$ Es gibt nur einen Berührpunkt $B(4|f(4))$.

b) $f(4) = \frac{6}{2} + 1 = 3 + 1 = 4$

$B(4|4)$

$f'(4) = -\frac{6}{2^2} = -\frac{6}{4} = -1{,}5$

$4 = -1{,}5 \cdot 4 + c$

$4 = -6 + c \quad | +6$

$c = 10$

$t: \; y = -1{,}5x + 10$

TRAINING 5

1 Extrempunkte

a) $h(x) = x - 1 + \frac{1}{x-1} = x - 1 + (x-1)^{-1}$

$h'(x) = 1 - 1 \cdot (x-1)^{-2} = 1 - \frac{1}{(x-1)^2}$

$h''(x) = 2 \cdot (x-1)^{-3} = \frac{2}{(x-1)^3}$

Extrempunkte: $h'(x) = 0$

$1 - \frac{1}{(x-1)^2} = 0 \quad | (x-1)^2$

$(x-1)^2 - 1 = 0$

$x^2 - 2x + 1 - 1 = 0$

$x^2 - 2x = 0$

$x \cdot (x-2) = 0$

1. $x = 0; \; f''(0) = \frac{2}{-1} = -2 < 0 \rightarrow$ Hochpunkt
   $f(0) = -1 + \frac{1}{-1} = -1 - 1 = -2 \rightarrow H(0|-2)$
2. $x = 2; \; f''(2) = \frac{2}{1} = 2 > 0 \rightarrow$ Tiefpunkt
   $f(2) = 2 - 1 + \frac{1}{1} = 2 \rightarrow T(2|2)$

b) $k(x) = x - 1 - \frac{1}{x-1} = x - 1 - (x-1)^{-1}$

$k'(x) = 1 + 1 \cdot (x-1)^{-2} = 1 + \frac{1}{(x-1)^2}$

$k'(x) = 0: \; 1 + \frac{1}{(x-1)^2} = 0 \quad | \cdot (x-1)^2$

$(x-1)^2 + 1 = 0$

$x^2 - 2x + 1 + 1 = 0$

$x^2 - 2x + 2 = 0$

Lösung mit pq- oder abc-Formel führt zu negativem Wert unter der Wurzel $\Rightarrow$ keine Lösung.
k hat keine Extrempunkte.

2 Tangente

a) $f'(x) = -3x^2 + 6x$

$f'(2) = -3 \cdot 4 + 6 \cdot 2 = 0$

$f(2) = -8 + 3 \cdot 4 + 1 = 5$

$y = m \cdot x + c$

$5 = 0 \cdot x + c$

$5 = c$

$t: \; y = 5$

Die Tangente ist waagerecht und damit eine Parallele zur x-Achse.

b) Zu zeigen: $f(-1) = 5$

$f(-1) = -(-1)^3 + 3 \cdot (-1)^2 + 1$

$f(-1) = 1 + 3 + 1 = 5$ ✓

3 Tangente und Normale

Anmerkung: Hier wird die Tangentengleichung aus Schritt 34 in der Form $y = f'(u) \cdot (x - u) + f(u)$ verwendet. Dieses Vorgehen ist etwas schneller. Du kannst die Tangente und die Normale aber auch so aufstellen, wie es dir in Schritt 33 gezeigt wurde.

a) $f'(x) = -\frac{2}{(x-1)^2}$ Betrachte die Stelle $u = 2$.

$f'(2) = -\frac{2}{1^2} = -2$

$f(2) = \frac{2}{1} = -2$

Tangente t: $y = -2(x-2) + 2$

t: $y = -2x + 4 + 2$

$y = -2x + 6$

Normale n: $m_n = -\frac{1}{f'(2)} = -\frac{1}{-2} = \frac{1}{2} = 0{,}5$

n: $y = 0{,}5(x-2) + 2$

$y = 0{,}5x - 1 + 2$

$y = 0{,}5x + 1$

b) Schnittpunkt von t mit der x-Achse:

$-2x + 6 = 0 \quad |-6$

$-2x = 6 \quad |:2$

$x = 3 \quad \Rightarrow \quad T(3|0)$

Schnittpunkt von n mit der x-Achse:

$0{,}5x + 1 = 0 \quad |-1$

$0{,}5x = -1 \quad |:0{,}5$

$x = -2 \quad \Rightarrow \quad N(-2|0)$

Abstand $|\overline{NT}|$ von N und T:

$|\overline{NT}| = 3 - (-2) = 5$ LE

4 Fortsetzung

a) $f'(x) = 2 \cdot \frac{1}{2}(x+1)^{-\frac{1}{2}} = \frac{1}{\sqrt{x+1}}$

$f(0) = 2 \cdot \sqrt{1} + 1 = 3$; $f'(0) = \frac{1}{\sqrt{1}} = 1$

$y = m \cdot x + c$

$3 = 1 \cdot 0 + c$

$3 = c$

Tangente t_1: $y = x + 3$

Schnittpunkt von t_1 mit der x-Achse:

$x + 3 = 0 \quad |-3$

$x = -3$

b) $f(3) = 2 \cdot \sqrt{3+1} + 1 = 2 \cdot 2 + 1 = 5$

$f'(3) = \frac{1}{\sqrt{3+1}} = \frac{1}{2} = 0{,}5$

$y = m \cdot x + c$

$5 = 0{,}5 \cdot 3 + c$

$5 = 1{,}5 + c \quad |-1{,}5$

$3{,}5 = c$

Tangente t_2: $y = 0{,}5x + 3{,}5$

Schnittpunkt von t_2 mit $x = 6$:

$y = 0{,}5 \cdot 6 + 3{,}5$

$y = 3 \cdot 3{,}5 = 6{,}5$

5 Tangente von P(0|3)

a) $f'(x) = 3x^2 - 8x + 3$

$f'(0) = 3$: $f(0) = 3$

$y = m \cdot x + c$

$3 = 3 \cdot 0 + c$

$3 = c$

t_1: $y = 3x + 3$

b) $3 = (3u^2 - 8u + 3) \cdot (0 - u) + (u^3 - 4u^2 + 3u + 3)$

$3 = -3u^3 + 8u^2 - 3u + u^3 - 4u^2 + 3u + 3$

$3 = -2u^3 + 4u^2 + 3 \quad |+2u^3 - 4u^2 - 3$

$2u^3 - 4u^2 = 0$

$u^2 - (2u - 4) = 0$

1. $u_1 = 0$
2. $2u - 4 = 0$

$u_2 = 2$: $f(2) = 8 - 16 + 6 + 3 = 1 \Rightarrow B(2|1)$

$f'(2) = 3 \cdot 4 - 16 + 3 = -1$

t_2: $y = -1 \cdot (x - 2) + 1$

$y = -x + 2 + 1$

$y = -x + 3$

6 Nachweis

a) Bei $x = a$ hat f eine Nullstelle: $f(a) = 0$

$\frac{3}{x^3} - \frac{2}{x} = 0 \quad |\cdot x^3$

$3 - 2x^2 = 0 \quad |-3$

$-2x^2 = -3 \quad |:(-2)$

$x^2 = \frac{3}{2} = 1{,}5$

$x_{1,2} = \pm\sqrt{1{,}5}$

hier: $a = +\sqrt{1{,}5} > 1$ ✓

b) Bei $x = b$ hat f einen Tiefpunkt: $f'(b) = 0$

$f'(x) = 3 \cdot (-3) \cdot x^{-4} - 2 \cdot (-1) \cdot x^{-2}$

$f'(x) = -\frac{9}{x^4} + \frac{2}{x^2} = 0 \quad |\cdot x^4$

$-9 + 2x^2 = 0 \quad |+9$

$2x^2 = 9 \quad |:2$

$x^2 = 4{,}5$

$x_{1,2} = \pm\sqrt{4{,}5}$

hier: $b = +\sqrt{4{,}5} > 2$ ✓

7 Dreiecksfläche

Schnittpunkte mit der x-Achse:

$-0{,}25x^2 + 4 = 0 \quad |-4$

$-0{,}25x^2 = -4 \quad |:(-0{,}25)$

$x^2 = 16$

$x_{1,2} = \pm\sqrt{16} = \pm 4$

$x_1 = 4$; $x_2 = -4$

$f'(x) = -0{,}5x$

Normale n_1: $f'(4) = -0{,}5 \cdot 4 = -2$

$m_{n_1} = -\frac{1}{-2} = 0{,}5$

$y = m \cdot x + c$
$0 = 0{,}5 \cdot 4 + c$
$0 = 2 + c \quad | -2$
$-2 = c$
$n_1\colon\ y = -0{,}5x - 2$

Normale n_2: $f'(-4) = -0{,}5(-4) = 2$

$m_{n_2} = -\frac{1}{-2} = 0{,}5$

$y = m \cdot x + c$
$0 = -0{,}5 \cdot (-4) + c$
$0 = 2 + c \quad | -2$
$-2 = c$
$n_2\colon\ y = -0{,}5x - 2$
Die Normalen schneiden sich auf der y-Achse im Punkt $(0\,|\,-2)$.
Flächeninhalt des Dreiecks: $A = \frac{1}{2} \cdot g \cdot h$
$g = 4 - (-4) = 8;\ h = 2$
$A = \frac{1}{2} \cdot 8 \cdot 2 = 8$ FE

8 Tangente von P(1 | 0)

a) $f'(x) = 6x^2 - 2;\ f''(x) = 12x$
Tangenten: $0 = (6u^2 - 2) \cdot (1 - u) + (2u^3 - 2u + 2)$
$0 = 6u^2 - 6u^3 - 2 + 2u + 2u^3 - 2u + 2$
$0 = -4u^3 + 6u^2$
$u^2 \cdot (-4u + 6) = 0$
1. $u_1 = 0$
2. $-4u + 6 = 0 \quad | -6$
$-4u = -6 \quad | :(-4)$
$u_2 = 1{,}5$

b) $f''(x) = 12x$
$f(0) = 2;\ f'(0) = -2;\ f''(0) = 0;\ f'''(0) = 12 \neq 0$
$W(0\,|\,2)$ ist der Wendepunkt von f.
$y = m \cdot x + c$
$2 = -2 \cdot 0 + c$
$2 = c$
Tangente an der Stelle $x = 0$: $y = -2x + 2$

SCHRITT 35

Das brauchst du wieder

$f(x) = -x^4 + 4x$
$f'(x) = -4x^3 + 4;\ f''(x) = -12x^2$
$f'(x) = 0\colon\ -4x^3 + 4 = 0$
$x^3 = 1$
$x = 1,\ f''(1) = -12 < 0$ Hochpunkt
$f(1) = -1 + 4 = 3$: Hochpunkt $H(1\,|\,3)$

1 „Du bist dran" aus dem „So geht's"-Kasten

Schreibe die Nebenbedingungen und die Zielfunktion z(u) auf:
$f(u) = u^2 - 3u + 4$
$g(u) = -0{,}5u + 1$
Es gilt: $f(u) > g(u)$
$z(u) = f(u) - g(u) = u^2 - 3u + 4 - (0{,}5u + 1)$
$= u^2 - 3u + 4 + 0{,}5u - 1 = u^2 - 2{,}5u + 3$

Bestimme den Extrempunkt von z(u):
$z'(u) = 2u - 2{,}5;\ z''(u) = 2$
$z'(u) = 0\colon\ 2u - 2{,}5 = 0 \quad | +2{,}5$
$2u = 2{,}5 \quad | :2$
$u = \frac{2{,}5}{2} = 1{,}25$
$z(1{,}25) = 2 > 0$: Tiefpunkt
Bei $u = 1{,}25$ ist die Strecke $\overline{PQ}$ am kleinsten:
$z(1{,}25) = (1{,}25)^2 - 2{,}5 \cdot 1{,}25 + 3 \approx 1{,}44$

2 Differenz von Funktionen

$f(u) = -0{,}5u^2 + 3u - 2$
$g(u) = 0{,}5u^2 + 2u + 2$
$z(u) = g(u) - f(u) = 0{,}5u^2 + 2u + 2 - (-0{,}5u^2 + 3u - 2)$
$= 0{,}5u^2 + 2u + 2 + 0{,}5u^2 - 3u + 2$
$= u^2 - u + 4$
$z'(u) = 2u - 1;\ z''(u) = 2$
$2u - 1 = 0 \quad | +1$
$2u = 0 \quad | :2$
$u = \frac{1}{2}$
$z''\left(\frac{1}{2}\right) = 2 > 0$: Tiefpunkt
$z\left(\frac{1}{2}\right) = \left(\frac{1}{2}\right)^2 - \frac{1}{2} + 4 = -\frac{1}{4} + 4 = \frac{15}{4} \approx 3{,}75$
Bei $u = \frac{1}{2}$ ist die Länge mit 3,75 am kleinsten.

3 Größter Abstand

a) $f(x) = g(x)$
$-x^2 + 4x - 2 = x^2 - 2 \quad | -x^2 + 2$
$-2x^2 + 4x = 0$
$x(-2x + 4) = 0 \quad x_1 = 0$
$-2x + 4 = 0 \quad | -4$
$-2x = -4 \quad | :(-2)$
$x_2 = 2$
$f(0) = -2 \Rightarrow SP_1(0\,|\,-2)$
$f(2) = 2 \Rightarrow SP_2(2\,|\,2)$
$\left.\begin{array}{l} f(1) = -1 + 4 - 2 = 1 \\ g(x) = 1 - 2 = -1 \end{array}\right\}\ f(x) > g(x)$ für $0 < x < 2$

b) $z(u) = f(u) - g(u)$
$= 2x^2 + 4x$
$z'(u) = -4x + 4;\ z''(u) = -4$
$z'(u) = 0\colon\ -4x + 4 = 0$
$x = 1$
$z''(1) = -4 < 0$: Hochpunkt
$f(1) = 1;\ g(1) = -1$
$P(1\,|\,1);\ Q(1\,|\,-1)$
Die größte Länge ist $z(1) = -2 + 4 = 2$.

4 Größter Abstand a^2 und a^3

a) $f(a) = a^2$; $g(a) = a^3$

Die beiden Funktionen schneiden sich in den Punkten $P(0|0)$ und $Q(1|1)$.

Im Bereich dazwischen liegt f über g, z. B. ist $f(0{,}5) = 0{,}25$ und $g(0{,}5) = 0{,}125$.

$z(u) = f(u) - g(u) = u^2 - u^3$

$z'(u) = 2u - 3u^2$; $z''(u) = 2 - 6u$

$z'(u) = 0$: $2u - 3u^2 = 0$

$u(2 - 3u) = 0 \quad u_1 = 0$

$2 - 3u = 0 \quad | -2$

$-3u = -2 \quad | :(-3)$

$u_2 = \frac{2}{3}$

$z''\left(\frac{2}{3}\right) = 2 - 6 \cdot \frac{2}{3} = 2 - 4 = -2 < 0$: Hochpunkt

Der Unterschied ist bei $u = \frac{2}{3}$ mit

$z\left(\frac{2}{3}\right) = \frac{4}{9} - \frac{8}{27} = \frac{12}{27} - \frac{8}{27} = \frac{4}{27}$ am größten.

SCHRITT 36

Das brauchst du wieder

$f(x) = \sqrt{3x^2} = (3x^2)^{\frac{1}{2}}$

$f'(x) = \frac{1}{2}(3x^2)^{-\frac{1}{2}} \cdot 6x = \frac{1}{2\sqrt{3x^2}} \cdot 6x$

$f(x) = \sqrt{x^3 - x} = (x^3 - x)^{\frac{1}{2}}$

$f'(x) = \frac{1}{2}(x^3 - x)^{-\frac{1}{2}} \cdot (3x^2 - 1) = \frac{1}{2\sqrt{x^3 - x}} \cdot (3x^2 - 1)$

1 „Du bist dran" aus dem „So geht's"-Kasten

Skizziere den Graphen von f und trage das Dreieck zwischen P und einem beliebigen Punkt Q auf dem Graphen ein:

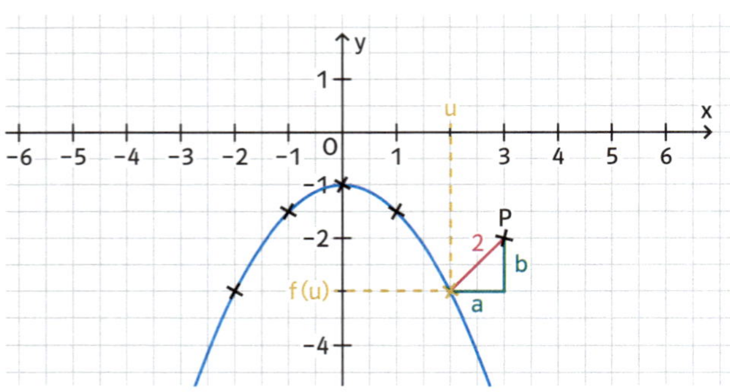

Beschreibe den formalen Zusammenhang der betrachteten Größe:

$z^2 = a^2 + b^2$

Schreibe die Nebenbedingungen auf:

$a = u - 3$

$b = f(u) - (-2) = f(u) + 2 = -0{,}5x^2 + 1$

Setze die Nebenbedingungen ein und stelle die Zielfunktion auf:

$z^2 = (u - 3)^2 + (-0{,}5u^2 + 1)^2$

$= u^2 - 6u + 9 + 0{,}25u^4 - u^2 + 1$

$= 0{,}25u^4 - 6u + 10$

$z(u) = \sqrt{0{,}25u^4 - 6u + 10}$

$= (0{,}25u^4 - 6u + 10)^{\frac{1}{2}}$

Leite die Zielfunktion ab und bestimme mögliche Extremstellen:

$z'(u) = \frac{1}{2}(0{,}25u^4 - 6u + 10)^{-\frac{1}{2}} \cdot (u^3 - 6)$

$= \frac{u^3 - 6}{2\sqrt{0{,}25u^4 - 6u + 10}}$

$z'(u) = 0$: $u^3 - 6 = 0 \quad | +6$

$u^3 = 6 \quad | \sqrt[3]{}$

$u = \sqrt[3]{6} \quad (\approx 1{,}82)$

Bestimme die Art der Extremstelle durch Überprüfen auf Vorzeichenwechsel, indem du geeignete Testwerte links und rechts der möglichen Extremstelle in die Ableitungsfunktion einsetzt:

$z'(1) < 0$

$z'(2) > 0$

$u^3 - 6$ hat bei $u = \sqrt[3]{6}$ VZW von − nach +.

$z(u)$ hat einen Tiefpunkt bei $u = \sqrt[3]{6}$.

Setze zur Bestimmung von Q den Wert u für x in f(x) ein:

$f(\sqrt[3]{6}) \approx -2{,}65$: $Q(1{,}82|-2{,}65)$

Setze zur Bestimmung des kleinsten Abstands den Wert u in z(u) ein:

$z(\sqrt[3]{6}) \approx 1{,}35$

Der Punkt $Q(1{,}82|-2{,}65)$ auf f hat den kleinsten Abstand von Punkt P. Er beträgt ungefähr 1,35 LE.

2 Abstand Punkt – Gerade

a)

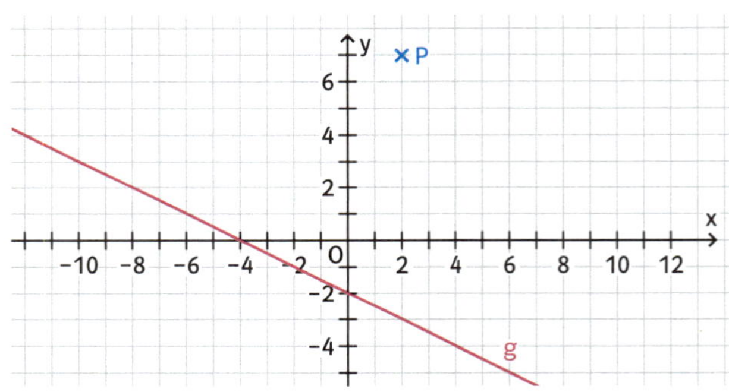

b) $g(x) = -0{,}5x - 2$

$z^2 = a^2 + b^2$

$a = u - 2$

$b = g(u) - 7 = -0{,}5u - 2 - 7 = -0{,}5u - 9$

$z^2 = (u - 2)^2 + (-0{,}5u - 9)^2$

$= u^2 - 4u + 4 + 0{,}25u^2 + 9u + 81$

$= 1{,}25u^2 + 5u + 85$

$z(u) = \sqrt{1{,}25u^2 + 5u + 85} = (1{,}25u^2 + 5u + 85)^{\frac{1}{2}}$

$z'(u) = \frac{1}{2}(1{,}25u^2 + 5u + 85)^{-\frac{1}{2}} \cdot (2{,}5u + 5)$

$= \frac{2{,}5u + 5}{2\sqrt{1{,}25u^2 + 5u + 85}}$

$z'(u) = 0$: $2{,}5u + 5 = 0 \quad | -5$

$2{,}5u = -5 \quad | :2{,}5$

$u = -2$

$z'(-3) < 0$

$z'(-1) > 0$

$2{,}5u + 5$ hat bei $u = -2$ VZW von – nach +.
$z(u)$ hat einen Tiefpunkt bei $u = -2$.
$g(-2) = -0{,}5 \cdot (-2) - 2 = 1 - 2 = -1$: $Q(-2|-1)$

c) $z(-2) = \sqrt{1{,}25 \cdot (-2)^2 + 5 \cdot (-2) + 85} = \sqrt{80} \approx 8{,}94$
Der minimale Abstand beträgt 8,94 LE.

3 Abstand Parabel

a) Schnittpunkte mit den Koordinatenachsen:

$0 = \frac{1}{4}x^2 - 4 \quad | +4$

$4 = \frac{1}{4}x^2 \quad | \cdot 4$

$16 = x^2 \quad | \sqrt{\ }$

$x_1 = -4$: $S_{x_1}(-4|0)$
$x_2 = 4$: $S_{x_2}(4|0)$
$f(0) = -4$: $S_4(0|-4)$
Alle drei Schnittpunkte sind vom Ursprung 4 LE entfernt.

b) $d^2 = u^2 + f(u)^2$

$= u^2 + \left(\frac{1}{4}u^2 - 4\right)^2$

$= u^2 + \frac{1}{16}u^4 - 2u^2 + 16$

$= \frac{1}{16}u^4 - u^2 + 16$

$d(u) = \sqrt{\frac{1}{16}u^4 - u^2 + 16}$

$= \left(\frac{1}{16}u^4 - u^2 + 16\right)^{\frac{1}{2}}$

$d'(u) = \frac{1}{2}\left(\frac{1}{16}u^4 - u^2 + 16\right)^{-\frac{1}{2}} \cdot \left(\frac{1}{4}u^3 - 2u\right)$

$= \dfrac{\frac{1}{4}u^3 - 2u}{2\sqrt{\frac{1}{16}u^4 - u^2 + 16}}$

$d'(u) = 0$

$\frac{1}{4}u^3 - 2u = 0$

$u\left(\frac{1}{4}u^2 - 2\right) = 0$

$u_1 = 0$

$\frac{1}{4}u^2 - 2 = 0 \quad | +2$

$\frac{1}{4}u^2 = 2 \quad | \cdot 4$

$u^2 = 8 \quad | \sqrt{\ }$
$u_2 = \sqrt{8}$
$u_3 = -\sqrt{8}$
Wegen der Symmetrie von $d(u)$ wird nur $u_2 = \sqrt{8}$ näher betrachtet.
$d'(2) < 0$
$d'(3) > 0$

$\frac{1}{4}u^3 - 2u$ hat Tiefpunkte bei $u_2 = \sqrt{8}$ und $u_3 = -\sqrt{8}$. Damit ist $S_4(0|-4)$ mit dem Abstand von 4 LE ein Hochpunkt von $d(u)$ und damit der maximale Abstand erreicht. Da die Ränder des Intervalls ebenfalls den Abstand 4 LE vom Ursprung haben, gibt es keinen Punkt Q im Intervall, der einen größeren Abstand als 4 LE hat.

c) $f(\sqrt{8}) = \frac{1}{4}\sqrt{8}^2 - 4 = 2 - 4 = -2$

$\Rightarrow Q_1(\sqrt{8}|-2)$
$Q_2(-\sqrt{8}|-2)$
Die beiden Punkte $Q_1(\sqrt{8}|-2)$ und $Q_2(-\sqrt{8}|-2)$ liegen am nächsten zum Ursprung.

4 Abstand Scheitelpunkt

a) Scheitelpunkt der Parabel:
$f'(x) = -2x + 6$
$-2x + 6 = 0 \quad | -6$
$-2x = -6 \quad | :2$
$x = 3$
$f(3) = 1$: $S_1(3|1)$
$a = 3$
$b = p - 1$
$d = a^2 + b^2$

$d = \sqrt{3^2 + (p-1)^2}$

d ist am kleinsten, wenn der rechte Summand 0 wird, also für $p = 1$. Der Punkt auf der y-Achse mit dem kleinsten Abstand vom Scheitel der Parabel ist $P(0|1)$.

b) $d = 5$

$\sqrt{3^2 + (p-1)^2} = 5$

$3^2 + (p-1)^2 = 25$
$9 + p^2 - 2p + 1 = 25 \quad | -25$
$p^2 - 2p - 15 = 0$
Lösung mit der abc- oder pq-Formel:
$p_1 = -3$; $p_2 = 5$
Die Punkte $P_1(0|-3)$ und $P_2(0|5)$ haben vom Scheitel S den Abstand 5 LE.

5 Abstand auf der Parabel

a) $f(5) = 0{,}5 \cdot 5^2 - 2 \cdot 5 + 2 = 12{,}5 - 10 + 2 = 4{,}5$

b) $a = u - 5$
$b = f(u) - 4{,}5 = 0{,}5u^2 - 2u + 2 - 4{,}5$
$= 0{,}5u^2 - 2u - 2{,}5$
$a^2 = (u-5)^2 = u^2 - 10u + 25$
$b^2 = (0{,}5u^2 - 2u - 2{,}5)(0{,}5u^2 - 2u - 2{,}5)$
$= 0{,}25u^4 - u^3 - 1{,}25u^2 - u^3 + 4u^2 + 5u$
$- 1{,}25u^2 + 5u + 6{,}25$
$= 0{,}25u^4 - 2u^3 + 1{,}5u^2 + 10u + 6{,}25$
$d^2 = 25 - 10u + u^2 + 0{,}25u^4 - 2u^3 + 1{,}5u^2$
$+ 10u + 6{,}25$
$= 0{,}25u^4 - 2u^3 + 2{,}5u^2 + 31{,}25$
$d(u) = (0{,}25u^4 - 2u^3 + 2{,}5u^2 + 31{,}25)^{\frac{1}{2}}$

c) $d'(u) = \frac{1}{2}(0{,}25u^4 - 2u^3 + 2{,}5u^2 + 31{,}25)^{-\frac{1}{2}}$

$\cdot (u^3 - 6u^2 + 5u)$
$d'(u) = 0$
$u^3 - 6u^2 + 5u = 0$
$u(u^2 - 6u + 5) = 0$
$u_1 = 0$
$u^2 - 6u + 5 = 0$

Lösung mit der abc- oder pq-Formel:
$u_1 = 1$; ($u_2 = 5$; entspricht x-Koordinate des Punkts selbst.)
$d'(-1) < 0$
$d'(0{,}5) > 0$
$d'(2) < 0$
$u^3 - 6u^2 + 5u$ hat bei 0 einen VZW von − nach +:
d(u) hat einen Tiefpunkt bei $u = 0$.
$u^3 - 6u^2 + 5u$ hat bei 1 einen VZW von + nach −:
d(u) hat einen Hochpunkt bei $u = 1$.
$f(0) = 2$: $Q_1(0\,|\,2)$
$f(1) = 0{,}5$: $Q_2(1\,|\,0{,}5)$
Vom Scheitel aus nach links gehend erreicht der Abstand in $Q_2(1\,|\,0{,}5)$ zunächst ein Maximum und nimmt dann wieder ab. In $Q_1(0\,|\,2)$ hat der Abstand dann ein Minimum.

SCHRITT 37

Das brauchst du wieder

I → C; II → A; III → B

1 „Du bist dran" aus dem „So geht's"-Kasten

a) *Fertige eine Skizze mit dem Graphen von f an. Zeichne an eine beliebige Stelle u die geometrische Figur ein:*

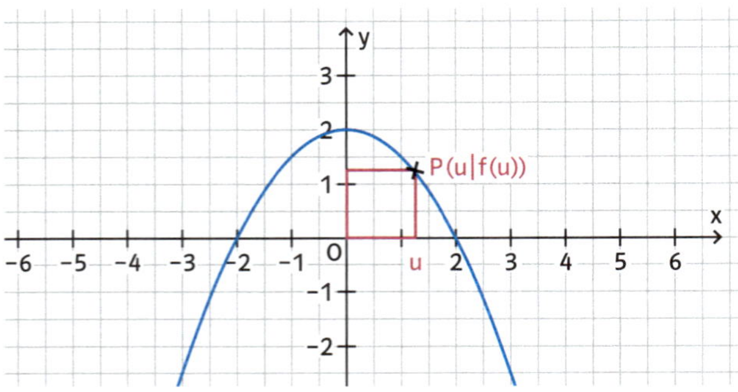

b) *Stelle die Formel für den Flächeninhalt des Rechtecks auf:*
$A = u \cdot f(u)$
Gib die Nebenbedingungen und den Definitionsbereich an:
P(u | f(u)) liegt auf der Parabel und es gilt:
$f(u) = -0{,}5u^2 + 2$ mit $0 < u < 2$
Stelle die Zielfunktion z(u) auf:
$z(u) = u \cdot (-0{,}5u^2 + 2)$
$= -0{,}5u^3 + 2u$
Bestimme den Hochpunkt von z(u):
$z'(u) = -1{,}5u^2 + 2$
$z''(u) = -3u$
$z'(u) = 0$
$-1{,}5u^2 + 2 = 0 \quad | -2$
$-1{,}5u^2 = -2 \quad | : (-1{,}5)$
$u^2 = \frac{4}{3} \quad | \sqrt{\ }$
$u_1 = \frac{2}{\sqrt{3}}$
$u_2 = -\frac{2}{\sqrt{3}}$ (nicht Teil des Definitionsbereichs)
$z''\left(\frac{2}{\sqrt{3}}\right) = -3 \cdot \frac{2}{\sqrt{3}} < 0$: Hochpunkt
$f\left(\frac{2}{\sqrt{3}}\right) = -0{,}5\left(\frac{2}{\sqrt{3}}\right)^2 + 2 = -\frac{1}{2} \cdot \frac{4}{3} + 2$
$= -\frac{2}{3} + 2 = \frac{4}{3} \quad \Rightarrow \quad H\left(\frac{2}{\sqrt{3}}\,\middle|\,\frac{4}{3}\right)$
$z\left(\frac{2}{\sqrt{3}}\right) = -0{,}5\left(\frac{2}{\sqrt{3}}\right)^3 + 2 \cdot \frac{2}{\sqrt{3}} \approx 1{,}54$
Das größte Rechteck hat den Eckpunkt $P\left(\frac{2}{\sqrt{3}}\,\middle|\,\frac{4}{3}\right)$ auf dem Graphen von f und einen Flächeninhalt von ungefähr 1,54 FE.

2 Rechtwinkliges Dreieck

a) $f(x) = x(-x + 3)$
Nullstellen:
$x(-x + 3) = 0$
$x_1 = 0$; $x_2 = 3$
f(x) verhält sich für $x \to \pm\infty$ wie $-x^2$, der Graph ist also eine nach unten geöffnete Normalparabel.

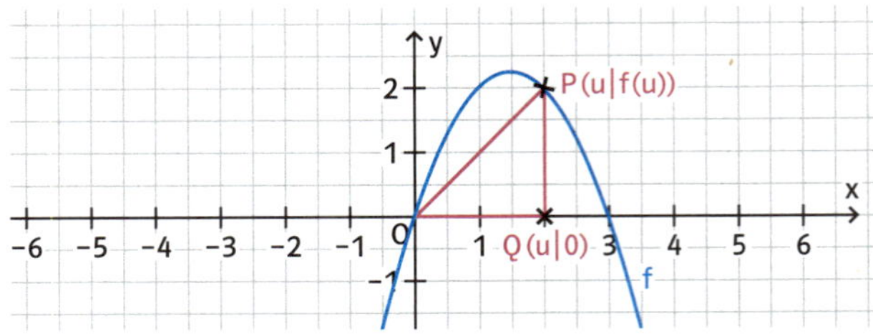

b) $A = \frac{1}{2}u \cdot f(u)$
P(u | f(u)) liegt auf der Parabel und es gilt:
$f(u) = -u^2 + 3u$ mit $0 < u < 3$.
$z(u) = \frac{1}{2} \cdot u \cdot (-u^2 + 3u)$
$= -\frac{1}{2}u^3 + \frac{3}{2}u^2$
$z'(u) = -\frac{3}{2}u^2 + 3u$
$z''(u) = -3u + 3$
$z'(u) = 0$
$-\frac{3}{2}u^2 + 3u = 0$
$u\left(-\frac{3}{2}u + 3\right) = 0$
$u_1 = 0$ (nicht Teil des Definitionsbereichs)
$u_2 = 2$
$z''(2) = -3 \cdot 2 + 3 = -3 < 0$: Hochpunkt
$f(2) = -4 + 6 = 2$
$z(2) = -\frac{1}{2}2^3 + \frac{3}{2}2^2 = -\frac{1}{2} \cdot 8 + \frac{3}{2} \cdot 4$
$= -4 + 6 = 2$
Das größte Dreieck hat den Eckpunkt P(2 | 2) auf dem Graphen von f und den Flächeninhalt 2 FE.

3 Verschiedene Figuren

a) $z(u) = \frac{1}{2}(u - 1) \cdot f(u)$
mit $u > 1$ und dem rechten Rand, der sich aus dem Schnitt von f mit der x-Achse ergibt.
b) $z(u) = 2u \cdot f(u)$ mit $u \neq 0$
c) $z(u) = \frac{(6 + 2u) \cdot f(u)}{2}$ mit $0 < u < 3$

4 Rechtwinkliges Dreieck

a) $f(2) = -0{,}4 \cdot 4 + 1{,}2 \cdot 2 + 1{,}6 = 2{,}4$

$\overline{AB} = 1 + 2 = 3$

$\overline{BC} = 2{,}4$

$A = \frac{1}{2} \cdot \overline{AB} \cdot \overline{BC} = \frac{1}{2} \cdot 3 \cdot 2{,}4 = 3{,}6$ FE

b) $A = \frac{1}{2}(u + 1) \cdot f(u)$

$C(u \mid f(u))$ liegt auf der Parabel und es gilt:
$f(u) = -0{,}4u^2 + 1{,}2u + 1{,}6$ mit $-1 < u < 4$.

$z(u) = \left(\frac{1}{2}u + \frac{1}{2}\right) \cdot (-0{,}4u^2 + 1{,}2u + 1{,}6)$

$= -0{,}2u^3 + 0{,}6u^2 + 0{,}8u - 0{,}2u^2 + 0{,}6u + 0{,}8$

$= -0{,}2u^3 + 0{,}4u^2 + 1{,}4u + 0{,}8$

$z'(u) = -0{,}6u^2 + 0{,}8u + 1{,}4$

$z''(u) = -1{,}2u + 0{,}8$

$z'(u) = 0$

Lösung mit der abc- oder pq-Formel:
$x_1 = \frac{7}{3} = 2{,}\overline{3}$; $x_2 = -1$ (nicht Teil des Definitionsbereichs)

$z''(2{,}\overline{3}) = -1{,}2 \cdot 2{,}\overline{3} + 0{,}8 < 0$: Hochpunkt

Für $u = 2{,}\overline{3}$ hat das Dreieck den größten Flächeninhalt.

5 Trapez

a) $f(0) = 4 \Rightarrow S_4(0 \mid 4)$

$f(x) = 0$

$-\frac{1}{4}x^2 + 4 = 0 \quad | -4$

$-\frac{1}{4}x^2 = -4 \quad | : \left(-\frac{1}{4}\right)$

$x^2 = 16 \quad | \sqrt{}$

$x_1 = 4$

$x_2 = -4$

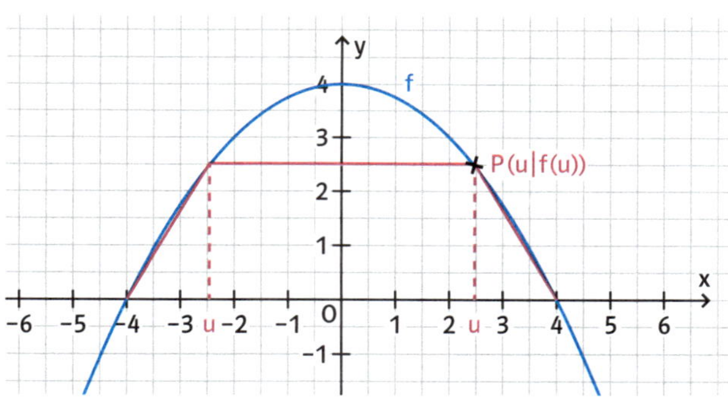

b) $f(2) = -\frac{1}{4} \cdot 2^2 + 4 = -1 + 4 = 3$

$A = \frac{(8 + 2u) \cdot f(u)}{2} = \frac{(8 + 4) \cdot 3}{2}$

$= \frac{36}{2} = 18$

c) $A = \frac{(8 + 2u) \cdot f(u)}{2}$

$P(u \mid f(u))$ liegt auf der Parabel und es gilt:

$f(u) = -\frac{1}{4}u^2 + 4$ mit $0 < u < 4$.

$z(u) = \frac{(8 + 2u) \cdot \left(-\frac{1}{4}u^2 + 4\right)}{2}$

$= \frac{-2u^2 - \frac{1}{2}u^3 + 32 + 8u}{2}$

$= -\frac{1}{4}u^3 - u^2 + 4u + 16$

$z'(u) = -\frac{3}{4}u^3 - 2u + 4$

$z''(u) = -\frac{3}{2}u - 2$

Lösung mit der abc- oder pq-Formel:

$z_1 = \frac{4}{3}$; $z_2 = -4$ (nicht Teil des Definitionsbereichs)

$z''\left(\frac{4}{3}\right) = -\frac{3}{2} \cdot \frac{4}{3} - 2 = -2 - 2 = -4 < 0$: Hochpunkt

Für $u = \frac{4}{3}$ hat das Trapez den größten Flächeninhalt.

6 Rechteck

a) $A = 2u \cdot f(u)$

$P(u \mid f(u))$ liegt auf der Parabel und es gilt:

$f(u) = \frac{8}{u^2}$ mit $0 > u$

$z(u) = 2 \cdot u \cdot \frac{8}{u^2} = \frac{16}{u}$

b) $z(u) = 8$

$\frac{16}{u} = 8 \quad \Rightarrow \quad u = 2$

c) $z(u) = \frac{16}{u} = 16 \cdot u^{-1}$

$z'(u) = -16u^{-2} = \frac{-16}{u^2}$

$z'(u)$ ist für alle $u > 0$ kleiner als null, d.h., $z(u)$ ist streng monoton fallend.

7 Funktionenschar

Schnittpunkt mit der y-Achse:
$f_t(0) = 2t + 3$: $S_y(0 \mid 2t + 3)$
Schnittpunkt mit der x-Achse:

$-tx + 2t + 3 = 0 \quad | -2t - 3$

$-tx = -2t - 3 \quad | : (-t)$

$x = 2 + \frac{3}{t}$

$S_x\left(0 \mid 2 + \frac{3}{t}\right)$

Dreiecksseiten: $a = 2 + \frac{3}{t}$

$b = 2t + 3$

$A = \frac{1}{2} \cdot \left(2 + \frac{3}{t}\right) \cdot (2t + 3)$

$z(t) = \left(1 + \frac{3}{2t}\right) \cdot (2t + 3)$

$= 2t + 3 + 3 + \frac{9}{2t}$

$= 2t + \frac{9}{2t} + 6 = 6t + 4{,}5t^{-1} + 6$ mit $t > 0$

$z'(t) = 2 - 4,5t^{-2} = 2 - \frac{4,5}{t^2}$

$z''(t) = 9t^{-3} = \frac{9}{t^3}$

$z'(t) = 0$

$4,5t^{-2} = 2 \quad | \cdot t^2$

$4,5 = 2t^2 \quad | : 2$

$2,25 = t^2$

$t_1 = 1,5;\ t_2 = -1,5$

t_2 ist nicht im Definitionsbereich, da $t > 0$.

$z''(1,5) = \frac{8}{3} > 0 \Rightarrow$ Tiefpunkt

Für $t \approx 1,5$ wird der Flächeninhalt des beschriebenen Dreiecks am kleinsten.

TRAINING 6

1 Gemeinsame Punkte

a) Gemeinsame Punkte: $f(x) = g(x)$

$0,5x^2 - 0,5x + 2,5 = 0,5x - 1 \quad | -0,5x + 1$

$0,5x^2 - x + 3,5 = 0 \quad | : 0,5$

$x^2 - 2x + 7 = 0$

Lösung mit pq- oder abc-Formel führt zu negativem Wert unter der Wurzel $\Rightarrow$ keine Lösung, also keine Schnittpunkte.

b) Zielfunktion $z(u) = f(u) - g(u)$

$z(u) = 0,5 \cdot u^2 - u + 3,5$

$z'(u) = u - 1;\ z''(u) = 1$

Extempunkt:

$z'(u) = 0$

$u - 1 = 0$

$z''(1) = 1 > 0 \Rightarrow$ Tiefpunkt

$u = 1$

$z(1) = 0,5 - 1 + 3,5 = 3$ LE

2 Senkrechter Abstand

a) $\frac{4}{x+1} = -x + 4 \quad | \cdot (x+1)$

$4 = (-x + 4) \cdot (x + 1)$

$4 = -x^2 - x + 4x + 4$

$4 = -x^2 + 3x + 4$

$x^2 - 3x = 0$

$x \cdot (x - 3) = 0$

1. $x_1 = 0;\ g(0) = 4 \Rightarrow S_1(0 | 4)$
2. $x - 3 = 0$

   $x_2 = 3;\ g(3) = -3 + 4 = 1 \Rightarrow S_2(3 | 1)$

b) $f(1) = \frac{4}{2} = 2$

$g(1) = -1 + 4 = 3$

$\Rightarrow g(x) > f(x)$ für $0 < x < 3$

Zielfunktion $z(u) = g(u) - f(u);\ 0 < u < 3$

$z(u) = -u + 4 - \frac{4}{u+1}$

$z'(u) = -1 + \frac{4}{(u+1)^2} = 0 \quad | \cdot (u+1)^2$

$-(u + 1)^2 + 4 = 0$

$-u^2 - 2u - 1 + 4 = 0 \quad | \cdot (-1)$

$u^2 + 2u - 3 = 0$

Lösung mit der abc- oder pq-Formel:

$u_1 = -3$ scheidet aus

$u_2 = 1$

$z(1) = -1 + 4 - \frac{4}{1+1} = 3 - 2 = 1$ LE

3 Abstand und Tangente

a) $f'(x) = -0,2x^3 + 0,75x^2 + 0,8$

$f'(0) = -0,8$

Ursprungsgerade: $y = m \cdot x$

$t:\ y = 0,8x$

b) Zielfunktion $z(u) = f(u) - t(u)$

$z(u) = -0,05u^4 + 0,25u^3 + 0,8x - 0,8x$

$= -0,05u^4 + 0,25u^3$

c) $z'(u) = -0,2u^3 + 0,75u^2 = 0;\ z''(u) = -0,6u^2 + 1,5u$

$u^2(-0,2u + 0,75) = 0$

1. $u_1 = 0$: $z(0) = 0 \Rightarrow$ Randminimum

2: $-0,2u + 0,75 = 0 \quad | -0,75$

$-0,2u = -0,75 \quad | : (-0,2)$

$u = 3,75;\quad z''(3,75) = -2,8125 < 0$: Hochpunkt

4 Parabel

a) Schnittpunkt mit der y-Achse: $f(0) = 2$

Abstand von $(0 | 2)$ zum Ursprung: $d = 2$ LE

Schnittpunkt mit der x-Achse: $f(x) = 0$

$-0,5x^2 + 2 = 0 \quad | -2$

$-0,5x^2 = -2 \quad | : (-0,5)$

$x_2 = 4$

$x_{1,2} = \pm\sqrt{4} = \pm 2 \Rightarrow d = 2$

b) Mit $a = 0$ und $b = 0$, da der betrachtete Punkt $P(a | b)$ der Ursprung ist.

Zielfunktion $z(u) = \sqrt{u^2 + (f(u))^2}$

$z(u) = \sqrt{u^2 + (-0,5u^2 + 2)^2}$

$z(u) = \sqrt{u^2 + 0,25u^4 - 2u^2 + 4}$

$z(u) = \sqrt{0,25u^4 - u^2 + 4} = (0,25u^4 - u^2 + 4)^{\frac{1}{2}}$

c) $z'(u) = \frac{1}{2}(0,25u^4 - u^2 + 4)^{-\frac{1}{2}} \cdot (u^3 - 2u)$

$= \frac{1}{2\sqrt{0,25u^4 - u^2 + 4}} \cdot (u^3 - 2u) = 0$

$u^3 - 2u = 0$

$u(u^2 - 2) = 0$

1. $u_1 = 0$: $z(0) = 2$ (Teilaufgabe a))
2. $u^2 = 2$

   $u_{2,3} = \pm\sqrt{2}$

   $f(\pm\sqrt{2}) = -0,5 \cdot 2 + 2 = 1 \Rightarrow$

   $P_1(\sqrt{2} | 1)$ und $P_2(-\sqrt{2} | 1)$ haben den kleinsten Abstand.

   $d = \sqrt{\sqrt{2}^2 + 1^2} = \sqrt{2 + 1} = \sqrt{3} = 1,73$ LE

5 Dreieck

a) Zielfunktion $z(u) = u \cdot (f(u) - g(u))$

$z(u) = u \cdot \left(-u + 4 - \frac{1}{3}u + 4\right)$

$z(u) = u \cdot \left(-\frac{4}{3}u + 8\right)$

$z(u) = -\frac{4}{3}u^2 + 8u$

$z'(u) = -\frac{8}{3}u + 8; \quad z''(u) = -\frac{8}{3}$

$z'(u) = 0$

$-\frac{8}{3}u + 8 = 0 \qquad |-8$

$-\frac{8}{3}u = -8 \qquad |:\left(-\frac{8}{3}\right)$

$u = \frac{8 \cdot 3}{8} = 3$

Rechteck: $a = 3$
$b = f(3) - g(3) = 1 - (-3) = 4$
$A_{Rechteck} = 3 \cdot 4 = 12$ FE

b) Dreieck: $A_{Dreieck} = \frac{1}{2}g \cdot h$ mit g als Seite auf der y-Achse und h als Senkrechte vom Schnittpunkt von f und g zur y-Achse $g = 4 - (-4) = 8$.

Berechnung von h:
Schnittpunkt von f und g

$-x + 4 = \frac{1}{3}x - 4 \qquad |-\frac{1}{3}x + 4$

$-\frac{4}{3}x + 8 = 0 \qquad |+8$

$-\frac{4}{3}x = -8 \qquad |:\left(-\frac{4}{3}\right)$

$x = \frac{8 \cdot 3}{4} = 6 \quad \Rightarrow \quad h = 6$

$A_{Dreieck} = \frac{1}{2} \cdot 8 \cdot 6 = 24$

$A_{Rechteck} : A_{Dreieck} = 12 : 24 = 1 : 2$

6 Rechtwinkliges Dreieck

a) $\frac{5}{x-4} + 5 = 0 \qquad |-5$

$\frac{5}{x-4} = -5 \qquad |\cdot(x-4)$

$5 = -5(x-4)$

$5 = -5x + 20 \qquad |+5x - 5$

$5x = 15 \qquad |:5$

$x = 3$

b) Zielfunktion $z(u) = \frac{1}{2} \cdot u \cdot f(u)$

$z(u) = \frac{1}{2} \cdot u \cdot \left(\frac{5}{u-4} + 5\right)$

$z(u) = \frac{1}{2}u \cdot \frac{5}{u-4} + \frac{5}{2}u$

c) $z'(u) = \frac{1}{2} \cdot \frac{5}{u-4} + \frac{1}{2}u \cdot \frac{-5}{(u-4)^2} + \frac{5}{2}$ (Produktregel)

$z'(u) = \frac{5}{2 \cdot (u-4)} - \frac{5u}{2 \cdot (u-4)^2} + \frac{5}{2} = 0 \qquad |\cdot 2 \cdot (u-4)^2$

$5 \cdot (u-4) - 5u + 5(u-4)^2 = 0$

$5u - 20 - 5u + 5(u^2 - 8u + 16) = 0$

$-20 + 5u^2 - 40u + 80 = 0$

$5u^2 - 40u + 60 = 0 \qquad |:5$

$u^2 - 8u + 12 = 0$

Lösung mit der abc- oder pq-Formel:
$u_1 = 6$ scheidet aus
$u_2 = 2$

$z(2) = \frac{1}{2} \cdot 2 \cdot \left(\frac{5}{-2} + 5\right)$

$z(2) = 2{,}5$

Da $z(0) = 0$ und $z(3) = 0$, ist das Dreieck mit $x = 2$ und $f(2) = 2{,}5$ am größten: 2,5 FE.

7 Kreis

Die Zielfunktion z(u) ist der Abstand vom Kreismittelpunkt P zu einem beliebigen Punkt $\left(u \middle| -\frac{1}{2}u - 1\right)$ der Geraden:

$z^2 = a^2 + b^2$
$a = u - 0 = u$
$b = f(u) - 4$

$z(u) = \sqrt{u^2 + \left(-\frac{1}{2}u - 1 - 4\right)^2}$

$z(u) = \sqrt{u^2 + \left(-\frac{1}{2}u - 5\right)^2}$

$z(u) = \sqrt{u^2 + \frac{1}{4}u^2 + 5u + 25}$

$z(u) = \sqrt{\frac{5}{4}u^2 + 5u + 25} = \left(\frac{5}{4}u^2 + 5u + 25\right)^{\frac{1}{2}}$

$z'(u) = \frac{1}{2} \cdot \left(\frac{5}{4}u^2 + 5u + 25\right)^{-\frac{1}{2}} \cdot \left(\frac{5}{2}u + 5\right)$

$= \frac{1}{2\sqrt{\frac{5}{4}u^2 + 5u + 25}} \cdot \left(\frac{5}{2}u + 5\right) = 0$

$\frac{5}{2}u + 5 = 0 \qquad |-5$

$\frac{5}{2}u = -5 \qquad |:\frac{5}{2}$

$u = -2$

$z(-2) = \sqrt{\frac{5}{4} \cdot 4 - 5 \cdot 2 + 25}$

$z(-2) = \sqrt{5 - 10 + 25} = \sqrt{20} \approx 4{,}47 > 4$

Der kleinste Abstand ist größer als 4; daher schneidet der Kreis um P nirgends die Gerade.
Alternative Lösung:
Du kannst diese Abstands-Aufgaben auch oft mit der Normalen lösen:
Steigung der Normalen zu g durch P:

$m_n = -\frac{1}{-\frac{1}{2}} = 2$

Normale n: $y = 2x + 4$ (mit der Form $y = m \cdot x + b$)

n X g: $2x + 4 = -\frac{1}{2}x - 1 \qquad |+\frac{1}{2}x - 4$

$2{,}5x = -5 \qquad |:2{,}5$

$x = -2 \qquad S(-2\,|\,0)$

Abstand $|\overline{SP}| = \sqrt{(0+2)^2 + (4-0)^2}$

$|\overline{SP}| = \sqrt{4 + 16} = \sqrt{20} > 4$

8 Aussagen prüfen

Mia: Mit dem Ansatz wird überprüft, ob der senkrechte Abstand des Graphen von f zu der Geraden $y = 10$ überall höchstens 6 LE beträgt.

Lia: Das ist der richtige Ansatz.

Pia: Mit dem Ansatz wird überprüft, ob der Punkt $(9 \mid 16)$ weiter vom Ursprung entfernt ist als jeder Punkt des Graphen von f.